Digitale Transformation der Organisation

Kai Reinhardt

Digitale Transformation der Organisation

Grundlagen, Praktiken und Praxisbeispiele der digitalen Unternehmensentwicklung

Kai Reinhardt
HTW Hochschule für Technik und Wirtschaft
Berlin, Deutschland

ISBN 978-3-658-28629-3   ISBN 978-3-658-28630-9 (eBook)
https://doi.org/10.1007/978-3-658-28630-9

Die Deutsche Nationalbibliothek verzeichnet diese Publikation in der Deutschen Nationalbibliografie; detaillierte bibliografische Daten sind im Internet über http://dnb.d-nb.de abrufbar.

© Springer Fachmedien Wiesbaden GmbH, ein Teil von Springer Nature 2020
Das Werk einschließlich aller seiner Teile ist urheberrechtlich geschützt. Jede Verwertung, die nicht ausdrücklich vom Urheberrechtsgesetz zugelassen ist, bedarf der vorherigen Zustimmung des Verlags. Das gilt insbesondere für Vervielfältigungen, Bearbeitungen, Übersetzungen, Mikroverfilmungen und die Einspeicherung und Verarbeitung in elektronischen Systemen.
Die Wiedergabe von allgemein beschreibenden Bezeichnungen, Marken, Unternehmensnamen etc. in diesem Werk bedeutet nicht, dass diese frei durch jedermann benutzt werden dürfen. Die Berechtigung zur Benutzung unterliegt, auch ohne gesonderten Hinweis hierzu, den Regeln des Markenrechts. Die Rechte des jeweiligen Zeicheninhabers sind zu beachten.
Der Verlag, die Autoren und die Herausgeber gehen davon aus, dass die Angaben und Informationen in diesem Werk zum Zeitpunkt der Veröffentlichung vollständig und korrekt sind. Weder der Verlag, noch die Autoren oder die Herausgeber übernehmen, ausdrücklich oder implizit, Gewähr für den Inhalt des Werkes, etwaige Fehler oder Äußerungen. Der Verlag bleibt im Hinblick auf geografische Zuordnungen und Gebietsbezeichnungen in veröffentlichten Karten und Institutionsadressen neutral.

Planung/Lektorat: Ulrike Loercher
Springer Gabler ist ein Imprint der eingetragenen Gesellschaft Springer Fachmedien Wiesbaden GmbH und ist ein Teil von Springer Nature.
Die Anschrift der Gesellschaft ist: Abraham-Lincoln-Str. 46, 65189 Wiesbaden, Germany

Vorwort

Das vorliegende Buch richtet sich an Studierende, Führungskräfte und Unternehmer, die sich intensiver mit dem Thema Digitalisierung beschäftigen möchten. Es zeigt dabei auf, wie Organisationen grundlegend von innen heraus auf die Herausforderungen des digitalen Zeitalters fit gemacht werden können, mit dem Ziel eine eigene „digitale DNA" zu entwickeln. Für dieses Vorhaben gibt es, wie wir alle wissen, kein Geheimrezept. Aus diesem Grund habe ich bewusst darauf verzichtet, ein fertiges Lösungsschema im Sinne eines Kochrezepts mit den „zehn wichtigsten Tipps zur Digitalisierung" anzubieten.

Der Leser erhält vielmehr eine umfassende Einführung in die Perspektiven der digitalen Unternehmensführung sowie der digitalen Organisationsentwicklung. Diese beiden Sichtweisen zu verstehen, ist für die Bewältigung der digitalen Transformation entscheidend: Kompetenz in digitaler Unternehmensführung ist die Voraussetzung dafür, die digitale Welt um die Organisation herum, ihre Marktdynamik, die neuen Technologien aber auch gesellschaftlichen Umbrüche zu verstehen und zu bewerten. Aber vor allem brauchen Entscheider Kompetenzen darin, die richtigen Entscheidungen für die Veränderungen in ihrer Organisation zu treffen. Dies setzt ein Verständnis für neue digitale Organisationssysteme, Tools und Ansätze, wie beispielsweise digitales Innovationsmanagement, digitale Strategie oder digitale Führung, voraus. Beide Bereiche werden umfassend beleuchtet und mit Praxisbeispielen, Checklisten und hilfreichen Werkzeugen für die Praxis angereichert. Der Aufbau des Buches orientiert sich somit an den Bedürfnissen der „Macher von morgen". Es soll zukünftigen Führungskräften und Entscheidern Wissen über die digitale Organisationsentwicklung vermitteln und bietet unterschiedliche Einstiegspunkte zum Lernen und Ausprobieren, eingebettet in das neue Verständnis für digitale Organisationen.

Dieses Buch wäre ohne die vielen Unterstützer und Begleiter nicht möglich gewesen. Aus diesem Grund möchte ich denjenigen danken, die mich dabei begleitet haben, dieses Projekt umzusetzen. Besonders möchte ich mich bei Kilian Veer und Thies Hofmann für ihre Unterstützung als Co-Autoren bedanken. Ihre Expertise im Bereich der digitalen Strategie sowie des digitalen Innovations- und Technologiemanagements lieferte die wesentliche Grundlage für die Kapitel 8, 10 und 11. Bedanken möchte ich mich weiterhin bei den vielen Kollegen für ihre Zeit, Anregungen, Beiträge, Hinweise und hilfreichen

Kommentare. Unter anderem bei Ben Renshaw, Hans-Georg Schnauffer, Janina Kose, Prof. Dr. Julian Kawohl, Prof. Dr. Klaus North, Prof. Dr. Sibylle Peters, Prof. Dr. Jürgen Radel, Peter Hari und Philipp Hammans. Mein Dank gilt auch dem Team des Springer Verlags, die mir beim Lektorat und der Produktion zur Seite standen.

Alle Wegbegleiter eint die Überzeugung, dass die nächste Generation von Unternehmern und Institutionen in der Lage sein sollte, innovativer zu handeln, zum Wohle unserer aller Zukunft, und um die Welt in der wir leben immer besser zu machen. Allen Lesern wünsche ich auf ihrem eigenen Weg in die Digitalisierung viel Neugier, Freude und Kreativität. Über Kommentare und Anregungen freue ich mich auf der Website zum Buch unter www.kaireinhardt.de.

Berlin/Erfurt im Mai 2020

Prof. Dr. Kai Reinhardt

Inhaltsverzeichnis

1	**Einführung: Warum Digitalisierung wichtig ist**	1
	Literatur	8

Teil I Die digitale Wirklichkeit

2	**Der Big Shift – alles wird digital**	13
	2.1 Digitalisierung und digitale Revolution	14
	2.2 Entstehung der Informationsgesellschaft	23
	2.3 Postindustrielle Gesellschaft	25
	2.4 Technologische Konvergenz zur Digitalgesellschaft	27
	Literatur	34
3	**Einfluss der digitalen Transformation verstehen**	37
	3.1 Neuordnung der Kräfteverhältnisse	38
	3.2 Digitale Wirkungen in der Gesellschaft	47
	3.3 Wirkungen in der Arbeitswelt	51
	3.4 Wirkungen auf Sozialgefüge und Mensch	54
	3.5 Revolution oder Metamorphose?	60
	Literatur	65
4	**Auf dem Weg zur digitalen Identität**	67
	4.1 Sensemaking in digitalen Transformationsvorhaben	68
	4.2 Vom Technologie-Fokus zum Digital-First-Mindset	78
	4.3 Von Ablehnung zur digitalen Arbeitswelt	82
	4.4 Von der Datenelite zur Digital Workforce	87
	4.5 Von der Zerstörung des Kerngeschäfts zur digitalen Ambidextrie	91
	Literatur	96

Teil II Organisationen im Wandel

5 Neue Leitbilder der digitalen Organisation 101
- 5.1 Grundannahmen über Organisationen 102
- 5.2 Digitale Organisationsentwicklung 106
- 5.3 Computergestützte Organisation 114
- 5.4 Virtuelle Organisation 115
- 5.5 Systemische Organisation 117
- 5.6 Fraktale Organisation 121
- 5.7 Dezentralisierte Autonome Organisation (DAO) 123
- Literatur 125

6 Design der Digitalen Organisation 129
- 6.1 Die digital wirksame Organisation 130
- 6.2 Modell der digitalen DNA der Organisation 139
- 6.3 Designprinzip: Systemoffenheit 149
- 6.4 Designprinzip: Ganzheitlichkeit 151
- 6.5 Designprinzip: Disruptivität 152
- 6.6 Designprinzip: Dynamik 155
- 6.7 Designprinzip: Adaptivität 158
- Literatur 159

Teil III Gestaltungsfelder der digitalen Transformation

7 Digital Sensing: Organisation der Kundeninteraktion im digitalen Unternehmen 165
- 7.1 Neue Wirkungskräfte in der Kundenbeziehung 166
- 7.2 Kundenorientierung: Empowerment der Organisation 174
- 7.3 Digital Customer Experience Management (DCXM) 180
- 7.4 Digitale Produkt- und Serviceindividualisierung 183
- 7.5 Co-Design in der Kundeninteraktion 188
- 7.6 Zukünftige Entwicklungen in der Kundeninteraktion 189
- Literatur 191

8 Digitale Orientierung: Zukunft strategisch meistern 193
- 8.1 Survival of the most digital? Wie sich Strategie verändert 194
- 8.2 Neue Aspekte digitaler Strategiearbeit 198
- 8.3 Elemente der digitalen Transformationsstrategie 202
- 8.4 Verankerung digitaler Strategien in der Organisation 205
- 8.5 Zukünftige Entwicklungen in der digitalen Strategiearbeit 213
- Literatur 215

9	**Digital Leadership – Organisationen in digitalen Zeiten kompetent führen**	219
	9.1 Eine neue Risikokultur	220
	9.2 Von traditioneller zu digitaler Führung	224
	9.3 Paradoxien der digitalen Führung	229
	9.4 Digital Leadership Management als neuer Führungsstil	234
	9.5 Führungskräfteentwicklung in der Digitalisierung	242
	Literatur	254
10	**Digitale Innovation: Strategische Erneuerung digital beschleunigen**	257
	10.1 Erneuerung als Normalzustand	258
	10.2 Merkmale und Wirkung digitaler Innovationen	263
	10.3 Phasen der digitalen Innovation	272
	10.4 Methoden zur Verankerung digitaler Innovationen	275
	Literatur	283
11	**Digital Computing – Einsatz smarter Technologien in der digitalen Organisation**	285
	11.1 Digitale Technologien – Warum eigentlich?	286
	11.2 Technologien und ihre Rolle in der digitalen Transformation	289
	11.3 Cloud-Computing	294
	11.4 Internet of Things	299
	11.5 Blockchain	303
	11.6 Big Data und künstliche Intelligenz	308
	Literatur	315

Anhang 319

Übersicht über alle Übungen im Buch 325

Glossar 327

Stichwortverzeichnis 341

Autorenverzeichnis

Über den Autor

Prof. Dr. Kai Reinhardt ist Professor für BWL, Personal und Organisation an der Hochschule für Technik und Wirtschaft (HTW) Berlin. Seit Anfang der 2000er Jahre beschäftigt er sich mit anwendungsorientierten Fragestellungen rund um die Themen Informationsökonomie, Kompetenzmanagement und Online-Strategie. In Praxis- und Forschungsprojekten konzentriert er sich u. a. auf den Einfluss von neuen Technologien auf Mensch und Organisation. Er ist Autor zahlreicher Bücher sowie Fach- und Praxisbeiträge. Als einer der ersten Mitarbeiter bei ebay Deutschland gehörte er zu den Pionieren der deutschen Internet-Szene. Über 15 Jahre begleitete er führende Positionen in internationalen Konzernen in Digitalstrategie, Vertrieb und Business Development. Neben seiner Professur berät er Unternehmen bei der Weiterentwicklung ihrer Organisationsstrukturen mit neuen Technologien.

Kontakt: kai.reinhardt@gmail.com | Internet: www.kaireinhardt.de

Unterstützer und Mitautoren

Thies Hofmann ist Partner der ersten Stunde des unabhängigen Berliner Company Builders Bridgemaker. Er entwirft, validiert und implementiert neue Geschäftsmodelle mit Deutschen Mittelständlern und Konzernen in Form von Corporate Startups. Der 1988 geborene Familienvater ist Überzeugungstäter im Einsatz für mehr Mut und Innovationskraft in Deutschland und Europa. Nach Schulzeit in Deutschland und den USA studierte er Physik, Wirtschaftsingenieurwesen und Betriebswirtschaftslehre an den Universitäten Würzburg, Göttingen, Clausthal und München. Umfangreiche Erfahrungen als Strategieberater sammelte er bei goetzpartners, wo er sich auf die Themen Wachstum und Digitalisierung spezialisierte. Seit 2014 sammelte er Startup-Führungserfahrung als Teil des Leadership-Teams von Konux, einem weltweit führenden Anbieter und anerkannten Technologie-Pionier im Bereich AI gestützter Sensorsysteme. Neben seiner Tätigkeit bei Bridgemaker ist Thies ordentliches Mitglied im Think Tank Intrapreneurship & Innovation der Stiftung der Deutschen Wirtschaft sowie regelmäßiger Gastredner und Autor.

Prof. Dr. Julian Kawohl ist der einzige ehemalige Strategiechef eines Euro Stoxx 50 Unternehmens (Deutschlandgeschäft des Versicherers AXA) unter Deutschlands's Wirtschaftsprofessoren. Seit 2015 hat er die Professur für Strategisches Management an der Hochschule für Technik und Wirtschaft (HTW) in Berlin inne. Sein Fokus als Autor, Keynote Speaker und Senior Advisor für Unternehmen aus verschiedenen Branchen liegt u. a. auf den Themenfeldern digitales Management, digitale Transformation und digitale Ökosysteme.

Janina Kose verantwortet bei der EnBW AG, einem der größten deutschen Energieversorger, den General Circle der EnBW Innovation und entwickelt neue Arbeitsformen für hybride Organisationen, die ein hohes Maß an Eigenverantwortung fördern. Sie unterstützt Zusammenarbeit für innovative Performance und verzahnt Aktivitäten der Innovation mit Prozessen des Konzerns. Zuvor war Sie Leiterin des Bereichs Market Intelligence mit einem Fokus auf analytischer und datenbasierter Entscheidungskultur, nach verschiedenen Stationen in der Marketing- und Kommunikationsberatung, im vertrieblichen Umfeld der Yello Strom GmbH. Als Wirtschafts- und Organisationspsychologin beschäftigt sie sich wissenschaftlich mit dem Thema Leadership Management und digitaler Transformation. Veröffentlichungen im Springer Verlag: „Innovation und Digitalisierung: 4 Phasen zum digitalen Unternehmen bei der EnBW" sowie geplante Veröffentlichung in Q1/2020 „Warum ein Energiekonzern wie die EnBW digitaler und innovativer werden musste."

Prof. Dr. Klaus North lehrt Lehrt internationale Unternehmensführung an der Wiesbaden Business School, Hochschule RheinMain. Er verfügt über lange Praxiserfahrung aus der Beratung und ist Autor des Standardwerks „Wissensorientierte Unternehmensführung" (7. Auflage, Springer Gabler 2020) und vieler Publikationen zum Kompetenz-, Wissens-und Innovationsmanagement. Weiterhin berät er führende Unternehmen und lehrt an internationalen Hochschulen. Kontakt: k.north@gmx.de | Internet: www.north-online.de.

Ben Renshaw ist Autor, Coach, Berater und Keynote Speaker. Seine innovative Zusammenarbeit mit Organisationen wie British Telecom, Heathrow, Heinz, IHG, Sainsbury's und Unilever hat ihm internationale Anerkennung eingebracht. Sein Fokus auf authentischer Führung und Höchstleistung verbindet sich mit seinem inspirierenden „Purpose"-Ansatz, der weltweit von Unternehmen genutzt wird. Als Autor von acht Büchern, darunter Purpose, Lead! und SuperCoaching, rückt seine Arbeit in den Mittelpunkt jeder Situation und schafft die Voraussetzungen für neue Lösungen.

Hans-Georg Schnauffer verantwortete verschiedene Wissensmanagement-Positionen, u. a. am Fraunhofer IFF und als Leiter Strategisches Wissensmanagement der thyssenkrupp AG. Er war mehrere Jahre Vorstand und Präsident der Gesellschaft für

Wissensmanagement. Er bekleidete außerdem mehrere Beiratstätigkeiten u. a. beim BMWi, der Zukunftsallianz Arbeit und Gesellschaft e. V. sowie im Programmkomitee der KnowTech. Seit mehreren Jahren ist sein Schwerpunkt Wissensmanagement und Industrie 4.0. Zunächst in der Zentrale der Fraunhofer-Gesellschaft, ab 2017 in der Geschäftsstelle der Plattform Industrie 4.0. Seit 2019 ist er als Forschungskoordinator Industrie 4.0 im BMBF-Forschungscampus ARENA2036 (Active Research Environment for the Next Generation of Automobiles) der Universität Stuttgart tätig, sowie als Dozent an der HTW Berlin.

Kilian Veer ist Partner des unabhängigen Berliner Corporate Company Builders Bridgemaker. Er entwickelt mit führenden deutschen Unternehmen neue Geschäftsmodelle aus denen zahlreiche erfolgreiche Corporate Startups entstehen. Veer studierte Wirtschaftsingenieurwesen an der TU-Berlin und schloss sein Studium als Schnellster seines Jahrgangs bereits zwei Semester vor Regelstudienzeit mit einem Diplom ab. Seine berufliche Laufbahn startete er bei PayPal in Berlin. Weitere Stationen umfassten Managementberatung bei PWC Management Consulting (Strategy&), wo er Unternehmen bei der digitalen Transformation unterstütze noch bevor dies in Mode kam, sowie das Deutsche Biotechnologie Unternehmen QIAGEN, bei dem er eine eigene Abteilung zur Digitalisierung aller Sales- und Serviceprozesse aufbaute. 2015 gründete er als Co-Founder ZAGENO, den mittlerweile größten und global agierenden Marktplatz für Biotechnologie. Kilian ist als gefragter Gastredner und Gastdozent in Deutschland, den USA und Asien tätig.

Einführung: Warum Digitalisierung wichtig ist

Zusammenfassung

Dass die Digitalisierung immer weiter voranschreitet, steht außer Frage. Die digitalen Technologien des 21. Jahrhunderts spielen eine immer größere Rolle, wenn es um die Neugestaltung von Unternehmen und Organisationen geht. Doch wie kann der Einfluss der Digitalisierung aus praktischer Perspektive bei der Organisationsgestaltung und Führung berücksichtigt werden? Gibt es neue Wege, die Digitalisierung durch gezielte Entwicklung digitaler Organisationen besser zu bewältigen? Diese Fragen versucht dieses Buch zu klären. In diesem Kapitel wird ein Überblick über den Themenkomplex der Digitalisierung in Organisationen gegeben und aufgezeigt, wie das Buch aufgebaut ist. Themen in diesem Kapitel: Neoklassische Unternehmenstheorie, FAANG-Unternehmen, Big Shift, Ziele des Buches.

Der Kontext: Das Ende klassischer Unternehmenstheorie

Nicholas Negroponte prognostizierte bereits vor mehr als 25 Jahren, dass der Einfluss von Computern zu völlig neuen Formen der Dezentralisierung in der Wirtschaft führen wird. Seiner Ansicht nach würde der Einfluss digitaler Technologien dazu führen, dass sich das bis dato vorherrschende zentralistische Verständnis über Organisationen gänzlich verändert: (Negroponte 1995)

> It means the enterprise of the future can meet its computer needs in a new and scalable way by populating its organization with personal computers that, when needed, can work in unison to crunch on computationally intensive problems. Computers will literally work both for individuals and for groups. I see the same decentralized mind-set growing in our society, driven by young citizenry in the digital world. The traditionalist centralist view of life will become a thing of the past. (Negroponte 1995)

A thing of the past. Diese Aussage wirkt aus heutiger Sicht nahezu prophetisch. Negroponte, als einer der Wegbereiter der Digitalisierung, erkannte früh, dass Organisationen mit zentralistischen Systemarchitekturen, Top-down-Zielvorgaben, 5-Jahres-Strategieplänen, auf Jahre hin festgelegten Qualifikationsanforderungen, starren bürokratischen Konzernrichtlinien oder endlosen Meetingprotokollen nicht mehr zu den Rahmenbedingungen eines **digitalen Zeitalters** passen. Mit seiner Prognose sollte er recht behalten und liefert gleichzeitig eine treffende Beschreibung des Kontexts im einsetzenden Digitalzeitalter. Heute wissen wir, dass die **neoklassische Unternehmenstheorie,** die von hierarchisch geführten und auf Gewinnmaximierung konditionierten Organisationen ausgeht, in weiten Teilen überholt ist und deren Annahmen von der Art und Weise, wie Unternehmen organisiert werden, nicht für ein digitales Zeitalter geeignet ist. Beispiele für das Scheitern derartiger Versuche, trotz Festhalten an herkömmlichen Strukturen die Herausforderungen der Digitalisierung zu bewältigen, gibt es viele: So fegte die Digitalisierung u. a. das renommierte Versandhaus Quelle, den Mobilfunkanbieter Nokia oder auch den Fotogiganten Kodak einfach vom Markt (vgl. auch Abschn. 4.5 zum Praxisbeispiel von Kodak). Das Tempo, in dem Unternehmen im digitalen Zeitalter aufgrund fehlerhafter Führung oder aufgrund zögerlicher Strukturveränderungen in schwierigen Zeiten ihre Vormachtstellung verlieren können, hat sich immens beschleunigt. In der heutigen Wirtschaftswelt gibt es kein Unternehmen mehr, das ohne digitale Fähigkeiten auskommen kann, wie Michael Gale, Partner bei Pulsepoint bestätigt: (Rogers und Bruce 2016)

> Virtually every Forbes Global 2000 company is on some sort of digital transformation journey. Some are getting it right and others struggle. Basically, one in eight got it right and then there were ranges of failure to really whereby more than 50 percent just didn't go right at all.

Hintergrund
Neoklassische Unternehmenstheorie
Der Begriff der neoklassischen Ökonomie geht auf eine wirtschaftswissenschaftliche Denkschule zurück, deren Wurzeln bis in das frühe 20. Jahrhundert zurückreichen. Im Kern wird darin eine Theorie beschrieben, die sich gänzlich auf Angebot und Nachfrage stützt. Das klassische Verständnis für den Wert einer Ware ergibt sich aus den Produktionskosten sowie der Nutzenerwartung an ein bestimmtes Wirtschaftsgut. Diese Schnittmenge aus objektivem Angebot und subjektiver Nachfrage ist bis heute das zentrale Schlüsselelement der ökonomischen Bildung und Forschung und zählt zum Mainstream der Wirtschaftswissenschaften. Der neoklassischen Auffassung zufolge ist das wirtschaftliche Ziel einer Organisation einzig und allein die Verteilung knapper Ressourcen, was als Effizienz verstanden wird, und die stets mit dem Ziel verbundene Auffassung, die verfügbaren Ressourcen optimal zu nutzen, bei gleichzeitiger Maximierung des individuellen Nutzens (Arnsperger et al. 2009). Wie jede wirtschaftswissenschaftliche Denkschule ist auch die neoklassische Ökonomie einem Wandel unterzogen und geriet aufgrund dieser grundlegend auf Rationalität ausgerichteten Auffassung in die Kritik. Ein zentraler Kritikpunkt ist dabei das Verständnis, wie Menschen ihre Entscheidungen treffen. Die neoklassische Denkschule geht davon aus, dass ein Unternehmer die Eigenschaften eines vollkommen auf Rationalität und

Gewinnstreben ausgerichteten **Homo Oeconomicus** aufweist. In dieser modellhaften Vorstellung nutzen Entscheider bei der Gestaltung ihrer Unternehmenspolitik als einzige Aktionsparameter die Möglichkeiten zur Gestaltung von Preis- und Mengenpolitik. In den Märkten sind die Waren und Dienstleistungen damit statisch. Einzig mit relativen Preisunterschieden wird die Präferenzbildung beim Konsumenten erklärt. In einer von digitalen Innovationen und dynamischen Märkten geprägten Umwelt jedoch wirken sich technologische Innovationen auf die Präferenzbildung aus. Neuere wirtschaftswissenschaftliche Theorien aus dem Bereich der Verhaltensökonomie gehen deshalb stärker als bislang von einer stark differenzierten Präferenzbildung aus (Falch et al. 2018). Damit gewinnt das individuelle Verhalten menschlicher Akteure in den Wirtschaftswissenschaften zunehmend an Bedeutung.

Lesetipp
Bardmann, Manfred (2011): Grundlagen der Allgemeinen Betriebswirtschaftslehre, Wiesbaden, Springer Fachmedien Wiesbaden GmbH, 2011, S. 275–295.

Nicht ohne Grund sind deshalb die wertvollsten börsennotierten Unternehmen der Welt digitale Tech-Giganten, zu denen unter anderem Facebook, Amazon, Apple, Netflix und Google zählen – die sogenannten **FAANG-Unternehmen.** (KPMG 2018) Geprägt wurde dieser Begriff von Jim Cramer, einer US-amerikanischen TV-Ikone im Finanzbereich. Die Abkürzung FAANG steht für eine Gruppe besonders leistungsstarker Technologieunternehmen, deren Erfolg sich hauptsächlich auf den Digitalisierungs-Sektor bezieht. Die Organisationen dieser Unternehmen verfügen folglich über einzigartige, auf die Digitalisierung ausgerichtete **strategische Fähigkeiten,** die durch flexible und agile Organisationssysteme erreicht werden. Ausgestattet mit diesen Fähigkeiten „outperformen" diese Unternehmen vergleichbare traditionelle Marktteilnehmer. Begründen lassen sich diese Spitzenleistungen durch einzigartige organisationale Fähigkeitsbündel, die diese Unternehmen besitzen, die im Zeitalter der Digitalisierung aus Markt- und Kundensicht besonders wichtig erscheinen, z. B.

- große Datenmengen in Echtzeit zu verarbeiten,
- digitale Geschäftsmodelle mit der physischen Welt zu koppeln,
- verteilte und fragmentierte Kundendaten intelligent zu analysieren oder zu speichern und
- neue technologische Verfahren, Prozesse und Innovationen in sehr kurzer Zeit zu entwickeln und an den Markt zu bringen.

Doch so schnelllebig wie die Digitalisierung selbst sind auch ihre eigenen Idole. Mittlerweile schlägt Cramer eine neue Abkürzung vor: Die WANG-Unternehmen. Die neuen Stars sind demnach Walmart, Apple, Netflix und Google, weil diese Unternehmen ihr Geschäftsmodell immer stärker auf die digitalen Bedürfnisse der Kunden ausrichten. So gibt es Berichte, die von einem Angriff von Walmart als traditioneller Einzelhandelsgigant auf den Abodienst „Prime" von Amazon sprechen. Mit Walmart+ sollen Kunden einen „Delivery Unlimited Service" nutzen können, der ähnlich wie beim Konkurrenten Amazon, die Möglichkeit eröffnet, schnell und kostenfrei digital zu bestellen.

Es zählen offenbar diejenigen Organisationen zu der digitalen Erfolgsgruppe, die in der Lage sind, ihr Geschäfts- und Delivery-Modell schneller als andere an die Erfordernisse des 21. Jahrhunderts anzupassen (Consulting 2012). Sie besitzen, folgt man den Argumenten der Finanzinvestoren, die notwendige digitale Reife, um nicht nur digitale Geschäftsformen und technologische Innovationen zu entwickeln, sondern eine umfassende unternehmensweite Transformation zum Wohl ihrer Kunden voranzutreiben. Um dies zu tun, entwickeln sie mit aller Konsequenz eine einzigartige **digitale DNA,** die die Grundlage ihres Erfolgs darstellt und ihre Wachstumsziele langfristig sichert.

Die Herausforderung: Der digitale Wandel als Big Shift
Aber eben nicht alle Unternehmen sind bei der Umsetzung digitaler Transformationsvorhaben gleichermaßen erfolgreich, wie die FAANG- oder WANG-Unternehmen. So zeigen Studien, dass nur etwa zwölf Prozent aller Unternehmen überhaupt ihre digitale Transformation erfolgreich bewältigen. Volkswirtschaftlich betrachtet sprechen wir von einem immensen Schaden und sehr hohen Fehlinvestitionen für gescheiterte Digitalisierungsversuche. Die Gründe sind häufig innerorganisationale Fehler, die Unternehmen begehen. In der Folge bestraft u. a. der Kapitalmarkt die Unternehmen mit Wertverwässerung ihrer Bewertung an der Börse, hohe interne Folgekosten führen zu Fehlallokationen verfügbarer Finanzmittel, es kommt zu Verzögerungen bei der Umsetzung digitaler Planungen, die das Außenbild der Firma beschädigen und zu guter Letzt verlassen kompetente Mitarbeiter das Unternehmen, da sie ihre Ideen nicht umsetzen können. Dies alles sind Symptome gescheiterter Digitalisierungsvorhaben.

Die gute Nachricht ist, dass der Anteil der Unternehmen, die ihre digitalen Ziele in den letzten Jahren verfehlten, auf ca. 20 % gesunken ist (Patrick Litré et al. 2018). Es ist also Licht am Ende des Tunnels. Aber die Zahlen sind natürlich alles andere als befriedigend. Die Gründe für diese hohe Fehlerrate finden sich, wie bereits erwähnt, innerhalb der Unternehmen. So überschätzen sich viele Entscheider selbst, wenn es um die Umsetzungschancen der digitalen Transformationsvorhaben geht. Trotz des ausgeprägten Gespürs für die Gefahren der Digitalisierung – immerhin geben über 70 % aller Entscheider an, dass sie die Gefahren der Digitalisierung erkennen – hat die Vielzahl keine Antworten darauf, wie die eigene Organisation fit für die Digitalisierung wird. Ein eher ambivalentes Ergebnis in Bezug auf Wunsch und Wirklichkeit der digitalen Transformation (Reinhardt et al. 2018).

Um die Ziele der Digitalisierung zu erreichen, sind Unternehmen gefordert, nicht die technokratische Seite der Digitalisierung in den Blick zu nehmen, sondern sich vor allem auch mit der strukturellen und verhaltensanalytischen Perspektive auseinanderzusetzen: dem Denken, Handeln und Verhalten im Kontext der Digitalisierung. Oftmals ist sogar den Entscheidern selbst nicht die gesamte Palette transformatorischer Perspektiven bewusst, was zu Fehlentscheidungen und Fehlannahmen führt (Kap. 4). Entwickeln Unternehmen Digitalansätze, werden diese häufig aufgrund von Unwissenheit oder bewusster Abwehrreaktionen auf rein funktionale Themen begrenzt, wie beispielsweise neuen digitalen Prozessanweisungen, der Einführung neuer technischer Systeme oder der

Entwicklung digitaler Produkte. Doch wichtige organisatorische Stellhebel der digitalen Transformation, die sich in der Innenwelt der Organisation finden, werden nur zögerlich hinterfragt oder gar verändert. Diese Resistenz führt zu einem enormen Druck auf die Organisation, dem nicht selten negative Abwehrreaktionen folgen: Gerüchte über den Abbau von Arbeitsplätzen entstehen, Ängste vor Machtverlust durch den Umbau der Organisationsstrukturen werden geschürt, Karrieren und Lebensplanungen werden infrage gestellt, Unternehmensbereichen droht die Existenzberechtigung zu entgleiten.

Doch gerade in diesen vielen organisationalen Mikrotransformationen finden sich entscheidende Katalysatoren zur digitalen Transformation. Aber nur ein umfassendes Verständnis darüber, welche Faktoren die digitale Transformation der Organisation beschleunigen, führt zum Erfolg. John Hagel, Vorstand des Deloitte Centers for Edge Innovation, sagt, dass viele Unternehmen den Fehler begehen, eine Momentaufnahme eines bestimmten geschäftlichen Kontextes zu machen, um sich dann darauf zu konzentrieren, lediglich diese Momentaufnahme zu verstehen. Heute funktioniert diese statische Herangehensweise nicht mehr. Denn die Organisation befindet sich wortwörtlich im Fluss. Die Einflüsse der digitalen Umwelt nehmen exponentiell zu, was konventionelle Maßnahmen der Planung ad absurdum führt. Mit dieser großen Veränderung in der strategischen Unternehmensführung – dem **Big Shift** – kämpfen heute alle Unternehmen (Hagel und John 2019).

Ziel des Buches: Organisationen von innen heraus digitaler machen
Ein Bewusstsein für die digitalen Veränderungsfelder zu schaffen, ist Ziel dieses Buches. Anstatt dem Leser fix und fertige Kochrezepte zur Bewältigung der digitalen Transformation zu bieten (wie es nicht selten viele Ratgeberbücher versuchen) soll dieses Buch einen ganzheitlichen Ausgangspunkt zur Auseinandersetzung mit den organisatorischen Perspektiven der Digitalisierung liefern. Dieser Weg soll es dem Leser erleichtern, einen eigenen Fahrplan zur digitalen Transformation zu entwickeln, angepasst an die Bedürfnisse seiner Organisation.

Den inhaltlichen Rahmen für das vorliegende Lehrbuch liefert die stufenweise Einführung in die unterschiedlichen Themenfelder der Digitalisierung von Organisationen, kombiniert mit wissenschaftlichen Grundlagen und vielen Praxisbeispielen, die Einblicke in die alltäglichen Herausforderungen im Top-Management, im HR oder in anderen Entscheidungsfunktionen bieten. Ergänzt wird dies durch viele didaktische Lernhilfen, wie beispielsweise Interviews mit Digitalisierungs-Experten, Checklisten zur Analyse und zur Entwicklung eigener Digitalisierungsprogramme oder Übungen für Kleingruppen und zum Selbstlernen. Dieses Buch richtet sich vor allem an Studierende aus Studiengängen wie der Betriebswirtschaftslehre, Managementwissenschaften, Innovationsmanagement, Vertrieb oder Marketing oder der HR- und Organisationsentwicklung. Des Weiteren bietet der Fundus an praktischen Beispielen und Tools eine ideale Ausgangsbasis für Masterseminare oder Führungskräfte-Trainings, da die Lerner mit unterschiedlichen Perspektiven der Digitalisierung in Berührung kommen.

Den roten Faden liefert das **Modell zur Transformation der digitalen DNA** mit seinen Gestaltungsfeldern der digitalen Organisation. Das Framework bietet die Grundlage zur Vorbereitung der Lernenden auf die Praxis der Digitalisierung. Im Ergebnis soll der Lernende in die Lage zu versetzt werden, die Veränderungsaspekte der digitalen Transformation aus organisationaler Sicht zu verstehen. Denn bei digitalen Transformationen geht es nicht um Prozess- oder Technologieaspekte. Firmen sind heute viel stärker gefordert, die nicht-technischen Herausforderungen zu bewältigen, wie z. B. die Anpassung der Rollen und Entscheidungsmuster, die Gestaltung kooperativer Umgebungen abseits von Hierarchien und Machtzentren, der Aufbau nesuer innovativer Digital-Zellen oder die Etablierung einer Digital-Leadership-Führungskultur.

Doch anstatt diese Themen mit aller strategischen Sorgfalt zu bearbeiten, konzentriert sich das Topmanagement vieler Firmen häufig auf technologische Fragestellungen, wie z. B. Blockchain, künstliche Intelligenz, Industrie 4.0 oder Robotik. Die organisatorischen Aspekte aber, die damit einhergehen und die den Erfolg der Digitalisierung per se beeinflussen, bleiben häufig unberücksichtigt. Diese Ambivalenz zwischen ambitionierten Digitalzielen und tradierten Vorstellungen zu Organisation, Struktur, Kommunikation und Führungsmodell überfordert viele Unternehmen und Entscheider. Bleiben Strukturen, Prozesse, Führungssysteme, Kompetenzmodelle, Leistungsgrößen und Vernetzungsformen auf dem Niveau der Industrialisierung stehen, drohen Digitalisierungsvorhaben zu scheitern.

Ein weiterer Aspekt, der die Notwendigkeit eines Umdenkens verdeutlicht, ist der bevorstehende Generationenkonflikt, in dem sich viele Firmen befinden: Heute schon wissen wir z. B., dass im Jahr 2025 bereits 75 % aller Mitarbeiter der Millennials-Generation angehören werden. Diese Generation ist mit der Digitalisierung groß geworden und wurde innerhalb dieses Kontextes sozialisiert: Sie posten Fotos in der Cloud, kommunizieren über digitale Kanäle miteinander, verabreden sich über soziale Netzwerke, sind in virtuellen Teams kreativ und organisieren ihr Leben mit digitalen Tools. Diese Mitarbeiter kommen in wenigen Jahren in unsere Unternehmen und erleben dort immer noch starre Hierarchien, unflexible Karrieresysteme oder intransparente Entscheidungen zur Ausrichtung der Unternehmensbereiche und Strategie. Aber genau von diesen Mitarbeitern erwarten wir, dass sie innerhalb der organisationalen Strukturen innovativ und produktiv agieren. Dies ist ein Widerspruch, der nur über eine radikal neue digitale Organisationsausrichtung überwunden werden kann. Denn keine isolierte Entscheidung zur digitalen Veränderung besitzt allein für sich die Kraft zur Neuentwicklung. Nur das richtige Zusammenspiel zwischen der technologischen Veränderung und der inneren Anpassung und Reformation der Organisationselemente führt im Ergebnis zur Entwicklung einer digitalen DNA der Organisation.

Grundlage, um die **digitale DNA** zu entwickeln, ist das Verständnis der digitalen Konzepte und Prinzipien, die auf unterschiedliche Art und Weise auf verschiedenen organisationalen Ebenen richtig angewendet werden. Die moderne Organisationsentwicklung kennt für diese Konzepte heute bereits unzählige Namen: Wir nennen es Agilität, Durchlässigkeit, Soziokratie, Holokratie, Digitalisierung, New Work, Design

Thinking, Kundenzentrierung, Disruption, digitales Ökosystem und so weiter. Diese Aufzählung ließe sich beliebig fortsetzen. Hinter dieser konzeptionellen und teils ideologischen Begriffsvielfalt stecken aber durchaus wirkungsvolle neue Formate zur digitalen Transformation organisationaler Strukturen, wobei jeder Ansatz für sich genommen stellvertretend für eine Mikrotransformation hin zu mehr digitalem Denken und Handeln in einem von digitaler Technologie geprägten Zeitalter steht. Die verfügbaren Technologien eröffnen uns innovative Möglichkeiten zur Zusammenarbeit und Entwicklung. Die gleichen Entwicklungen erfordern allerdings auch, dass die tieferliegenden Schichten einer Organisation überdacht und auf Grundlage neuer Erkenntnisse an die Erfordernisse des digitalen Zeitalters angepasst werden, damit Organisationen den Big Shift überleben können. Das Wissen über die digitale Transformation einer Organisation liefert die Grundlage, damit die vielen Konzepte adaptiert werden und auch traditionelle Unternehmen, Mittelständler und Institutionen so agil wie ein Start-up agieren und sich entwickeln.

Was Sie in diesem Buch erwartet
Um den Lesern einen optimalen und auf die persönlichen Lernbedürfnisse zugeschnittenen Einstieg in die Thematik zu bieten, ist dieses Lehrbuch in drei Teile untergliedert:

- Überblick über die Natur des digitalen Wandels in Gesellschaft und Wirtschaft und eine Diskussion, wie Unternehmen mit dem Unerwarteten in Form der disruptiven Zerstörung bekannter Muster umgehen
- Eine Reise in die strategischen Denkmuster digitaler Organisationen bezogen auf die digitalen Wirkungen in der Außenwelt als Geschäftsumfeld einer Organisation sowie deren Innenwelt bezogen auf Mitarbeiter und Arbeitsorganisation
- Die Anwendung des Modells der digitalen Transformation mit dem Ziel, die unterschiedlichen Gestaltungsfelder der digitalen DNA einer Organisation zu verstehen.

Im einführenden Teil des Buches geht es um die wirtschaftlichen und gesellschaftlichen Spannungen und Verwerfungen, aber auch um die Chancen, die sich aus den schnellen Veränderungen in einer digitalen Zeit ergeben. Anstatt bloß auf technologische Entwicklungen zu blicken, deren Halbwertszeit nur wenige Jahre lang ist, geht es um die Erfahrungen von Menschen und Organisationen, mit der digitalen Metamorphose umzugehen. Ziel ist es, die Möglichkeiten von Organisationen und des Einzelnen in einer Organisation zu klären. Im wirtschaftswissenschaftlichen Kontext ist ebenfalls die Frage zu klären, wie traditionelle Unternehmen heute auf die Digitalisierung reagieren und welchen Herausforderungen sie sich gegenübersehen, welche Fehler sie machen und wie sie daraus lernen.

Inhaltlich richtet sich anschließend der Blick auf die konkreten Gestaltungsfelder digitaler Organisationen. Geklärt wird, wie sich das Denken, Verhalten und die Methoden in den verschiedenen Transformationsfeldern der digitalen DNA verändern. Der kontextuelle Zusammenhang zwischen den Feldern öffnet den Blick für eine neue Landkarte zur Navigation durch digitale Transformationsvorhaben und beinhaltet u. a. die folgenden thematischen Schlüsselbereiche:

- Veränderung des organisatorischen Leitbildes in digitalen Zeiten
- Entwicklung einer neuen digitalen Identität der Organisation
- Design digitaler Organisationsstrukturen und -modelle
- Digital Sensing und Kundenzentrierung
- Digitale Orientierung und Umsetzung digitaler Strategien
- Digitale Führung und Führungsarbeit
- Digitale Innovationsentwicklung und -transfer in der Organisation
- Emergente Digitaltechnologien als Grundlage transformativer Veränderungen.

Diese Felder bilden den wissenschaftstheoretischen Rahmen zur Entwicklung eines veränderten Verständnisses, was Organisationsentwicklung in digitalen Zeiten ausmacht. Durch die systematische Reflexion der Schlüsselfelder werden Leserinnen und Leser in die Lage versetzt, selbstständig Entscheidungen zur Flexibilisierung von Organisationen zu treffen, um eine höhere Adaptionsfähigkeit zu entwickeln. Die Diskussionen im Buch sind ein Mix aus wissenschaftlich geprüften Fakten und vielen praktischen Hinweisen.

▶ **Hinweis**
Aus Gründen der besseren Lesbarkeit verwenden wir in diesem Buch überwiegend das generische Maskulinum. Dies impliziert immer beide Formen, schließt also die weibliche Form mit ein.

Literatur

Arnsperger, Christian und Yanis Varoufakis. 2009. What is neoclassical economics? The three axioms responsible for its theoretical oeuvre, practical irrelevance and, thus, discursive power. *Panoeconomicus* 53 (1): 7–12.

Falch, Morten und Anders Henten. 2018. Universal service in a digital world: The demise of postal services. *Nordic and Baltic Journal of Information and Communications Technologies* 2018 (1): 3 (01.09.2018).

Hagel, John. 2019. Small moves, smartly made. https://edgeperspectives.typepad.com/edge_perspectives/2019/02/small-moves-smartly-made.html. Zugegriffen: 15. Aug. 2019.

KPMG. 2018. *The changing landscape of disruptive technologies,* 27. Delaware, USA: KPMG.

Litré, Patrick, David Michels, Sebastian Walter, und Melissa Burke. 2018. Soul searching: True transformations start within. https://www.bain.com/ja/insights/soul-searching-true-transformations-start-within. Zugegriffen: 8. Mai 2019.

Negroponte, Nicholas. 1995. The digital revolution. *The Futurist* 1995:67–68.

Literatur

Reinhardt, Kai, und Saskia Lueken. 2018. Digital Leadership Exzellenz – Kompetenzmodell für erfolgreiche Führung im digitalen Zeitalter. In: Digitale Innovationen für Berliner Unternehmen. Erkenntnisse des HTW-Forschungsprojekts „Digital Value", Berlin.

Rogers, Bruce. 2016. Why 84% of companies fail At digital transformation. https://www.forbes.com/sites/brucerogers/2016/01/07/why-84-of-companies-fail-at-digital-transformation. Zugegriffen: 7. Mai 2019.

Westerman, George, Maël Tannou, Didier Bonnet, Patrick Ferraris, und Andrew McAfee. 2012. „The Digital Advantage: How Digital Leaders Outperform Their Peers in Every Industry." MIT Sloan Management Review, 1–24. abgerufen von http://www.capgemini.com/resource-file-access/resource/pdf/The_Digital_Advantage__How_Digital_Leaders_Outperform_their_Peers_in_Every_Industry.pdf

Teil I
Die digitale Wirklichkeit

Der Big Shift – alles wird digital 2

Zusammenfassung

Wir leben im Zeitalter der Digitalisierung. Dieses Zeitalter ist durch die immense Verbreitung digitaler Technologien in allen Lebensbereichen geprägt. Viele neue, teils radikale Technologien, u. a. soziale Netzwerke, Data Analytics, künstliche Intelligenz, digitale Zwillinge usw., führen zu gravierenden Verhaltensveränderungen bei Mensch und Organisation – dem Big Shift. Diese große Veränderung hängt stark mit dem Wandel von der Industrie- zur Digitalgesellschaft zusammen, dem Organisationen und Individuen ausgesetzt sind und innerhalb dessen sie sich neu verorten. In diesem Kapitel geht es um die mit dem Wandlungsprozess verbundenen Phänomene auf gesellschaftlicher, organisatorischer und individueller Ebene. Auch stellen wir die Frage, ob es alternative Erklärungsmodelle zur vierten industriellen Revolution gibt.

In diesem Kapitel erfahren Sie
- welche Entwicklungsstufen es von der Industriegesellschaft bis zur digitalen Gesellschaft gibt,
- warum von der vierten industriellen Revolution gesprochen wird,
- ob diese Sichtweise angebracht ist,
- welche Prämissen der technologischen Utopie zugrunde liegen.

Themen des Kapitels
Digitalisierung, industrielle Revolution, perpetuelle Disruption, Informationszeitalter, informationelle Gesellschaft, postindustrielle Gesellschaft, Wissensgesellschaft, digitale Netzwerkgesellschaft, technologische Utopie, bedingungsloses Grundeinkommen

2.1 Digitalisierung und digitale Revolution

Wir leben im Zeitalter der **Digitalisierung**. In den letzten 30 Jahren gab es eine Reihe technologischer Phasen, in denen sich Technologien der Digitalisierung weiterentwickelten und nahezu alle Arbeits- und Lebensbereiche veränderten. Amazon als ein rein digitales Unternehmen ist mittlerweile der größte Buchhändler der Welt, ohne ein einziges Ladengeschäft zu besitzen. Pixar Animation Studios, eine Firma, die sich auf Computeranimationen versteht, hat seit 2001 zehn Oscars gewonnen und wurde für 13 Oscars nominiert, ohne einen einzigen Schauspieler zu zeigen. Uber Technologies, ein Dienstleistungsunternehmen, das Online-Vermittlungsdienste zur Personenbeförderung anbietet, ist der am höchsten bewertete Mobilitätsanbieter, ohne ein einziges Auto zu besitzen oder auch nur einen Taxifahrer anzustellen. Airbnb ist die höchstbewertete globale Hotelkette, die kein eigenes Hotel besitzt. Diese Beispiele zeigen deutlich welchen Stellenwert die Digitalisierung in der Wirtschaft einnimmt.

Der gemeinsame Nenner dieser Unternehmen ist, dass sie vorwiegend **digitale Ressourcen** dazu einsetzen, um mit der Welt zu interagieren und digitale Services anbieten, die sie auf Grundlage neuer Geschäftsmodelle entwickeln. Mit den neuen Angeboten und Vorgehensweise verändern sie die üblichen Regeln von Wettbewerb und Markt teilweise radikal. Alles dies basiert auf der Einführung neuer Arbeitsmethoden, die sich auf neue digitale Technologien gründen. In der Folge verändern sich nicht nur Methoden und Arbeitsweisen, sondern das gesamtgesellschaftliche Gefüge. Typisch für die digitale Ära ist die immense Nutzung von Digital- und Computertechnologien in Unternehmen, Branchen und Ländern zur Verarbeitung von Informationen und Daten. (vgl. Kap. 10) Unter anderem betrifft dies die Verbreitung von Internetanwendungen, mobilen Online-Services, sozialen Netzwerken, Cloud-Computing, industriellen Online-Anwendungen (Internet of Things), Voice-over-IP-Protokollen, automatisierter Robotik, künstlicher Intelligenz (KI) oder Big Data-Analyse. Um zu verstehen, was die Folgen aus dieser Technologisierung sind, ist es wichtig, sich vor allem mit dem Begriff der Digitalisierung zu beschäftigen.

▶ **Digitalisierung** Beschreibt den mathematischen Prozess der Umwandlung von Informationen, die in Form physischer Repräsentationsformen von realen Objekten vorliegen, in ein digitales und computerlesbares Format, wodurch digitale Informationsübertragung ermöglicht wird.

In Zeiten der Digitalisierung bestimmen also Bits und Bytes unser Leben, wie die Definition zeigt. Dies lässt sich auch an den Zahlen zur Entwicklung der Computer- und Informationstechnologie belegen: Hatten im Jahr 1990 erst knapp 2 % der Internetnutzer ab 14 Jahren in Deutschland Zugang zum Internet sprechen wir heute von über 90 % aller Einwohner. Während die Internetnutzung bei den 14 bis 29-Jährigen fast bei 100 % liegt, bewegt sich die Nutzung in der Altersgruppe zwischen 50 bis 64 immerhin bei 75 %. Weltweit besitzt im Vergleich fast die Hälfte aller Privathaushalte bereits einen Computer. Im gleichen Zeitraum der letzten 25 bis 30 Jahre sanken aber auch die Preise für Computertechnologie immens – bei immer mehr Leistungsfähigkeit der Computer. Waren im Jahr private Rechner mit einer Speicherausstattung von 512 Kilobyte RAM-Speicher und 20 MB Festplatte noch eine teure Anschaffung, bewegen wir uns heute im konventionellen Privatbereich bei einem Terabyte Speicherkapazität. Dies entspricht dem 100.000-fachen der heutigen Speicherkapazität im Vergleich zu 1995.

Es ist also nicht übertrieben zu behaupten, dass Computer und Informationstechnologie weite Teile unseres Lebens bestimmen. Computer und smarte Endgeräte werden aufgrund ihrer hohen Verbreitung und Nutzung in praktisch allen Lebensbereichen zum Bestandteil unseres Lebens: Wir setzen schnellere, leistungsfähigere und günstigere Computer in unserer Arbeit und im Privaten ein. Die größeren und günstigeren Datenspeicher ermöglichen die Entwicklung neuer Geschäftsmodelle. Mit dieser Entwicklung werden Tätigkeitsbereiche vereinfacht und Prozesse in Unternehmen verschlankt, ehemals große Papier- und Aktenbestände werden eliminiert. Die Vervielfachung der Bandbreite in der Datenübertragung ermöglicht zudem viel schnelleres Arbeiten und eine weltweit vernetzte Kommunikation. Die Mobilität nimmt aufgrund der Verfügbarkeit von Smartphones und mobilen Endgeräten immens zu. Neue Plattform bieten darüber hinaus eine ständige Vernetzung mit anderen Menschen, unabhängig von Zeit und Ort. Technisch betrachtet geht es stets um das Gleiche. Es geht darum, mithilfe digitaler Anwendungen Informationen, die analog vorliegen, durch mathematische Verfahren in ein digitales und computerlesbares Format umzuwandeln und dadurch Wissen und Informationen aus der physischen Welt in **digitale Repräsentationsformen** zu überführen (Du und Cheng 2014), dieses Wissen zu speichern, zu verarbeiten und zu übertragen.

Übung 1

Wie stark bestimmen Computer heute unser Leben?

Hintergrund: Computer sind aus unserem Alltag heute nicht mehr wegzudenken und sind Teil unseres Lebens. Heutige PCs sind stark auf unsere individuellen Bedürfnisse hin konzipiert und begegnen uns in allen Lebenslagen in Form von Desktops, Laptops, Smartphones, Spielekonsolen, Smart Speakern, Sportuhren, Türklingeln, smarten Kühlschränken, automatisierten Produktionsstraßen, intelligenten Software-Tools, Spracherkennung oder anderen alltäglichen Dingen. Sie erst ermöglichen es uns, digital zu kommunizieren, unsere Arbeit zu erledigen, Informationen zu suchen und zu konsumieren, Spiele zu spielen oder auch zu recherchieren.

Ihre Aufgabe: Finden Sie mittels selbstorganisierter Recherche heraus, wie viel ein normaler Computer in dem Jahr kostete, in dem Sie geboren wurden und wie stark in dieser Zeit Computer verbreitet waren. Ziehen Sie einen Vergleich zu heutigen Nutzungs- und Gebrauchsgewohnheiten. Verwenden Sie bei der Recherche z. B. Preistabellen, in denen die Kosten für Speicherchips (Memories) oder PCs (Personal Computer) im Jahresvergleich aufgeführt werden. Suchen Sie nach möglichst wissenschaftlichen Belegen aus der jeweiligen Zeit, in denen die Nutzungsgewohnheiten thematisiert werden. Diskutieren Sie in der Gruppe, welche Folgen diese Entwicklungen für Mensch und Organisation hatten. Arbeiten Sie z. B. wichtige soziale, ökonomische und politische Folgen aus dieser Entwicklung, aber auch Chancen und Risiken für Unternehmen sowie die daraus resultierenden Handlungsfelder für die Organisationsentwicklung heraus. Visualisieren Sie Ihre Ergebnisse mit geeigneten Mitteln.

Die ganzheitliche Digitalisierung wird in Wissenschaft wie auch Praxis auch unter dem Begriff der **vierten industriellen Revolution** verstanden (Castells 2010). Historisch folgt diese Revolution auf die dritte industrielle Revolution des letzten Jahrhunderts. Der Begriff der vierten industriellen Revolution wurde vom Gründer des World Economic Forums, Prof. Klaus Schwab, geprägt, der damit ein Zeitalter der Konvergenz der Innovationen aus der physischen, digitalen und biologischen Welt bezeichnet (Schwab 2016). Schwab benennt drei unterschiedliche Gründe, anhand derer zu erkennen ist, dass die vierte industrielle Revolution keine bloße „Verlängerung" der dritten industriellen Revolution darstellt, die bereits von digitalen Computersystemen geprägt wurde:

- Zum einen spielt die **Geschwindigkeit** eine entscheidende Rolle. Innovationen entwickeln sich nicht mehr linear, sondern exponentiell.
- Weiterhin ist die **Tragweite der Veränderung** eine andere. Zu spüren ist dies an den neuen Durchbrüchen und zunehmendem Innovationsdruck über alle Branchen und Industrien hinweg.
- Auch sind die **System-Auswirkungen** der Veränderung anders, als zuvor.

Diese drei Charakteristika haben vergleichbare gravierende Veränderungen für Menschen und Organisationen zur Folge, wie beispielsweise die Entwicklung der Dampfmaschine oder der Elektrizität. Die Veränderungen zeigen sich beispielsweise aus soziologischer Sicht in der radikalen Veränderung der Medien- und Kommunikationsformen. Dominierte Mitte der 1990er Jahre noch die face-to-face-Kommunikation zwischen Personen und waren die Menschen zu dieser Zeit durch Medien noch nicht allzu stark abgelenkt, so finden wir heute praktisch in jedem sozialen Bereich den Einfluss digitaler Kommunikationstechnologien. Der Druck auf den Einzelnen, ständig erreichbar und ständig online zu sein, steigt. Kommunikation heute bedeutet nicht nur die Beschränkung auf den persönlichen Raum, sondern vor allem die Kommunikation im virtuellen Raum. Freundschaften kann es heute geben, ohne dass wir uns jemals persönlich treffen. Aber auch ökonomischen Dimensionen sind erkennbar. Durch neue Informationsbeschaffungsmöglichkeiten und weltweite Vernetzung von Unternehmen sanken die Kosten zur Entwicklung neuer Geschäftsmodelle. Digitale Geschäftsmodelle basieren weitestgehend auf digitalen, nicht-physischen Ressourcen. Andererseits aber auch hat die vierte industrielle Revolution politische Folgen. Finden wir in den 1980er und 1990er Jahren noch eine sehr starke Intransparenz der politischen Verhältnisse vor, führt die schnelle Verbreitung von Nachrichten und Informationen über soziale Netzwerke, Blogs und Online-Channels zu einer extrem ausgeprägten Transparenz im politischen System. Dies ermöglicht es, dass

2.1 Digitalisierung und digitale Revolution

sich neue politische Interessenlagen sehr schnell verbreiten und sich damit die politische Arbeit, stärker als früher, in den öffentlichen Raum verlagert. Somit betrifft die digitale Transformation alle Subsysteme einer Gesellschaft, angefangen von Ökonomie, Politik, über Medien und Öffentlichkeit bis hin zum privaten Leben. (vgl. auch Kap. 5).

▶ **Vierte industrielle Revolution** Beschreibt eine durch technologische Innovation herbeigeführte Veränderung der gesellschaftlichen und wirtschaftlichen Strukturen, speziell durch die Einflüsse digitaler Technologien, wie Internet der Dinge, mobile Computer und Cloud-Computing sowie Echtzeitsteuerung der Wertschöpfungsstufen. Der Begriff wird kritisch gesehen, da er wissenschaftlich nicht belegbar ist, sondern eher populärwissenschaftlich geprägt wurde.

Diese immense Veränderungsgeschwindigkeit, mit der sich unsere Gesellschaft weiteentwickelt, erzeugt aus Sicht von Unternehmen Nervosität (Kroker 2019a). In den Führungsetagen vieler Unternehmen hält schleichend die Angst vor neuen zerstörerischen digitalen Innovationen Einzug. Als **Disruption** wird das mit digitalen Innovationen einhergehende Risiko der Zerstörung traditioneller Geschäftsmodelle bezeichnet. Während Unternehmen aus dem Endkundengeschäft (B2C), wie beispielsweise Unternehmen der Lebensmittel-, Kleidungs- oder Elektronikbranche, die Gefahr digitaler Disruptionen schon lange kennen, halten mittlerweile digitale Disruption auch im Investitionsgüterumfeld Einzug.

> **Grohe macht Sanitärausstattungen digitaler**
>
> Die Digitalisierung hält auch Einzug in Branchen, die auf dem ersten Blick kein großes Digitalisierungspotenzial haben. Eine dieser Branchen ist die Sanitärbranche, die insbesondere von vielfältigen Angeboten für Handwerker zur Ausstattung von Bädern, Sanitäreinrichtungen, Küchen oder anderen sanitärtechnischen Anlagen geprägt ist. In Deutschland gehört die Firma Grohe zu den Marktführern in diesem Bereich. Im Zuge der digitalen Transformation entschied sich die Firma von einem reinen Hardwarehersteller der Sanitärbranche zu einem Unternehmen im Kontext der Industrie 4.0-Technologie zu werden. Das Ziel war es, vernetzte Sensoren (IoT) dazu zu nutzen, den Umgang mit Wasser digitaler zu machen und Lösungen zur intelligenten Wassersteuerung zu entwickeln. In einer eigenen digitalen Unit entwickelte Grohe zusammen mit externen Partnern neue Lösungen zur „Digitalisierung von Wasser" in Verbindung mit der Nutzung intelligenter und vernetzter Technologien. Im Ergebnis entstanden neue Produkte bzw. Produktlinien, beispielsweise im Bereich der Sicherheitsmessung von Wasserleitungen, smarten Lösungen zur individuellen Kontrolle von Dreh- und Druckknöpfen in Dusch- und Brauselösungen, neuen Messsystemen zur Reduktion des Warmwasserverbrauchs sowie der Steuerung von Kaltwasser und Warmwasser oder auch individualisierbare Armaturen-Lösungen zum Einsatz im privaten Badbereich.

Weiterführende Informationen unter:
Grohe (2019): Grohe ist treibende Kraft der digitalen Transformation innerhalb der Sanitärbranche und setzt neue Maßstäbe auf der ISH 2019, 2019, abgerufen am 20.11.2019, https://www.grohe.com/en/corporate/news/category_news/pressreleases/pressrelease/news_10625.html.

Bis vor wenigen Jahren war man der Auffassung, Digitalisierung sei nur ein Trend, der vorübergeht und nicht langfristig wirkt. Mit der zunehmenden Zahl digitaler Anwendungen, Geschäftsformen, Kommunikationsmöglichkeiten und Arbeitsweisen hat jedoch ein massiver Wandel eingesetzt. Viele Unternehmen gehen beispielsweise dazu über, eigene digitale Geschäftsmodelle anzubieten, Datenprodukte zu designen und diese auch zu monetarisieren. Dennoch sind gerade einmal 17 % aller befragten Unternehmen einer Studie zufolge in Deutschland soweit, dass sie eigene Datenprodukte anbieten. Immerhin rund 40 % der Teilnehmer gaben an, dass Ihr Unternehmen plant, Daten zu monetarisieren oder dass sich entsprechende Projekte bereits in der Pilotierung befinden (Kroker 2019b).

Zieht man einen Vergleich zwischen den Jahren 2008 und 2018 zeigt sich, dass der Technologiesektor, der auf Anwendungen digitaler Technologien aufbaut, der wichtigste Katalysator für den Wandel in der Welt geworden ist. (Johnston 2018) Analysen zeigen, dass Technologieunternehmen nicht nur unseren Alltag dominieren, sondern auch das Ranking der weltweit größten Unternehmen. Kompetente Mitarbeiter und Talente gehen heute nicht mehr klassischerweise nach dem Studium zu Investmentbanken oder ins Consulting, sondern bevorzugen mehr und mehr die schnelllebige Internetwelt der digitalen Marktführer. Diese Technologieriesen erreichen dadurch eine weltwirtschaftliche Dominanz und Vormachtstellung. Sie wird stetig erweitert und ausgebaut, indem massiv in die Entwicklungen neuer digitaler Produkte und Dienstleistungen investiert wird, was zu einer Explosion digitaler Innovationen und einem schnellen Wachstum führt. Die Technologieunternehmen erschließen immer mehr Nischen und Märkte. Zudem werden unliebsame Wettbewerber aufgekauft und einverleibt, wie am Beispiel des Kaufs von WhatsApp und Instagram durch Facebook eindrücklich zu sehen war. Allein in den letzten Jahren haben die die großen Tech-Giganten – Facebook, Amazon, Microsoft, Google und Apple – gemeinsam über 750 Unternehmen übernommen. Der Hintergrund sind die „deep pockets", d. h. die immensen Cash-Reserven, über die diese Unternehmen verfügen. Zu den größten Akquisitionen zählte u. a. die Karriereplattform LinkedIn (wurde von Microsoft für 26,2 Mrd. US$ übernommen), WhatsApp (wurde von Facebook für 22 Mrd. US$ gekauft) oder die Video-Sharing-Plattform YouTube (wurde von Google für 1,7 US$ Mrd. erworben). Aber nicht alle diese Akquisitionen waren erfolgreich. Darunter finden sich auch einige Misserfolge: Microsoft schrieb seinen Nokia-Deal im Wert von 7,2 Mrd. US$ ab, Google schrieb 12,5 Mrd. US$ für den Motorola Mobility Deal ab. Diese Entwicklungen spiegeln sich insgesamt in einer völligen Umkehr der Unternehmens-Rankings erfolgreicher Unternehmen wieder (Du und Cheng 2014): Dominierten vor einem Jahrzehnt die weltweite Rangliste noch Unternehmen aus der

Öl-, Telekommunikations- oder Industriegüter-Branche, dominieren heute Firmen aus Digitalindustrien das Ranking.

Die zunehmende Komplexität der Umweltveränderungen hat einen starken Einfluss darauf, wie sich konventionelle Unternehmen auf die digitale Zukunft vorbereiten. Die Entscheidungsfindung unter dynamischen Bedingungen wird immer schwieriger, da sich die Grundlagen der Bewertungsmaßstäbe der Zukunft stetig ändern. Dieses Phänomen der schnellen Veränderungen bei gleichzeitiger Unfähigkeit von Organisationen, diese Veränderungen fundiert zu verstehen, kann auch als **disruptiver Wandel** verstanden werden. (Reinhardt 2014) Der disruptive Wandel ist ein Phänomen, das mit der zunehmenden Digitalisierung der Gesellschaft einhergeht. Ignorieren Unternehmen dieses Phänomen, kann dies eklatante Folgen für ihre Geschäftsfähigkeiten haben, wie das folgende Beispiel anschaulich zeigt:

> **Strategische Kehrtwende in der Biotechnologie**
>
> Kilian Veer, ehemaliger Leiter des Digitalbereichs eines Biotechnologie-Unternehmens und Partner im Company Builder Bridgemaker, berichtet, wie er den digitalen Wandel aus eigener Erfahrung in der Industrie erlebte. In seiner Funktion entwickelte er zwischen 2012 und 2014 neue Ideen und Geschäftsfelder im digitalen Umfeld der Biotechnologie. Immer wieder wiesen Kunden in dieser Zeit in Gesprächen darauf hin, dass sie sich wünschen über den Webshop des Unternehmens, den sie als führend in der Industrie beschrieben, auch Konkurrenzprodukte kaufen zu können. Die Kunden waren auf der Suche nach einem zentralen Shoppingportal für biotechnologische Produkte, dass es zu diesem Zeitpunkt nicht gab. Vergeblich jedoch versuchte er die Unternehmensführung von dieser Idee zu überzeugen und entschloss sich daraufhin, das Unternehmen zu verlassen und gemeinsam mit anderen Kollegen ein eigenes digitales Unternehmen zu gründen, das sich auf den Vertrieb biotechnologischer Produkte über das Internet konzentriert. Im Jahr 2019 ist zageno.com mittlerweile der größte digitale Marktplatz für Biotechnologie-Produkte mit einem Portfolio von über acht Millionen Produkten von über 600 Anbietern. Mittelfristig ist zu erwarten, dass ein signifikanter Prozentsatz alle Biotechnologie-Produkte weltweit über diesen Marktplatz vertrieben werden wird. Mittlerweile haben Kapitalgeber in mehreren Investitionsrunden bereits über 25 Mio. US$ in diesen Marktplatz investiert.

Der Begriff der **Disruption** geht auf das Verständnis im Innovationsmanagement zurück: Aus technologischen Erneuerungen resultieren auch geschäftliche Veränderungen. Ob eine Disruption jedoch eine Chance oder ein Risiko für ein Unternehmen darstellt, hängt von der konkreten Bewertung der Situation ab. Die Ursachen für Disruptionen finden sich vor allem in Veränderungen der gesellschaftlichen Subsysteme, die eine sehr hohe Komplexität aufweisen. Disruptive Entwicklungen in der Vergangenheit waren beispielsweise die Entwicklung neuer Kommunikationstechnologien, wie das iPad von Apple, IP-Protokolle im Internet, Genetik in der Medizinbranche, Elektroantriebe in der Automobilindustrie oder neue Fördertechnologien im Bergbau. Häufig reagieren Unternehmen auf technologische Erneuerung mit dem Umbau oder Aufbau neuer Geschäftsmodelle, die vor allem auf die Digitalisierung setzen.

Mit dem Wandel einher geht oftmals die Forderung an traditionelle Unternehmen, sich so zu verhalten, wie ein Start-up. Sie sollen neue Methoden und digitale Fähigkeiten bei allen Mitarbeitern etablieren, wie z. B. Scrum oder Design Thinking. Auch ihr Verhalten und der Kleidung der Mitarbeiter soll sich verändern. Immer lockerer werden die Anforderungen an den Dresscode. Krawatten verschwinden langsam aus der Geschäftswelt. Man duzt sich, auch über Hierarchiestufen hinweg. Bei der Suche nach talentierten Mitarbeitern geht es darum, Talente mit digitalen Fähigkeiten zu finden. Auch die Einstellung eines Chief Digital Officer gehört mithin zum guten Ton der Digitalisierung (mehr zur Rolle des CDO Kap. 8). Aufgrund dieser vielen Veränderungen geraten Unternehmen unter Handlungsdruck und reagieren aktionistisch. Mit dieser Entwicklung einher geht die überstrapazierte Thematisierung der digitalen Veränderung, die auch als industrielle Revolution bezeichnet wird.

Hintergrund
Die vier großen industrietechnologischen Wellen
Sobald in einer zeitlichen Phase eine bestimmte Technologie bestehende gesellschaftliche Strukturen in kurzer Zeit nachhaltig verändert, wird dies in der Regel als **Innovationszyklus** bezeichnet. (mehr zu den Zyklen in Kap. 9) Umgangssprachlich hat sich dafür auch der Begriff der wirtschaftlichen Revolution verbreitet. Verwendet wird oft eine Einteilung in die erste, zweite, dritte und vierte industrielle Revolution. Eine ähnliche Einteilung wurde erstmal von Kondratieff (Modis 2017) gemacht, die Schumpeter später und daraufhfolgend seine Nachfolger (Thomas 1984) übernahmen. Unterschieden werden in der aktuellen Diskussion, wie in Abb. 2.1 zu sehen ist, vier große industrielle Zeitalter, in denen jeweils bestimmte Technologien den Übergang in eine neue Phase einleiteten.

- Die **erste industrielle Revolution** war die von Kohle und Dampf zwischen 1780 und 1840. Technologisch war die Dampfmaschine ausschlaggebend, sodass sich die vormals isoliert lebende Bevölkerung über dampfbetriebene Eisenbahn- oder Schifffahrtsverbindungen vernetzen konnte. Dies führte zu einem massiven Anstieg der Bevölkerung, verbunden mit einer besseren Versorgung der Bevölkerung durch die neuen Transportsysteme. Durch Dampfkraft konnte in der Wirtschaft eine höhere Produktivität erreicht werden, was später zu einem explosionsartigen Anstieg industrieller Produktion führte. Verbunden war dies mit negativen Folgen der Ausbeutung von Fabrikarbeitern, schlechten Arbeitsbedingungen oder Kinderarbeit (Šmihula und Carl Friedrich 2010).
- Die **zweite industrielle Revolution** war die der Elektrizität, die ungefähr zwischen 1890 und 1940 zu verorten ist. Der Impuls für diese Zeit war die Elektrizität, die elektrische Antriebe und Antriebssysteme ermöglichte. Durch diese Entwicklung wurden die Massenproduktion und arbeitsteilige Arbeit populär. Die Arbeit wurde dezentralisiert. Gleichzeitig kam es zur Bedeutungszunahme gewerkschaftlicher Strukturen, da Arbeitgeber erkannten, dass nur gesunde und zufriedene Arbeitnehmer produktiv sein können.
- Die **dritte industrielle Revolution** war die der Elektronik und Mikroelektronik. Zeitlich ist diese ungefähr zwischen 1940 und 1980 zu verorten. Speziell in Deutschland ist diese Zeit eng mit dem sogenannten deutschen Wirtschaftswunder in Westdeutschland verbunden. Den Auslöser bildeten elektronische Informations- und Kommunikationstechnologien, die eine

2.1 Digitalisierung und digitale Revolution

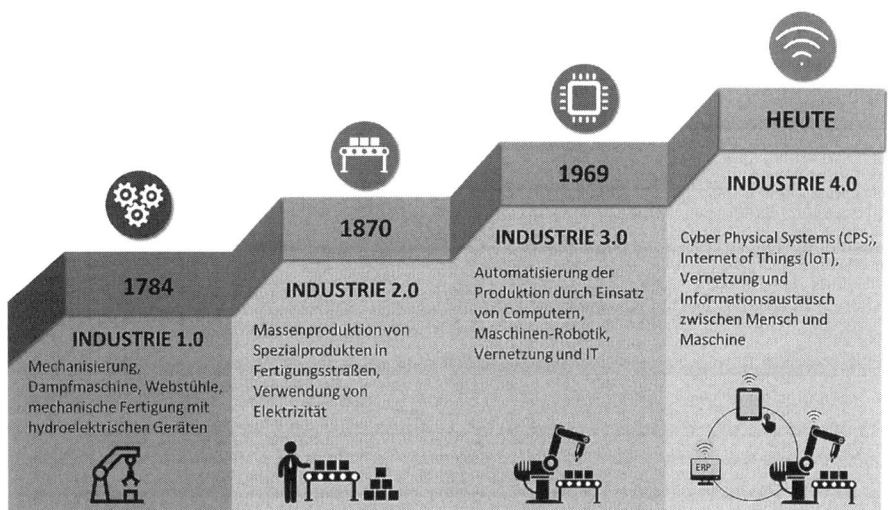

Abb. 2.1 Die vier industriellen Revolutionen. (Quelle: angelehnt an Roser, AllAboutLean.com, CC BY-SA 4.0)

Automatisierung der Produktionsprozesse ermöglichten. Prinzipien der Rationalisierung und Serienproduktion hielten Einzug in der Wirtschaft. Die Produktion konnte individualisiert werden, was zu neuen Formen des Vertriebs und des Marketings führte, da Kundenwünsche differenziert bedient werden konnten.

- Die **vierte industrielle Revolution** kann ab dem Jahr 2000 verortet werden und stellt den Beginn der universellen Nutzung digitaler Technologien dar. Einige wesentliche Innovationen dieser Zeit sind Nanotechnologie, neue Energiesysteme, Biotechnologie oder Gentechnologie sowie die Erfindung unterschiedlicher neuer Materialien. Die Anwendung dieser Technologien führte zu einer Reihe sozialer, politischer, kultureller und wirtschaftlicher Umbrüche, die den Beginn des 21. Jahrhunderts prägen. Aufbauend auf den bereits weit verbreiteten digitalen Technologien der dritten industriellen Revolution ist die vierte industrielle Revolution weitestgehend von der Konvergenz digitaler, biologischer und physikalischer Innovationen geprägt (Schwab 2018). Damit verbunden sind Effizienzgewinne durch Möglichkeiten, dezentral und dynamisch aufgrund der vernetzten Produktion zu produzieren. Technologische Bausteine sind unter anderem die Vernetzung über das Internet der Dinge, mobile Computer und Cloud-Computing sowie die Echtzeitsteuerung der Wertschöpfungsstufen. Zwischen Unternehmen, Kunden, Zulieferern und anderen Akteuren besteht jederzeit die Möglichkeit, Daten auszutauschen und Informationen zu analysieren. Wie auch bei den vorangegangenen Revolutionen wird erwartet, dass diese technologische Welle Institutionen, Industrien und Einzelpersonen verändern wird.

Weiterführende Lesehinweise:
Bauernhansl, Thomas (2014): Die Vierte Industrielle Revolution – Der Weg in ein wertschaffendes Produktionsparadigma. In: Industrie 4.0 in Produktion, Automatisierung und Logistik, Wiesbaden, 2014, S. 5–35.

Roser, Christoph (2016): Faster, Better, Cheaper in the History of Manufacturing: From the Stone Age to Lean Manufacturing and Beyond, Taylor & Francis.

Die breite Verwendung des Begriffs der industriellen Revolution in Politik, Medien oder Beratung führt zu einer Unschärfe im Verständnis, was sich genau hinter dem Begriffskonzept verbirgt. So übt unter anderem Veuve (2015), ein IT-Experte und Internet-Unternehmer, Kritik (Veuve 2016). Seiner Ansicht nach sind die Ausführungen des Weltwirtschaftsforums zum Thema der vierten industriellen Revolution von **linearer Denkweise des alten Industriezeitalters** geprägt. Alternativ zum Begriff der industriellen Revolution bzw. der digitalen Revolution schlägt er den Begriff der **perpetuellen Disruption** vor. Seiner Ansicht nach handelt es sich bei den beiden erstgenannten Begriffen um Wahrnehmungsverzerrungen. Demzufolge unterliegen Entscheidungsträger der Fehlannahme, dass Unternehmen ihren Rückstand bei der Digitalisierung dadurch aufholen können, dass sie ihr Unternehmen inkrementell fit für die digitale Transformation machen können. Dabei gehen sie davon aus, dass nach Abschluss der Transformationsmaßnahmen die Transformation abgeschlossen sein wird. Der technologische Fortschritt aber beschleunigt sich seiner Auffassung nach **exponentiell**. In immer kürzeren Abständen kommen neue Technologien auf den Markt. Menschen sind, anders als Organisationen, indes viel schneller in der Lage, Technologien zu adaptieren und sich flexibel an neue Rahmenbedingungen anzupassen. Organisationen aber brauchen lange Vorlaufzeiten, um digitaler zu werden. Das Konzept der perpetuellen Disruption liefert eine alternative Erklärung, da die Grundannahme ist, dass die Transformation niemals abgeschlossen sein wird und es zu laufenden unternehmerischen und organisatorischen Herausforderungen kommt (Veuve 2015).

In Abb. 2.2 zu sehen ist das von Veuve vorgeschlagene Konzept der perpetuellen Disruption, das eine Alternative zur gängigen Sichtweise der industriellen Phasen, von der ersten bis zur vierten industriellen Revolution, darstellt. Während darin der technologische Fortschritt exponentiell zunimmt (exponentielle Kurve) gibt es bei der Anpassung der Gesellschaft und Wirtschaft an den technologischen Fortschritt (kurze waagerechte Gerade) einen zeitlichen Verzug. Dieser wird durch punktuellen Adaptionsaufwand (kurze senkrechte Gerade) ausgeglichen. Die senkrechten Phasen stellen Lebensspannen von Menschen dar. Je länger Menschen leben, desto mehr Veränderungen werden sie innerhalb einer Lebensspanne wahrnehmen können. Beispielsweise hat ein Mensch in einer sehr frühen, z. B. in Phase der ersten industriellen Revolution (a), keinerlei Umbrüche erlebt. Ein Mensch, der in einer späteren Lebensphase lebt, beispielsweise in der Lebensphase (f) erlebt mehrere revolutionäre Umbruchphasen innerhalb seines Lebens. Entsprechend dieser Logik übt Veuve Kritik am grundsätzlichen Konzept der Benennung industrieller Revolutionen. Weder verläuft der technologische Fortschritt linear noch nehmen die Lebensspannen heutiger Menschen ab.

▶ **Perpetuelle Disruption** Das Konzept der perpetuellen Disruption liefert eine alternative Erklärung für die Phasen-Theorie der Industrierevolutionen. Dabei wird davon ausgegangen, dass es eine Divergenz zwischen dem Zeitverlauf der Industriephasen und einer menschlichen Lebensphase kommt, was dazu führt, dass diese nicht beobachtbar sind.

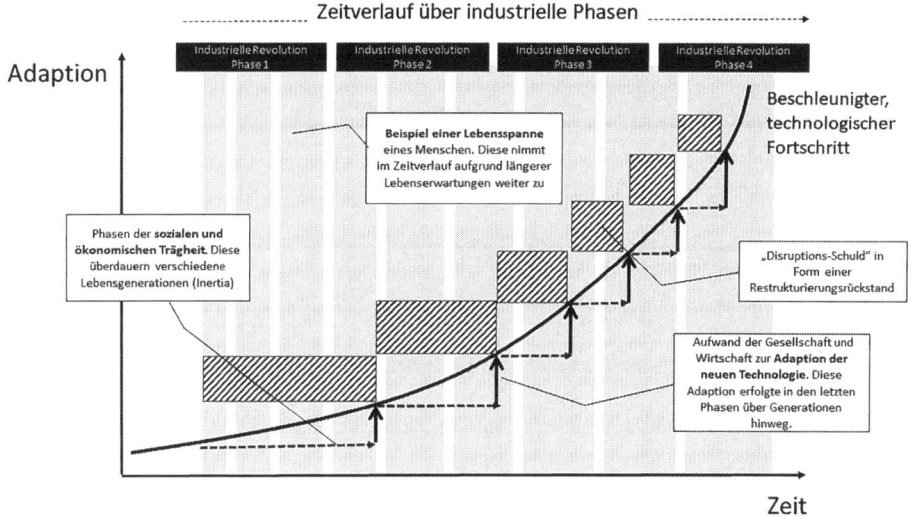

Abb. 2.2 Konzept der perpetuellen Disruption. (In Anlehnung an: Veuve 2015)

Selbstredend kann man im historischen Kontext die Leistung des Weltwirtschaftsforums und der Vorarbeiten von Schwab anerkennen, das Thema der digitalen Transformation überhaupt in einen breiten und öffentlichkeitswirksamen Diskurs gebracht zu haben. So besteht heute die Chance, dass mit der Entwicklung verbundenen Veränderungen in einem öffentlichen Diskurs zu debattieren, unter anderem der Umbau des Wirtschaftssystems hin zu mehr Adaptionsfähigkeit, eine Neudefinition der Konzepte von Arbeit und Entlohnung, die Reformation der Sozialsysteme unter der Maßgabe der Digitalisierung, die Gestaltung agiler Organisationen oder auch das gemeinschaftliche Agieren in einer von Digitalisierung geprägten Gesellschaft. (ebd.).

2.2 Entstehung der Informationsgesellschaft

Die Gründe für den digitalen Wandel, folgt man der Logik der technologischen Zyklen, liegen in der starken Verbreitung und Durchdringung digitaler Technologien in allen menschlichen und wirtschaftlichen Aktivitätsfeldern. Das führt dazu, dass sich die Gesellschaft und Wirtschaft in relativ kurzer Zeit dem progressiv wachsenden technologischen Fortschritt der Digitalisierung anpassen muss. Die zunehmende **Informatisierung** bildet den Rahmen innerhalb dessen die Anpassungsprozesse verlaufen. Von den Akteuren der Gesellschaft erfordert dies den Aufbau neuer Fähigkeiten, um mit einem ständig sich wandelnden

Angebot an Informationen und informationstechnologischen Entwicklungen zurechtzukommen. Die Abb. 2.3 zeigt einige Entwicklungen der Informationstechnologien und deren Durchdringung und Ausbreitung in der Wirtschaft zwischen 2005 bis 2015. Die Größe der Blasen zeigt jeweils die Intensität der Durchdringung im Zeitbezug. Deutlich zeigt sich in den letzten Jahren eine Zunahme an Patenten im Bereich der Datenübertragung und Datenanalyse. Dies hat Auswirkungen auf alle Schlüsselfelder der Industrie und bildet den Ausgangspunkt für neue Wertschöpfungsformen und digitales Wachstum.

Aus gesellschaftlicher Sicht wird dieser Wandlungsprozess als **Informationsgesellschaft** bezeichnet. Unter diesem Begriff werden alle Phänomene verstanden, die innerhalb einer Gesellschaft zu einer höheren Informationsverarbeitung in den gesellschaftlichen Bereichen führen und zu deren Bewältigung informationstechnische Arbeitsmittel eingesetzt werden (Dostal 1995). Diese neue Gesellschaftsform wurde Mitte der 1990er bereits zum Leitbild der Digitalisierung, bevor überhaupt über das Zeitalter der Digitalisierung gesprochen wurde. Das Konzept beschreibt nicht einen einmaligen Zustand der Gesellschaft, sondern den technologisch gestützten Transformationsprozess, bei dem die zunehmende Informationsdichte dazu führt, dass sich Gesellschaften, Menschen und Organisationen überhaupt wandeln (Stokar et al. 2003). Ihren Ursprung hat die Informationsgesellschaft in einer von manuellen Tätigkeiten geprägten Ökonomie (Du und Cheng 2014). In dieser Ökonomie wurden Produktionsaufgaben arbeitsteilig erledigt. Im Zeitverlauf waren neben den originären Produktionsaufgaben auch Dokumentations- und Steuerungsaufgaben erforderlich, aus denen heraus sich später ein eigener Dienstleistungssektor konstituierte, der unterschiedliche

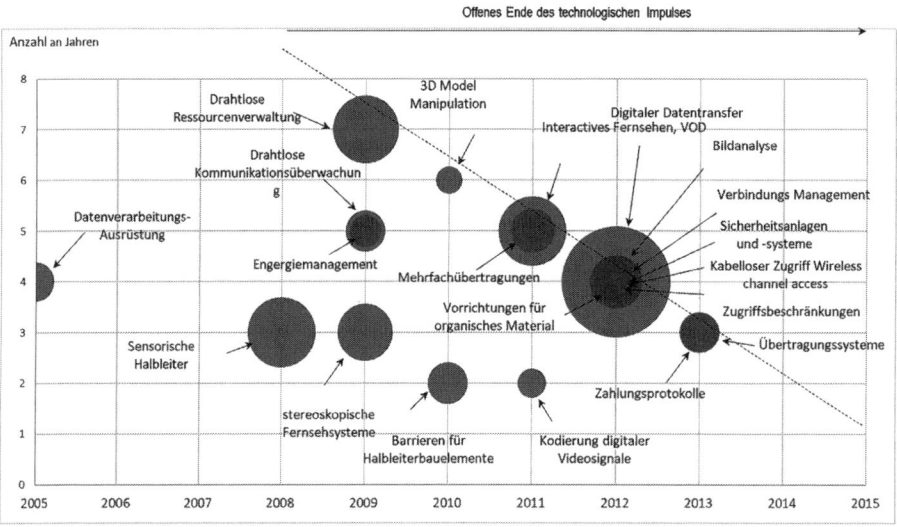

Abb. 2.3 Intensität und Entwicklungsgeschwindigkeit ICT-bezogener Technologien zwischen 2005 und 2015. (Quelle: OECD (2019): OECD Digital Economy Outlook 2019, Paris, OECD Publishing)

Informationsdienstleistungen für die produzierende Industrie erbrachte, unter anderem finanzielle, organisatorische oder dokumentarische Dienste. Aus diesen Aufgabenfeldern entwickelten sich eigenständige Informationsberufe für Experten, die nun überwiegend mit Informationen arbeiteten. Die heutige ökonomische Struktur hat ihre Wurzeln in dieser auf Informationsverarbeitung und -analyse ausgerichteten Struktur. Bei der Informationsgesellschaft handelt es sich um eine nachindustrielle Gesellschaftsform. Diese grenzt sich von der Industriegesellschaft durch den Einsatz immaterieller Produktionsfaktoren im Gegensatz zu der auf physische Warenproduktion und traditionelle Dienstleistungen fokussierten industriellen Gesellschaft ab.

▶ **Informationsgesellschaft** Bezeichnet alle Phänomene, die innerhalb einer Gesellschaft zu einer höheren Informationsverarbeitung in den gesellschaftlichen Bereichen führen und zu deren Bewältigung informationstechnische Arbeitsmittel eingesetzt werden. Charakteristisch ist eine auf die Verarbeitung von Informationen ausgerichtete ökonomische Arbeitsorganisation. Zudem ist der Einsatz immaterieller Produktionsfaktoren typisch für die Herstellung von Produkten und Diensten.

Eine alternative Definition der Informationsgesellschaft liefert Castells mit dem Begriff der **informationellen Gesellschaft** (Castells 2010). Während seiner Ansicht nach die Information das maßgebliche Element aller gesellschaftlichen Entwicklungen ist, verweist der Ausdruck ‚informationell' auf eine spezifische **soziale Organisationsform**, in der Informationen generiert und informationelle „Kraftquellen" mithilfe neuer Technologien entwickelt, prozedualisiert, transmittiert und transformiert werden. Die technologische Revolution ist nicht durch Information, sondern durch die Anwendung der Information zur Wissensgenerierung geprägt, was als permanente Feedback-Schleife zwischen Informationsverbreitung und Innovierung verstanden werden kann. Die neuen Informationstechnologien sind nicht mehr nur als bloße Tools und Werkzeuge zu verstehen, sondern als Impuls für Wissensproduktion und Wissensprozesse.

▶ **Informationelle Gesellschaft** Ableitung vom Ausdruck der Informationsgesellschaft. Der Begriff ‚informationell' drückt eine spezifische soziale Organisationsform aus, in der Informationen generiert und informationelle Kraftquellen mithilfe neuer Technologien entwickelt, prozedualisiert, transmittiert und transformiert werden. Der Begriff wurde vom Soziologen Castell geprägt.

2.3 Postindustrielle Gesellschaft

Bereits sehr früh wird in Gesellschaft und Wissenschaft die Transformation hin zu einer **postindustriellen Wissensgesellschaft** diskutiert. Geprägt wird dieser Begriff vor allem durch Daniel Bell (vgl. auch die Erläuterungen zur Übung 2). Darunter versteht er eine neu entstehende **soziale Realität**, in der der Wandel der Arbeitsformen und Arbeitsbeziehungen, die Funktion von Wissenschaftlern und Technikern in der sozialen Ordnung und die zentrale Bedeutung von Wissen als Auslöser sozialen Wandels und neuer gesellschaftlicher Entscheidungen eine Rolle spielt. (Ferkiss 1979) Dazu formuliert er bereits in den 1980er Jahren einige Prognosen, wie sich dieser Transformationsprozess gesellschaftlich auswirkt.

▶ **Postindustrielle Gesellschaft** Der Begriff der postindustriellen Gesellschaft entstammt der soziologischen Forschung und beschreibt eine neu entstehende soziale Realität, in der der Wandel der Arbeits- und Arbeitsbeziehungen, die zunehmende Rolle von Wissenschaftlern und Technikern in der sozialen Ordnung und die vermeintlich zentrale Rolle von Wissen als Auslöser sozialen Wandels und neuer gesellschaftlicher Entscheidungen eine Rolle spielt. Der Begriff wurde vom Soziologen Daniel Bell geprägt.

Unter anderem führen diese Veränderungen seiner Ansicht nach dazu, dass

- die Rolle der Wissenschaft zunimmt und diese die Gesellschaft stabilisiert,
- aufgrund technisch getriebener Entscheidungen Wissenschaftler und Ökonomen stärker in den politischen Prozess eingebunden sein werden,
- durch die Bürokratisierung intellektueller Arbeit die vormals vorhandenen Freiheiten des traditionellen Begriffs intellektueller Fähigkeiten und Werte belastet werden, und
- durch den Ausbau und der Ausweitung der technischen „intelligentsia" verstärkt kritische Fragen zu den Beziehungen zwischen dem technischen und dem geistigen Eigenkapital einer Gesellschaft zu klären sind.

Übung 2

Daniel Bell und die postindustrielle Gesellschaft
Der amerikanische Soziologe Daniel Bell formuliert in den 1980er Jahren einige wichtige Merkmale der Transformation von einer industriellen zu einer informationstechnologischen Gesellschaft. Dabei führt er erstmalig sowohl die Veränderungen der institutionellen Strukturen als auch der Wertestrukturen in die Diskussion ein und prognostiziert, dass der Mensch durch die Digitalisierung von der Natur entkoppelt ist.

Ihre Aufgabe: Schauen Sie ein Interview mit ihm aus dem Jahr 2000 an. Im Interview sprach er über den Wandel von einer Wirtschaft und Kultur, die auf Industrie und Fertigung basiert, zu einer Wirtschaft, die auf Informationen und Wissen basiert: http://bit.ly/danielbell_interview Quelle: (C-SPAN TV Network 2000).

Er stellt darin die Hypothese auf, dass die postindustrielle Gesellschaft auf der Kodifizierung von theoretischem Wissen gründet. Dabei bezieht er sich auf die Grundlage der Entstehung von Innovation. Was genau ist hier seine Argumentation? Diskutieren Sie in der Gruppe, wie sich diese Entwicklungen auf die Entstehung unserer heutigen Netzwerkgesellschaft ausgewirkt haben? Was sind nach heutigen Maßstäben neue Quellen der Innovation in unserer Gesellschaft? Führen Sie konkrete Beispiele an.

Diese Entwicklungen sind Teil des Emergenzprozesses von einer Industrie- in eine Informationsgesellschaft. Viele der vor Jahrzehnten beschriebenen Charakteristika haben sich im Rückblick als richtig erwiesen und lassen sich anhand der aktuellen gesellschaftlichen Entwicklungen darlegen. In der Tab. 2.1 werden beispielhaft einige wesentliche Unterschiede zwischen Industrie- und Informationsgesellschaft verglichen. Zu den Einflüssen gehören z. B. Veränderungen in den Teilbereichen der politischen Steuerung, der Kultur, der Technik, des Managements oder auch der Dienstleistungen. Alle Einflussbereiche wurden in den vergangenen Jahren aufgrund des Wandels in den Tiefenstrukturen der Gesellschaft verändert.

2.4 Technologische Konvergenz zur Digitalgesellschaft

Bei einem Wechsel von der Industrie in eine digitale Informationsgesellschaft wird sich die Welt, so wie in der Tabelle dargestellt, grundsätzlich verändern: Menschen werden in der Gesellschaft neue Rollen einnehmen; sie werden neue Freiheiten in der Kommunikation und im Denken genießen; die Konzepte gesellschaftlicher Klassen werden sich verändern. In der Folge, so ist sich die Wissenschaft einig, wird sich auch die Gesellschaft radikal verändern, da eine transformationale Spirale auf allen Stufen angestoßen wird. Wurde in der industriellen Zeit durch physische Arbeit die Kraft des Menschen potenziert, so wird in der digitalen Zeit das menschliche Gehirn durch digitale und neuronale Netzwerke sukzessive erweitert.

Diese Argumentation bildet die Grundlage die Zukunft im Kontext einer **technologischen Konvergenz** zwischen Mensch und Maschine zu debattieren. Im Zuge der aufkommenden Nutzung von Technologien der künstlichen Intelligenz wird argumentiert, dass Computer in der nahen Zukunft das gleiche Niveau an menschlicher Intelligenz wie Menschen entwickeln können. Diese Zukunftsvision wird auch als **Artificial General Intelligence (AGI)** bezeichnet. Anhänger dieser **technologischen Utopie** prognostizieren, dass das physische, menschliche Handeln in Zukunft weniger eine Rolle spielen wird. So geht der Soziologe Neil Postman beispielsweise davon aus, dass Technologie ihre eigene Regie in der Welt führen wird (Postman 1998). Eine neue dominante Informationstechnologie wird alles verändern, sogar unsere Sprache. Es wird eine neue Terminologie entstehen, neue Worte für neue Aspekte und Probleme, wie wir sie heute noch nicht kennen. Diese Argumentation ist, folgt man der linguistischen Lerntheorie (Chomsky 1965), nicht gänzlich von der Hand zu weisen. Denn wenn sich Sprache verändert, verändert sich auch das Denken und Handeln der Menschen. Einschränkend gehen die meisten Techno-Ideologen von der Prämisse einer **perfekten technologischen**

Tab. 2.1 Von der Industriegesellschaft zur Informationsgesellschaft. (Quelle: adaptiert von Mühlemeyer, 2000, Lehrbriefe zur Personalentwicklung, S. 8)

	Industriegesellschaft	Informationsgesellschaft
Technologischer Apparat	Dominante Dampfkraft, Elektrizität, Physikalische Kraft durch Maschinen potenziert, physische Dekonstruktion der Arbeit	Dominante Informationstechnologie, Internet, Prozessoren: Intellektuelle Kraft wird durch Netzwerk potenziert, kreative Dekonstruktion der Arbeit
Bevölkerung, Akteure	Hohe Geburten- und Sterberaten, Mittelschicht als dominierende gesellschaftliche Kaste	Niedrige Geburten- und Sterberaten, ‚Netokraten' als dominierende gesellschaftliche Kasten
Systemwandel	Auflösung der homogenen Agrargesellschaft	Kapitalgesellschaft in Auflösung, neue Form noch unbekannt
Gesellschaftliches Klima	Entstehen neuer sozialer Konzepte von Kapital- und Arbeits-Klasse, Aufkommen von Klassenkämpfen und Konflikten bei gleichzeitig steigender Produktivität und Wohlstand	Entstehen neuer Konzepte von Wissen und Wahrheit, neue Wahrnehmungen in der Gesellschaft des Konzepts „Möglichkeit", evtl. soziale Kämpfe aufgrund Zugang zum Ökosystem
Beschäftigung	Mehrzahl der Beschäftigten sind Fabrikarbeiter. Handwerkliche Fähigkeiten und Muskelkraft sind gefragt	Mehrzahl der Beschäftigten sind Wissensarbeiter. Gefragt sind theoretische und praktische Kenntnisse der Anwendung von Informationen sowie soziale Kompetenz
Mitarbeiterbild	Bedarf an billigen, gehorsamen und austauschbaren Arbeitskräften. Mitarbeiter sind Befehlsempfänger	Bedarf an engagierten, gut informierten, loyalen, selbstständigen, kooperativen und kreativen Mitarbeitern
Belohnung und Vergütung	Materiell orientierte Belohnungs- und Motivationsmuster (Geld, Status), klare Trennung zwischen „oben" und „unten"	Materielle, soziale und informationelle Motivation. Abbau der Distanz Kompetenz, Macht zwischen oben und unten. Belohnung durch Beteiligung, Mitbestimmung, Teilhabe
Ausbildung und Lernen	Ausbildung im Wesentlichen auf vorberufliche Zeit begrenzt. Höhere Bildung und Weiterbildung ist Privileg einer Minderheit. Das Bildungssystem ist auf die Anforderungen der hoch arbeitsteiligen Industrie ausgerichtet	Lebenslanges Lernen. Höhere Bildung und Weiterbildung ist allgemein zugänglich. Die Ausbildung für Dienstleistungs- und Wissensberufe gewinnt Vorrang. Hochschulausbildung als Basisausbildung

Zukunft aus, bei der Technologie stets zum Nutzen und zum Wohl aller Menschen eingesetzt wird. Der technologische Fortschritt, so die Grundannahme, wird dazu beitragen, dass sich das Leben verbessert, Leiden abgeschafft werden, bis hin zur Vision der Unsterblichkeit, die beispielsweise unter dem Begriff des **Transhumanismus** bekannt ist und in der Kritik steht (Dickel und Schrape 2017). Neue Technologien führen zu neuen Basiskonzepten von Wissen und Wahrheit. Es würde beim Eintreffen der technologischen Utopie zu einer sozioökonomischen Neuorientierung kommen. Die Technologie könnte zu neuen kulturellen, technologischen und sozialen Paradigmen führen.

In diesem Kontext wird heute von einer **Wissensgesellschaft** gesprochen. Die Wissensgesellschaft beschreibt eine weitere theoretische Gesellschaftsform mit dem Ziel der Organisation, Nutzung und Verarbeitung von Wissen. In Ergänzung zur Informationsgesellschaft wird der Fokus vor allem auf die Aufwertung menschlicher Fähigkeiten sowie dem Wissen und der Kompetenz von Menschen gelegt. Die Vertreter dieser Theorie folgen der Auffassung, dass weitestgehend nur der Mensch aufgrund seiner Fähigkeiten zu Emotionen und Motivationen in der Lage ist, Informationen zu verarbeiten und zu interpretieren (Erpenbeck und Heyse 2000). Gekennzeichnet ist die Wissensgesellschaft durch „… das zunehmende Heraustreten des Menschen aus dem unmittelbaren Produktionsprozesses zugunsten seines stärkeren Einstiegs in den Reproduktionsprozess." (Gräbe 2001) Teilweise werden die Begriffe der Informations- und Wissensgesellschaft synonym verwendet. Mit dem Begriff der Wissensgesellschaft wird in der Regel betont, dass nicht allein die Verbreitung und Verarbeitung von Informationen eine Rolle spielt, sondern vor allem deren nutzenbringende Verarbeitung der handelnden Personen. Wissen ist im Gegensatz zu Informationen nicht nur ein Teil des Produktionssystems, sondern das Ergebnis intellektueller Prozesse der Verarbeitung von Informationen durch den Menschen. In der neueren Wissenschaft bildet die Wissensgesellschaft das ideologische Fundament zur Diskussion rund um die Digitalisierung im öffentlichen Kontext. Wissen wird als personengebundene Eigenschaft dargestellt, die das gesamte ökonomische Wertesystem determiniert. Wissen ist ökonomisch gesehen Produktions- und Leistungsfaktor zugleich.

Die wissensbasierte Wirtschaft steht stellvertretend für den Übergang der Gesellschaft zu einer hochqualifizierten, leistungsorientierten Arbeitsweise, die ebenfalls ein Umdenken der Arbeitsorganisation und auch der Rolle der Arbeitnehmer umfasst. Die Qualifikationsanforderungen für den Umgang mit neuen Technologien und innovativen Arbeitsweisen erfordern eine neue Kombination aus fachlichen Fähigkeiten, Prozesskompetenz, sozialen Fähigkeiten, Selbstmanagement und komplexen Problemlösungsfähigkeiten (OECD 1996). Dieses Verständnis von der Nutzung und Ökonomisierung von Fähigkeiten und Wissen bildet zugleich das normative Fundament der Entwicklung hin zur Digitalisierung. Während die Informationsgesellschaft den praktischen Ansatz im Umgang mit digitalen Technologien darlegt, impliziert das Konzept der Wissensgesellschaft neue Perspektiven im Umgang mit digital vernetztem Wissen im sozialen, kulturellen, ökonomischen, politischen sowie institutionellen Kontext.

▶ **Wissensgesellschaft** Beschreibt eine neue Gesellschaftsform der Organisation, Nutzung und Verarbeitung von Wissen. Diese ist durch den Paradigmenwechsel charakterisiert, da eine Aufwertung von menschlichen Fähigkeiten, deren Wissen und Kompetenz erfolgt.

Diese Begriffsabgrenzung charakterisiert sehr gut die heutige Realität einer digitalisierten Umwelt. Zugleich liefert sie die Vision zur Entwicklung einer neuen Gesellschaftsform, der **digitalen Netzwerkgesellschaft** (Castells 2010), die alternativ unter dem Synonym der Mediengesellschaft (Möller 2005), Kompetenzgesellschaft oder Digitalgesellschaft bekannt ist. Diesem Gesellschaftsbild liegt das Verständnis zugrunde, dass die gesellschaftliche Weiterentwicklung nicht nur auf der bloßen Verarbeitung von Information und der Anwendung von Wissen aufbaut. Vielmehr baut die Vorstellung einer Digitalgesellschaft darauf auf, dass die Mitglieder der Gesellschaft aktiv danach streben, durch digitale Vernetzung, Kooperation und Zusammenarbeit ihre individuellen und organisationalen Fähigkeiten zu verstehen, sie kontinuierlich zu optimieren, zu trainieren und zu verbessern. Erpenbeck und Heyse (Heyse und Erpenbeck 2007) sehen in diesem gesellschaftlichen Transformationsprozess den Übergang von einer auf passives Lernen hin zu einer auf aktives und selbstgesteuertes Lernen ausgerichteten Organisations- und Gesellschaftsform.

▶ **Netzwerkgesellschaft** Semantische Weiterentwicklung des Begriffs der Wissensgesellschaft (auch als Medien- Kompetenz- oder digitale Netzwerkgesellschaft bezeichnet). Nicht nur die Anwendung digitaler Werkzeuge ist entscheidend, sondern das Streben der Mitglieder einer Gesellschaft durch Vernetzung, Kooperation und Zusammenarbeit individuelle Fähigkeiten kontinuierlich zu optimieren, zu trainieren und zu verbessern.

Auch wenn die **Digitalgesellschaft** (Stengel 2017) als semantische Ableitung des Begriffs der Wissensgesellschaft angesehen werden kann und eigentlich nur als Stellvertreter-Begriff für das steht, was aktuell an digitalen Trends und Vorteilen für Organisationen beobachtbar wird (Imlah 2013), steht dieser Begriff für eine Erweiterung des Ansatzes der Wissensgesellschaft. Nicht nur mehr die Erlangung von Wissen durch Verarbeitung von Informationen spielt eine Rolle. Vielmehr steht der Aufbau von Kompetenz beim Menschen sowie die Etablierung selbstorganisierter Prozesse durch die Nutzung digitaler Technologien im Vordergrund (OECD 2016). Diese Evolutionsform steht für ein gesellschaftliches Bild, in dem der Mensch im Mittelpunkt einer sich universell neu ausrichtenden Gesellschaft steht, in der Selbstbestimmung und Selbstdisposition des Einzelnen im Zentrum der Interessen aller gesellschaftlichen Ebenen stehen sollte. Der Begriff, der sich im engeren Sinne auf eine digitale Ökonomie bezog, wurde 1995 von Don Tapscott geprägt. Tapscott erklärt, dass die digitale Wirtschaft, die auch

2.4 Technologische Konvergenz zur Digitalgesellschaft

als New Economy bezeichnet wurde, hauptsächlich durch den Gebrauch und Nutzung digitaler Informationen geprägt wird, dass diese aber nicht nur einen ausschließlichen Bezug zur Informationstechnologie und deren Märkten hat. Die Konzentration auf die Nutzung digitaler Informationen führte dazu, dass sich in den letzten zwei Jahrzehnten unerwartete Veränderungen einstellten, die eine, wie bereits erwähnt, soziale Revolution auslösten. Diese wird durch die Entstehung rein digitaler Märkte, einer Intensivierung des Wissensaustauschs auf allen ökonomischen gesellschaftlichen Stufen sowie dem Empowerment von Individuen und Mitarbeitern gekennzeichnet.

Lange Zeit wurde für diese neue Gesellschaftsform der Begriff des Internets synonym verwendet. Dies eröffnete technische gesehen neue Möglichkeiten, über eine digitale Onlinekommunikation sich weltweit zu vernetzen. Aus dieser technischen Möglichkeit heraus entstanden im Zeitverlauf eine intensivierte Kommunikation und damit gleichwohl auch mehr Transparenz über politische und wirtschaftliche Machtverhältnisse. In der Folge kam es zu einer **Macht- und Einflussverschiebung** in Politik, Wirtschaft und Medien. Gesellschaftliche Stimmen, die bislang keinen Einfluss hatten oder nicht gehört wurden, wurden nun mit am Dialog und der Entscheidungsfindung beteiligt. Der Zugang zu Social Media, Blogs, Vernetzungsplattformen, wie Twitter, Facebook, Instagram etc., ermöglicht den Bürgern, sich am gesellschaftlichen Diskurs direkt zu beteiligen. Insofern ist die digitale Gesellschaft, wie Pinzaru (2015) betont, weder ein akademisches noch ein rein kommerzielles Konzept, sondern eher ein real gesellschaftliches Phänomen, dass die gesellschaftliche Teilhabe aller Menschen gänzlich neu prägt. Der weitere Ausbau der technologischen Grundlagen führt dazu, dass immer mehr gesellschaftliche Bereiche den Einfluss des Internets zu spüren bekommen. Beispielsweise werden immer weiter die Barrieren beim Zugang zu Wissen und Bildung abgebaut, Informationen können freier und unabhängiger in unterschiedlichen Formen zwischen Ländern fließen, es gibt neue Normierungen zu Urheberrecht, Telekommunikation, Informationssicherheit und Datenschutz etc.

Übung 3

Was würde Stanislaw Lem sagen?

Stanislaw Lem, geboren 1921 in Krakau, war ein bekannter Kybernetiker, Schriftsteller und Philosoph des vergangenen Jahrhunderts. In seinen teils fiktionalen, teils non-fiktionalen Werken hat der bekennende Technologie-Pessimist sich frühzeitig mit dem Aufkommen digitaler Technologien auseinandergesetzt und dabei die sozialen Folgen der Technologie kritisch beleuchtet. Im Jahr 1996 führte Florian Rötzer, Chefredakteur des Online-Magazins Telepolis mit Stanislaw Lem ein Interview unter dem Titel „Wir stehen am Anfang einer Epoche, vor der mir graut". Darin äußert sich der Autor skeptisch gegenüber den Entwicklungen sowie den Folgen der Digitalisierung gegenüber:

http://bit.ly/stanislawlem

Aufgabe: Lesen Sie das folgende Interview, das Sie über den Weblink online abrufen können. Debattieren Sie anschließend in einer Kleingruppe die folgenden Fragen:

- Was sind im Interview seine Grundannahmen bzw. Thesen im Hinblick auf die historische und gesellschaftliche Einordnung des Internets? Bewertet er das Internet positiv oder negativ?
- Sind seine Argumente auch noch heute gültig? Wenn ja, warum?
- Gibt es im aktuellen Zeitgeschehen Belege für Ihre Einschätzungen? Systematisieren Sie diese Belege und ordnen Sie diese seinen Argumenten zu.

Mit dem Ziel, ein kohärentes Verständnis der digitalen Gesellschaft zu entwickeln, liefert die OECD in einem Bericht eine Beschreibung von **sieben strukturellen Dimensionen digitaler Gemeinschaften,** sogenannten Vektoren, die das Design der Verhältnisse und die digitale Wirkung in der Gesellschaft konkretisieren. Die Vektoren sind nicht isoliert zu betrachten, sondern eng miteinander verflochten und verstärken sich gegenseitig. Die folgende Auflistung enthält eine Zusammenfassung der Vektoren und bietet zugleich eine Checkliste, um digitale Transformationsvorhaben analytisch zu bewerten. Sie bilden ein Rahmenwerk, mit denen Strategien zukünftig dahingehend bewertet werden können, inwieweit sie sich auf das Wohl aller auswirkt.

1. **Skalierung** ohne Nutzen: Geringe Grenzkosten digitaler Produkte ermöglichen es in Verbindung mit globaler Reichweite mit nur wenigen Mitarbeitern weltweit lukrative Geschäftsmodelle zu etablieren – jedoch mit nur sehr wenigen Mitarbeitern. Minimalanforderungen und Mindestvoraussetzungen helfen dabei, diesen Tendenzen entgegenzuwirken.
2. **Panorama-Wirkung:** Die vielen Technologien ermöglichen die Entwicklung sehr komplexer Produkte, die unterschiedliche Funktionen und Features miteinander kombinieren, um Produkte zu versionieren, zu rekombinieren und zu individualisieren. Dies ermöglicht Disruptionen ganzer Produktkategorien und Branchen. Kategorienübergreifende Verordnungen ermöglichen die Ausgestaltung neuer Bereiche zum Wohle aller.
3. **Zeitliche Dynamik:** Digital beschleunigte Aktivitäten führen dazu, dass Märkte schneller als Institutionen reagieren und dass Verhalten der Konsumenten beeinflussen. Zudem können die Daten aus der Gegenwart einfacher erfasst und vergangene Daten einfacher erforscht, indexiert, umgewandelt und weiterverkauft werden. Neue regulatorische Ansätze sollten beispielsweise Big Data Analytics, nutzen, um die Gestaltung der Rahmenbedingungen zu beschleunigen.
4. **Neue Quellen der Wertschöpfung: Immaterielle** Kapitalformen, wie Software und Daten, werden zur neuen Investitionsform. Sensoren ermöglichen zudem den Einbezug physischer Produkte in das digitale System. Dies führt zu einem Wechsel der

2.4 Technologische Konvergenz zur Digitalgesellschaft

Eigentumsformen. Ein Hebel können neue Anreizsysteme für Investitionen sein, die sich stärker an der digitalen Ökonomie orientieren.

5. **Transformation des Raumes:** Dank intangibler und maschinenkodierter Software können Ressourcen gespeichert und überall genutzt werden, wodurch es zu einer Entgrenzung der damit verbundenen Werte und Prinzipien der Territorialität kommt. Strategien, die die räumliche Interoperabilität mitberücksichtigen, können hier eine positive Wirkung erzielen.
6. **Stärkung der Ränder:** Das End-to-end Prinzip des Internets hat zu einer Verschiebung der Intelligenz des Netzwerks aus dem Zentrum in die Peripherie geführt. Mit Computern und Smartphones können Benutzer eigene Netzwerke und Communities aufbauen, soziale Netzwerke innovieren, gestalten und etablieren. Regularien und Prinzipien der Datensicherheit und Arbeitspolitik sollten dezentrale Ansätze stärker berücksichtigen.
7. **Digitale Plattformen und Ökosysteme:** Niedrige digitale Transaktionskosten führen zu direkteren Beziehungen zwischen Akteuren und tragen dazu bei, dass die Transaktionskosten in vielen Bereichen weiter sinken. Digitale Plattformen liefern neue Möglichkeiten, viele Akteure zu integrieren und sorgen für Offenheit und Datenaustausch. Dies sollte bei der Gestaltung von Webdiensten mit bedacht werden.

Neben den strukturellen Dimensionen ist eine weitere gesellschaftliche Herausforderung, den Menschen und Bürgern Möglichkeiten des Zugangs zu digitalen Gütern zu bieten, die vor allem sinnstiftende Güter und Innovationen sowie die sozialen Kontakte des Einzelnen zu mehren – außerhalb der originären beruflichen Tätigkeit oder Lohnarbeit. Um dieses Ziel zu erreichen, werden aktuell verschiedene Konzepte diskutiert, die eine stärkere **Teilhabe** der Menschen an der digitalen Gesellschaft ermöglichen. Dazu gehört beispielsweise der viel diskutierte Ansatz, Bürgern ein **bedingungsloses Grundeinkommen** zu zahlen, welches sie auch dann erhalten, wenn sie keiner Arbeit nachgehen (siehe Hintergrund-Kasten). Es wird davon ausgegangen, dass das Grundeinkommen die Intensität der Kontakte zwischen den Menschen und die Innovationskraft aus der Verfügbarkeit der digitalen Technologien heraus stärken würde.

Hintergrund
Das bedingungslose Grundeinkommen
Die Idee eines universellen Grundeinkommens gibt es schon sehr lange und geht laut Blaschke auf Thomas Spence im Jahre 1796 zurück (Pinzaru 2015). Demzufolge schlug er als erster die lebenslange und regelmäßige Zahlung eines Grundeinkommens an alle Mitglieder eines Gemeinwesens vor die von ihm „quarterly dividend" genannt wurde, da es vierteljährlich ausgezahlt werden sollte. Begründet wird sein Ansatz eines Grundeinkommens aus einer naturrechtlichen Perspektive. Die Immobilien der ehemaligen Großgrundbesitzer, die nach Spence' Auffassung gemäß dem Naturrecht allen gehörten, sollten enteignet und wieder zum Eigentum des Gemeinwesens werden. In der jüngsten Zeit, insbesondere im Zuge der globalen Finanzkrise und der digitalen Umwälzung hat dieses Konzept erneut große Teile der Öffentlichkeit erreicht und weckt unterschiedliche Hoffnungen. Infolgedessen haben sich verschiedene neuere Ansätze entwickelt (Blaschke et al. 2010, Blaschke 2015). Das Kernelement eines jeden Vorschlag für ein bedingungsloses Grundein-

kommen ist die Verpflichtung des Staates, sicherzustellen, dass alle Mitglieder der Gemeinschaft über ein ausreichendes Einkommen verfügen, damit ein von der Gemeinschaft als akzeptabel anerkannten Grundniveau aufrechterhalten werden kann. Das Grundeinkommen ist also an keine weiteren Verpflichtungen gekoppelt und ist vielmehr ein bedingungsloser Betrag, der an alle gezahlt wird (Klein et al. 2019). Zur Ausgestaltung liegen unterschiedliche Vorschläge vor, die aktuell kontrovers debattiert werden.

Linktipp:
Bundeszentrale für politische Bildung: http://bit.ly/grundeinkommen_info

Testen Sie Ihr Wissen

a) Welches sind die vier großen industrietechnologischen Wellen der letzten ca. 200 Jahre? Charakterisieren Sie jede Phase anhand typischer Merkmale und der vorherrschenden dominanten Technologie.
b) Inwieweit stellt der Ansatz der perpetuellen Disruption eine Alternative zum Verständnis der Differenzierung industriepolitischer Phasen dar? Erläutern Sie den Ansatz.
c) Welche Rolle spielt die Informatisierung in unserer heutigen Zeit für Wirtschaft und Gesellschaft? Diskutieren Sie wichtige Entwicklungen anhand der Theorie der Informationsgesellschaft.
d) Was versteht Manuel Castell unter der ‚informationellen Gesellschaft'?
e) Laut der postindustriellen Theorie von Bell befinden wir uns in einer Zeit, in der die Kodifizierung theoretischen Wissens die Grundlage zur Entstehung von Innovationen ist. Erläutern Sie diesen Zusammenhang und nennen Sie Beispiele, warum dies auf die Digitalisierung zutrifft.
f) Benennen und beschreiben sie die Unterschiede zwischen der Industriegesellschaft und Informationsgesellschaft.
g) Was versteht man unter technologischer Utopie? Nennen Sie Beispiele.
h) Diskutieren Sie den Begriff der Wissensgesellschaft vor dem Hintergrund der heutigen Digitalisierung. Gehen sie speziell auch auf die wirtschaftlichen Prämissen ein, die eine Rolle spielen.
i) Was denken Sie: Wie könnte man in einer digitalen Gesellschaft die Teilhabe von Menschen an der Gesellschaft verbessern? Erläutern Sie ein praktisches Konzept, wie Sie dies in der heutigen Gesellschaft realisieren würden.

Literatur

Blaschke, Ronald. 2015. Ein historischer Abriss über Vorschläge und Ideen zum Grundeinkommen, 2015, Berlin/Dresden, S. 23.
Blaschke, Ronald, Adeline Otto, und Norbert Schepers. 2010. *Grundeinkommen. Geschichte-Modelle-Debatten*, 301. Berlin: Dietz.
Castells, Manuel. 2010. *The rise of the network society*, 2. Aufl. West Sussex: Wiley-Blackwell.
Chomsky, Noam. 1965. *Aspects of the theory of syntax*, 59. Cambridge: MIT Press.

Literatur

Dickel, Sascha, und Jan Felix Schrape. 2017. The Logic of Digital Utopianism. *NanoEthics* 11 (1): 47–58.

Dostal, Werner. 1995. Mitteilungen aus der Arbeitsmarkt- und Berufsforschung, IAB, 1995, S. 530.

Du, Cheng Jin, und Qiaofen Cheng. 2014. Computervision, New York, Springer, 2014, S. 165–230. Sie liefern ein umfassendes Kompendium zu unterschiedlichen Computeranwendungen.

Erpenbeck, John, und Volker Heyse. 2000. Wertemanagement: Kern künftigen Kompetenzmanagements in der Wissensgesellschaft. Berlin, QUEM, 2000, S. 2.

Ferkiss, Viktor. 1979. Daniel bell's concept of post-industrial society: Theory, myth, and ideology. *The Political Science Reviewer* IX:61–102.

Gräbe, Hans-Gert. 2001. Von der Waren- zur Wissensgesellschaft. Oekonux Konferenz, Dortmund, 2001. S. 4.

Heyse, Volker, und John Erpenbeck. 2007. *Kompetenzmanagement: Methoden, Vorgehen, KODE(R) und KODE(R)X im Praxistest*. Münster: Waxmann.

Imlah, Bill. 2013. The concept of a digital economy. https://web.archive.org/web/20131022003036/http://odec.org.uk/the-concept-of-a-digital-economy. Zugegriffen: 18. Aug. 2019.

Johnston, Stephen. 2018. Largest companies 2008 vs. 2018, a lot has changed, Milford. https://milfordasset.com/insights/largest-companies-2008-vs-2018-lot-changed. Zugegriffen: 29. Aug. 2019.

Klein, Elise, Jennifer Mays, und Tim Dunlop. 2019. *Introduction: Implementing a Basic Income in Australia*, 4. London: Palgrave Macmillan. (Ausgabe June).

Kroker, Michael. 2019a. Herausforderungen für die Digitalisierung in Europa: mobile Mitarbeiter und Remote-Zugriff, blog.wiwo. https://blog.wiwo.de/look-at-it/2019/06/26/herausforderungen-fuer-die-digitalisierung-in-europa-mobile-mitarbeiter-remote-zugriff. Zugegriffen: 29. Aug. 2019.

Kroker, Michael. 2019b. Digitalisierung und Big Data: Nur 17 Prozent der Unternehmen monetarisieren ihre Daten, blog.wiwo. https://blog.wiwo.de/look-at-it/2019/06/03/digitalisierung-big-data-nur-17-prozent-der-unternehmen-monetarisieren-ihre-daten. Zugegriffen: 29. Aug. 2019.

Modis, Theodore. 2017. A hard-science approach to Kondratieff's economic cycle. *Technological Forecasting and Social Change* 122 (5): 63–70.

Möller, Erik. 2005. Die heimliche Medienrevolution – Wie Weblogs, Wikis und freie Software die Welt verändern. Telepolis, Hannover, S. 240.

OECD. 1996. The knowledge based economy. OECD Digital Economy Papers, London, S. 4.

OECD. 2016. New skills for the digital economy: Measuring the demand and supply of ict skills at work. *OECD Digital Economy Papers* 258:4.

Pinzaru, Florina. 2015. Managing in the digital economy : an introductive discussion. *Pannon Management Review* 4(2), 9–31.

Postman, Neil. 1998. Five things we need to know about technological change. https://www.technodystopia.org. Zugegriffen: 3. Juni 2019.

Reinhardt, Kai. 2014. *Organisationen im Spannungsfeld zwischen Kontinuität und Disruption*, 2. Berlin: Hampp.

Schwab, Klaus. 2016. The fourth industrial revolution: what it means and how to respond, New York, Crown Business. https://www.weforum.org/agenda/2016/01/the-fourth-industrial-revolution-what-it-means-and-how-to-respond. Zugegriffen: 2. Juni 2019.

Schwab, Klaus. 2018. The fourth industrial revolution, New York, Crown Business. https://www.britannica.com/topic/The-Fourth-Industrial-Revolution-2119734. Zugegriffen: 15. Aug. 2019.

Šmihula, Daniel, und Von Carl Friedrich. 2010. Waves of technological innovations and the end of the information revolution. *Journal of Economics and International Finance* 2 (4): 58–67.

Stengel, Oliver. 2017. *Die Soziale Frage im Digitalzeitalter: Zukunft der Arbeit im Digitalzeitalter – Digitalgesellschaft*, 188. Wiesbaden: Springer.

Stokar, Thomas von, Susanne Stern, und Rolk Iten. 2003. *Informationsgesellschaft Zürich – Auf dem Weg in die Neue Wirtschaft*. Zürich, Informationsgesellschaft Zürich.

Thomas, Brinley. 1984. The long wave in economic life. By J. J. van Duijn. Boston: George Allen and Unwin, 1983. *The Journal of Economic History* 44 (3):868–869.

Veuve, Alain. 2015. Warum der Begriff der „Digitalen Transformation" falsch ist. T3N Digital Pioneers. abgerufen von http://t3n.de/news/begriff-digitale-transformation-falsch-ist-604525/.

Veuve, Alain. 2016. Die vierte industrielle Revolution: Warum der Begriff Quatsch ist, München, Pantheon Verlag. https://t3n.de/news/vierte-industrielle-revolution-677314/. Zugegriffen: 2. Juni 2019.

Einfluss der digitalen Transformation verstehen 3

> **Zusammenfassung**
>
> Entscheidend für den Erfolg digitaler Organisationen ist es, dass die Entscheider die ganzheitlichen Auswirkungen der Digitalisierung auf Mensch, Organisation und Gesellschaft verstehen. Dieses Kapitel liefert eine differenzierte Betrachtung der disruptiven „Störsignale" im Markt und zeigt, mit welchen Methoden diese identifiziert werden können. Neben dem „Wie" wird auch das „Was" diskutiert und die verschiedenen Veränderungsebenen der Digitalisierung analysiert, u. a. die Wirkungen der Digitalisierung auf gesellschaftlicher, organisationaler und individueller Ebene. Speziell der Bereich der Verhaltensveränderungen der Menschen wird einer näheren Betrachtung unterzogen und ein Modell der digitalen Bedürfnisse vorgestellt, anhand dessen sich die Bedürfnismuster des „homo digitalis" erklären lassen. Ob es sich bei allen Veränderungen um eine „echte" Revolution handelt, wird abschließend besprochen.

In diesem Kapitel erfahren Sie unter anderem
- was Zukunftsforschung ist und wie man Megatrends analysiert,
- was man unter dem Konzept der schwachen Signale versteht,
- welche Faktoren auf die digitale Organisation aus der Unternehmensumwelt einwirken,
- wie sich die unterschiedlichen Wirkungszonen im sozialen, im privaten und im organisationalen Umfeld verändern,
- wie sich die Bedürfnisse der Individuen im digitalen Zeitalter verschieben,
- ob die Digitalisierung tatsächlich eine echte Revolution ist.

Themen des Kapitels
Digitale Transformation, Megatrend, Zukunftsforschung, Konzept der schwachen Signale, digitale Wirkungszonen, Datenschutz, Dateninfrastruktur, Algorithmizität, digitale Arbeitswelt, Cloud-Work, Gig-Work, digitales Ökosystem, Bedürfnishierarchie, Millennials, digitale Satisfaktion, Revolution, Hacktivisten.

3.1 Neuordnung der Kräfteverhältnisse

Die Herausforderungen von Gesellschaft und Wirtschaft im 21. Jahrhundert sind eng mit den Impulsen aus der Entwicklung immer neuer digitaler Technologien verbunden. Diese Technologien erreichen durchweg alle Menschen und verändern deren Lebensräume, Lebensweisen aber auch den Kontext ihrer ökonomischen Arbeitswelten sowie der damit verbundenen Regularien. Diese digitalen Transformationsprozesse finden nicht nur im Kleinen, beispielsweise im Kontext einer einzelnen Privatperson statt, sondern betreffen den gesamten weltweiten Kontext aller Menschen.

Aufgrund dieser ganzheitlichen Veränderungswirkung wird der anhaltende Prozess der digitalen Transformation unserer Gesellschaft zur Determinante aller Entwicklungen – die Neudefinition unserer Welt findet unter dem Vorzeichen der Digitalisierung statt. Wenn bestimmte Veränderungstendenzen in der Umwelt eine derartige Wirkung auf die Zukunft von Menschen, Organisationen und Staaten haben, spricht die Wissenschaft in der Regel von einem **Megatrend**. Ein Megatrend beschreibt die Gesamtmenge aller Impulse und Umwelteinflüsse, die sich die Grundlage der starken Veränderungskraft darstellen (Reinhardt 2014). Diese Veränderungen lassen sich in der Regel anhand der Verschiebung größerer makroökonomischer oder geostrategischer Kräfteverhältnisse beschreiben, deren Veränderung die Welt nachhaltig prägt (Price Waterhouse Coopers 2016). Die Auswirkungen eines Megatrends sind breit gefächert, vielfältig und meist undurchsichtig.

Schelske und Wippermann (2005) ordnen die Megatrendforschung in den sozialwissenschaftlichen Kontext ein und führen an, dass diese mit der Wahrnehmung soziokultureller Strömungen im Zusammenhang steht. Es geht um Veränderungen im Denken, Fühlen und Handeln der Akteure einer Gesellschaft, der Veränderung ihrer Lebensziele und Werte sowie der Artikulation ihrer Bedürfnisse und Wünsche nach Veränderungen (Lehmann and Schetsche 2005).

Einige zentrale Megatrends, die als **Veränderungstreiber** auf Organisation heute einwirken, sind in Reinhardt (2014) ausführlich beschrieben. Unter anderem zählen dazu:

- Veränderungen im kommunikativen und kooperativen Sozialverhalten der Menschen. Durch die Nutzung intelligenter Technologien, mobiler Netzformen und asynchroner Kommunikation richten die Menschen ihre gewohnten Lebenswelten neu aus.
- Das Konsumverhalten und die veränderte Mediennutzung verändern die Einstellungen zu Familienmodellen, Berufsbiographien oder auch der Teilhabe an der Gesellschaft.

3.1 Neuordnung der Kräfteverhältnisse

- Auf Ebene der Bildung etablieren sich neue Genderbilder. Es entstehen neue Zugangsformen zu Wissen, wodurch vormals von Wissen entkoppelte gesellschaftliche Schichten Zugang zu neuen Bildungsformen erlangen.
- Insgesamt etabliert sich ein neues Verständnis von Arbeit und Arbeitsformen, was einerseits zur ökonomischen Neuformierung, aber auch zur Destabilisierung und Dekonstruktion ökonomischer Systeme führt.

Der Wandel hat insofern viele Gesichter und führt zu einer Neubewertung der Art und Weise, wie Organisationen „funktionieren" und ihre organisatorischen Handlungsweisen planen und organisieren. Der Fokus richtet sich auf eine Neubewertung bestehender organisatorischer Routinen. Dies können beispielsweise die Art und Weise von Planung und Umsetzung der Produktentwicklung in den Geschäftsmodellen, aber auch digitalisierte Prozesse und Teilprozesse, die Vernetzung von Akteuren entlang einer digitalisierten Supply Chain, der Aufbau neuer Führungsstrukturen oder die Planung von Investitionen in Innovationen sein. Die Varianz in der Ausprägung der Routinen ist hoch. Der Veränderungsbedarf hängt vom spezifischen Fall eines Unternehmens ab. Alle Maßnahmen aber verbindet die Erkenntnis, dass die technologische Disruption nicht mehr nur durch Anpassung einzelner organisationaler Routinen bewältigt werden kann. Der Grund für die geringe Veränderungsbereitschaft findet sich oftmals in dem organisationstheoretischen Phänomen der **organisatorischen Trägheit.** Diese Trägheit, die als Gefangenschaft in den eigenen Routinen verstanden werden kann, lässt sich durch einzelne Maßnahmen nicht lösen. Eine partielle Anpassung einzelner betrieblicher Routinen, wie z. B. der Entwicklung eines digitalen Produktes, dem Aufbau einer kleinen digitalen Vertriebseinheit usw. sind nur bedingt erfolgreich. Um die Trägheit zu überwinden, gilt es das, was sich außerhalb der Organisation verändert, als Benchmark und Maßgabe der organisatorischen Veränderung zu verstehen. Die digitalen Umweltveränderungen sind als multiperspektivisches Phänomen zu begreifen, das nicht durch Einzelmaßnahmen bewältigt werden kann, sondern eine Systemänderungen auf Ebene der organisationalen DNA ist erforderlich. Dies bedeutet nicht selten die vollumfängliche Transformation der organisationalen Routinen, bis auf die kleinste Arbeits- und Strukturebene. Kurz gesagt: Soll eine Organisation im Kern digitaler werden, bleibt selten ein Stein auf dem anderen.

▶ **Organisatorische Transformation** Die organisatorische Transformation ist ein Prozess der Veränderung mikroökonomischer Organisationsstrukturen, bei dem die (disruptiven) Umweltbedingungen in (konstruktive) Chancen überführt und zugleich Risiken minimiert werden.

Bei der digitalen Transformation hat eine Organisation grundlegend zwei Optionen: Die organisationalen Veränderungen können entweder aus einer Markt- oder einer Strukturperspektive heraus geplant und umgesetzt werden. Bei der **Marktperspektive** ist die jeweilige Marktposition des Unternehmens im Vergleich zu anderen Unternehmen entscheidend, wie weit sich das Unternehmen transformiert und an die digitalen Bedingungen anpasst. Dies ist meist ein Wettbewerb vergleichbar mit dem Rennen zwischen Hasen und Igel. Wird die Marktperspektive eingenommen, wird es einen Wettstreit um Marktpositionen, Marktanteile und technologische Spitzenplätze geben. Nehmen die Entscheider jedoch die **Strukturperspektive** ein, erzielen sei einen Vorteil durch grundlegende Anpassung und Neuausrichtung ihrer internen Abläufe, verstanden als DNA.

Beide Vorgehensweisen werden insbesondere in der deutschsprachigen Literatur nur unscharf voneinander abgegrenzt: Während die **Marktperspektive** vor allem in der strategischen Unternehmensführung diskutiert wird, konzentriert sich das Feld der Organisationsentwicklung vielfach auf die **Kompetenz- und Strukturperspektive.** Differenzierter wird dies im angloamerikanischen Raum betrachtet. Explizit wird dort zwischen der business transformation (externe Sichtweise, vergleichbar mit dem Marktperspektive) sowie der corporate transformation (interne Sichtweise, vergleichbar mit der Kompetenz- und Strukturperspektive) unterschieden:

- Bei der **business transformation** steht das externe Agieren des Unternehmens im Marktumfeld im Vordergrund
- Bei der **corporate transformation** geht es um die Anpassung der internen Fähigkeiten und Wissensstrukturen mit dem Ziel, die organisationalen Fähigkeiten des Unternehmens zu verändern, um neue Umweltbedingungen zu meistern. Die Corporate transformation wirkt viel stärker auf einer verhaltensbasierten Ebene und versetzt die Akteure einer Organisation in die Lage, mit dem Wandel umzugehen und effektiv zu handeln. Dies Veränderung der Strukturen und Kompetenzbestände erfordert die insbesondere die Veränderung der organisatorischen Abläufe (bureaucracy), der Unternehmensstrategie (policies) sowie internen Prozesse (routines).

Unabhängig von der Wahl des **Fokus der Transformationsstrategie** ist es für Organisationen unabdingbar, die mit der Digitalisierung verbundenen Wirkungskräfte, bezogen auf die innere und äußere Umwelt, zu identifizieren. Diese oftmals sehr vagen und unscharfen Signale bzw. verfügbaren Informationen, welche Wirkungskräfte sich in der inneren und äußeren Umwelt aufgrund der Digitalisierung verändern, werden in der Strategieforschung auch als **schwache Signale** bezeichnet – im Englischen auch als **weak signals** bezeichnet (Ansoff 2012). Die schwachen Signale zu entschlüsseln ist ein schwieriges und aufwendiges Unterfangen, da diese nur als schwache Tendenzen einer anstehenden Veränderung innerhalb eines von vielen Störfaktoren gekennzeichneten komplexen Marktumfeldes erkennbar sind.

▶ **Weak signals** Weak signals (zu Deutsch: schwache oder vage Signale) bezeichnet ein Konzept aus der strategischen Früherkennung bzw. der Trendforschung. Ziel ist es, durch frühe Identifikation schwacher Veränderungsimpulse in der inneren und äußeren

Umwelt die Sensitivität und Wahrnehmungsfähigkeit einer Organisation hinsichtlich der Notwendigkeit zur Veränderung ihrer internen Routinen zu verbessern, um so bessere Entscheidungen in der Organisation in Bezug auf zukünftige Entwicklungen treffen zu können.

Die Mustererkennung der schwachen Signale liefert zugleich Rückschlüsse auf neue, gesellschaftliche Tendenzen, die möglicherweise einen zukünftigen Trend gerade erst begründen. Schwache Signale in nützliche Entscheidungen umzuwandeln und diese zu interpretieren, benötigt Zeit und Aufmerksamkeit. Die in Abb. 3.1 dargestellten drei Phasen können helfen, die schwachen Signale in der „Peripherie" der Organisation, verstanden als deren Markt und Wettbewerbsumfeld, zu identifizieren und daraus Schlussfolgerungen für sicheres Handeln in der Organisation abzuleiten.

Bereits Ansoff weist in den 1970er Jahren in seinen Ausführungen zur strategischen Unternehmensführung darauf hin, dass Unternehmen mit sogenannten strategischen Diskontinuitäten konfrontiert werden. Dies sind in der Regel Abweichungen vom langfristigen Planungspfad. Die Diskontinuität selbst kann entweder ein Risiko oder eine Chance für ein Unternehmen darstellen. Die Reaktion der Unternehmen auf diese Veränderungen aber stellt in der strategischen Unternehmensführung ein Paradox dar: Letztlich wäre es für Unternehmen wichtig, die sehr früh erkannten Signale aufzunehmen und entsprechend der sich daraus ergebenden Erkenntnisse die Strategieplanung anzupassen. Das Paradoxon entsteht daraus, dass der Strategieprozess als solches auf Informationssicherheit hin ausgerichtet ist. Bewusst werden Verzögerungen in der Anpassung der strategischen Ausrichtung in Kauf genommen im Gegenzug für mehr Informationssicherheit in der Entscheidung. Strategische Richtungsänderungen werden zögerlich

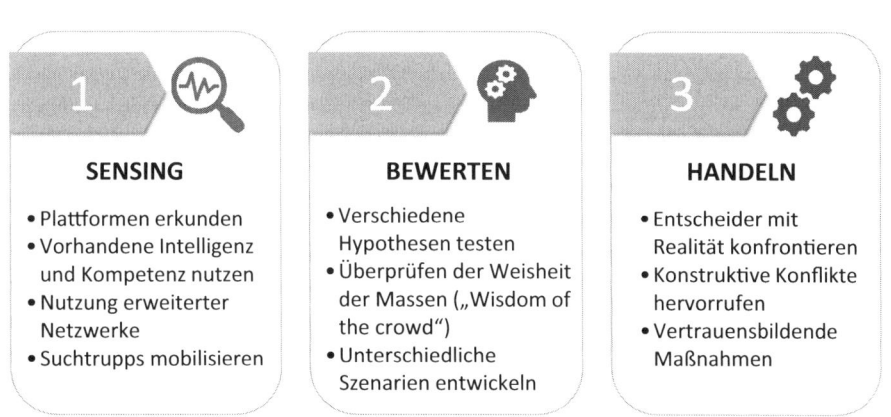

Abb. 3.1 Schritte zur Identifikation schwacher Signale. (Quelle: angelehnt an Schoemaker, Paul J H und Day, George S (2009): How to Make Sense of Weak Signals How to Make Sense of Weak Signals In: MIT Sloan management review, Band 50(3), Ausgabe 50317, 2009, S. 81)

oder gar nicht getroffen, selbst, wenn die „Signale" auf eine Chance oder ein Risiko hindeuten. Ansoff liefert diesen Ansatz, um zu erklären, warum viele Unternehmen „sehenden Auges" in eine strategische Krisensituation sie hineingeraten, die hätte rechtzeitig erkannt und bewältigt werden können.

In Zeiten der Digitalisierung ist diese Erklärung nach wie vor gültig: Der existenzbedrohende Angriff digitaler Wettbewerber, eine plötzliche Änderung der Kundenwünsche, das Aufkommen einer neuen Schlüsseltechnologie usw. erfordern schnelle Reaktionen von der Unternehmensführung (Arnold 1981). Dennoch befinden sich heute viele Unternehmen und vor allem Mittelständler in einer zögerlichen Warteposition, selbst wenn sich die schwachen Signale zu größeren Trendentwicklungen verstärken. Das Problem aus wirtschaftstheoretischer Sicht ist jedoch, dass je stärker sich Informationen über einen bestimmten Trend verdichten, desto geringer wird für das Unternehmen die Chance, diesen Trend rechtzeitig zu bewältigen. Die gestiegene Umweltkomplexität kann in der strategischen Unternehmensentwicklung Auslöser dafür sein, dass über die Methoden und Prozesse der Strategieentwicklung nachgedacht wird. Nicht jedes Unternehmen ist aber den gleichen Megatrends und Umweltbedingungen ausgesetzt. So ist es ratsam, zum einen die Komplexität und zum anderen die Dynamik im Wettbewerbsumfeld zu analysieren. Verändern sich die Markt- und Wettbewerbsbedingungen nur in geringem Maße und sind sie außerdem von einer überschaubaren Komplexität geprägt, so lassen sich diese tendenziell einfach analysieren. In diesem Fall können historische Analysen Aufschluss darüber geben, wie sich die Zukunft zeigt. Formale Planungssysteme bilden dabei immer noch eine gute Grundlage zur strategischen Prognose. Verändern sich die Umweltbedingungen und Trends aber so rapide, dass dies kaum mehr dokumentierbar ist und zeigt sich zudem der Markt als ein in sich komplexes und miteinander vernetztes Ökosystem, so steigert dies die Unsicherheit in der strategischen Planung. Traditionelle Planungssysteme sind nur noch wenig wirksam. Beispielsweise bietet sich der Weg einer dezentralen Analyse an. Kleinere Einheiten oder Teams im Unternehmen können mittels einer dezentralen Szenarioplanung viel besser Auskunft darüber geben, wie sich das Unternehmen in der Zukunft entwickeln könnte und welche schwachen Signale sich zeigen. Dieser Ansatz ist heute bereits in internationalen Strukturen weit verbreitet. Die Strategieentwicklung der Zukunft basiert vor allem auf Lernen, Austausch und Vernetzung zu den Mikrotransformationen der Organisation.

Hintergrund
Wie analysiert man einen Megatrend?
Die Analyse von Megatrends ist ein Teilgebiet der Zukunftsforschung, die sich wissenschaftlich mit den Aussagen über mögliche Zukünfte auseinandersetzt. Eingesetzt werden Instrumente der Prognose und Analyse von Wandlungsprozessen über einen bestimmten Zeitverlauf hinweg. Bei der Analyse von Megatrends kommen unterschiedliche Prognosearten zum Einsatz. Unterschieden wird zwischen deskriptiver und normativer Prognose. Während bei der deskriptiven Prognose die zukünftigen Entwicklungen und Ereignisse beschrieben werden, wird bei der normativen Prognose eine mögliche Zukunft bzw. ein gewünschter oder befürchteter Zustand in der Zukunft möglichst

exakt dargestellt. Die normative Prognose ermöglicht im Gegensatz zur deskriptiven Variante für Entscheider passgenaue Maßnahmen abzuleiten. Bei der Prognose der Auswirkungen der Digitalisierung kommen meist beide Prognoseformen zum Einsatz, die jeweils mit geeigneten wissenschaftlichen Methoden der Forschung, passend auf das Ziel der Prognose, untersetzt werden.

Aus der Identifikation einzelner Einflussfaktoren wird ein Gesamtbild konstruiert, dass zu einem bestimmten Zeitpunkt in der Zukunft erfasst werden soll. Neuhaus und Steinmüller (2015) sprechen von Fakten, die „zukunftsbeeinflussendes Potenzial in sich tragen, deren weitere Entwicklung oder Wirkung aber grundsätzlich ungewiss ist." (Reinhardt 2014) Bei den identifizierbaren Faktoren wird üblicherweise zwischen Trends, Technologien und Themen unterschieden, die das Gesamtbild der zukünftigen Veränderungen darstellen. Aus der Clusterung dieser Einflussfaktoren, z. B. nach deren gesellschaftlicher und wirtschaftlicher Bedeutung, kann anschließend die Zukunftsprognose verdichtet werden. Die Daten, die zur Faktorenanalyse benötigt werden, können sowohl qualitativer als auch quantitativer Natur sein und bilden den Zusammenhang des Faktors im Kontext der Fragestellung ab. Die Schwierigkeit, gerade auch beim Megatrend der Digitalisierung, besteht darin, dass die Phänomene, die untersucht werden sollten, weder bekannt noch deren Ursachen transparent sind. Häufig kommt aufgrund dieser Unschärfe die explorative Zukunftsforschung zum Einsatz. Die explorative Zukunftsforschung ist vergleichsweise praxisorientiert und problemgetrieben und versucht die Fragestellungen beispielsweise durch Studien, Befragungen, Interviews etc. aus der heutigen Industriepraxis heraus zu extrahieren. Ein Beispiel dafür könnte eine interviewbasierte Befragung von Top-Experten zu Auswirkungen der künstlichen Intelligenz auf bestimmte Industrien sein. Bei der Datenauswertung kommen etablierte Methoden der empirischen Sozialforschung, wie z. B. Umfragen, Interviews oder moderierte Kreativitätstechniken zum Einsatz. Bei der Trendforschung werden auch immer wieder kritisch methodische Fragen diskutiert. So gibt es aus wissenschaftlicher Sicht begründete Kritik an den Möglichkeiten der Berechnung der Zukunft. So hat beispielsweise der Einsatz bestimmter statistischer Methoden Einfluss auf das Ergebnis einer bestimmten Trendanalyse.

Weiterführende Literatur:
Neuhaus, Christian und Unterscheidung, Der (2015): Standards und Gütekriterien der Zukunftsforschung, 2015
Silver, Nate (2012): The Signal and the Noise – Why so many predictions fail In: The New Republic, 2012.

Mit der Entkopplung zwischen digitaler Trendidentifikation und dem Einleiten gezielter strategischer Maßnahmen zur Digitalisierung kämpfen heute viele Unternehmen. Zum erfolgreichen Bewältigen der digitalen Risiken gehört es, neue Routinen und Abläufe zu entwickeln, um schwache Signale auf allen Organisationsebenen aufzunehmen, um daraus Maßnahmen zum Umbau der Organisation abzuleiten. Keine Organisation kann sich dem Wandel durch die Digitalisierung, Vernetzung und Wissensintensivierung entziehen. Die Wirkungen der Digitalisierung sind als Kombination exogener (äußerer) und endogener (innerer) Kräfte zu verstehen, deren Muster sich in Intensität und Wirkung unterscheiden, zu verstehen. Organisationen sollten Sorge tragen, dass Mitarbeiter und Führungskräfte die Auswirkungen der Digitalisierung auf die Zukunft des Unternehmens kennen, um im Kontext ihrer Aufgabe ihre Entscheidungen richtig treffen zu können. Beispiele zu den Auswirkungen der Digitalisierung auf den unterschiedlichen Wirkungsebenen einer Organisation, differenziert nach normativer, kollektiver und individueller Ebene, sind in Tab. 3.1 zusammengefasst.

Tab. 3.1 Beispiele für Auswirkungen der Digitalisierung auf unterschiedlichen Wirkungsebenen

Wirkungsebene	Beschreibung
Normative Ebene (Gesellschaft, Wirtschaft, Global)	• Digitalisierung ist Grundlage für viele weitere neue Megatrends und beschleunigt damit insgesamt die Veränderungen in der Gesellschaft. • Einfluss auf das sich wandelnde Nutzerverhalten • Merkmal einer exponentiellen Veränderungsgeschwindigkeit
Kollektive Ebene (Gruppe, Team, Bereich, Abteilung)	• Es entstehen neue Tätigkeitsbereiche, insbesondere in Kombination klassischer Professionen mit IT- Kompetenz • Zunahme flexibler Beschäftigungsverhältnisse • Zunehmender Ersatz von Routinetätigkeiten durch Maschinen und Software bei Wegfall niedrig qualifizierter Tätigkeiten • Neue Kommunikationsformen, Informationsverarbeitung, Rationalisierung • Neue Geschäftsfelder
Individuelle Auswirkungen (Mensch, Mitarbeiter, Individuum)	• Mehr Wissensarbeit, weniger Routinetätigkeiten, computergestützte Unterstützung • Zunehmende Komplexität in der Kooperation, • Entwicklung neuer Vernetzungsformen • Flexibleres Arbeiten • Anpassung der Führungskultur, • Management von Mitarbeitern: Förderung von Eigenverantwortung und Autonomie

Zurückführen lässt sich dieses neue holistische Verständnis zur Absorption von Umweltveränderungen auf verschiedenen Unternehmensebenen auf das **systemtheoretische Verständnis.** Der Begriff systemisch bezeichnet eine Denktradition, die sich von der konventionellen hierarchisch organisierten Sicht einer Organisation löst und anstatt dessen verschiedene Perspektiven auf die Organisation einnimmt. Während in der klassischen Organisationslehre die Teile des Unternehmens oft arbeitsteilig und funktional im Sinne der Ablauf- und Aufbauorganisation verstanden werden, steht bei der systemischen Sichtweise die Abgrenzung der organisationalen Teilsysteme im Vordergrund (Malik 2006).

▶ **System** Ein **System** meint ein Ganzes, das erst im Zusammenwirken seiner Teile existiert. Wenn zwischen den Elementen Beziehungen und Zusammenhänge bestehen, spricht man von einem System.

Entsprechend der systemtheoretischen Sichtweise kann eine Organisation in einzelne unabhängige „Wissensgemeinschaften" zergliedert werden. Die Wissensgemeinschaften entsprechen nicht den Abteilungen oder Bereichen, sondern sind als Querschnittsbereiche durch alle Funktionalbereiche und Hierarchien zu verstehen. Jede

Wissensgemeinschaft für sich ist in der Lage, die schwachen Signale in der Umwelt zu sammeln, zu bewerten und Entscheidungen zur ihrer eigenen Entwicklung zu treffen. Jede Wissensgemeinschaft ist Teil des übergeordneten Systems der Organisation. Die Wissensgemeinschaften haben untereinander Verbindungen und stehen in ständigem Austausch miteinander.

Die Analogie der Wissensgemeinschaft ermöglicht es, das Zukunftsbild einer digitalen Organisation zu skizzieren. Die Veränderungen, die jede Wissensgemeinschaft in der Umwelt identifiziert und die Entscheidungen die sie aus diesem Reflexionsprozess hinsichtlich ihres eigenen Erhalts trifft, führen zu einer kollektiven und laufenden Anpassung der Organisationsstrukturen und Routinen. Die Autonomie der Wissensgemeinschaften tritt an die Stelle von hierarchisch geprägten Entscheidungen und Abhängigkeiten. Das kollektive Wissen der Wissensgemeinschaften ersetzt das exklusive und isolierte Expertenwissen und macht Entscheidungen transparenter. Isolierte Einzelprognosen werden durch robuste kollektive Entscheidungen ersetzt. Die Dekonstruktion der Organisation in einzelne Wissensgemeinschaften führt im Ergebnis zur Konstruktion einer neuen Qualität der **kollektiven Wahrnehmung.**

Die Wissensgemeinschaften repräsentieren aus der Sicht der Systemtheorie unterschiedliche Umweltkontexte. Jeder Kontext für sich liefert umfassende Impulse zur Anpassung der Organisation an die digitalen Veränderungen. Die Verarbeitung der Systemimpulse auf Ebene der Wissensgemeinschaften kann den Vorteil haben, einen neuen kombinatorischen Blick auf die Wirklichkeit der Zukunft der Organisation zu entwickeln. Diese kollektive Perspektive erlaubt Rückschlüsse darauf, welche Anpassungen in einem frühen Stadium notwendig sind.

Die Anpassungen, die daraus resultieren, münden letztlich in Maßnahmen auf individueller, kollektiver und normativer Ebene, wie Tab. 3.1 zeigt. Diese Wirkungsebenen können jedoch nicht isoliert voneinander betrachtet werden, sondern sie stehen miteinander im Austausch und beeinflussen sich gegenseitig. Sie stellen eine Abstraktion des sozialen Kontextes dar und bieten die Ausgangsbasis für die Interpretation digitaler Systemwirkungen (Reinhardt 2013).

Die digitale Unternehmensführung erfordert einen Wandel von einer planerischen hin zu einer tendenziell dezentralisieren und impulsfokussierten Unternehmensführung, um die Chancen und Möglichkeiten der Digitalisierung zu nutzen. Im Kern geht es darum, die Menschen an vielen Stellen einer Organisation zu befähigen, ihre eigenen Arbeitssituation zu optimieren. Zugleich profitieren sie von veränderten Beschäftigungs- und Partizipationsmöglichkeiten. Gesamtgesellschaftlich entstehen im Arbeitsmarkt daraus neue Kompetenzstrukturen und ein gänzlich verändertes Bild, wie die Ökonomie in sich funktioniert. In der Abb. 3.2 sind unterschiedliche **Transformationsebenen der Digitalisierung** dargestellt. Dazu zählen unter anderem Auswirkungen auf die Menschen und Arbeitnehmer, die in der Organisation agieren. Hier werden Effizienzgewinne, unter anderem durch eine verbesserte Arbeitsweise mit digitalen Tools und innerhalb digitalisierter Prozesse erwartet (vgl. dazu auch Kap. 9 zum Thema digitale Innovationen). Ebenso geht es um spezifische Erweiterungen des Geschäftsmodells und der damit verbundenen Kern-

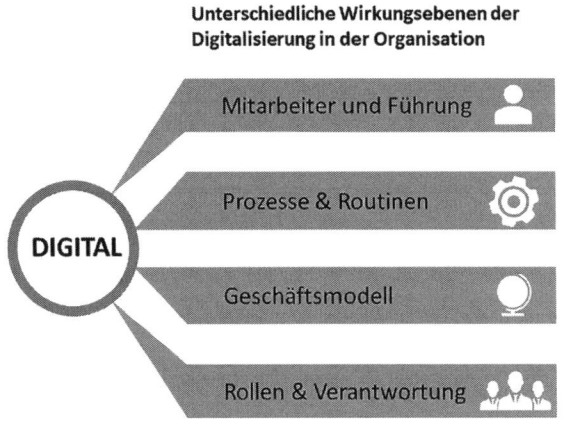

Abb. 3.2 Beispielhafte Auswirkungen der Digitalisierung

prozesse. Durch Nutzung digitaler Möglichkeiten werden auch hier Effizienzgewinne erwartet. Letztlich kann aber die Digitalisierung auch auf das Geschäftsmodell einwirken. Bestimmte Anforderungen im Markt oder seitens der Kunden verändern den Geschäftszweck, was eine Neuausrichtung beziehungsweise eine Etablierung eines zusätzlichen digitalen Kerngeschäfts nötig macht (vgl. dazu auch Kap. 7 zum Thema der strategischen Neuorientierung in digitalen Zeiten). Aus dieser neuen Situation heraus entstehen in der Organisation neue Netzwerkstrukturen (vgl. Kap. 4 zu neuen Formen der digitalen Organisation) sowie neue Rollen mit veränderten Verantwortungen und einem veränderten Bild von Führung (vgl. dazu auch Kap. 8 zur digitalen Führung).

Daraus resultiert für Organisation dringender Handlungsbedarf, um die neue digitale Arbeitswelt zu gestalten und zusammenwachsen zu lassen: Unter anderem sollten Arbeitsverhältnisse flexibler gestaltet, Arbeitsprozesse beschleunigt und Kommunikation synchronisiert werden. Auch gehört dazu, dass Echtzeitinformation über Ländergrenzen hinweg ausgetauscht werden. Dies ermöglicht den dezentralen Austausch von Informationen für Mitarbeiter und Führungskräfte. Begleitend sind die politischen Akteure gefordert, neue regulative und normative Rahmenbedingungen zu schaffen, um die digitalen Potenziale für alle nutzbar zu machen. Die Digitalisierung hat damit zugleich Auswirkungen auf die mikropolitische Gestaltung von Organisationen als auch auf das normative Fundament der Gesellschaft, insbesondere auf das öffentliche Leben innerhalb der Gesellschaft (Rump und Eilers 2017).

Somit kann die Wirkung der Digitalisierung in drei **digitalen Wirkungszonen** beschrieben und gleichzeitig auch analysiert werden: Arbeitswelt, Gesellschaft und Mensch (Abb. 3.3). Wie in Abschn. 3.3 dargestellt, umfasst dies sowohl die Ebene der Volkswirtschaft, die Ebene der betrieblichen Realität als auch die Ebene der individuellen Lebens- und Arbeitsräume. Die Bewältigung der digitalen Einflüsse in jedem Bereich hängt von der Gestaltung der Rahmenbedingungen innerhalb der Sphäre ab. Im weiteren Verlauf des Kapitels werden die digitalen Einflüsse auf den Wirkungszonen dargestellt.

Abb. 3.3 Wirkungsebenen der digitalen Transformation

3.2 Digitale Wirkungen in der Gesellschaft

Auf gesamtgesellschaftlicher Ebene verursacht die Digitalisierung massive Umbrüche in den Grundstrukturen der Ökonomie und den gesellschaftlichen Strukturen. Betroffen davon sind insbesondere die Akteure einer Gesellschaft, angefangen von den Menschen, den Interessengruppen, Parteien bis hin zu privatwirtschaftlich organisierten Unternehmen und öffentlichen Institutionen, die eingebunden sind in den gesellschaftlichen Diskurs rund um die Gestaltung der Rahmenbedingungen. Die Durchdringung aller Lebensbereiche mit digitalen Technologien löst bei vielen Menschen innerhalb der Gesellschaft Ängste aus. Neben dem steigenden Druck auf die eigene Qualifikation und Fähigkeitsentwicklung, sich verstärkt auch mit neuen Medien und Technologien zu beschäftigen, werden in der Öffentlichkeit auch vor allem auch die Auswirkungen der Computerisierung diskutiert (BMBF 2014). So befürchten einige Vertreter im aktuellen Diskurs beispielsweise, dass in Zukunft verstärkt digitale Medien zum Einsatz kommen werden, die die Leistungsfähigkeiten des Menschen beeinträchtigen und Aufgaben der Menschen teilweise übernehmen. Vertreter dieser Linie sehen die Digitalisierung als ein Risiko und debattieren über mögliche Einschränkungen und Hürden. Die Gegner dieser Position kritisieren daran unter anderem die undifferenzierte Debatte, Technikfeindlichkeit oder Realitätsferne. (ebd.).

Jaekel (2017) spricht gar vom digitalen Bermuda-Dreieck innerhalb der digitalen Sphäre. Er weist auf Stadler hin, der insbesondere zu den Auswirkungen der Digitalisierung auf die Kultur und Vernetzung in der Gesellschaft einen wichtigen Beitrag leistet, indem er **drei Muster einer digital prägenden Gesellschaft** und Kultur identifiziert: Referentialität, Gemeinschaftlichkeit und Algorithmizität (in: Jaekel 2017, S. 27)

- **Referentialität:** Inhalte werden duplizierbar und beziehen sich stärker als bisher aufeinander, was als eine allgemeine Expressivität verstanden werden kann. Damit entsteht eine Methode, mit der sich der einzelne Bürger in die kulturellen Prozesse einer Gesellschaft einbringen und als Produzent konstituieren kann.
- **Gemeinschaftlichkeit:** Menschen verbinden sich über geographische Grenzen hinweg nach ihren Interessen. Es entstehen flexible Kooperationen. Dadurch werden Menschen in größere Zusammenhänge eingebunden, Austauschprozesse werden neu organisiert und Erwartungen einzelner Menschen an die Gemeinschaftlichkeit gestellt.
- **Algorithmizität:** Orientierung entsteht durch Automatisierung unter anderem durch maschinelles Filtern und Sortieren. Algorithmen verdichten die unüberschaubaren Daten und Informationsmengen, damit sie durch Menschen erfassbar werden. Dadurch entsteht auch die Gefahr, dass Informationen gefiltert und vorsortiert werden. Gleichzeitig erhöhen die Algorithmen die Autonomie des Einzelnen persönlich handlungsfähig zu sein.

Speziell der unaufhörliche Einsatz von **Algorithmen** in der digitalen Welt verändert das Internet immer mehr. Durch die Automatisierung von Informationsanalyse und -konsum liefern die immer intelligenter werdenden Algorithmen für den einzelnen Menschen einen Filter auf seine Welt in Form kausaler Informationsmuster, die seine eigenen Informationspräferenzen verändern. Sie bieten zwar dadurch auch eine gewisse Orientierung in einem immer größer werdenden Informationsraum. Anderseits aber auch stellen sie eine Gefahr dar, dass durch Informationsfilter der Blick auf die reale Welt verzerrt dargestellt wird, was sich auf Autonomie und Meinungsfreiheit negativ auswirken kann, wie das folgende Beispiel eindrücklich zeigt.

Hintergrund
Verhaltensveränderungen durch den Facebook-Filter
Das tägliche digitale Leben im Internet ist, ohne dass es für den Einzelnen wahrnehmbar ist, geprägt von algorithmisch vorselektierten und ausgewählten Inhalten, unter anderem in Social Media-Feeds, personalisierten Empfehlungen auf Websites, personalisierter Newsletter- oder Anzeigen-Werbung oder auch den personalisierten Suchergebnissen in Suchmaschinen. Große Plattformen setzen unsichtbare und im Hintergrund arbeitende Algorithmen ein, um Nutzern auf ihrer Plattform bestimmte Inhalte anzuzeigen und im gleichen Maße andere Inhalte zu filtern. Diese automatisierten Filter haben massiven Einfluss auf die persönliche Nutzererfahrung und werfen Fragen auf. In ihrer Studie weisen Eslami et al. (2015) nach, dass mehr als die Hälfte der Teilnehmer einer Nutzerstudie unter Facebook-Nutzern (62,5 %) sich überhaupt nicht bewusst sind, dass ihr Newsfeed von Facebook-eigenen Algorithmen kuratiert wird, das heißt, dass sie

3.2 Digitale Wirkungen in der Gesellschaft

lediglich vorgefilterte Informationen zu sehen bekommen und sie deswegen beispielsweise keine Updates von Freunden und Bekannten zu sehen bekommen. Speziell auf Facebook hatte die Unwissenheit über den Algorithmus schwerwiegende Folgen: Aus dem Newsfeed zogen die Benutzer Rückschlüsse auf ihre persönlichen Beziehungen zu Freunden im sozialen Netzwerk. Fälschlicherweise wurden, aufgrund der Zusammensetzung ihres Feeds, Freunden bestimmte Absichten zugeschrieben, die nicht der Realität entsprachen. Sie kamen beispielsweise zum Schluss, dass Freunde sie aufgrund politischer Meinungsverschiedenheiten oder eines bestimmten Verhaltens in der Vergangenheit ignorieren. Im Extremfall, so die Forscher, kann dies dazu führen, dass jemand zu Unrecht sozial ausgegrenzt wird. Lediglich 37,5 % der Teilnehmer war bewusst, dass Nachrichten im Feed gefiltert werden. Im Ergebnis geben die Forscher zu bedenken, dass es aufgrund undurchsichtiger Algorithmen zu ethischen und sozialen Folgen kommen kann und fordern zugleich mehr Transparenz über die Funktionsfähigkeit von Algorithmen sowie den Einbezug von Ethikern bei der Entwicklung algorithmischer Produkte.

Eine weitere wichtige gesellschaftliche Veränderung findet unter anderem beim **Datenschutz** statt. Dies umfasst vor allem den Schutz der digitalen Daten der Menschen in einer Gesellschaft. Unter anderem sollen diese vor gewaltsamer Zerstörung, ungewollten Übernahmen durch andere Benutzer oder Cyber-Attacken geschützt werden. Derzeit werden vor allem Fragen zum Datenschutz des Einzelnen in Bezug auf die Sammlung und Verwertung von Informationen, die über Personen, Organisationen oder Anlässe gesammelt werden, diskutiert. Dies macht es notwendig, dass auf gesellschaftlicher Ebene geklärt wird, wie mit diesen sensiblen Themen grundsätzlich umgegangen werden soll. Insbesondere die rechtlichen und prozessualen Aspekte der Verarbeitung und Speicherung gewinnen an Bedeutung. Die massive Zunahme digitaler Endgeräte, auf denen Daten erfasst werden, unter anderem durch Sensoren, Smartphones oder anderer physischer Objekten (u. a. Smart Home, Industrie 4.0), machen eine erweiterte Diskussion zu Datenschutz notwendig.

▶ **Datenschutz** Unter Datenschutz wird der Schutz der digitalen Daten verstanden, unter anderem vor der gewaltsamen Zerstörung oder der ungewollten Übernahme durch andere Benutzer oder Cyberattacken.

Die Anforderung an Digitalisierung erfordert von der Gesellschaft, sich beispielsweise über Investitionskosten zum Aufbau **digitaler Infrastrukturen** und zur Beseitigung von Nachteilen bei der digitalen Nutzung zu verständigen. Eine robuste digitale Infrastruktur ist die zentrale Voraussetzung für den technischen Wandel. Die deutsche Bundesregierung hat beispielsweise in der digitalen Agenda sowie im Koalitionsvertrag sich das Ziel einer flächendeckenden Breitbandversorgung von mindestens 50 Megabit pro Sekunde sowie einem verstärkten Ausbau von Glasfaseranschlüssen gesetzt (Die Bundesregierung 2017). Kritisiert wird derzeit unter anderem von wirtschaftlichen Branchenverbänden und Wirtschaftsvertretern, dass der Aufbau der digitalen Infrastruktur im Vergleich zu anderen Regionen der Welt, wie Nordamerika, Israel oder China, zu langsam vorankommt. So zeigt eine vom TÜV Rheinland im Auftrag des

Bundesministeriums für Verkehr und digitale Infrastruktur in Auftrag gegebene Studie, dass der Breitbandausbau bis zum Jahr 2018 lediglich bei niedrigen Verbindungsdaten von bis zu 6 Megabit pro Sekunde flächendeckend vorangekommen ist. Ab den Breitbandklassen von mehr als 16 Megabit pro Sekunde sinkt die durchschnittliche Breitbandverfügbarkeit auf 90 %; bei mehr als 50 MBit pro Sekunde sind es nur noch ca. 76 %. (Skala 2018) Besonders die ländlichen Regionen sind von der digitalen Infrastruktur gänzlich abgehängt. Gerade aber für mittelständische Unternehmen im ländlichen Raum sind robuste digitale Infrastrukturen eine Voraussetzung, mit den Entwicklungen in der Weltwirtschaft Schritt zu halten.

> **Praxis**
>
> **Die Landwirtschaft auf dem Weg zum Smart Farming**
> Durch die Digitalisierung ist in der Landwirtschaft eine Revolution in der Produktion in Gang gekommen. Um den enormen Herausforderungen einer globalisierten Welt standzuhalten, gehen viele Landwirtschaftsbetriebe den Weg, ihre Produktion auf eine technologiegestützte digitale Landwirtschaft umzustellen. Dieses Geschäftsmodell wird oft unter dem Begriff des Smart Farming verstanden. Dies beschreibt das datenbasierte Geschäftsmodell moderner, digitaler Landwirtschaft, bei dem durch datenbasierte Lösungen der Ernteertrag optimiert und die Ressourceneffizienz verbessert wird. Dazu gehört der Einsatz selbstfahrender Traktoren, Mähdrescher oder Drohnen ebenso wie die Auswertung der Effizienz von Dünger oder Pflanzenschutzmittel. Abhängig sind diese Technologien insbesondere auch von der digitalen Infrastruktur, die zur Vernetzung der Endgeräte und Datenströme benötigt wird. Entscheidend dafür ist ein ausreichend schnelles Telekommunikationsnetz. Nur bei hoher Bandbreite und geringer Latenz können wichtige Daten, wie z. B. Wetter-, Wasser- oder Düngerdaten in Echtzeit ausgewertet werden. Moderne Landwirtschaftsgeräte sind heute bereits mit Technologien der künstlichen Intelligenz ausgestattet, um so Boden, Wasser und Pflanzen in Echtzeit zu analysieren. Laut einer Studie des Deutschen Bauernverbandes setzen 53 % aller Landwirtschaftsbetriebe digitale Technologien ein. Dennoch ist die deutsche Landwirtschaft noch nicht ausreichend an eine digitale Infrastruktur angebunden. Vorbilder für den progressiven Umgang mit der Digitalisierung finden sich beispielsweise in Ländern wie China und Japan. Dort hat die schnelle Verbreitung von Smartphones und Internet of Things (IoT)-Systemen zu einer raschen Einführung von Lösungen für die digitale Landwirtschaft geführt. Die Regierungen dieser Länder haben die Notwendigkeit und die Vorteile dieser Technologien erkannt und haben spezielle Initiativen zur Förderung von Smart Farming-Techniken gestartet, um das Wachstum des Marktes weiter voranzutreiben. Laut aktueller Studien wird für die Asien-Pazifik-Region bis 2022 das höchste Marktwachstum erwartet. Die Region bietet aufgrund der zunehmenden städtischen Bevölkerung, der wachsenden Marktdurchdringung des Internets in der Masse an landwirtschaftlichen Betrieben sowie staatlicher Investitionen Potenzial für eine große Marktentwicklung.

Weiterführende Informationen:
BIS Research (2018) Smart Farming: The Future of Agriculture Technology. In: marketresearch.com. Zugegriffen am 30 Mai 2019

3.3 Wirkungen in der Arbeitswelt

Die Digitalisierung bringt auch einen **Wandel in der Ausbildung** und dem Lernen mit sich. Digitalisiert eine Gesellschaft, so erfordert dies neue Ausbildungsformen, in denen die digitalen Anforderungen der Zukunft berücksichtigt werden. Dies betrifft auch die Formen und Inhalte der Ausbildung. Schon heute sind diese Veränderungen in vielen Ausbildungsberufen spürbar: Ein Elektroniker nutzt in seinem Arbeitsalltag nicht nur mehr Lötkolben, sondern auch mobile Endgeräte. Informatiker programmieren nicht einfach nur, sondern sie müssen Wertschöpfungsketten und industrielle Abläufe verstehen. Mechatroniker müssen sich den Anforderungen der IT-Vernetzung in der Industrie beschäftigen. Tischler kommen in ihrem Beruf nicht mehr ohne computergestützte CNC-Holzsägen aus. Die nächsten Generationen von Fachexperten sollten auf die neuen Einsatzgebiete der Digitalisierung vorbereitet werden. Dennoch attestiert beispielsweise der Deutsche Gewerkschaftsbund ein anderes Bild: Zwar ist das Thema für ca. 80 % aller Auszubildenden wichtig. Aber nur ca. die Hälfte der Auszubildenden werden auf den Umgang mit digitalen Technologien vorbereitet (DGB 2019). Ein ähnliches Defizit zeigt sich beim Umgang mit neu entstehenden Berufsbildern bzw. der Weiterentwicklung der Ausbildungsinhalte heutiger Berufsfelder. Ein Großteil der Bevölkerung wird in wenigen Jahrzehnten in **Berufen** arbeiten, die es heute noch gar nicht gibt. Die Weiterentwicklung der Ausbildungsordnungen etc. erfolgt aber nur schleppend.

Zugleich haben digitale Technologien aber auch kurzfristig Auswirkung auf die Beschäftigungseffekte. Durch die immer weiter zunehmende Automatisierung im produzierenden Gewerbe verschieben sich Beschäftigungsstrukturen zwangsläufig in Richtung höher qualifizierter Arbeit. Die Digitalisierung erfordert auch neue **Verantwortlichkeiten** der Akteure im Gesamtsystem der sozialen Marktwirtschaft. Dazu gehören sowohl Vertreter der Arbeitgeberseite, Sozialpartner als auch politische Interessenvertretungen. Es geht darum, neue Korridore auszuloten, innerhalb derer Kompromisse zur Förderung der Nutzbarmachung der Potenziale der Digitalisierung geschlossen werden können. Unter anderem gilt es auf Entwicklungen zu reagieren, in denen sich die Machtverhältnisse zwischen Arbeitnehmern und Arbeitgebern verändern. Das folgende Beispiel zeigt, welche Schwierigkeiten u. a. mit der Entwicklung hin zum **Cloud-Working** verbunden sind. Der Begriff des Cloud Workings steht stellvertretend für die Erbringung ortsunabhängiger Dienstleistungen durch einzelne Personen, da menschliche Arbeit in die digitale Cloud ausgelagert wird. Zu unterscheiden ist dies von der ortsgebunden Arbeitsform, der sogenannten **Gigwork,** bei der insbesondere auch körperliche Tätigkeiten erbracht werden, die meist für ein bestimmtes Projekt vor Ort erbracht werden.

Hintergrund
Freelancer in der neuen Arbeitswelt
In einer von Dynamisierung und Komplexität geprägten Arbeitswelt nimmt der freie Mitarbeiter heute eine wichtigere Rolle ein als vor wenigen Jahren. Der sogenannte Freelancer hat dabei aus Arbeitsmarktsicht eine ambivalente Rolle zu erfüllen: Zum einen wird der Freelancer als Erfolgsfaktor für eine schnelllebige Welt benötigt. Beispielsweise sind Unternehmen mit freien Mitarbeitern besser in der Lage, auf spontane Kundenbedürfnisse in Projekten mit wissensintensiven Leistungen zu reagieren. Sie liefern damit eine hohe Flexibilität. Andererseits aber befindet sich der Freelancer nach der aktuellen Gesetzeslage zu urteilen in einer Zwickmühle. Zwar bietet er die nötige Flexibilisierung, dennoch ist die heutige Gesetzeslage nicht auf diese Anforderungen hin ausgerichtet.

Freelancer liefern für Unternehmen neue Möglichkeiten, sich schnell und gezielt mit wissensintensiven Dienstleistungen zu versorgen. Die dafür erforderliche Flexibilität hängt maßgeblich vom schnellen Einsatz als Freiberufler in den Wertschöpfungsprozessen ab. Daraus ergibt sich ein Spannungsfeld zwischen Flexibilität und Restriktion, in dem sich Freelancer in der heutigen dynamischen Arbeitswelt bewegen. Denn aus rechtlicher Perspektive ist die Bezeichnung des Freelancers nicht eindeutig bestimmbar (Albers 2019). Vielmehr ist der Betrachtungswinkel ausschlaggebend, was jeweils darunter verstanden wird. In der Abb. 3.4 wird ein Vergleich der Kriterien zur Abgrenzung zwischen Arbeitnehmern und Selbstständigen nach aktueller Gesetzeslage gezogen.

Diese durchaus komplexe Gesetzeslage macht es sowohl für Arbeitgeber als auch für Arbeitnehmer schwierig, die Flexibilisierung der Arbeit voranzutreiben. Ein Diskurs zur Neuordnung der rechtlichen Situation ist angebracht und wird von verschiedenen Interessengruppen aktuell angestoßen.

Kriterium	Rechtsgrundlage	Arbeitnehmer	Selbständige
Vertragsart	— § 611 BGB — § 611a BGB — § 631 BGB	Arbeitsvertrag	Freier Dienstvertrag oder Werkvertrag
Weisungsrecht	— § 611a BGB — § 84 Abs. 1 S. 2 HGB	Weisungsgebundenheit (Inhalt, Durchführung, Zeit und Ort der Tätigkeit)	Keine Weisungsgebundenheit
Unternehmerisches Risiko	— § 611a BGB	Nein, sondern persönliche Abhängigkeit	Ja
Einbindung in Arbeitsorganisation	— § 7 Abs. 1 SGB IV	Ja	Nein
Entlohnung	— § 611a BGB — § 631 BGB	Pflicht des Arbeitgebers zur Zahlung vertraglich vereinbarter Vergütung	I. d. R. erfolgsabhängig
Sozialversicherungspflicht (SV-Pflicht)	— §§ 25-28 SGB III — § 5 SGB V — §§ 1-2 SGB VI — §§ 2-4 SGB VII — §§ 20-23 SGB XI	Versicherungspflicht in allen Zweigen	Eingeschränkte Versicherungspflicht
SV-Beiträge	— § 20 SGB IV	Paritätisch von Arbeitgeber und Arbeitnehmer gezahlt	Allein tragend

Abb. 3.4 Kriterien zur gesetzlichen Abgrenzung zwischen Arbeitnehmern und Selbstständigen im Vergleich. (Quelle: Albers 2019, S. 51)

Neben dem gesellschaftlichen Einfluss führt die Digitalisierung auch zu Umbrüchen im betrieblichen Umfeld. Digitale Einflüsse wirken auf vielen Ebenen eines Betriebs gleichzeitig, was die Bewältigung zur Herausforderung für alle Beteiligten und Verantwortlichen macht – vom Manager über den Gesellschafter bis hin zum Arbeitnehmer. Am stärksten wirkt die Digitalisierung auf die Entstehung neuer Geschäftsmodelle und veränderter Wertschöpfungsketten. Viele digitale Geschäftsmodelle stellen traditionelle ökonomische Verhältnisse auf den Kopf und zerstören gleichzeitig etablierte Markt- und Handelsstrukturen. Sie führen zur sogenannten **Disintermediation** der Wertschöpfungsstufen und damit zum Bedeutungsverlust von ehemals wichtigen Akteuren innerhalb der Wertschöpfung. So werden u. a. im Handel viele Stufen der vormals physischen Wertschöpfung in digitale Wertschöpfungsformen überführt, wodurch erhebliche Kosteneinsparungen zu verzeichnen haben. Dies wiederum führt zu einer Zunahme des Direktvertriebs vom Hersteller zum Endverbraucher, da Hersteller auf die Zusammenarbeit mit Zwischenhändlern verzichten. Die herkömmlichen Stufen in der Wertschöpfung, vom Hersteller zum Zwischenhändler und dann erst zum Endverbraucher, werden umgangen. In der Folge kommt es zur Ausschaltung einzelner Handelsstufen, der **Disintermediation**.

▶ **Disintermediation** Darunter wird die Ausschaltung von Handelsstufen in einer Wertschöpfungskette verstanden, da Teile der Wertschöpfung direkt ins Internet verlagert werden. Dadurch kann z. B. auf Zwischenhändler verzichtet und Transaktionskostenvorteile gewonnen werden.

Somit kommt es zur **Wertschöpfungsverschiebung** sowie neuen Dienstleistungs- und Güterformen. In der digitalen Wirtschaft werden tendenziell weniger physische, sondern mehr wissensintensive Ressourcen eingesetzt. Durch die Verbreitung smarter Maschinen und Roboter verschiebt sich beispielsweise die Wertschöpfung weg von der physischen Produktion und Fertigung hin zum wissensintensiven Service und der Wartung von Produktionsanlagen. Digitale Steuerungssoftware spielt in diesem Szenario eine größere Rolle als physische Maschinen. Produzierende Betriebe bekommen so die Möglichkeit, ihre Prozesse zu flexibilisieren, sind nicht mehr orts- und zeitgebunden und entwickeln immer mehr immaterielle Service- und Produktangebote.

Unternehmen bilden im digitalen Zeitalter untereinander neue Kooperationsformen und strategische Allianzen. Immer mehr Unternehmen folgen in ihrer strategischen Entwicklungspolitik dem **digitalen Ökosystem-Ansatz.** Dieser wird häufig von großen Konzernen als neues Instrument einer digitalisierten Unternehmenspolitik eingesetzt. Bei diesem Ansatz werden zwei oder mehr Akteure in einem Markt miteinander digital vernetzt und entwickeln gemeinsam neue Geschäftsprozesse. Zu finden sind derartige innovative Ökosystem-Ansätze z. B. in der Produktion, im Marketing oder anderen digitalisierten Geschäftsprozessen. Das Ziel eines digitalen Ökosystems ist es, vormals isolierte Wettbewerber zu einem ganzheitlichen und kollaborativen Gesamtsystem zusammenzuführen, dessen Fähigkeiten die des einzelnen Unternehmens übertreffen. Mit dem Ziel, das digitale Ökosystem weiterzuentwickeln, gründen beispielsweise häufig klassische Traditionsunternehmen neue digitale Innovationseinheiten, die sich dem Aufbau der Ökosysteme explizit widmen (vgl. dazu auch Kap. 9 zur Einordnung in das digitale Innovationsmanagement).

▶ **Digitales Ökosystem** Ziel ist es, vormals isolierte Wettbewerber zu einem ganzheitlichen und kollaborativen Gesamtsystem durch Vernetzung von Daten zusammenzuführen, dessen Fähigkeiten die des einzelnen Unternehmens übertreffen.

Ebenfalls neue Technologien, von Big Data bis hin zu anderen **digitalen Analysetechniken,** revolutionieren die Organisation von Betrieben. Digitale Datenanalysen ermöglichen völlig neue Einblicke in die Optimierung der Wertschöpfungsketten, die Produktpolitik, die Allokation des Marketingbudgets, der Entwicklung von Mitarbeitern und Führungskräften, der Rekrutierung usw. Jedoch bringt die Nutzung digitaler Analysetechnologien mit sich, dass Manager und Mitarbeiter neue Fähigkeiten im Umgang mit Digitalanalysen aufbauen müssen. Zum einen in der Anwendung und Programmierung der Datenmodelle. Aber auch zur richtigen Interpretation der Datenmuster. Aktuell wird viel über den Bereich der Industrie 4.0 diskutiert, was auch als **cyber-physische Systemwelt** bekannt ist. Dahinter verbirgt sich eine neue Form der industriellen Steuerung von Produktionsabläufen, ohne dass Menschen eingreifen (vgl. auch dazu Kap. 10 über digitale Technologien).

Die Digitalisierung verändert in der Folge die Wertschöpfungsorganisation, angefangen von Prozessen, über Verantwortlichkeiten bis hin zu den dafür erforderlichen Mitarbeitern. In der Konsequenz bedeutet dies, dass sich Organisation neu aufstellen müssen, um auf die Entwicklungen vorbereitet zu sein. Menschen und Organisationen müssen ihre Komfortzone verlassen, um sich schnell und gezielt an diese Rahmenbedingungen anzupassen.

3.4 Wirkungen auf Sozialgefüge und Mensch

Nicht nur im betrieblichen und gesellschaftlichen Bereich kommt es zu massiven Veränderungen durch die Digitalisierung. Diese wirkt auch auf die sozialen Strukturen und damit direkt auf den Mensch in seiner Arbeits- und Lebenswelt. So entsteht ein völlig neues **Bild des Mitarbeiters.** Während sich die Halbwertszeit des Wissens der Mitarbeiter rasant verkürzt, nimmt gleichzeitig die Bedeutung von Kompetenzen und Fähigkeiten zu. Unternehmen sind gezwungen, neue Verfahren der Kompetenzentwicklung einzuführen und stellen Mitarbeiterkompetenz in den Mittelpunkt ihres Handelns. Zugleich führt dies zur Auflösung klassischer **Führungsverhältnisse.** Ein rein auf Kontrolle und Aufgabendelegation angelegtes Führungsverständnis führt nicht dazu, dass Mitarbeiter motiviert und mobilisiert werden. Neue Führungsstile müssen entwickelt und gelebt werden, um kooperative Austauschprozesse zu fördern, Mitarbeitern ausreichend Freiräume einzuräumen und experimentelle Ideen entstehen zu lassen (vgl. dazu Kap. 8 zu digitaler Führung).

Die Digitalisierung führt auch zur **Auflösung physischer Arbeitsformen.** Die virtuelle Arbeitsorganisationen wird zum Normalfall, zum Beispiel in Form von Netzwerkorganisationen, Telekooperation oder virtueller Teams. Innerhalb der Netzwerke entstehen durch digitale Kollaborationswerkzeuge neue Formen der Zusammenarbeit und des Austauschs. Bereits etwa ein Drittel aller Arbeitnehmer und die Hälfte der jungen Arbeitnehmer nehmen an diesen alternativen Arbeitswelten teil, entweder als Primär- oder als Sekundär-Arbeiter (Hyman 2018). Die Arbeit als Freelancer entwickelt sich zunehmend zur zweiten Einnahmequelle. Technologien des Internets unterstützen dabei, für Dienstleistungsunternehmen, wie Uber, Lieferando oder auch Amazon tätig zu werden. Diese nutzen die Vorteile einer unabhängigen Belegschaft. Aber die Entstehung dieser Unternehmen ist lediglich Symptom, und keine Ursache der Digitalisierung. Dies ist eine Folge der Entwicklungen und Entscheidungen, die an den Arbeitsmärkten getroffen werden. Beispielsweise führen gesetzliche Möglichkeiten zur Flexibilisierung und Mobilisierung von Arbeit zur Entkopplung von Arbeitsort und Arbeitsleistung. Das Arbeiten von zu Hause wird zur Normalität. Dies erfordert neue Wege beim Vertrauensaufbau zwischen Mitarbeiter und Arbeitgeber. Gleichzeitig führt es zur Beschleunigung der Arbeitsgeschwindigkeit. Erwartet wird von den Arbeitnehmern ein grundlegend höheres Produktivitätsniveau. Die neue Arbeitswelt erfordert ebenso neue Formen der Vereinbarkeit zwischen Beruf und privatem Leben.

Die Digitalisierung der Welt bezieht sich auf die Veränderung allen Handelns der Menschen in einer von digitalen Informationen geprägten Gesellschaft. Sie verändert die Art und Weise, wie Menschen interagieren, innerhalb von Unternehmen „funktionieren" und sich in der digitalen Gesellschaft einbringen. Der Mensch, als Teil dieser digitalen Gesellschaft, ist besonders von der technologischen Veränderung betroffen: Vom Smartphone, dem vernetzten Kühlschrank, der vernetzten Puppe bis hin zur Analyse der Privatsphäre und Gesundheitsakte durchdringt die Digitalisierung alle Facetten des menschlichen Alltags. Den Ausgangspunkt bilden neue Bedürfnisse, die die Menschen im digitalen Zeitalter prägen. Anders als vor 30 Jahren gibt es ein neues Verständnis vom Handeln, Beteiligen oder Partizipieren im Beruf, der Familie, im Freundeskreis oder als Bürger im Staat und der Gesellschaft. Die Art, wie Menschen handeln, gründet sich auf einer gänzlich neuen Entscheidungslogik, die durch den Einfluss digitaler Technologien verändert wurde. Diese neue Handlungslogik wirkt sich automatisch auf die Routinen und Abläufen innerhalb der Organisationen aus, in denen Menschen handeln.

Hintergrund
Das Smartphone ist der neue Faustkeil
Die wachsende Anzahl der Smartphone-Besitzer bedeutet, dass immer mehr Menschen jederzeit und überall Zugang zu Informationen und digitalen Dienstleistungen haben. Durchschnittlich verbringen Menschen täglich ca. 4,5 h am Smartphone (Spill 2017). Während ältere Menschen

bis zu 80 Mal täglich das Smartphone nutzen, schauen Millennials 150-mal täglich auf ihr Smartphone. (Qualtrics 2017). Der durchschnittliche Familienhaushalt besitzt zudem zwei bis drei Smartphones (Kantar Emnid 2017) und bis zu vier internetfähige Endgeräte. Während statistische Unterschiede in Bezug auf die finanzielle Ausstattung der Familienhaushalte mit Smartphones noch bis vor kurzem nachweisbar waren, ist heute das Einkommensniveau kein Grund mehr, auf das Smartphone zu verzichten. Damit wird das Smartphone zum digitalen Faustkeil des modernen Menschen und ebnet den Zugang zur digitalen Normalität: In 2018 konnten Nutzer mit dem Betriebssystem Android beispielsweise auf über 3,8 Mio. Apps zugreifen; im Apple Store waren zur gleichen Zeit ca. 2 Mio. Apps verfügbar. Ob Geld überweisen, im Flughafen einchecken, Fotos machen und teilen, Informationen in den sozialen Netzwerken konsumieren, Vertriebsinformationen im CRM-System analysieren, die eigenen Kinder überwachen, Lebens- und Essgewohnheiten dokumentieren, sich mit anderen verabreden, das persönliche Fitnessprogramm absolvieren oder einfach nur, um zu spielen. Kein anderes Alltagsprodukt liefert eine derart hohe Multifunktionalität, wie das Smartphone und hat die Welt in so kurzer Zeit verändert. Smartphones sind die nicht mehr wegzudenkende Schnittstelle der digitalen Existenz. Das Smartphone ist die Technologie, die es Menschen ermöglicht, die Grenzen zwischen physischer und digitaler Sphäre zu überwinden – ob während der Arbeit, beim Spaziergang, im Urlaub oder in der Badewanne: Durch das Smartphone sind Menschen „always-on", immer und überall mit dem digitalen Leben verbunden.

So wie das Smartphone wirken auch andere digitale Innovationen auf den Lebens- und Arbeitsalltags und verändern dadurch die Bedürfnismuster der Menschen. Dies lässt sich an den folgenden Beispielen erkennen:

- Eine große Anzahl an Menschen nutzt heute keine schnurgebundenen Telefone mehr, sondern Smartphones. In den USA besitzen 48 % aller Haushalte ein schnurgebundenes Telefon (Gibson 2018). In Deutschland liegt der Anteil noch bei 92 %, was damit zu erklären ist, dass mit einem Internet-Anschluss gleichzeitig auch eine Festnetznummer vergeben wird. Allerdings besitzen knapp 94 % aller Haushalte auch ein Mobiltelefon.
- Bei der Reiseplanung oder Taxibestellung nutzen Reisende keine gedruckten Bus- oder Bahnfahrpläne mehr, sondern setzen auf Reise-Apps. So zählt die kostenlose „DB Navigator"-App der Deutschen Bahn zu den meistgenutzten Smartphone-Apps in Deutschland. 2017 wurden darüber allein ca. 15 Mio. Handytickets verkauft (Deutsche Bahn AG 2018)
- Mitarbeiter im Unternehmen kommunizieren fast ausschließlich nur noch über E-Mails, Plattformen und Kurznachrichten-Dienste. Die Verwendung eines Fax, wie es vor 10 Jahren noch üblich war, gehört der Vergangenheit an.
- Ärzte speichern Gesundheitsdaten und Krankenbiographien ihrer Patienten in elektronischen Akten und dokumentieren diese nicht mehr auf handgeschriebenen Karteikarten. Auch hat sich die Akzeptanz der digitalen Patientenakte deutlich verbessert. Die Mehrheit der Deutschen ist grundsätzlich bereit, eine elektronische Gesundheitsakte anzulegen, nur zehn Prozent schließen dies aus (Splendid Research 2018).
- Anstatt gedruckte Produktkataloge nutzen Unternehmen elektronische Newsletter für Produkt- und Serviceangebote.

3.4 Wirkungen auf Sozialgefüge und Mensch

- Qualitätsmanager nutzen zur Dokumentation und Auswertung von Produktions- und Messdaten keine Notizbücher mehr, sondern intelligente Algorithmen und digitale Datenbanken zur Wertschöpfungs-Optimierung.
- HR-Manager setzen zur Speicherung und Auswertung von Krankenständen, Mitarbeiterbeurteilungen oder Abwesenheiten keine physischen Akten mehr ein, sondern HRIS-Systeme zur digitalen Verarbeitung und Analyse.

Diese Liste lässt sich beliebig fortführen. An den Beispielen ist deutlich zu erkennen, wie stark die technischen Innovationen der Digitalisierung sich auf den Menschen und ihre Bedürfnisse in der Lebens- und Arbeitswelt auswirken. Verhaltenswissenschaftlich kann daraus ein Bedürfniswandel abgeleitet werden.

> **Übung 4**
>
> **Die Bedürfnisse meines digitalen Ichs**
>
> Ob im beruflichen oder privaten Alltag, ob mit dem Smartphone, neuen Medien, digitalen Kommunikationstools, beim digitalen Lernen und Arbeiten: Die Digitalisierung verändert unser Leben und Handeln in allen denkbaren Bereichen. Ihre Aufgabe: Überprüfen Sie, wie Ihre digitale Bedürfniswelt aussieht. Notieren Sie in einer Tabelle nach der Vorlage (siehe unten) alle Situationen, in denen Sie in der letzten Zeit in Freizeit, Beruf oder an der Universität im digitalen Raum verbracht haben. Denken Sie darüber nach, um welche Aktivitäten es sich genau handelte – schätzen Sie wenn möglich die Zeit, die Sie damit verbrachten. Versuchen Sie, die Aktivitäten den Bedürfniskategorien in einer digitalen Welt (vgl. Abb 3.5) zuzuordnen. Welche Bedürfnisse wurden dabei befriedigt? Diskutieren Sie die Ergebnisse in der Gruppe und reflektieren Sie die gemeinsam die folgenden Fragen: Welche Konsequenzen könnte die zunehmende Digitalisierung für Sie als Einzelnen oder für eine spezielle soziale Gruppe, z. B. für Ihre Hochschule / Ihr Unternehmen spielen? Welche Entwicklungen und Rahmenbedingungen wünschen Sie sich in der digitalen Welt?

Kontext	Digitale Handlungen und Aktivitäten	Bedürfnis nach Maslow	Positive und negative Erfahrungen
Arbeit, Studium und Beruf			
Konsum und Erleben			
Leben, Freizeit und Familie			

Erklärbar wird dieser Bedürfniswandel mit dem Rückgriff auf die **Motivtheorie** nach Abraham Harold Maslow, einem Psychologen aus dem letzten Jahrhundert. Der Verhaltenswissenschaftler liefert im Jahr 1943 eine Erklärung für die Beziehungen zwischen den Bedürfnissen des Menschen und seiner Umwelt. Diesen Zusammenhang beschreibt er anhand der Unterscheidung aufeinander aufbauender Bedürfnisebenen in seiner **Hierarchie der Bedürfnisse** (Maslow 1954). Er unterscheidet Kategorien von Bedürfnissen. Niedrigere Kategorien von Bedürfnissen müssen zu einem hinreichenden Grad verwirklicht sein, damit höhere Kategorien von Bedürfnissen handlungsrelevant werden (Lorberg 2018). Gleichzeitig werden sie dadurch nicht unwichtig. Hinsichtlich der physiologischen Bedürfnisse, wie Essen, Trinken oder Schlaf, reicht es beispielsweise nicht aus, diese nur einmal zu befriedigen. Vielmehr müssen die Grundbedürfnisse laufend befriedigt werden, sobald sie auftreten.

In Bezug auf die Digitalisierung ist das Erklärungsmodell von Maslow besonders hilfreich, da die ersten beiden Bedürfnisstufen vor den Menschen mit seinen Bedürfnissen in der materiellen und physischen Welt betreffen. Je stärker der Mensch digitale Innovationen nutzt, desto weniger Bezug hat er zu seiner physischen Umwelt. In der Folge verändern sich auch die Grundbedürfnisse, die nun stärker der Existenzsicherung in der digitalen Realität untergeordnet werden. So gehört der Zugang zum Internet mittlerweile zu den Grundbedürfnissen eines modernen Menschen. Unsere **Bedürfnismuster** verändern sich grundlegend in einer digitalisierten Welt aufgrund neuer technischer Möglichkeiten. Diese neue Bedürfnisstruktur erst ermöglicht es uns als Gesellschaft überhaupt neue digitale Produktionsverhältnisse ausbilden.

In Abb. 3.5 sind die Bedürfnisstufen in einer digitalen Welt dargestellt. Diese Darstellung orientiert sich an der Maslow'schen Pyramidalstruktur. Während der Aufbau der Bedürfnispyramide gleichbleibt, verändert sich jedoch der inhaltliche Bezug:

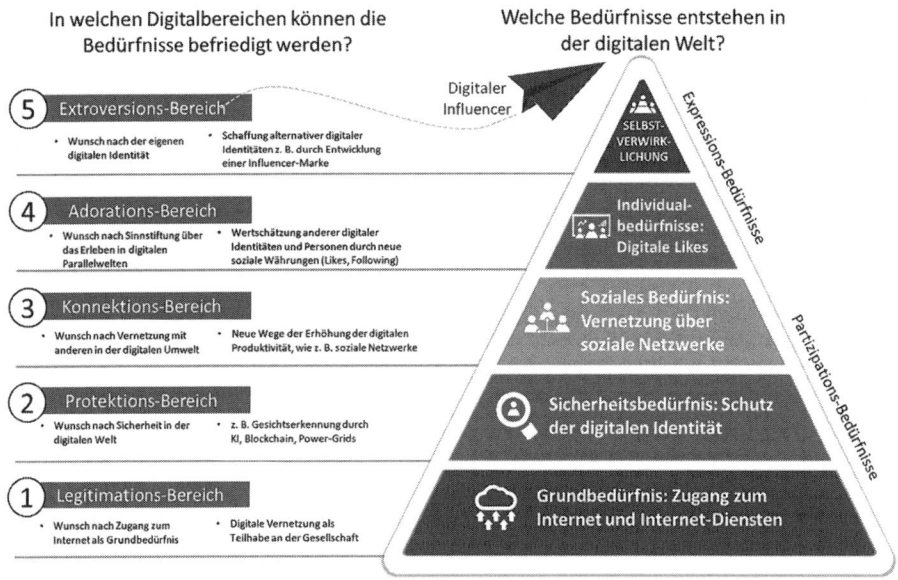

Abb. 3.5 Neue Bedürfnismuster in einer digitalen Welt. (In Anlehnung an Maslow 1954, eigene Erweiterung)

3.4 Wirkungen auf Sozialgefüge und Mensch

- Waren vor wenigen Jahren noch Internetzugänge ein Luxusgut, so hat sich dies gewandelt. Der Internetzugang wird zum Grundbedürfnis in einer digitalisierten Gesellschaft (machen Sie den Selbsttest. Entziehen Sie sich 1–2 Tage jeglichen Zugang zum Internet. Beobachten Sie die Effekte!)
- Auch verschieben sich die Sicherheitsbedürfnisse. Digital streben wir nach mehr Sicherheit. Neue Möglichkeiten der künstlichen Intelligenz, die tief in die Arbeitsstrukturen von uns als Arbeitnehmer eingreifen, machen Angst und steigern das Bedürfnis nach Schutz der digitalen Privatsphäre.
- Auch die höheren Bedürfnisstufen verändern sich deutlich. So entsteht speziell in sozialen Netzwerken das Bedürfnis, eine eigene digitale Identität zu entwickeln und deren Reputation zu erhöhen.

Innerhalb dieser neuen Bedürfniswelt strebt der Mensch nach Bedürfnisbefriedigung. Nicht aber die rein hierarchische Betrachtung dieser Bedürfniskategorien ist zielführend. Während Maslow von einer aufeinander aufbauenden Bedürfnisbefriedigung ausgeht, verändern sich im digitalen Zeitalter die Bedürfnisse auf allen Bedürfnisebenen gleichzeitig. In den Mittelpunkt rücken Fragen, welche der Bedürfnisse aus technischer Sicht prioritär sind. Dies steht in Verbindung mit veränderten Werte- und Bedürfnisstrukturen, die sich bei jüngeren Generationen zeigen. Die sogenannten **Millennials,** die auch als Generation Y bezeichnet werden, ist beispielsweise eine Generation mit einem besonderen Bedürfnis- und Werteset.

▶ **Millennials** Bezeichnet eine Generation, die ungefähr zwischen 1979 und 1994 geboren wurde und deren gemeinsame Lebenserfahrung und Werteverständnis zu Präferenzbildungen führt, die vor allem auf die digitale Welt ausgerichtet sind. Das Präferenzmuster dieser Generation unterscheidet sich von anderen früheren Generationen, u. a. den Baby Boomern oder der Generation X.

Sie sehen digitale Technologien als integrierten Teil ihres Lebens an. Über 80 % dieser Generation sagen, dass der Zugang zum Internet ihr Leben erfüllt. Diese **digitale Satisfaktion** ist ein besonderes Merkmal dieser digital sozialisierten Generationen und steht in keinem Vergleich zu den Werten, die sich statistisch bei älterer Generation zeigen. Heute sind Staat und Unternehmen gleichermaßen gefordert, auf diese Bedürfnisse zu reagieren und Bedingungen zu schaffen, innovationsförderliche Bedingungen und Produktionsverhältnisse für alle Akteure zu schaffen.

Hintergrund
Millennials und ihre Suche nach dem Glück
Als **Millennials** wird vorwiegend in den USA eine Generation bezeichnet, die ungefähr zwischen 1979 und 1994 geboren wurden. Allerdings sind die Bezeichnung und die zeitliche Verortung oft inkonsistent (Klaffke und Parment 2011). Diese Generation hat, je nach kulturellem Kontext, unterschiedliche Bezeichnungen: In Großbritannien werden sie als Generation Y bezeichnet. In Deutschland hat sich das anglistische Synonym Digital Natives etabliert. In Japan

werden sie Nagara-zoku im Sinne der Menschen, die immer zwei Dinge gleichzeitig tun, genannt. China bezeichnet sie als Ken Lao Zu im Sinne einer Generation, die die Alten ärgern („people who bite the old folks") (Xin 2015). Abgrenzbar wird diese Generation als eigenständige soziale Gruppe primär durch ihr Geburtsjahr, signifikante Lebensereignisse, wie dem Beginn der Digitalisierung sowie kritischer gesellschaftlicher Entwicklungsstadien, wie u. a. der digitalen Transformation zusammen mit dem Aufkommen sozialer Netzwerke als neue Kommunikationsform. Generationengruppen werden oft als Kohorten bezeichnet und teilen gemeinsam historische oder soziale Lebenserfahrungen, deren Auswirkung im Laufe ihres Lebens relativ stabil bleiben und sie in ihrem sozialen Verhalten prägen (Xin 2015). Diese spezifische Lebenserfahrung unterscheidet sich tendenziell von Generation zu Generation. Die Wissenschaft geht davon aus, dass eine Kohorte eine Art kollektive Persönlichkeit entwickelt, bei der auch die Gefühle dieser Personengruppe u. a. gegenüber Autoritäten oder Organisationen beeinflusst werden. Daraus entwickelt diese Kohorte homogene Präferenzen, wie sie sich beispielsweise ihre Arbeit wünscht, wie sich den Verlauf ihres Lebens vorstellen und was sie gern konsumieren.

In der Populärliteratur werden die Millennials sehr häufig als die Generation beschrieben, die selbstbewusst und selbstsicher ist, deren Maß an Befriedigung höher ist als das vergangener Generationen. In den letzten Jahren wurden sehr intensiv ihre Kauf- und Lebensgewohnheiten, ihr Lebensstil und ihre Werte untersucht. Die Wissenschaft unterscheidet drei Zufriedenheits-Ebenen, anhand denen diese Generation ihr eigenes Glück definiert: (Shamit Patel 2017)

- **Arbeitszufriedenheit:** Studien zeigen, dass die Millennials Arbeit nicht als primären Treiber im Vergleich zu anderen Generationen in ihrem Lebens ansehen. Typisch für diese Generation ist, dass sie weniger Engagement für ihre Arbeit insgesamt aufbringen und stärker nach Orientierung und Anleitung in ihren Jobs suchen (Gursoy et al. 2008). Die Wissenschaft ist sich jedoch uneinig, ob dies nicht typische Merkmale jeder eher jungen Generation sind. Arbeitgeber finden es Studien zufolge grundsätzlich schwieriger, Millennials zu managen und im Unternehmen zu halten als vorherige Generationen. Sie werden als Generation wahrgenommen, die sehr schnell ihren Job wechselt.
- **Verbraucherzufriedenheit:** Wenn es um Konsum geht, gibt es drei deutliche Differenzierungsmerkmale. Erstens schätzen sie Markennamen und Nachhaltigkeit des Unternehmens mehr als andere Generationen. Darüber hinaus sind sie weniger sensitiv gegenüber Preis und Kosten. Damit sind sie für die Werbeindustrie interessant. Schätzungen zufolge liegt ihre Kaufkraft bei ca. 170 Mrd. US$ jährlich, was im Vergleich zu anderen Generationen tendenziell höher ist. Ein drittes Merkmal ist, dass sie die Langlebigkeit der Produkte mehr schätzen als andere Generationen. Schlechte Produkte und mangelnde Qualität sind nicht Teil ihres Präferenzsets.
- **Lebenszufriedenheit:** Hier finden sich die größten Unterschiede im Vergleich zu anderen Generationen. Millennials schätzen ein romantisches Leben und enge Beziehungen zu Freunden höher als im Vergleich zu anderen Generationen. Dies ist besonders bemerkenswert, da mit zunehmendem Altem offenbar ein rückläufiger Trend beobachtbar ist. Zudem möchten sie gern frei entscheiden, wie sie ihre Zeit verbringen möchten. Im Hinblick auf das allgemeine Wohlbefinden finden die Millennials Gesundheit und Religion weniger wichtig als ältere Generationen. Auch hier ist es nicht wissenschaftlich eindeutig nachgewiesen, ob diese Präferenzen speziell an der Generation oder einfach nur am Alter liegen.

3.5 Revolution oder Metamorphose?

Die vielen beobachtbaren Phänomene verdichten sich zu der Annahme, dass wir uns mitten in der digitalen Transformation befinden. In der Wissenschaft und Praxis herrscht Einigkeit darüber, dass es sich um die bereits beschriebene vierte industrielle Revolution handelt. Die Frage ist, ob das Narrativ der Revolution tatsächlich angemessen für diese Entwicklungen ist und ob die aktuelle Zeit echte Merkmale einer Revolution aufweist.

Auch wenn der Begriff der digitalen Revolution im Kontext der vierten industriellen **Revolution** stark überstrapaziert wird, existiert in der Wissenschaft dazu bislang keine eindeutige Definition. Hinweise darauf, was sich hinter dem Begriff der Revolution verbirgt, können im sozialwissenschaftlichen Feld gefunden werden. Aus sozialwissenschaftlicher Sicht bezieht sich der Begriff auf große politische oder strukturelle Veränderungen, die stets mit der Veränderung des sozialen Gefüges einhergehen, z. B. im Zuge der Französischen Revolution von 1789, der russischen Revolution von 1917 oder auch der friedlichen Revolution in der DDR der 1990er Jahre. Diese revolutionären Umbrüche beschreiben beispielhaft eine radikale Neuorientierung der ökonomischen Verhältnisse durch externe Einflüsse. Übertragen auf die digitale Revolution (Dong und McIntyre 2014) kommt es zu Veränderungen des sozialen Gefüges einer gesamten Gesellschaft – wenn auch nicht politisch, sondern technologisch motiviert (Goschy und Rohrbach 2017).

▶ **Revolution** Beschreibt eine, meist mit physischer Gewalt verbundene, Erneuerung bzw. die Transformation der Gesellschaft durch den Umbruch des vorherrschenden (Wirtschafts-)Systems durch eine kleine Gruppe von Menschen innerhalb eines Systems, die sich gegen die vorherrschende Klasse auflehnen.

In der Analogie zur politischen Revolution kann die Digitalisierung aber auch als eine Art „Revolution Light" verstanden werden. Immerhin sieht sich die Spitze des gesellschaftlichen Systems (i.S.v. Interessenvertretern, Unternehmensführern, Institutionenvertretern) mit der neuen digitalen Bewegung konfrontiert – und überfordert. Die digitalen Vertreter stellen dieses System infrage und bedrohen zugleich das Machtgefüge der Repräsentanten des alten Systems. Indes versucht die (analoge) Machtelite ihren Einfluss und Macht zu erhalten (Stichwort: Hierarchien, transaktionale Führung, Erwerbsabhängigkeit), während die revolutionären Kräfte neue Machtverhältnisse erzeugen (Stichwort: Partizipation, Selbstbestimmung, digitale Netzwerke). Die neue revolutionäre digitale Bewegung, in Form von Netzaktivisten und Digital-Befürwortern, greift die Systemstrukturen an, was zum Machtverlust führt – wenn auch ohne Gewalt oder Kampf.

Übung 5

Hacktivisten – Rebellen im Internet?
Das Internet verändert nicht nur die Art, wie wir leben und arbeiten. Es eröffnet auch Netzaktivisten neue Möglichkeiten für ihr bürgerschaftliches Engagement und gesellschaftlichen Protest. Diese Entwicklungen werden auch als Hacktivismus bezeichnet. Der Hacktivismus ist ein Merkmal einer neu entstehenden digitalen Gesellschaft und zugleich Beweis, dass die digitale Revolution von einer elitären revolutionären Bewegung begleitet wird, die unter Anwendung digitaler und elektronischer Gewalt radikale Veränderungen herbeiführen möchte. Schauen Sie die Dokumentation „Hacktivisten – Rebellen im Internet", die ursprünglich auf Arte ausgestrahlt wurde. Link: http://bit.ly/hacktivisten In dieser Dokumentation werden u. a. Themen der

digitalen Revolution, wie Netzpiraterie, virtuelle Sit-ins, Adbusting, DDoS-Angriffe (Denial-of-Service Attacke) usw. erklärt und gibt einen guten Einblick in das Thema.

Diskutieren Sie anschließend mit Ihren Kollegen und Kolleginnen oder Kommilitonen und Kommilitoninnen die folgenden Fragen:

- Wie bewerten Sie persönlich die digitalen Protestformen der Hacktivisten? Ist der digitale Protest legitim?
- Inwieweit differenzieren ich digitale Gewaltformen von traditioneller Gewalt, die in anderen Revolutionen in der Historie der Menschheit angewendet wurden?
- Welche Entwicklungen sehen wir heute (in Unternehmen, in der Gesellschaft), die Ihrer Meinung nach, direkt auf die Erfolge der digitalen Aktivisten zurückgeführt werden können?

Nun stellt sich kritisch die Frage, ob dieser Erklärungsansatz tatsächlich eins-zu-eins auf den Begriff der digitalen Revolution anwendbar ist. Immerhin ist der Revolutionsbegriff nach seiner historischen Einordnung stark mit dem sozialen Machtkampf zwischen einer politisch herrschenden und einer politisch unterdrückten gesellschaftlichen Klasse verbunden. Dieses aus dem Marxismus entlehnte Narrativ aber ist nicht gänzlich auf unsere heutige Zeit, vor allem nicht auf das politische und gesellschaftliche System der sozialen Marktwirtschaft anwendbar (Enor und Chime 2015). Dennoch lassen sich einige Querverbindungen identifizieren, warum gerade die Digitalisierung auch als Revolution verstanden werden kann. In Tab. 3.2 sind einige der zentralen Unterschiede politischer und digitaler Revolutionen konzeptionell zueinander in Bezug gesetzt.

Am Merkmalsvergleich ist zu erkennen, dass ein direkter Vergleich zwischen politisch motivierter, teilweise gewalttätig ablaufender Revolution und einer technologischen Revolution nur bedingt möglich ist. Zwar gibt es Hinweise, dass einige Merkmale der Umbrüche ähnlich sind. Insbesondere weist der damit verbundene paradigmatische Wandel der Gesellschaft eine Ähnlichkeit auf. Die eigentliche Revolution der Digitalisierung ist aber wesentlich subtiler und tiefer in den Subsystemen der Gesellschaft verankert, während die politische Revolution explizit verläuft und auf einen Sturz der vorherrschenden politischen Klasse angelegt ist.

So führt die Digitalisierung beispielsweise

- zu mehr Flexibilisierung von Arbeit und Kommunikation in Unternehmen,
- der Dezentralisierung und Vernetzung von Firmen sowohl intern als auch im Hinblick auf deren Beziehungsnetzwerk zu anderen Firmen,
- dem Empowerment der Arbeitnehmer durch neue Möglichkeiten der Vertragsgestaltung, verbunden gleichzeitig mit dem Rückgang ihres Einflusses auf die Vertragsverhältnisse,
- dem massiven Anstieg von Frauen in Beschäftigungsverhältnissen durch die Öffnung und stärkere Transparenz der Arbeitsmärkte, verbunden mit einem Rückgang von Diskriminierung in der Arbeit oder auch
- der kulturellen Diversifizierung des Arbeitsmarktes.

Tab. 3.2 Vergleich typischer Merkmale politischer und digitaler Revolution

Merkmale	Politische Revolution	Digitale Revolution
Durchsetzung der Revolution	Erfolgt durch Anwendung von Gewalt, um Veränderung im sozialen System herbeizuführen; betrifft nicht nur physische Gewalt, sondern kann auch als politische Strategie verstanden werden, Macht zu erhalten	Erfolgt ohne physische Gewalt, aber durch technologische Zerstörung altbekannter Muster und Strukturen; auf politischer Ebene findet dies Ausdruck in normativen Konflikten rund um Deutungshoheit und technologische Standards
Legitimität der Revolution	Wird als illegal angesehen, da die Bewegung sich nicht an die gesellschaftlichen Konfliktregeln hält; erfolgt im Bewusstsein, dass revolutionäre Veränderungen nie legal sind, auch wenn sie legitim sind; sie lösen Veränderungen aus, die außerhalb der gültigen Rechtsgrenzen verlaufen	Wird insbesondere in den Anfängen des Internets als illegal angesehen, betrifft u. a. ausgeprägte Formen von Illegalität, beim Downloads von Musik; Wikileaks bspw. als Form der politischen Illegalität; heute noch entziehen sich weite Teile im Internet den gültigen Rahmenbedingungen des Rechtsstaates, u. a. im Dark Net
Ziele und Absichten der Revolutionäre	Verlaufen immer mit klarer Orientierung; Beteiligung der Massen muss zwangsläufig gegeben sein, da nur eine kleine revolutionäre Elite allein einen Umbruch nicht herbeiführen kann	Begründet sich auf die Absichten digitaler Netzaktivisten, die sich sehr früh im Internet organisierten; „Hacktivismus" zielt auf gesellschaftliche Umbrüche im Internet ab; durch Massenverbreitung des Internets wurden Ziele auch auf andere gesellschaftliche Gruppen übertragen

Auf der anderen Seite auch gibt es durchaus negative Konsequenzen, wie unter anderem

- den Rückgang des Einflusses der gewerkschaftlichen Bewegung,
- der hohen Akkumulation von Kapital durch die schnelle digitale Vernetzung an den Kapitalmärkten und dadurch
- dem Aufbau von Ungleichgewichten zwischen Ländern, Regionen und sozialen Schichten,
- der Nutzung des digitalen Raums für kriminelle Aktivitäten, von Dark Net bis hin zu Kinderpornographie,
- dem generellen Anstieg des Missbrauchs von Daten durch die Methoden des „Überwachungskapitalismus". (Zuboff 2015)

Deutlich wird, dass eine Verwendung des Begriffs der „Revolution" nicht unbedingt zielführend ist. So schlägt beispielsweise der Soziologe Beck vor, von einer **Metamorphose** zu sprechen, anstatt von Transformation oder gar Revolution. Insofern bleibt es wohl den Philosophen überlassen, weiterhin darüber zu debattieren, welche Auslegungsart nun die richtige ist. Fest steht, um mit den Worten Becks zu sprechen: Die Welt ist aus den Fugen geraten. Und das solle uns zu denken geben (Beck und Jakubzik 2017).

> **Übung 6**
>
> **Vierte industrielle Revolution – Echte Revolution oder nur ein Buzzword?**
> Der Begriff der vierten industriellen Revolution ist in aller Munde. Der Begriff geht auf Klaus Schwab zurück, der in einem 2016 veröffentlichen Artikel zum Weltwirtschaftsforum in Davos diesen Begriff prägte. Darin führt er Gründe an, warum sich die Gesellschaft, Politik und Wirtschaft Gedanken über die digitale Transformation machen sollte. Er warnt davor, dass das Ausmaß, die Geschwindigkeit und die Auswirkungen der neuen Technologien, die sich auf künstliche Intelligenz, Robotik, das Internet der Dinge, autonome Fahrzeuge, 3D-Druck, Blockchain und Biotechnologie konzentriert, „so tiefgreifend" sind, dass es in der Geschichte „noch nie eine Zeit mit größeren Versprechungen oder potenziellen Gefahren gegeben hat". Lesen Sie den Artikel unter: http://bit.ly/schwab_revolutionsbegriff
>
> Systematisieren Sie die darin aufgeführten Gründe nach deren Bezug zur digitalen Transformation (z. B. wirtschaftlich, sozial, technologisch). Entscheiden Sie, welche der Gründe aus Ihrer persönlichen Sicht am wichtigsten sind und vergeben Sie für jeden identifizierten Grund eine Priorität von eins bis drei. Sammeln Sie für die fünf wichtigsten Gründe in der Literatur und aktuellen wissenschaftlichen Berichterstattung Argumente und Gegenargumente (Pro und Contra). Bewerten Sie, inwieweit es sich dabei um wissenschaftlich fundierte Argumente handelt.
>
> Hinweis an Dozenten: Sollte diese Aufgabe in unterschiedlichen Teams bearbeitet werden, lassen sich am Ende die Argumente und Gegenargumente aller Gruppen sammeln und zum Beispiel in einem Worldcafe diskutieren.

Testen Sie Ihr Wissen
a) Wann spricht man in der Regel von einem Megatrend? Nennen Sie Beispiele für Megatrends, die das 21 Jahrhundert prägen.
b) Was besagt das Konzept der schwachen Signale? Warum erlebt dieses Konzept aktuell eine Renaissance, nachdem es über 40 Jahre lang weniger im Fokus der Managementwissenschaften stand?
c) Erläutern Sie die drei Phasen zur Identifikation schwacher Signale.
d) Erläutern Sie je zwei Auswirkungen der Digitalisierung auf gesellschaftlicher, organisationaler und individueller Ebene.
e) Welches Sind die drei wesentlichen Wirkungsebenen der digitalen Transformation?
f) Jaekel (2017) spricht vom digitalen Bermuda-Dreieck. Was meint er damit?
g) Stellen Sie Chancen und Gefahren der zunehmenden Algorithmizität in der Gesellschaft gegenüber.
h) Was verstehen Sie unter den beiden Konzepten der Gigwork und des Cloudworkings? Wo gibt es Gemeinsamkeiten, wo liegen Unterschiede?
i) Was versteht man im Zusammenhang der Etablierung digitaler Geschäftsmodelle unter Disintermediation? Erläutern Sie ein Beispiel der digitalen Disintermediation.
j) Erläutern Sie unter Rückgriff auf die klassische Bedürfnispyramide nach Maslow, welche Bedürfnisse und Bedürfniskategorien heute die digitale Welt prägen?

k) Sie selbst sind möglicherweise Teil der sozialen Kohorte der „Millennials". Diskutieren Sie kritisch, ob diese soziale Kohorte Ihrer Ansicht nach über andere Eigenschaften verfügt, als Personen, die vor der Digitalisierung geboren wurden?
l) Was versteht man unter digitaler Satisfaktion?
m) Ist die digitale Revolution tatsächlich eine Revolution? Vergleichen Sie kritisch die Merkmale politischer und digitaler Revolutionen miteinander.

Literatur

Albers, Meike. 2019. Analyse der Rahmenbedingungen des Freelancings unter kritischer Würdigung einer dynamischen Arbeitswelt, HTW Berlin. (nicht veröffentlicht).

Ansoff, Harry Igor. 2012. Managing strategic surprise by response to weak signals. *California Management Review* 18 (2): 21.

Arnold, Ulli. 1981. Strategische Unternehmensführung und das Konzept der „Schwachen Signale". *WiSt* 10 (6): 290.

Beck, Ulrich, und Frank Jakubzik. 2017. *Die Metamorphose der Welt.* Berlin: Suhrkamp.

BMBF. 2014. Gesellschaftliche Entwicklungen 2030 – 60 Trendprofile gesellschaftlicher Entwicklungen. Bonn, S. 1 ff.

Deutsche Bahn AG. 2018. Fahrgastrekord im Fernverkehr. https://www.deutschebahn.com/de/presse/pressestart_zentrales_uebersicht/p20180117-1203978. Zugegriffen: 1. Okt. 2018.

DGB. 2019. Auszubildende besser auf Digitalisierung vorbereiten! https://www.dgb.de/presse/++co++edc3ce1c-c990-11e9-8060-52540088cada. Zugegriffen: 22. Nov. 2019.

Die Bundesregierung. 2017. Legislaturbericht Digitale Agenda 2014–2017. In Legislaturbericht Digitale Agenda, Bundesministerium des Innern, Berlin.

Dong, Xiaojing, und Shelby H. McIntyre. 2014. The second machine age: Work, progress, and prosperity in a time of brilliant technologies. *Quantitative Finance* 14 (11): 1895–1896.

Enor, F.N., und J. Chime. 2015. Reflections on revolution in theory and practice. *Pyrex Journal of History and Culture.* 1 (2): 13–16.

Eslami, Motahhare, Aimee Rickman, Kristen Vaccaro, Amirhossein Aleyasen, Andy Vuong, Karrie Karahalios, Kevin Hamilton und Christian Sandvig. 2015. „I always assumed that I wasn't really that close to [her]" In: CHI 2015, Seoul, S. 153–162.

Gibson, William E. 2018. Most U.S. Households Do Without Landline Phones, aarp, Washington DC. Zugegriffen: 1. Okt. 2018.

Gursoy, Dogan, Thomas Maier, und Christina Chi. 2008. Generational differences: An examination of work values and generational gaps in the hospitality workforce. *International Journal of Hospitality Management* 27 (3): 2008.

Hyman, Louis. 2018. It's not technology that's disrupting our jobs, nytimes, New York, 2018. Zugegriffen: 17. Aug. 2018.

Jaekel, Michael. 2017. *Die Macht der digitalen Plattformen: Wegweiser im Zeitalter einer expandierenden Digitalspähre und künstlicher Intelligenz*, 27. Wiesbaden: Springer.

Kantar Emnid. 2017. Familie im Digitalzeitalter, Bielefeld. https://www.mkffi.nrw/sites/default/files/asset/document/report-familie-digital.pdf.

Klaffke, Martin, und Anders Parment. 2011. Personalmanagement von Millennials. Personalmanagement von Millennials, Gabler Verlag, Wiesbaden. S. 4–21.

Lehmann, Kai, und Michael Schetsche. 2005. *Die Google-Gesellschaft. Vom digitalen Wandel des Wissens*, 329. Bielefeld: Transkript.

Lorberg, Daniel. 2018. *Digitale Revolution, Fordismus und Transnationale Ökonomie*. Wiesbaden: Springer Fachmedien Wiesbaden.

Malik, Fredmund. 2006. Strukturmodell der lebensfähigen Unternehmung (VSM) The Viable Systems Model, St. Gallen, Seminardokumentation, 2006, S. 4.

Maslow, Abraham H. (1954). A Theory of Human Motivation. In A. H. Maslow: *Motivation and personality*, 35–58. New York: Harper and Row Inc.

Neuhaus, Christian. 2015. *Standards und Gütekriterien der Zukunftsforschung*, 18. Wiesbaden: Springer.

Price Waterhouse Coopers. 2016. Five megatrends and their implications for global defense & security. In Ausgabe November, S. 1.

Qualtrics. 2017. The millennial study: Research about millennials values and lifestyles, Qualtrics, Provo. Zugegriffen: 1. Okt. 2018.

Reinhardt, Kai. 2013. Entwicklung eines Interventionsansatzes im Kompetenzmanagement als Beitrag zur Verbesserung der Veränderungsfähigkeit von Organisationen, Otto-von-Guericke-Universität Magdeburg, S. 40.

Reinhardt, Kai. 2014. *Organisationen im Spannungsfeld zwischen Kontinuität und Disruption. Weiterbildung – Personalentwicklung – Organisationales Lernen*. Berlin: Rainer Hamp- Verlag.

Rump, Jutta, und Silke Eilers. 2017. *Im Fokus: Digitalisierung und soziale Innovation*, 79–84. Berlin: Springer.

Shamit Patel. 2017. The pursuit of happiness: Drivers of millennial satisfaction, University of Southern California.

Skala, Fridolin. 2018. Digitalisierung: Darum liegt Deutschland im EU-Vergleich hinten, faz.net, Frankfurt a. M. Zugegriffen: 2. Juni 2019.

Spill, Joachim. 2017. *Online-Nutzung in Deutschland*, 2017. Eschborn: Ernst & Young GmbH Wirtschaftsprüfungsgesellschaft.

Splendid Research. 2018. Studie zur Akzeptanz der Elektronischen Gesundheitsakte, Hamburg, 01.10.2018.

Goschy, Wilhelm, und Thomas Rohrbach. 2017. Revolution jenseits der Werkhalle Mit mentalem Wandel in die smarte Wertschöpfung. *OrganisationsEntwicklung, Zeitschrift für Unternehmensentwicklung und Change Management* 2017 (2):4–9.

Wippermann, P., & Schelske, A. (2005). Schwarm-Intelligenz. Vernetz mich, dann denk ich. abgerufen am 2. März 2020 von https://www.research-results.de/fachartikel/2005/ausgabe4/schwarm-intelligenz.html.

Xin, Nie. 2015. The fledglings who don't want to leave the nest, ShanghaiDaily, Shanghai. Zugegriffen: 30. Sept. 2019.

Zuboff, Shoshana. 2015. Big other: Surveillance capitalism and the prospects of an information civilization. *Journal of Information Technology* 30:75–89.

4 Auf dem Weg zur digitalen Identität

Zusammenfassung

Viele Unternehmen reagieren auf den digitalen Wandel aktionistisch: Führungskräfte werden ins Silicon Valley geschickt, um so zu „Start-up-Leadern" zu werden; es wird ein CDO eingestellt in der Hoffnung, dass dieser die digitale Kompetenzlücke ausfüllt; oder es werden digitale Innovationsbereiche aus dem Boden gestampft, ohne dass sich die Kultur im gesamten Unternehmen verändert. Alle diese Maßnahmen sind für sich gesehen gut, aber voneinander isoliert. So kommt es nicht selten zum Scheitern der ambitionierten und teuren digitalen Initiativen. In diesem Kapitel beschäftigen wir uns deshalb mit den Wahrnehmungsschwächen in der digitalen Planung und Organisation. Erläutert werden die Gründe, wie es zu einer kognitiven Distanzierung Zwischen den digitalen Zielen in der Organisation und den Entwicklungen der Umwelt kommen kann und warum diese Verzerrungen durch eine „organisationale Sinngebung" – dem Sensemaking mittels narrativer Motive – überwunden werden können.

In diesem Kapitel erfahren Sie
- warum Sensemaking dabei helfen kann, Wahrnehmungsfehler in Digitalisierungsvorhaben zu überwinden,
- welche Gründe es für das Scheitern von Digitalisierungsvorhaben gibt,
- warum in der Digitalisierung die organisationale Identität eine Rolle spielt,
- warum das Modell der strategischen Wahlmöglichkeiten eine Alternative zur Digitalisierung von Organisation bietet,
- welche Narrative der Digitalisierung es in Organisationen gibt und wie diese konstruktiv zum Umbau der Organisation genutzt werden können.

Themen des Kapitels

Wahrnehmungsverzerrungen, organisationale Identität, Sensemaking, kognitive Dissonanz, adaptive Strukturationstheorie (AST), Modell des technologischen Imperativs, Modell der strategischen Wahlmöglichkeiten, narratives Sensemaking, Narrative der Digitalisierung, organizational readiness, Digital-first-Ansatz, soziale Irritation, kognitive Filter, Data Scientist, Digital Workforce, digitales Geschäftsmodell, disruptive Erneuerung, Theorie des schöpferischen Neugestaltens, Ambidextrie, Exploitation, Exploration.

4.1 Sensemaking in digitalen Transformationsvorhaben

Der Druck, den Unternehmen im dynamischen Wettbewerbsumfeld haben, führt dazu, dass die digitale Transformation nicht selten zur Top-Priorität der Unternehmensführung wird. In vielen Unternehmen fließen Zeit, Mühe und Kapital in die Ausrichtung und Umsetzung von digitalen Transformations-Aktivitäten – nicht selten jedoch nur mit mäßigem Erfolg. Die Ergebnisse der Initiativen bleiben hinter den Ambitionen zurück. Signifikante „Innovationssprünge" sind nur selten ein Resultat. In den transformatorischen Vorhaben kommen nicht selten sogenannte **Reifegradmodelle** zum Einsatz. Der Berater- und Analysemarkt bietet unzählige Varianten von Reifegradmodellen an, die dazu eingesetzt werden, den digitalen Entwicklungsstand der Organisation zu erfassen. Häufig erhoffen sich die Unternehmensentscheider daraus, ihre eigene begrenzte Sichtweise zu erweitern, um so neue Informationen gewinnen zu können, damit sie konkrete Maßnahmen entwickeln, wie das Unternehmen schneller digitalisiert.

Die **digitale Transformation** ist in diesem Sinne als ein inkrementeller Veränderungsprozess zu verstehen. Bewusst und proaktiv werden Strukturen innerhalb der Organisation neu aufgebaut oder weiterentwickelt, mit dem Ziel, die plötzlichen und unerwarteten Veränderungen in der Unternehmensumwelt schneller und gezielter als bisher antizipieren zu können. Das Resultat ist das Aufkeimen einer höheren **Binnenkomplexität**. Die Entscheidungsstrukturen werden innerhalb der Organisation immer sensitiver, dezentraler und vernetzter. Die hohe Binnenkomplexität führt dazu, dass wichtige Entscheidungen zur Weiterentwicklung in der Organisation im jeweiligen Kontext der Substrukturen der Organisationen getroffen werden können – viel näher an den konkreten digitalen Herausforderungen dran. Ob im Marketing, im Produktmanagement, in der Produktion, im Einkauf oder der F&E: Die Digitalisierung ist nicht mehr Aufgabe zentraler Entscheidungsinstanzen, sondern vielmehr der verteilten Strukturen innerhalb des digitalen Ökosystems. Die Entscheidungen beziehen sich vor allem auf den Einsatz digitaler Technologie zur radikalen Veränderung der Leistung der Organisation. Das Ziel dessen ist es, die digitalen Fortschritte zur Verbesserung der Beziehung zwischen

Unternehmen und Kunde einzusetzen oder zur Effizienzsteigerung der internen Prozesse oder auch der Produktivitätssteigerung der Mitarbeiter.

▶ **Digitale Transformation** Bewusster und proaktiver Aufbau komplexer Strukturen innerhalb einer Organisation mit dem Ziel, plötzliche und unerwartete Veränderungen in der Umwelt durch eine hohe Binnenkomplexität antizipieren zu können und daraus resultierende Entscheidungen schnell in neue strategische Optionen umzusetzen.

Neben den Reifegrademodellen bieten auch unzählige praxisnahe Checklisten, Blogs und Ratgeber Hilfe dabei, die Herausforderungen der Digitalisierung zu bewältigen. Nicht selten finden sich in den Beiträgen spannende Hinweise darauf, warum es zum **Scheitern digitaler Transformationsvorhaben** kommt. Diese Artikel, mit Titeln wie „Debunking myth about digital transformation", „Die sieben Todsünden der Digitalisierung", „Wichtige Gründe, warum Digitalisierungsprojekte in der Praxis scheitern" geben Einblicke, wie die Praxisexperten selbst die Fehler im Digitalisierungsvorhaben bewerten. Tab. 4.1 liefert einige Schlaglichter aus der aktuellen Debatte.

Wie die Beispiele zeigen, bietet eine Lektüre der Fehleranalysen viele Hinweise und Fakten darauf, wo die Fallstricke in der Umsetzung von Digitalisierungsvorhaben in der Praxis liegen können. Wer sich jedoch konkrete Lösungen aus derartigen Ratgebern erhofft, wird enttäuscht. Oftmals basieren die Analysen auf Beobachtungen und Erfahrungen aus einzelnen Projekten oder Vorhaben. Isoliert betrachtet liefern die Fehleranalysen lediglich Fragmente aus einer Welt, die (so wie es scheint) geprägt ist von Unwissen, Abwehr, Frustration und Resistenz. Doch wichtiger noch, als die konkreten Ratschläge zu studieren ist es, einen Blick auf die Verhaltensmuster zu werfen, die hinter den Fehlversuchen stecken. Denn nur die faktischen Symptome zu analysieren, wird nicht zu einer befriedigenden Lösung führen. Eine Analyse aber der Verhaltensveränderungen kann Einblicke liefern, an welchen Ursachen gearbeitet werden sollte. Die Identifikation der Arbeitnehmer und Menschen selbst mit der digitalen Transformation wird zum Kern der analytischen Diskussion. Denn die Art und Weise, wie die Mitarbeiter, Führungskräfte und andere Stakeholder sich selbst im veränderten Digitalkontext sehen, wie sie ihre Funktion verstehen und wie sich ihr Arbeitskontext verändert liefert wertvolle Hinweise darauf, welche Schritte unternommen werden können, um die Organisation digitaler zu machen.

Fischer und Wiesner (2016) begründen die Notwendigkeit, sich stärker mit dem den Menschen in der Organisation aus verhaltenstheoretischer Sicht zu beschäftigen, mit dem Konzept der sogenannten **organisationalen Identität.** (Fischer und Wiesner 2016) Unter der organisationalen Identität werden diejenigen Merkmale einer Organisation zusammengefasst, die typisch und einzigartig für die Organisation sind. Das Konzept wurde in den frühen 1980er in der Organisationsforschung entwickelt (Vogel 2018).

Tab. 4.1 Beispielhafte Gründe für das Scheitern digitaler Vorhaben in der Praxis

„Sit and wait": Digitalisierung wird ignoriert oder „ausgesessen"	• Entwicklungen werden als kurzfristige Modeerscheinung angesehen, die sich abschwächen • Ignorieren führt zum Stillstand der Weiterentwicklung
Wrong perception: Falsches Verständnis für die ökonomischen Möglichkeiten	• Bewertung der Digitalisierung basiert auf ökonomischen Kernprinzipien der Vergangenheit • Dies kollidiert mit den neuen Bedingungen der Digitalisierung > ökonomische „Rente"/Margen werden durch Digitalisierung angegriffen; digitale Dienste sind frei, flexibel nutzbar etc.
Kill your idols: Fokus auf die falschen Vorbilder	• Besonders in traditionellen Industrien (wie z. B. Banken) ist es gefährlich, sich an den falschen „Peers" zu orientieren, die selbst das Thema der Digitalisierung nicht ausreichend bewältigen • Fast Follower und Disruptoren in den Blick nehmen
„Fuzzy Vision": Keine klare Vision für die Transformation	• Initiativen & Projekte werden ohne Vision durchgeführt, keine klaren Ziele • Ausrichtung auf kurzfristige Maßnahmen, aber Ignorieren langfristiger Ausrichtung, was zu Unsicherheit bei Mitarbeitern führt
„Management Stickyness": Manager ziehen nicht mit	• Uneinigkeit auf verschiedenen Managementebenen über die strategische Ausrichtung, Rollen, Vorgehensweisen etc. • Verhinderer meist auf der 2. oder 3. Ebene: Manager, die darüber entscheiden, welche Ideen überleben, wer welches Budget bekommt und ob der Change-Prozess funktioniert • Dies führt zu Konflikten, Verzögerungen bis hin zum Abbruch der Vorhaben mit hohen Folgekosten
Monolithic structure: Funktionale Strukturen und fragmentierte Initiativen	• Im Unternehmen gibt es viele einzelne Projekte ohne Bezug zueinander; Projekt-„Flickenteppich" • Unternehmen agiert in Silos, also jede Abteilung baut eigene Projektgruppe auf, dies führt zu Einzellösungen, die nebeneinander existieren und nicht vernetzt sind
Fehlendes Know-how: Kompetenz im Unternehmen fehlt	• Für die Umsetzung fehlen die Fachexperten mit der digitalen Expertise (Fachkräftemangel, Ressourcenknappheit, fehlendes Know-how)
Top Decisions: Mitarbeiter werden nicht oder zu spät involviert	• Trotz der enormen Veränderung der Organisation werden Mitarbeiter nicht „mitgenommen" • Dies führt zu Unsicherheit, Ängsten etc. • Fehlende begleitende Kommunikation oder professionelles Change-Management
Not my business: Ungeklärte Verantwortlichkeiten	• Es gibt häufig keinen Hauptverantwortlichen, der digitale Projekte kennt und steuert • CDO (Chief Digital Officer) auf Geschäftsführerebene wird in größeren Unternehmen benötigt

(Fortsetzung)

Tab. 4.1 (Fortsetzung)

No rewards: Digitale Veränderung wird nicht belohnt	• Umsatz- und Renditeziele orientieren sich an kurzen Zeiträumen, max ein Jahr > Wandel nur an der Oberfläche • Inhaltliche Ziele des Change-Prozesses nicht vertraglich festgehalten • Erreichen wird nicht „belohnt"
Friendly takeover: Hohe Abhängigkeit von externen Partnern	• Da eigenes fachliches Know-how fehlt, werden Berater eingesetzt, um Wissenstransfer in das System zu bringen • Externe arbeiten nicht immer im Unternehmensinteresse • Externe Auftragnehmer untereinander in Konkurrenz

Weitere Leseempfehlungen
Bughin, Jaques, Catlin, Tanguy, Hirt, Martin und Wilmott, Paul (2018): Why digital strategies fail, 2018, abgerufen am 23.11.2019, https://www.mckinsey.com/business-functions/mckinsey-digital/our-insights/why-digital-strategies-fail
Ratzer, Peter (2013): Deloitte: 4 Punkte für Erfolg: Wann Transformationsprojekte scheitern, 2013, abgerufen am 23.11.2019, https://www.cio.de/a/wann-transformationsprojekte-scheitern,2902488
Jacobi, Robert (2017): Digitalisierung: Probleme beim Changemanagement, 2017, abgerufen am 23.11.2019, https://www.manager-magazin.de/unternehmen/artikel/digitalisierung-probleme-beim-changemanagement-a-1140809.html
Hemerling, Jim, Kilmann, Julie, Danoesastro, Martin, Stutts, Liza und Ahern, Cailin (2018): It's Not a Digital Transformation Without a Digital Culture, 2018, abgerufen am 23.11.2019, https://www.bcg.com/publications/2018/not-digital-transformation-without-digital-culture.aspx

---

Übung 7

Fehleranalyse des digitalen Scheiterns

Tagtäglich erscheinen auf Blogs, Technologie-Portalen, Zeitschriften und in der Presse Nachrichten über das Scheitern digitaler Transformationsvorhaben, z. B. unter dem Begriff des „Mythos" der Digitalisierung. Sehr oft liefern diese Informationen spannende Einblicke in das Verständnis der Praxis, warum digitale Initiativen scheitern. Ihre Aufgabe ist es, auf Grundlage der Analyse derartiger Praxisberichte eine systematische „Fehleranalyse" durchzuführen. Recherchieren Sie dazu bis zu zehn verschiedene Beiträge, Artikel, wissenschaftliche Paper und Studien aus den letzten Jahren. Suchen Sie beispielsweise nach in OPAC-Katalogen, in wissenschaftlichen Literaturverzeichnissen, Zeitschriftendatenbanken oder im Internet nach Suchbegriffen, wie „myth of digitization", avoiding failures in digitization, „Checkliste für Fehler in der Digitalisierung" usw.

Erarbeiten Sie auf Grundlage Ihrer Recherche, welche Gründe in der Praxis für das Scheitern von digitalen Projekten, Programmen oder Vorhaben benannt werden und inwieweit sich diese Gründe thematisch voneinander angrenzen lassen. Gibt es Übereinstimmungen, Abweichungen oder Muster in der Berichterstattung über die digitalen Fehler?

Mögliche Kategorien, die Ihnen dabei helfen, diese Fehler zu systematisieren, könnten beispielsweise sein:

- fehlerhafte Bearbeitung von Projekten
- fehlendes Vorwissen bei Entscheidern
- Fehler in der operativen Architektur,
- ungenaue Folgenabschätzung
- falsche Priorisierung und Fokussierung des Projektes
- Projektleitung

Kategorisieren Sie nun die einzelnen Artikel nach Ihrem Schema. Interpretieren Sie abschließend die Muster, die sich zeigen.

Dieser Ansatz bietet eine Alternative, um die digitale Transformation auf verhaltensanalytischer Ebenen zu durchleuchten. Es geht nicht mehr darum, die Veränderungen funktional zu erklären. Es geht vielmehr um die Analyse der Verhaltens- und Tiefenstruktur der Organisation und um die Frage, wie sich aufgrund der Einflüsse die Identität der Akteure verändert. Dieses Veränderungsmoment zu entschlüsseln ist mittels funktionaler Analysen nur schwer oder gar nicht möglich. Obwohl die organisationale Identität also kaum erfasst werden kann, muss nach Wegen gesucht werden, diese im Kontext der digitalen Transformation zu verändern. Einen Lösungskorridor liefert das **Modell der Identitätskonstruktion**, wie es in Abb. 4.1 dargestellt ist. Das Modell zeigt den Zusammenhang zwischen der Ausbildung der persönlichen Identität einer Person und der organisationalen Identität. Entscheidend ist das sogenannte Selbstkonzept als wahrgenommene Identität entweder der Person oder der Organisation. Verändert sich die Identität des Einzelnen, hat dies Einfluss auf das Selbstkonzept aus organisationalen

Abb. 4.1 Modell der Identitätskonstruktion (angelehnt an Fischer, Fabian und Wiesner, Marc (2016): Die Konstruktion organisationaler Identität durch Sensemaking und Sensegiving, in: Hartmann, Alexander und Eberl, Peter (Hrsg): Organizational Identity. Erweiterte Neuausgabe, Hamburg, 2016, S. 13)

Sicht. Umgekehrt kann aber auch die Sinngebung auf organisationaler Ebene zur Verhaltensänderung bei einem Mitarbeiter führen. Zwischen beiden Ebenen besteht eine Verbindung. Diese Verbindungen drückt die Sinnsuche im Handeln aus. Die Suche nach einem Sinn und Zweck der Organisation wird aktuell in den Managementwissenschaften als Alternative zum klassischen Vision-Mission-Ansatz debattiert (was auch unter dem Begriff der „purpose-driven organization" bekannt ist).

In den Organisationstheorien wird für diese individuelle Sinn- und Lösungssuche der Begriff des **sozio-kognitiven Sensemaking** geprägt, der auf Weick (1995) zurückzuführen. Dabei geht es um sinnstiftende Prozesse, die den Einzelnen darin unterstützen, sein individuelles Verhalten zu verändern und Erklärungsansätze hinsichtlich der Frage zu finden, warum seine Handlungen in der Organisation verändert werden sollen. Dieses theoretische Verständnis der organisationalen Anpassung der Identität im Kontext einer neuen Sinnsuche nimmt bei der Digitalisierung der Organisation eine besondere Bedeutung ein. Schließlich spiegeln sich die Veränderungen der kognitiven Prozesse des Einzelnen in seinen Handlungen wieder, welche mit der Umwelt wechselwirken Fischer und Wiesner (2016, S. 13).

▶ **Sensemaking** Sensemaking kann als Prozess der gemeinsamen Sinnsuche verstanden werden, bei dem mit einzelnen Mitarbeitern daran gearbeitet wird, neue, unerwartete oder verwirrende Ereignisse in ihrer Umwelt zu verstehen und die Konsequenzen daraus in ihr Handeln zu überführen.

Beispielsweise lässt sich dies anhand des Antizipationsverhaltens auf Individualebene erläutern: Stoßen Arbeitnehmer auf Situationen, die in ihnen eine Unsicherheit auslösen oder unklar sind, versuchen sie möglichst viele Informationen zu gewinnen, wie sich die Situation für sie weiterentwickelt. Sie selbst versuchen, die unsichere Situation zu stabilisieren, indem sie entscheiden, ob sie ihr Verhalten an diese Situation anpassen oder nicht. Dieser Prozess kann auch als Sinnsuche bzw. Sensemaking verstanden werden und geht über eine reine Interpretation der Situation hinaus. Er beinhaltet die aktive Beobachtung von Ereignissen und Rahmenbedingungen sowie abgeleitet daraus die Ausbildung eines veränderten Selbstkonzepts über sich und die eigene Rolle im Veränderungskontext (Maitlis und Christianson 2014). Die Verbindung von Sensemaking und neuer digitaler Identität liefert eine veränderte Perspektive, wie Organisation in ihren kognitiven Tiefenstrukturen digitalisiert werden können. Die Veränderung ist nicht nur oberflächlich, sondern zeigt sich im individuellen und organisationalen Selbstkonzept. Dies setzt voraus, dass der Einzelne in ständiger Wechselwirkung mit seiner Umwelt steht und versucht, Begründungen zu formulieren, welchen Sinn sein Tun und Handeln im Kontext der Organisation hat. So verändert sich das Selbstkonzept des Individuums über die Zeit hinweg und führt zu einer neuen persönlichen und sozialen Identität.

Aus einer operativen Sicht heraus eröffnet das Thema des Sensemaking völlig neue Möglichkeiten, die Fehler der Digitalisierung zu vermeiden. Denn bei diesen Fehlern handelt es sich vielfach um Wahrnehmungsverzerrungen der einzelnen Akteure auf ganz unterschiedlichen Stufen der Organisation. Diese Wahrnehmungsverzerrungen führen zu einem falschen Selbstbild der Organisation bei der Umsetzung digitaler Transformationsvorhaben und verzerren das Bewusstsein für Lösungskorridore. Weicht das Selbstbild der Organisation vom Selbstbild der Akteure ab, sprechen Organisationstheoretiker auch vom Phänomen der kognitiven Dissonanz. Einfach gesagt: Die Entscheider in einer Organisation reden sich die Situation selber schön. Ziele, Absichten, Einstellungen oder Wünsche der handelnden Personen stimmen nicht mehr mit ihrem Handeln überein. Diese Dissonanz löst beim Einzelnen Frustration oder Unbehagen aus. Bezogen auf die kollektive Handlungsebene lösen tief verwurzelte Dissonanzen zwischen dem, was die Personen in einer Organisation sich wünschen, und dem Verhalten der Organisation gegenüber den Umweltveränderungen eine kulturelle Identitätskrise aus. Die Organisation gerät aus dem Gleichgewicht.

▶ **Kognitive Dissonanz** Begriff aus den Organisationswissenschaften, der die Unvereinbarkeit zwischen den von Individuen wahrgenommenen Gedanken, Meinungen, Einstellungen, Wünschen oder Absichten und der von der Organisation verfolgten Ziele beschreibt

Stellt man sich die Frage, wie es zu diesen kognitiven Dissonanzen auf kollektiver Ebene kommen kann, liefert die **adaptive Strukturationstheorie** eine mögliche Erklärung (Maitlis und Christianson 2014). Die adaptive Strukturationstheorie beschäftigt sich mit dem sozialwissenschaftlichen Problem des Verhältnisses zwischen dem Individuum und dem Kollektiv bei dessen Anpassung an veränderte Bedingungen. Dieser Theorie zufolge hat die Veränderung formalisierter Regeln in den Strukturen, beispielsweise der Aufbau neuer digitaler Verantwortlichkeiten, ein CDO, eine Vorschrift zum Einsatz eines neuen CRM-Tools usw. eine sehr begrenzte Wirkung auf die Veränderung der Organisation. Denn Giddens zufolge verändern sich organisationale Strukturen immer rekursiv, also erst dann, wenn sich die Einstellungen der Akteure in Bezug auf ihr Handeln verändern. Erst die neuen Handlungsmuster ermöglichen es überhaupt, neue (digitale) Strukturen zu etablieren.

Was heißt das nun für die digitale Organisationsentwicklung? Die Strukturationstheorie liefert uns eine Erklärung, wie wir eine bessere Adaption des technologischen Fortschritts in den Sozialstrukturen der Organisation durch Veränderungen der Einstellungen der Menschen erreichen können. Erst die Entwicklung neuer sozialer Handlungsstrukturen liefert die Grundlage für technologischen Erfolg. Technologieadaption und die Anpassung des Sozialverhaltens sind zwei Seiten ein und derselben Medaille. Dieser Punkt blieb bei vielen strategischen Digitalvorhaben unberücksichtigt. Die vielen Berichte über Fehler und Fehlverhalten sind also nur Ausdruck eines Mangels bei der Verhaltensfokussierung und zugleich der Schlüssel für eine erfolgreiche Digitaltransformation.

Übung 8
Wie digital bereit ist Ihre Organisation?
Reflektieren Sie anhand eines Unternehmens Ihrer Wahl (Ausbildungsbetrieb, Unternehmen, Universität, Verein....) die Einstellung der Organisation der digitalen Veränderung gegenüber. Nutzen Sie dafür das Organizational Readiness Framework, das Sie in Abbildung 4.3 finden.

- Anhand welcher Faktoren lässt sich der Zustand auf den drei Ebenen am besten erfassen / bewerten / diskutieren? Beschreiben Sie das Faktorenset, das Sie Ihrer Bewertung zugrunde legen.
- Wie bewerten Sie den Status des jeweiligen Faktors in puncto Einstellung zur Digitalisierung? Verwenden Sie eine geeignete Skala.
- Durch welche Maßnahmen kann man die Faktoren weiter beeinflussen?
- Formulieren Sie abschließend eine digitale Zukunftsvision. Fassen Sie Ihre Vorschläge zusammen. Besprechen Sie das Ergebnis in der Gruppe und präsentieren Sie Ihr Reifegradmodell.

Dieser Perspektivenwechsel hin zur Dualität zwischen verändertem Sozialverhalten und besserer Technologieadaption (im Gegensatz zur bisherigen Auffassung der Dualität zwischen veränderten Technologien als Voraussetzung für soziale Verhaltensveränderung, auch bekannt unter dem Begriff „persuasive technology") ermöglicht ein differenziertes Herangehen an digitale Transformationsvorhaben. Dieser Perspektivenwechsel – von der bisherigen Auffassung, dass die Einführung neuer Technologien zu verändertem Sozialverhalten im Unternehmen führt (auch unter dem Begriff der „persuasive technology" diskutiert), hin zur Auffassung, dass zuerst das Sozialverhalten verändert werden muss, um Technologien überhaupt adaptieren zu können, ermöglicht es, neue Wege in der digitalen Transformation einzuschlagen. In der Praxis dominiert häufig das Verständnis, dass im Idealfall neue Computertechnologien eingeführt werden und als Folge sich das der Mitarbeiter ändert. Der Glaube an Technologie dominiert die Ausgestaltung organisatorischer Veränderungsvorhaben. Orlikowski (1992) erklärt dies mit dem **Modell des technologischen Imperativ**. In der Praxis ist der Glaube an Technologie weit verbreitet. Dies drückt sich beispielsweise anhand der Fokussierung auf technische Features und Funktionen im Rahmen von Veränderungsvorhaben aus (Orlikowski 1992). Die Technologie selbst wird als ein eigenständiger Einflussfaktor verstanden, der auf menschliches Verhalten einwirkt. Diese Diskussion ist von vielen Klischees geprägt, wie beispielsweise der unwissenden Führungskraft, dem Technologie-resistenten Mitarbeiter, der Gefahr künstlicher Intelligenz auf Jobs usw. Während technologische Aspekte dominieren, wird der Mensch als Instanz zur Entwicklung, Aneignung und Einführung neuer Technologien ignoriert. (vgl. auch Kap. 10 zu digitalen Technologien).

Im Gegensatz dazu entwickelte sich in den letzten Jahrzehnten eine neue soziologische Strömung, die Technologie nicht als Impuls für Veränderungen, sondern

Produkt des menschlichen Handelns, dem Design sowie deren Anwendungsgestaltung versteht. Orlikowski (1992) spricht vom **der strategischen Wahlmöglichkeiten** (strategic choice model). Technologie wird als abhängige Variable verstanden, deren Zweck den Zielen der Akteure folgt. In dieser Perspektive ist Technologie nicht immun gegenüber den Entscheidungen von Managern und Verantwortlichen. Anstatt das Augenmerk auf die Technologien von Online-Shops, Prozessautomatisierung, künstlicher Intelligenz oder Big Data zu legen, steht das Verhalten und Handeln im Vordergrund. Die soziotechnologische Sicht bildet die Grundlage zur Gestaltung digitaler Transformationsvorhaben. Im Mittelpunkt steht die Zufriedenheit der Mitarbeiter, die Schnelligkeit der Technologie-Adaption und deren Wirkung auf Rollen und Funktionen. So wird es möglich, Wirkungen von Technologie sowie deren Einfluss auf Mensch und Organisation zu analysieren und davon abgeleitet die technologischen Systeme neu auszurichten.

Folgt man dieser Sichtweise, erklärt sich die Entstehung der bereits erwähnten Wahrnehmungsfehler bei der Einführung digitaler Vorhaben. Denn die organisationalen Veränderungen sind zwar technologisch determiniert, sind aber zugleich auch eine hochemotionale Erfahrung für Führungskräfte wie auch für Mitarbeiter. Falsche Intuition, überzogene persönliche technologische Präferenzen oder die mit der hierarchischen Position wahrgenommene Machtstellung können Ursachen für falsche Entscheidungen sein, die zum Scheitern führen können. Cunliffe und Coupland (2012). schlagen vor, bei derartigen soziotechnologischen Vorhaben die Methoden des sogenannten **narrativen Sensemaking** einzusetzen.

▶ **Narrativ** Unter einem Narrativ wird in der Organisations- und Kommunikationsberatung eine Methode verstanden, bei der über die Form der Erzählung oder Geschichte (Storytelling) den Bezugsgruppen der Organisation ein bestimmter, intendierter Ursache-Wirkungs-Zusammenhang vermittelt werden kann.

Bewusst oder unbewusst, so argumentieren sie, sind Entscheidungen im Umgang mit Technologie zuvorderst ein emotionales Erlebnis. Mit dieser Neuinterpretation grenzen sie sich vom rationalen, intellektuellen Ansatz ab und liefern einen praktischen Handlungsansatz. Narrative haben eine lange Tradition in den Sozialwissenschaften, der Psychologie oder der Philosophie. Sie bieten Möglichkeiten, den Veränderungsprozess als erfahrungsgeleitete Weiterentwicklung zu verstehen, anstatt planbaren strategischen Veränderungsprojektes. Kollektive Narrative dienen beispielsweise dazu, geteilte Werte und Bedeutungen bezogen auf bestimmte Ereignisse neu zu vermitteln und helfen den Akteuren in der Organisation, ihre Handlungen im Rahmen ihrer Rolle und Verantwortung neu zu interpretieren und zu verstehen. Mühlmann (Mühlmann et al. 2014) schlagen in ihrem sozio-kognitiven Wirkmodell der Narration einen Bogen zwischen

- der Produktion der Narration, u. a. der Gestaltung der Geschichte, des Plots und der damit verbundenen Charaktere sowie der Plausibilität der Kommunikation über
- die kognitive Verarbeitung der Organisation der Narration, u. a. durch neue Einstellungen der Individuen gegenüber einer Situation,

4.1 Sensemaking in digitalen Transformationsvorhaben

- den individuellen Wirkungen, u. a. der neuen Meinungsbildung und persönlichen Konstruktion eines Sinnbildes bis hin
- zu den daraus resultierenden kollektiven Wirkungen in der Organisation, u. a. der Orientierung aller Handlungen am neuen Sinnbild.

Durch die Entwicklung von Narrativen entsteht eine gemeinsam geteilte Wirklichkeit einer Organisation. Bei der Verarbeitung und Interpretation einer bestimmten Geschichte greift der Einzelne unbewusst auf Vorwissen in Form von Schemata und mentalen Modellen darauf zurück. Ist das Vorwissen zur richtigen Interpretation nicht vorhanden, entstehen Vermutungen, Fehlinterpretationen oder gar erfundene Wirklichkeiten, die teilweise nicht mit der realen Situation übereinstimmen. Ein **sozio-kognitives Wirkmodell,** warum Narrative eine kollektive Wirkung erzielen können, liefern Mühlmann et al. Wie in Abb. 4.2 zu sehen, werden über das Narrativ kognitive Impulse in die Organisation hineingegeben.

Im positiven Fall, führt das in der Organisation dominierende Narrativ beispielsweise in Bezug auf die Digitalisierung dazu, dass jeder Mitarbeiter und jede Führungskraft sich mit dem Ziel der Digitalisierung identifiziert. Dies führt zu einer positiven Einstellung gegenüber digitalen Projekten was sich u. a. im Erfolg ausdrückt. Andererseits aber auch kann es auch Narrative geben, die dazu führen, dass die Organisation als soziales Konstrukt der Digitalisierung feindlich eingestellt ist. So nur ist es zu erklären, warum digitale Veränderungsvorhaben trotz großer Investitionen in Ressourcen, Projekte, Experten und Berater scheitern können. Die im sozialen Kollektiv verankerten Vorurteile, Assoziationen und Sinnbilder führen zu einer kognitiven Dissonanz. Die Organisation steht im übertragenen Sinne mit der Digitalisierung auf Kriegsfuß.

Abb. 4.2 Sozio-kognitives Wirkmodell von Narrationen. (Quelle: angelehnt an Mühlmann et al. 2014, S. 28)

Um diese sozial geteilte kognitive Dissonanz zu lösen, müssen die Narrative entschlüsselt werden, die in einer Organisation gegenüber der Digitalisierung bestehen. Diese zeigen sich in Vorurteilen, den Meinungen der Führungskräfte, Interpretationen über Erfolge oder Misserfolge, persönlichen Erfahrungen im Umgang mit digitalen Werkzeugen am Arbeitsplatz oder auch den Erfahrungen, wie Chancen der Digitalisierung genutzt werden. All diese Entwicklungen zusammen ergeben ein geteiltes Narrativ, eine gemeinsam verstandene Geschichte über die Digitalisierung, die entweder positiv oder negativ sein kann.

Die Kenntnis der Narrative der Digitalisierung liefert die Grundlage für Organisationen überhaupt ihre Chancen in der Digitalisierung zu nutzen. Um die Erfolgschancen zu erhöhen, ist eine Überprüfung der in einer Organisation vorherrschenden „Geschichte" erforderlich. Welches Narrativ im Unternehmen zu finden ist, hängt von der individuellen Situation ab. Häufig sind bestimmte Muster in der Einstellung gegenüber Digitalisierungen die Ursache dafür, dass die Digitalisierung nicht gelingt. In den folgenden Kapiteln sind fünf dieser kollektiven Narrative beschrieben, die die Digitalisierungsvorhaben in eine falsche Richtung lenken können. Jedes Narrativ steht stellvertretend für bestimmte Annahmen und Einstellungen der Führungskräfte. Um die Reise durch die kollektiven Wirklichkeiten zu erleichtern, wird Sie unsere fiktive Expertin Diana Digital in unterschiedliche Unternehmen in verschiedenen Situationen mit begleiten.

4.2 Vom Technologie-Fokus zum Digital-First-Mindset

Ausgangslage

Praxis
Diana Digital und die digitale Gießkannen-Strategie im Mittelstand
Diana Digital ist seit zwei Monaten als Chief Digital Officer (CDO) in einem mittelständischen Unternehmen für Automatisierungstechnik tätig. Wie sie bei ihrer Einstellung erfuhr, plant die Unternehmensführung seit längerem ein Projekt zur digitalen Transformation. Sie schaut sich die Planungen an. Darin schlägt der zuständige Leiter für Produktion und Technologie vor, ein Projekt unter der Leitung der IT-Abteilung zu starten. Ziel des Projektes soll es sein, alle Unternehmensbereiche großzügig mit neuer digitaler Dateninfrastruktur auszustatten und eine Vielzahl neuer Software-Anwendungen auf SAP-Basis zur Prozesssteuerung einzuführen. Die Hoffnung dahinter ist, dass, wenn Mitarbeiter erst einmal die richtigen Softwaretools haben, die Digitalisierung aller Prozesse, Produkte und Geschäftsprozesse von selbst in Gang kommt. Diana Digital ist skeptisch, ob dieses Vorgehen Sinn macht. Immerhin weiß sie, dass der Altersdurchschnitt der Mitarbeiter im Unternehmen heute bei rund 55 Jahren liegt und viele Mitarbeiter bereits sehr lange im Unternehmen sind.

Dieses Beispiel zeigt, dass eine häufige Fehlannahme der Unternehmensführung ist, dass die Organisation sich durch Einführung einer technologischen Innovationen von allein verändert. Dies ist ein typisches Beispiel für den bereits besprochenen technologischen Imperativ. Technologisierung wird mit Verhaltensveränderung gleichgesetzt. Dass dies kein Erfolgsrezept ist, zeigen aktuelle Studien: Ganze 70 % aller digitalen Transformationsinitiativen erreichten im Jahr 2019 nicht ihre gewünschten Ziele. Zwar investierten Unternehmen schätzungsweise ca. 1,3 Trillionen US$ in Initiativen der digitalen Transformation, davon verpufften geschätzte 900 Billionen aufgrund mangelnder Antizipationsfähigkeit und einem zu starken Technologiebezug (Tabrizi et al. 2019). Um aber Organisationen digitaler zu machen ist nicht die aktionistische Einführung neuer Technologien entscheidend, sondern der gezielte Fähigkeitsaufbau bei den Entscheidern, um ihr Verhalten zu verändern und die neue Umwelt zu antizipieren. Ebenfalls der Einbezug und die Sensibilisierung der Mitarbeiter fördert den Erfolg. Doch anstatt Menschen in den Mittelpunkt zu setzen, wird der Fokus zu oft (und meist zu schnell) auf Technologien gelegt, was zur Misserfolgen und Fehlinvestitionen führen kann. Der technologische Imperativ führt in der Folge zu organisationalen Barrieren und zu fehlender Bereitschaft der Organisation zur Veränderung.

> **Praxis**
> **Digitale Transformation des Erzbistums Köln**
> Dass die Digitalisierung nicht nur für Wirtschaftsunternehmen Veränderung bedeutet, zeigt das Vorhaben des Erzbistums Köln, neue Wege in der Kommunikation mit seinen Gläubigen zu gehen. Das Erzbistum Köln zählt als Organisation mit rund zwei Millionen Katholiken zu den größten deutschen Bistümern. Seit 2017 beschäftigt die Kirche dort ein spezielles digitales Kommunikationsteam mit dem Ziel, die katholische Kirche zurück in die Lebenswirklichkeit ihrer Gläubigen zu führen. Angestellt sind in dieser Organisation Medienmanager, Datenmanager und Produzenten, die in einem hochmodernen Newsroom digitale Inhalte für ihre Nutzer in den sozialen Medien entwickeln. Ziel dieser Initiative ist es, auf die veränderten gesellschaftlichen Strukturen zu reagieren und neue digitale Schnittstellen zwischen der katholischen Kirche und den Gläubigen zu entwickeln. Dabei liegt der Schwerpunkt nicht nur auf der klassischen Medienstrategie, zu der Gemeindeblätter, Kirchenzeitungen, Domradio und neuerdings auch die digitalen Kanäle zählen. Auch neue Wege werden gegangen, um die Gläubigen digital einzubeziehen. So veranstaltete die Kirche bereits sogenannte Hackathons mit dem Motto „Hack the Erzbistum". Eingeladen wurden Programmierer, Produktentwickler, um gemeinsam an neuen digitalen und aufmerksamkeitsstarken Kommunikationsformen der Kirche zu arbeiten.
> Quelle: Horizont 41 vom 12.10.2017: „Mit Gottes Segen"

Lösungskorridor Ein Lösungskorridor um das Narrativ des technologischen Aktionismus zu überwinden ist die Erhöhung des Bewusstseins der Organisation bezüglich der Leistungsziele der Digitalisierung. Dies kann auch als **digitale Organizational Readiness** bezeichnet werden und umfasst, dass Veränderungsmöglichkeiten bewusst identifiziert werden, Verhaltensänderungen gefördert und die Umsetzungserfolge überprüft werden. Wie in Abb. 4.3 zu sehen ist, können drei unterschiedliche Aspekte der Bereitschaft zur digitalen Veränderung unterschieden werden: die grundlegende Bereitschaft der Organisation, die programmatische Bereitschaft des Managements sowie die operative Bereitschaft der Organisation. Durch die Etablierung von Veränderungsbereitschaft auf allen drei Ebenen wird vermieden, dass nur technologische Veränderungen in den Fokus rücken. So können beispielsweise Schlüsselpersonen benannt werden, die aktiv die Zieldissonanzen bearbeiten. Dies fördert eine programmatische Vorbereitung der Beteiligten im Veränderungsvorhaben. Auch sind Multiplikatoren aus dem mittleren Management wichtig, um die Veränderungsbereitschaft im Topmanagement zu beeinflussen. Dazu gehört die aktive Kommunikation der mit der Digitalisierung verbundenen Leistungskennzahlen. Ebenfalls können Personalentscheidungen operativ die Verhaltensveränderungen begünstigen, vorausgesetzt, dass Budgets vorhanden sind, um z. B. qualifizierte Mitarbeiter einzustellen.

Fruchten die Maßnahmen zur Veränderung im Verhalten, entwickelt sich nach und nach im Unternehmen eine **Digital-first Denkweise.** Damit wird ausgedrückt, dass es bei den Mitarbeitern eine positive Einstellung gegenüber den digitalen Möglichkeiten im Unternehmen gibt. Menschen im Unternehmen zeigen gegenüber der Digitalisierung Offenheit, sind experimentierfreudig und neugierig. Erfolgreiche Unternehmen, wie

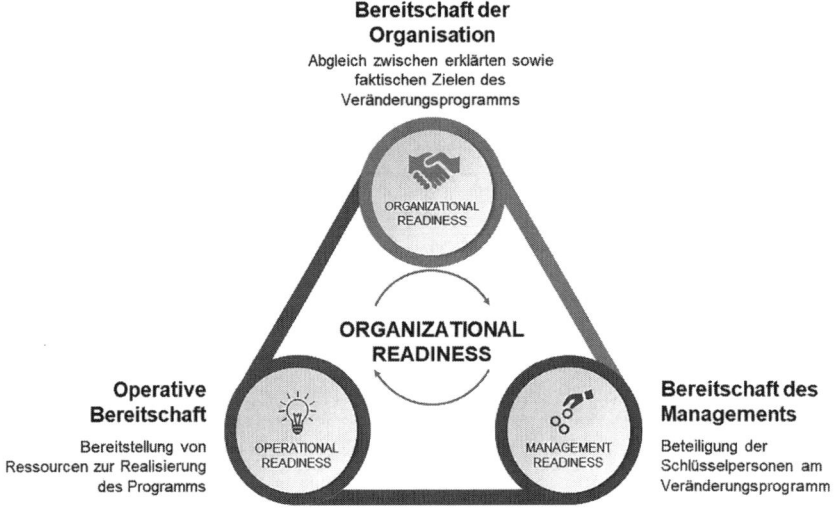

Abb. 4.3 Modell der Digital Organizational Readiness (angelehnt an Loshin 2013)

4.2 Vom Technologie-Fokus zum Digital-First-Mindset

Amazon, Google oder Facebook zeigen, dass diese Denkweise zu außergewöhnlichen Resultaten führen kann. Sie verstehen sich besser als andere darauf, durch Technologie die soziale Konstruktion von Organisationen zu verändern. Es geht nicht per se mehr um Technologie, sondern darum, wie die Adaptionsfähigkeit des Einzelnen positiv beeinflusst werden kann. Verändert werden individuelle Interessenlagen, Werte, Positionen sowie das Verständnis für neue Methoden und Werkzeuge, die beim digitalen Wandel unterstützen. Dass es positive Beispiele für den Aufbau der Digital-First-Denkweise gibt, zeigt das folgende Beispiel von Google.

Praxis

Mitarbeiter bei Google folgen der Vision des 10-fachen Nutzens

Bereits sehr früh in ihrer Unternehmensgeschichte begann Google damit, Digitalisierung nicht nur als technologische Angelegenheit zur Veränderung von Kunden und Markt Modellen zu verstehen. Vielmehr wurde der disruptive Moment der Digitalisierung vom Management als Grundlage dafür genutzt, von der Organisation ein neues Verhalten gegenüber Veränderungen abzuverlangen. In einem Interview im Jahr 2013 spricht Larry Page, der Gründer von Google, von seinem Ziel, dem Kunden stets den zehnfachen Nutzen und die zehnmal bessere Innovation als die Konkurrenz liefern zu wollen. Das Ziel ist es Produkte oder Verfahren zu entwickeln, die nicht nur 10 % besser sind – dies versteht Googles Management lediglich als Hygienefaktor, um genauso gut zu bleiben, wie jeder andere. Was das Management von seinen Mitarbeitern erwartet, ist es, Produkte und Dienstleistungen zu entwickeln, die zehnmal besser sind als die der Wettbewerber. Das bedeutet auch, dass kleine Effizienzgewinne nur eine geringe Auswirkung auf dieses Geschäftsziel haben. Es geht darum, echte Transformationen herbeizuführen, die teilweise 1000-prozentige Verbesserungen bringen. Dies macht es notwendig, dass die Mitarbeiter in der Lage sind, Probleme vollständig neu zu bewerten und bisherige Entscheidungsgrenzen zu überwinden, technisch wie auch organisatorisch. Dieses Credo erklärt einen Teil von Googles Erfolg. Denn die Produkte, die Google entwickelt, verändern sowohl das Leben der Kunden in der digitalen Welt, als auch das, der Investoren. Bei der Suche nach neuen Möglichkeiten geht Google nicht den Weg inkrementeller Verbesserungen, sondern sucht nach neuen Lösungen für die Probleme der Menschen. So entstanden Produkte, wie der E-Mail-Service Gmail, der 100-mal so viel Speicherplatz bietet, wie vergleichbare Services der Konkurrenz. Google bietet ebenfalls Übersetzungsservices nicht nur für eine Sprache, sondern für jede Sprache in jede Sprache auf der Welt – und dies für das gesamte Internet. Google bietet ebenfalls Lesern mit dem Service Scholar sofortigen Zugriff auf alle Bücher der Welt. Dafür wurde ein spezieller Service entwickelt, mit dem Google in der Lage ist, jedes verfügbare Buch auf der Welt zu scannen und die Inhalte in einem globalen Suchindex aufzunehmen. Damit war das Vision Programm einer der entscheidenden Bausteine für den Erfolg von Google. Die permanente Suche nach Neuem prägt die Einstellung und Denkweise von Mitarbeitern, Führungskräften und der gesamten Organisation. Problemlösung und

Veränderungen wird nicht als negativ erachtet, sondern ist Teil der DNA der gesamten Organisation von Google sowie seinen assoziierten Firmen und Marken.

Leseempfehlung
Levy, Steve (2013): Google's Larry Page on Why Moon Shots Matter, 2013, abgerufen am 14.05.2019, https://www.wired.com/2013/01/ff-qa-larry-page/.

Die digitale Veränderung und Transformation muss ist also keineswegs statisch, sondern abhängig von Einflussfaktoren der organisationalen Bereitschaft zur Veränderung. Ein einfacher Weg, den Zustand zu bewerten, ist es, die kritischen Aspekte der Veränderungsbereitschaft auf allen drei Ebenen (organisationale Bereitschaft, Bereitschaft des Managements, operative Bereitschaft) zu identifizieren und den Status Quo im Team oder einer Gruppe zu beurteilen. Nach der Zustandsbewertung kann damit begonnen werden, Lücken zu identifizieren, Handlungsfelder zu bestimmen und Planungen zur Veränderung zu entwickeln. Ziel könnte es sein, im Unternehmen das Bewusstsein für den eigenen Beitrag an der digitalen Veränderung eines Projektes, einer Abteilung, eines Teams, einer Division usw. zu schärfen und die Veränderungen dort konkret anzustoßen.

4.3 Von Ablehnung zur digitalen Arbeitswelt

Ausgangslage

Praxis

Diana Digital und das digitale Selbstbild eines Stahlproduzenten
Diana Digital wird als Change Managerin zu einem wichtigen Projekt in einem großen Stahlkonzern hinzugezogen. Das Unternehmen plant seine Gießanlagen in Zukunft noch besser digital zu vernetzen, damit die Daten aus dem Produktionsprozess in Echtzeit zwischen Hersteller und Kunden übertragen werden können. Dass die Digitalisierung positive Effekten auf das Geschäftswachstum haben kann, erfuhr Diana letzte Woche auf einer Fachkonferenz der Stahlindustrie. So lassen sich durch das digitale Prozessmanagement die Entwicklungszeiten um die Hälfte verkürzen. Beispielsweise werden Spezifikationen neuer Stähle schon in der Entstehungsphase an den Kunden übermitteln. Der kann diese dann z. B. Tauglichkeitsprüfungen einsetzen. Im Projekt übernimmt Diana das Training der Führungskräfte. Im Kick-off Workshop mit dem Top-Management erfährt Diana, dass besonders die älteren Kollegen im Management sehr skeptisch gegenüber diesem Veränderungsprogramm sind. Für die meisten Manager bedeutet die Arbeit mit digitalen Werkzeugen auch, sich von gewohnten Prozessen zu verabschieden. Im Workshop erfährt sie aber auch, dass die Firma schon bereits in den 1980er Jahren mit ersten vollautomatisierten Produktionssteuerungen experimentierte und damals zu den Innovationsvorreitern der Branche

gehörte. Sie wundert sich, was der Grund dafür ist, dass heute das Management gegenüber der Digitalisierung so negativ eingestellt ist?

Ein weiteres Narrativ, das sich negativ auf das Verhalten auswirkt, ist das der digitalen Schockstarre. Auch in der Politik kennt diese Tendenzen (vgl. die folgende Infobox) Tatsächlich sind für die wenigsten Unternehmen und Institutionen internetbasierte Strategien nichts Neues mehr. So entwickelten sich erste digitale Industrieanwendungen in der Robotik bereits in den 1960er Jahren. (Mavridis 2015) Industrielle Computeranwendungen folgten in den 1970ern. Später, Mitte der 1980er Jahre, erreichten Computeranwendungen, Betriebssysteme und Hardware-Innovationen große Teile der Wirtschaft (Castells 2010). Seit den 1990er Jahren und durch Öffnung des World Wide Webs (WWW) für private Nutzer setzte eine weltweite Diffusion ein, die bis heute anhält: Durch die Öffnung nahm die Verbreitung digitaler Organisationsformen, institutioneller Infrastrukturen und digitaler Anwendungen mit enormer Geschwindigkeit zu. Dies führte zu der sozialen Anerkennung und Legitimierung des Internets in allen bestehenden sozialen und gesellschaftlichen Bereichen. Was viele Entscheider aber verunsichert, ist die Schnelligkeit, mit der die Digitalisierung voranschreitet und wie stark sie ihre Wirkung entfaltet. Dies ist der eigentliche Grund für die oftmals überzogene Schockstarre. Derartige **soziale Irritationen** bei der Adaption neuer Technologien konnten bereits bei anderen Innovationssprüngen, wie dem der Entwicklung der Dampfmaschine, beobachtet werden. Heute versprechen digitale Technologien eine ähnliche Wirkung auf Führung und Mitarbeiter zu haben. Denn in jedem evolutionären Prozess gibt es Rückkopplungen zwischen der sozialen Umwelt und der physikalischen Technologie, die auf beiden Seiten zu Veränderungen führen: Veränderungen in der Technologie bewirken Veränderungen im sozialen Verhalten, das wiederum weitere Veränderungen in der Anwendung von Technologie mit sich bringt (Kapás 2008).

Infobox
Wenn Neuland nicht mehr neu ist
Im Jahr 2013 formulierte Angela Merkel in einer Pressekonferenz mit dem US-Präsidenten Barack Obama den berühmten Satz „Das Internet ist für uns alle **Neuland**". Im Folgenden können Sie einen Auszug aus der Rede von Bundeskanzlerin Angela Merkel beim deutschen Digitalgipfel im Dezember 2018 lesen. In dieser Rede revidiert sie ihre vielfach diskutierte Aussage aus 2013, dass Digitalisierung für uns alle „Neuland" sei. Arbeitshinweis: Bewerten Sie die Rede von Angela Merkel unter Berücksichtigung Ihrer eigenen persönlichen Erfahrungen und Beobachtungen. Diskutieren Sie, welchen Neuigkeitscharakter die Digitalisierung in Ihrer eigenen Organisation hat.

> […] Ich darf Ihnen als Erstes berichten, dass wir im 70. Jahr der Sozialen Marktwirtschaft fest davon überzeugt sind, dass auch die digitale Wirtschaft und das Zeitalter der Digitalisierung dem Menschen zu dienen haben und nicht umgekehrt. Das Ganze ist kein Selbstzweck. Wir haben heute auf unseren BPA-Twitter-Account oder, besser gesagt, auf den seibertschen Twitteraccount, also den des Regierungssprechers – ich mache jetzt einen kleinen Werbeblock –, ein kleines Stück gestellt, das sich auch mit Künstlicher Intelligenz befasst. Darin sagt das Mitglied des Digitalrates, Herr Boos, dass wir durch Künstliche Intelligenz

vor allen Dingen Lebenszeit einsparen, nämlich Zeit für stupide oder sich wiederholende Algorithmen, und dass wir damit mehr Zeit für Kreativität haben; also eine gute Nachricht, jedenfalls für alle, die nicht denkfaul sind. Die Frage, wie wir die Gesellschaft im Zeitalter der Digitalisierung gestalten, treibt uns umfassend um. Das stellt sich auch in den Plattformen dar, die über das Jahr hinweg arbeiten – immer in einer Mischung aus Industrievertretern, Wirtschaftsvertretern und Vertretern der Politik. Damit haben wir in den letzten Jahren auch eine Arbeits- und Lernmethode für uns in der Politik entwickelt, wobei sehr deutlich geworden ist, dass wir alle uns sozusagen in einer Sphäre befinden, in der wir uns noch nicht so gut auskennen. Ich habe früher dazu einmal „Neuland" gesagt. Das hat mir einen großen Shitstorm eingebracht. Deshalb will ich das jetzt nicht einfach wiederholen. Jedenfalls ist es aber in gewisser Weise noch nicht durchschrittenes Terrain. Das Ganze ist im Grunde eine revolutionäre Phase. Wir alle haben uns ja auch angewöhnt, das Wort „disruptiv" relativ flüssig über unsere Lippen zu bringen. Diese disruptive Phase bedeutet natürlich Erschütterungen. Ich stimme Ihnen völlig zu […], dass vieles, was wir heute an gesellschaftlichen Phänomenen, an Diskussionskultur und auch an Sorgen und Ängsten erleben, indirekt mit dem rasanten technologischen Wandel zu tun hat und dass es, um das Ganze nicht in eine Diskussion abgleiten zu lassen, in der ein Teil der Gesellschaft als Elite bezeichnet wird und ein anderer als zurückgelassen, uns darauf ankommen muss, dass das eine Erfolgsgeschichte wird, wie es im Grunde auch die Soziale Marktwirtschaft ist. Wohlstand für alle – das muss auch die Zukunftsmelodie im Zeitalter der Digitalisierung sein. […]

Die ausführliche Rede ist unter dem folgenden Link abrufbar: http://bit.ly/redemerkel

Erklärbar wird dies, wenn man sich vor Augen hält, dass wir als Menschen nur einen Bruchteil unserer Umgebung tatsächlich wahrnehmen können. Der Grund dafür sind sogenannte mentale Filter. Diese sorgen dafür, dass wir nicht aufgrund zu vieler Informationen aus unserer Umwelt verwirrt werden und wir uns so vor Informationsüberflutung schützen. Die Wissenschaft beschreibt diesen Prozess als **kognitive Kartographierung.** Verstanden wird darunter eine Abfolge des Erfassens, Kodierens, Speicherns und Abrufens von Informationen und Wissen über unsere alltägliche räumliche Umwelt (Kitchin 1994). Tolman beschreibt diesen Prozess erstmalig in seinen Forschungen zur experimentellen Psychologie (Tolman 1948). Demzufolge rekonstruieren Menschen in ihrem Nervensystem die Erfahrungen, die sie in der Umwelt wahrnehmen auf eigene Weise. Diese Landkarte wiederum bestimmt unser Verhalten in der Zukunft. Menschen, die Informationen über ihre Umwelt speichern, nutzen diese später, um zukünftige Entwicklungen zu simulieren, ohne dass diese schon eingetreten sind.

Da jeder Mensch seine eigene mentale Landkarte entwickelt, unterscheiden sich diese jedoch stark von der kollektiv geteilten Realität, wie die Abb. 4.4 zeigt. Die Abhängigkeit von der eigenen Fiktion hat auch Konsequenzen für Gesellschaft, Politik oder Wirtschaft. Verstehen die Entscheider die Signale der digitalen Umwelt unterschiedlich, entstehen kognitive Dissonanzen. So kann es passieren, dass Entscheidungen zur Digitalisierung anhand vager Annahmen getroffen werden und diese zu Folgen führen, die nicht intendiert waren. Eine ganze Industrie selbsternannter Zukunftsforscher widmet sich mittlerweile der Nachfrage nach Zukunftsprognosen und Zukunftsaussichten

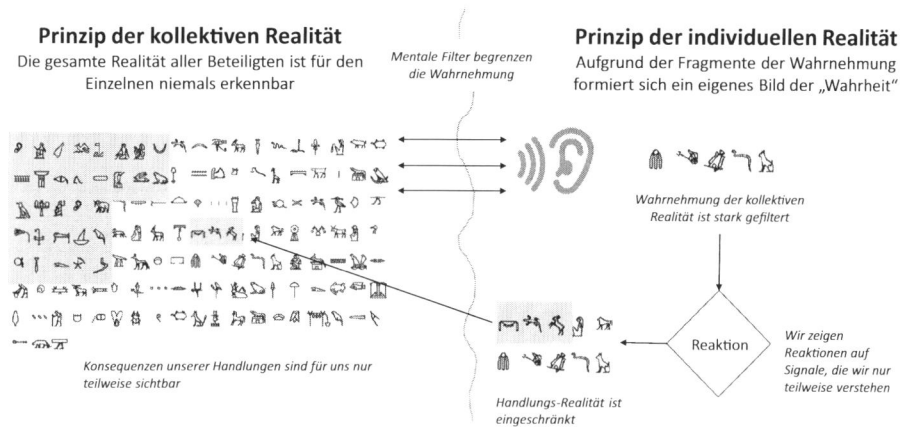

Abb. 4.4 Kognitive Wahrnehmungsverzerrungen beschränken das Verständnis der digitalen Wirklichkeit

der Digitalisierung. Diese Zukunftsaussagen sind jedoch kritisch zu sehen, da sie häufig von retrospektiven Analysen und individuellen Erfahrungen ausgehen, die dann in einer Quasi-Realitätsprognose „objektiv" wiedergegeben werden.

Infobox
Die Prognose vom elitären Medium
Im Jahr 2001 prophezeite der bekannte Zukunftsforscher Matthias Horx, dass das Internet auf absehbare Zeit sich nicht zu einem Massenmedium wie Radio oder Fernsehen entwickeln würde. Seiner Ansicht nach sei das Internet kompliziert zu bedienen, sodass es auf absehbare Zeit nicht massentauglich werden wird. Seiner Zukunftsprognose zufolge würde der Anteil der Menschen, die das Internet nutzen, zwar steigen, nicht aber die Breitbandnutzung. Menschen seien mit der Technik und Informationsvielfalt überfordert. Er erklärt zudem, dass nur die sogenannten „Stammuser" (Anm.: So wurden damals viele Nutzer im Internet bezeichnet) das Netz viel stärker nutzen werden, darunter vor allem Akademiker, Selbstständige und hochgebildete Menschen mit gutem Einkommen. Aus dieser Disparität heraus entsteht eine digitale Spaltung zwischen Viel- und Nichtnutzern, die Horx zufolge durch höhere digitale Bildung gemildert werden könnte.
  Link unter: http://bit.ly/prognosehorx

Lösungskorridor Ein Lösungskorridor zur Überwindung dieser Form der kognitiven Dissonanz ist es, wichtige Entscheider im Unternehmen reale Erfahrungen mit digitalen Praktiken machen zu lassen und sie Schritt für Schritt damit in Berührung zu bringen. Die Sicherheit, in einer digitalen Zukunft richtig zu handeln können – folgt man der Kognitionstheorie – kann durch reale Erfahrungen mit **digitalen Praktiken** verbessert werden. Je mehr digitale Praktiken in Organisationen angewendet werden, desto besser sind die Mitarbeiter in allen Bereichen in der Lage, zu lernen, wie man sich online vernetzt, online arbeitet oder weltweit über digitale Netzwerke wirtschaftliche Aktivitäten betreibt. Informiert zu sein, welche neuen digitalen Praktiken es gibt, kann sich aus organisatorischer Sicht zu einem Vorteil entwickeln. Dass digitale Erfahrungen jedoch etwas gänzlich Neues wären, greift in der Aussage zu kurz. Teilweise versuchen diejenigen, die dies behaupten, ihre eigene Unfähigkeit zur Veränderung zu kaschieren. Denn anders als oft beschworen, verfügen Organisationen historisch gesehen über einen großen Erfahrungsschatz im Umgang mit Digitalisierung (Castells 2010). Mehrere Generationen an Führungskräften, Wissenschaftlern, Politikern und Investoren haben Erfahrungen im Umgang mit digitalen Praktiken gesammelt, die im organisationalen Gedächtnis der Organisation zur Verfügung stehen. Durch digitale Werkzeuge, die standort- und abteilungsübergreifend verwendet werden, stehen Informationen zur Entscheidung in allen Teilen des Unternehmens zur Verfügung. Durch diesen Wandlungsprozess entsteht in der Organisation ein unmittelbares kollektives Bewusstsein für den Nutzen digitaler Praktiken sowie zur Umsetzung der digitalen Ziele. Kollaboratives Lernen heißt, datengestützte Entscheidungsfindung und Erfahrungsaustausch zu fördern und Algorithmen dazu einzusetzen, die digitalen Fertigkeiten der Gesamtorganisation zu verbessern.

> **Übung 9**
> **Digitale Praktiken im Unternehmen der Gasindustrie**
> Sie wurden gerade neu in die Funktion des Chiefs Digital Transformation Officers (CDTO) eines mittelständischen Unternehmens im Bereich der Industriegasherstellung mit ca. 5000 Mitarbeitern berufen. Ihr Geschäftsführer eröffnet Ihnen im ersten Kennenlerngespräch, dass das Unternehmen gerade auch in Sachen Digitalisierung hinter den Wettbewerbern hinterher hängt. Er bittet Sie, in Vorbereitung auf die nächste Quartalssitzung mit dem Top-Management einige erste Ideen zur Weiterentwicklung der digitalen Praktiken im Unternehmen zu entwickeln. Er schlägt vor, dass Sie gemeinsam mit weiteren Experten einen Workshop ausrichten, in dem Ideen für digitale Praktiken entwickelt werden. Sie planen in diesem Workshop die Innovationsmethode mit dem Namen 6–3–5 einzusetzen.
>
> - Stellen Sie ein Team mit max. sechs Teilnehmern zusammen.
> - Jeder Teilnehmer entwickelt auf einem Arbeitsblatt (Tab. 4.2) drei Ideen zu digitalen Praktiken in diesem fiktiven Beispiel (5 min Zeit).
> - Jeder Teilnehmer trägt die drei Ideen in die erste Zeile des Arbeitsblattes, siehe unten, ein.
> - Nach fünf Minuten wird das Arbeitsblatt an den Nachbarn weitergegeben. Jeder Teilnehmer greift die Ideen des Vorgängers auf, ergänzt diese oder entwickelt sie zu einer neuen Idee weiter. Jede Idee wird jeweils in die nächsten freien Zeilen eingetragen.
> - Dies wird so lange wiederholt, bis die letzte Zeile des Arbeitsblattes erreicht ist.
> - Diskutieren Sie am Ende kritisch die Ideen.

Tab. 4.2 Ideen zu digitalen Praktiken

	Schritt 1	Schritt 2	Schritt 3
Teilnehmer 1			
Teilnehmer 2			
Teilnehmer 3			
Teilnehmer 4			
Teilnehmer 5			
Teilnehmer 6			

Vorlagen und Arbeitsblätter können bspw. im Internet kostenlos unter dem folgenden Link heruntergeladen werden: http://bit.ly/digtialepraktiken. Planen Sie insgesamt ca. 30–60 min ein. Diese Übung ist auch für große Gruppen oder Seminare geeignet. Es bietet sich an, im Anschluss an die Team-Runden die Top-Ideen vorstellen zu lassen und folgende Fragen zu reflektieren: Was sind Risiken und Chancen der Umsetzung? Welche Annahmen liegen den Ideen jeweils zugrunde und wie realistisch sind diese Annahmen?

4.4 Von der Datenelite zur Digital Workforce

Ausgangslage

> **Praxis**
>
> **Digital Leadership-Programm im Versicherungskonzern**
> Diana Digital ist bei einem großen Versicherungskonzern als Organisations- und Personalmanagerin tätig und konzentriert sich dort auf den Aufbau kritischer Digitalkompetenzen. In der letzten Kundenbefragung des Konzerns gaben knapp 80 % der befragten Kunden an, dass der Versicherer in Sachen Verfügbarkeit, Verständlichkeit, Geschwindigkeit und Transparenz nicht mit kleinen Internet-Wettbewerbern mithalten kann. Allzu viel Zeit kann das Unternehmen sich mit der Digitalisierung nicht mehr lassen. Denn die digitalen Anforderungen der Kunden steigen: Sie wollen ihren Autoschaden mit dem Smartphone aufnehmen, Schadensmeldungen online verfolgen oder schnelle Online-Beratung per Video-Chat. Diana weiß, dass viele der Führungskräfte im Konzern digital noch nicht kompetent genug sind, um derartige Programme zu entwickeln. Ein Grund mehr, das geplante digitale Führungskräfteprogramm schnellstmöglich auszurollen.

Ein weiteres Narrativ, dass sich negativ auf den Erfolg und das Verhalten auswirkt, ist die Geschichte von der fehlenden Kompetenz. Der Glaube herrscht vor, dass eine Organisation nur durch Zuführung externer Talente, meist in Form von Datenanalysten digitalisieren kann. Dieses Narrativ führt dazu, dass das Vorhaben der digitale Transformation auf die verzweifelte Talentsuche nach **Data Scientists** reduziert wird. In der Tat spielt der Data Scientist im Kontext der Digitalisierung eine große Rolle. Das Berufsbild des Datenwissenschaftlers umfasst einen komplexen Aufgabenkatalog im Management unstrukturierter und strukturierter Datenbestände sowie zur Entwicklung unternehmensweiter Datenarchitekturen. Die Initiative Swiss ICT (https://www.berufe-der-ict.ch) beschreibt für den Datenwissenschaftler die folgenden Hauptaufgaben:

- Zusammenführen und Bereitstellen von strukturierten und unstrukturierten Datenbeständen mit unterschiedlichen Datentypen und Formaten aus unterschiedlichen Datenquellen
- Erstellen von explorativen Datenanalysen unter Berücksichtigung der Datensensitivität
- Identifizieren und Analysieren von relevanten Mustern und Zusammenhängen in Daten sowie Visualisieren von Datenanalysen mit modernen Methoden
- Erstellen von innovativen Reportings und Drill-Downs
- Entwickeln und Anwenden von komplexen Algorithmen für das Ermitteln von Ursache-Wirkungs-Zusammenhängen sowie für das Erstellen von quantitativen Prognosemodellen
- Erheben und Definieren von Anforderungen an Datenanalysesystemen und Konzipieren, Planen, Umsetzen, Implementieren und Weiterentwickeln von ICT-Analyse-Infrastrukturen und Analyse-Tools
- Konzipieren automatisierter Datenanalysen, Aufbauen und Integrieren in ICT-Prozesse; Entwickeln von skalierbaren Prognose- und Expertensystemen mithilfe analytischer Tools
- Kontinuierliches Verbessern und Weiterentwickeln von quantitativen Auswertungen durch die Zusammenarbeit mit Stakeholdern
- Beraten von Stakeholdern beim Aufbauen und Durchführen von Auswertungen sowie beim Optimieren von Datenanalysen
- Erzeugen adressatengerechter Präsentationen von Analyse-Resultaten sowie Erstellen und Nachführen der Dokumentationen (Modelle, Schnittstellenbeschreibungen, Testverfahren, Benutzerhandbücher etc.)
- Kontinuierliches Weiterentwickeln von ICT-Analyse-Infrastrukturen und -Tools; Identifizieren und Ableiten von Verbesserungen an Analysesystemen im Verlaufe ihres Lebenszyklus

Tatsächlich wird diese Mitarbeitergruppe dringend benötigt, wenn digitale Systeme im Unternehmen eingeführt oder verändert werden. Davenport bezeichnet diese Jobs nicht zu Unrecht als „sexiest job of the 21st Century" (Davenport und Patil 2012). Außer Frage steht, dass je stärker die Arbeit datengetriebener wird, desto höher der Bedarf an diesen Fähigkeiten ist. Heute schon arbeiten viele Informatiker in Startups als auch in etablierten Unternehmen, um die Organisation zu befähigen, Veränderungen der digitalen Transformation zu bewältigen. Zu ihren Haupttätigkeiten gehört eine Palette von Aktivitäten, die mit der Digitalisierung verbunden sind, z. B. die Entwicklung von

Verfahren zur Erfassung, Speicherung, Analyse, Ableitung und Kommunikation von Daten oder auch die Bewertung von Fragen zum ethischen Umgang mit Daten.

Sinnvoll ist es, Data Scientists dort einzusetzen, wo große Datenmengen und Analysemöglichkeiten zur Verfügung stehen. In diesen Umgebungen erzielen diese Mitarbeiter die volle Wirkung im digitalen Geschäftsmodell. Umgekehrt stellt sich die Frage, wie sinnvoll die teilweise überstrapazierte Forderung nach mehr Datenexperten und Digitalmanagern in der Realität vieler Unternehmen ist. Oft werden die Data Scientist vom Top-Management fälschlicherweise zu „Säulenheiligen" gemacht, da sich verantwortliche Führungskräfte vor der eigenen Verantwortung hin zur Digitalisierung scheuen. Denn die Fähigkeit einer Organisation, sich digital zu transformieren, lässt sich nicht auf einzelne Rollenprofile reduzieren. Weder der CDO, noch der CEO, der COO oder der CMO haben ausreichende Fähigkeiten, ganze Organisationsstrukturen digital zu reformieren. Die Einstellung einzelner digital kompetenter Mitarbeiter kann nicht den umfassenden strategischen Wandel der gesamten Belegschaft ersetzen.

Lösungskorridor Erfolgreiche Unternehmen überwinden diese kognitive Limitierung und fördern den Aufbau digitaler Fähigkeiten in der gesamten Belegschaft. Dies geschieht angesichts der Tatsache, dass Datenwissenschaftler allein nicht den Aufbau einer digital-kompetenten Digital Workforce kompensieren können. Der Begriff der **Digital Workforce** steht für den Aufbau digitaler Kompetenzen auf allen Ebenen im Unternehmen, unabhängig von Hierarchie, Abteilung, Standort oder Verantwortungsspektrum. Unternehmen, in denen die Führungskräfte ihren Mitarbeitern vertrauen und sie selbstorganisiert die digitalen Herausforderungen bewältigen lassen, sind flexibler als hierarchisch organisierte Steuerungsansätze im Top-Management. Aktuelle Studien (Kane et al. 2016) bestätigen die Notwendigkeit der digitalen Talentförderung. Digital reife Unternehmen geben an, dass im Unternehmen besonders viele Ressourcen und Möglichkeiten zur Verfügung stehen, um in der Breite in allen Funktionen digitale Fähigkeiten zu entwickeln. Digital reife Unternehmen sind zudem deutlich besser in der Lage, neue Talente zu gewinnen, die bereits über Erfahrungen in der Digitalisierung verfügen. Im Gegensatz dazu setzen Unternehmen in einem Frühstadium der Digitalisierung vorwiegend auf einzelne Experten, wie z. B. Berater, Digitalexperten oder Datenwissenschaftler. Obwohl auch die Hilfe durch externe Mitarbeiter ein probates Mittel sein kann, auf den akuten Mangel an Talenten zu reagieren, ist der Aufbau digitaler Fähigkeiten in der gesamten Belegschaft eine Voraussetzung für digitale Reife.

> **Praxis**
> **Die Macht der Daten bei Netflix**
> Erinnern Sie sich an den letzten Film, den sie auf Netflix gesehen haben? Nachdem Sie den Film gesehen haben, wurden Ihnen ähnliche Filme empfohlen? Woher weiß Netflix, was Sie sehen möchten? Das Geheimnis dahinter sind spezifische Fähigkeiten im Bereich der Datenwissenschaften (Dataflair Team 2019). Das Unternehmen Netflix wurde im Jahr 1997 von Reed Hastings und Marc Randolph in

Kalifornien gegründet. Das Ursprüngliche Geschäftsmodell war eine Online-DVD Vermietung, das, anders als die verbreiteten Videotheken, keine Gebühren für Überziehung der Ausleihe verlangte. Erst seit dem Jahr 2007 sind Filme & Serien auch als Live-Stream via Web-Plattform und später auch für mobile Endgeräte verfügbar. (Thielen und Wangermann 2011) Die Individualisierung der Video-Empfehlungen entwickelte sich schnell zum maßgeblichen Erfolgsfaktor der Kundenzufriedenheit und damit des Firmenerfolgs. Schon im Jahr 2007 initiierte Reed Hastings daher einen Wettbewerb in dem Entwickler zur Verbesserung der Empfehlungsalgorithmen. Datenexperten und Softwareentwickler erhielten weltweit Zugriff auf einen anonymisierten Datensatz mit Rohdaten und konnten Verbesserungsvorschläge einreichen. Der erfolgreichste Algorithmus wurde mit einem Preisgeld von 1 Mio. EUR dotiert. Der Wettbewerb führte zu einem weltweiten Wettlauf von Forschern und Tüftlern und konnte erst nach Verlängerung entschieden werden. Er bildete die Basis für eine kontinuierliche Weiterentwicklung von KI-Anwendungen bei Netflix, sowie als Inspiration für das 2010 als Big-Data Wettbewerbsplattform gegründete Unternehmen Kaggle. Netflix setzt bei der Entwicklung neuer Plattformen und Instrumente voll und ganz auf die Daten-Fähigkeiten seiner Mitarbeiter (Wu 2015). Wurden früher im TV-Bereich neue Serienformate auf Basis des Erfahrungswissens und der Intuition weniger eingeweihter Manager getroffen, kommen heute verstärkt digitale Metriken zum Einsatz, mit denen in einem hohen Detaillierungsgrad die Sehgewohnheiten des Publikums analysiert werden können. Netflix, als einer der führenden digitalen Streaming-Dienste, trifft heute alle Investmententscheidungen für Spielfilme oder Staffeln nur noch auf Basis der verfügbaren Kundendaten. Das Unternehmen hat mehr Nutzerdaten verfügbar, als typischerweise andere Sender (mit der Ausnahme von YouTube). So wurde beispielsweise die Entscheidung für die Investition in die Serie ‚House of Cards' vom Management auf Grundlage der Nutzerdaten- und Sehgewohnheiten-Analyse getroffen. In einem Interview äußert sich der Chief Content Officer, Ted Sarandos, dazu, wie stark sich das Management bei Entscheidungen auf die Daten verlässt: „Es ist wichtig zu wissen, welche Daten zu ignorieren sind" und fährt fort „In der Praxis ist es wahrscheinlich eine Mischung aus siebzig und dreißig Prozent. [...] Siebzig sind die Daten, und dreißig ist das Urteil" [...] Aber die Dreißig müssen on-top sein, wenn das Sinn macht. Netflix setzt KI-Algorithmen heute neben der Individualisierung der Content-Vorschläge u. a. in folgenden Feldern ein:

- Personalisierung der Film-Vorschau durch Auswahl relevanter Screenshots uns Szenen, um die Click-Wahrscheinlichkeit zu maximieren
- Post-production Editierungsunterstützung zum Auffinden von Fehlern und Unreinheiten im Rohmaterial
- Nutzung historischer Daten zur Vorhersage von Streaming-Engpässen und Bedarfsgerechtes Anpassen von Qualitätslevel und Buffer

Netflix setzt damit auf die Datenkompetenz seiner Führungskräfte und reduziert so das Risiko der Investitionsentscheidungen. Auch bei der Vermarktung neuer Serienformate kommen analytische Fähigkeiten zum Einsatz. Beispielsweise werden bei Serienstart bis zu zehn verschiedene Trailer für ein und dieselbe Serie produziert. Je nach Alter, Geschlecht und Vorlieben bekommen die Konsumenten unterschiedliche Trailer zu sehen. Diejenigen, die sich für weibliche Charaktere interessieren, sehen einen anderen Trailer, als Kunden, die sich mehr für Politik interessieren. Heutzutage sind Empfehlungsalgorithmen kern jedes erfolgreichen Plattformmodells und werden unbewusst von Konsumenten vielfach täglich verwendet. Netflix selbst konnte als führender Anbieter von Video-Streaming im März 2019 die Marke von 150 Mio. Abonnenten überschreiten.

4.5 Von der Zerstörung des Kerngeschäfts zur digitalen Ambidextrie

Ausgangslage

Praxisbeispiel
Diana Digital und die digitale Revolution einer Retail-Kette
Diana Digital arbeitet als Strategieleiterin einer großen Drogeriemarkt-Kette. Bislang setzte das Unternehmen vorwiegend auf den Besuch seiner Kunden in den Filialen, die sich hauptsächlich in Innenstadtlagen befinden. Durch die digitale Konkurrenz verbucht das Unternehmen seit einiger Zeit Rückgänge beim Umsatz. Das Management befindet sich in Alarmstimmung und beraumt eine Strategiesitzung an, in der über neue digitale Geschäftsmodelle diskutiert werden soll. Der Vorschlag eines Kollegen steht im Raum, das Filialgeschäft vollständig aufzugeben und aus dem Unternehmen ein reines E-Commerce-Unternehmen zu machen. Diana Digital bekommt den Auftrag, eine Strategie vorzubereiten und zum Vorschlag Stellung zu beziehen. Sie hat große Zweifel, ob die Abkehr vom Kerngeschäft eine sinnvolle Antwort auf den digitalen Wandel ist. Sie plant, eine eigene Strategie vorzustellen, bei der die digitale Reife der Gesamtorganisation verbessert wird – unter Beibehalt des bestehenden Geschäftsmodells. Einige neue Elemente werden u. a. sein, dass Kunden von zu Hause aus ihren Warenkorb Besuch konfigurieren können, mehr Beratungsangebote in der Filiale angeboten werden, die Fillialangestellten im Umgang mit digitalen Tools geschult werden, neue Betreuungsangebote für Kinder bereitgestellt werden, sodass Eltern mehr Zeit für den Besuch im Laden haben usw. Sie hofft, die Geschäftsleitung von ihrer Idee überzeugen und das Kerngeschäft retten zu können.

Anhand dieses Beispiels ist eine besondere Form der kognitiven Dissonanz im Rahmen der Digitalisierung zu erkennen, die zur gänzlichen Abkehr von der bisherigen organisationalen Identität führt. Ein derartiger radikales Vorgehen wird dann propagiert, wenn der Glaube vorherrscht, dass ein digitales Geschäftsmodell wichtiger sei, als die Veränderung des Verhaltens der Mitarbeiter. Diese Sichtweise manifestiert sich in den Unternehmen, die oftmals sehr stark unter Druck stehen und für die der einzige Ausweg darin zu sein scheint, das bestehende Geschäftsmodell aufzugeben und sich radikal neu aufzustellen. Wir in späteren Kapiteln noch aufgezeigt werden wird, ist das nicht der einzige Weg, den es im Rahmen einer digitalen Veränderung gibt. Derartige Vorhaben drohen zu scheitern, nicht selten enden sie in einer desolaten geschäftlichen Situation, da das Kerngeschäft aufgegeben wird und das digitale Geschäft sich nicht wie geplant entwickelt.

▶ **Digitales Geschäftsmodell** Ein digitales Geschäftsmodell ist ein unternehmensstrategisches Konzept, das ergänzend zur langfristigen geschäftlichen Vision einer Organisation beschreibt, wie durch die Nutzung der Möglichkeiten der Digitalisierung ein neuer Wettbewerbsvorteil aufgebaut werden kann. Das digitale Geschäftsmodell beinhaltet die Elemente der digitalen IT-Architektur, der Beschreibung der Wirtschaftsakteure und ihrer Rollen, der Beschreibung der Vorteile für die Wirtschaftsakteure sowie die Beschreibung der Einnahmequellen.

Dieses Narrativ basiert auf einer Fehleinschätzung der strategischen Situation. Unternehmen entscheiden sich irrtümlich dafür, ihr bestehendes Geschäftsmodell aufzugeben oder rückzubauen und digitale Geschäftsmodelle zu entwickeln, die die Umsätze des Kerngeschäfts kompensieren sollen. Dieses Vorgehen wird in der Wirtschaftswelt fälschlicherweise als **disruptive Erneuerung** interpretiert (Foster und Kaplan 2001). Irrtümlicherweise wird die Disruption als radikale Abkehr von dem bisherigen Geschäftsmodell verstanden. Dies kann durchaus folgenschwere Konsequenzen für Unternehmen haben, spätestens dann, wenn der Erfolg des neu geplanten digitalen Geschäftsvorhabens ausbleibt. Oft wird dieses Vorgehen durch die von Joseph Schumpeter entwickelte **Theorie des schöpferischen Neugestaltens** (Schumpeter 1911) begründet, die gern in der Management- und Beratungswelt bei derartigen Entscheidungen zitiert wird. Fälschlicherweise wird dabei suggeriert, dass die strategische Krise, in der sich ein Unternehmen mit seinem Kerngeschäft befindet, durch das Hinzufügen von Technologie überwunden werden kann. Schumpeters Analyse der schöpferischen Zerstörung zufolge aber ist diese Interpretation falsch. Vielmehr ist der strategische Umbau einer Organisation weitaus komplexer und nuancierter. Unternehmen sollten nur dann im Kern verändert werden, wenn die Kontinuität im Geschäftsmodell für immer unterbrochen ist und deshalb neue Entwicklungen eingeleitet werden müssen. Dieser Übergang in ein anderes Geschäftsmodell dauert Schumpeter zufolge sehr lange an und sollte solide vorbereitet und bewertet werden.

▶ **Digitale Disruption** Beschreibt den Prozess der Zerstörung bestehender Wettbewerbs- und Marktstrukturen durch die Entstehung einer neuen digitalen Technologie, die zu neuen, meist günstigeren kreativen Marktinnovationen und in der Folge zu neuen Wettbewerbsstrukturen führt. Diese neuen Wettbewerbsstrukturen sind meist für angestammte Unternehmen existenzbedrohlich und bieten gleichzeitig kleinen digitalen Konkurrenten Chancen.

Lösungskorridor Ein Lösungskorridor könnte ein evolutorischer Umbau sowie die Weiterentwicklung des bestehenden Kerngeschäfts darstellen, begleitet von verhaltensverändernden Maßnahmen in der Belegschaft. Begleitend zum Umbau sollten im Unternehmen neue Managementsichtweisen und Praktiken aufgebaut werden, damit das Unternehmen sich von innen heraus verändert. In der Forschung wird diese Fähigkeit von Unternehmen, vorhandene Kompetenzen zu nutzen und gleichzeitig neue Möglichkeit zu erschließen, als **organisationale Ambidextrie** verstanden. Dies bezieht sich auf die spezifische organisationale Fähigkeit, das Geschäftsmodell effizient und zukunftsbezogen zugleich zu managen. Entlehnt ist der Begriff der Ambidextrie dem medizinischen Feld, wo es die Beidhändigkeit einer Person beschreibt.

Diese Beidhändigkeit lässt sich auch auf Organisationen übertragen. Ein gezielter digitaler Umbau von Organisationen erfordert gleichermaßen Fähigkeiten

- in der **Exploration** im Sinne der Entdeckung neuer Wegen. Dies beschreibt den Aufbau und den Einsatz neuer Fähigkeiten, um neue Wege in der Organisation zu verfolgen, Althergebrachtes infrage zu stellen und Synergien zwischen bestehenden und neuen Routinen in der Organisation zu finden. Hierbei kommen vor allem Methoden zur Rekombination und dem Experimentieren zum Einsatz, um neues Wissen zu gewinnen und vorhandenes Wissen zu erweitern.
(Tempelaar und Rosenkranz 2019)
- **als auch in der Exploitation,** im Sinne der Bewahrung des Status quo und des Kerngeschäfts. Es geht um Aktivitäten, bei denen bestehende Kompetenzen verfeinert und vertieft werden sowie vorhandenes Wissen materialisiert und monetarisiert wird.

Durch das Bewusstsein, das für eine erfolgreiche Digitalisierung beide Fähigkeitsbereiche in einer Organisation aufgebaut werden müssen, kann die kognitive Dissonanz des Zwangs nach radikaler Abkehr vom Kerngeschäft überwunden und eine Organisation planvoll in eine digitale Zukunft überführt werden. Zum einen sind Organisationen gefordert, die individuelle Position innerhalb des Organisationskontextes für den Einzelnen neu zu definieren. Es geht um die Kreation neuer Rollenidentitäten sowie neue Rollenzuordnungen. Innerhalb dieser Rolle muss ein Selbstverständnis bestehen, auch Neues wagen zu dürfen, neue Überzeugungen annehmen zu können und sich neu Verhalten zu dürfen. Dies wird als motivationale und kognitive Voraussetzung angesehen, um die Ordnung der Organisation an den Erfordernissen der Ambidextrie auszurichten. Zum anderen müssen die einzelnen Mitarbeiterinnen und Mitarbeiter die Möglichkeit haben, grundsätzlich neue Fähigkeiten erwerben, um in ihrer neuen Rolle ihre Leistung sowohl im experimentellen als im erhaltenen Kontext zu erfüllen. Wichtiger als die

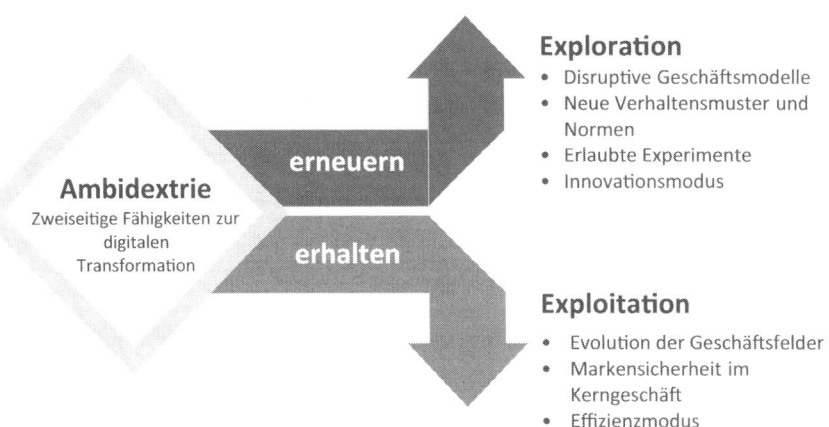

Abb. 4.5 Konzept der Ambidextrie

Abkehr vom Kerngeschäft ist es, sensibel und geplant die Veränderungen in der Organisation einzuleiten, damit sich Mitarbeiter in ihrer jeweiligen Rolle im Sinne der Ambidextrie verhalten können, wie ins Abb. 4.5 zu sehen ist.

> **Praxis**
>
> **Wie Cewe die digitale Revolution überlebte**
> CEWE als erfolgreiches deutsches Mittelstandsunternehmen ist seit mehr als 100 Jahren im Nischenmarkt für Fotolabore aktiv. Bereits im Jahr 1912 startete in Oldenburg der Gründer Carl Wöltje ein Geschäft zum Verkauf von Kameras und Zubehör. Später wurde das Unternehmen in den 1960er Jahren zu einem industriellen Farbfoto-Laborgeschäft mit bis zu 24 europäischen Standorten erweitert. Bereits 1997, in den ersten Tagen der digitalen Fotografie, entschied sich CEWE aufgrund zunehmender Veränderungen im Umgang mit digitalen Fotos für erste Investitionen in eine digitale Fotoverarbeitungsanlage. Im Rückblick erwies sich dieser Schritt als strategisch wichtige Entscheidung, um auf die einsetzende Krise in der Fotobranche zu reagieren. Denn ab 1990 versetzten immer bessere Digitalkameras der gesamten Branche den Todesstoß im Kerngeschäft. Die neu aufkommenden günstigen Digitalkameras benötigten keinen klassischen Fotoabzug mehr vom Negativ. Damit war die Zeit großer industrieller Fotolabore vorbei. Im Zuge dieses disruptiven Transformationsprozesses, der bis Mitte der 2000er Jahre durch immer bessere Smartphone-Kameras fast die gesamte Branche zerstörte, war auch CEWE gezwungen 23 Fotolabore mit 1200 Mitarbeitern zu schließen. Doch baute CEWE nicht nur auf Entlassungen, sondern auch auf gezielte Umschulungen seiner Mitarbeiter. Sie wurden auf den Wechsel in die digitale Fotografie und den digitalen Onlinedruck systematisch vorbereitet (Börsen 2000). Heute ist Cewe in Europa Marktführer bei der Herstellung für Fotobücher und Printprodukten im Markt für Fotografie. Trotz der Digitalisierung der

gesamten Branche hat es Cewe geschafft, sich an den Bedarf für Fotoprodukten anzupassen. Kein anderer Wettbewerber sonst, so Geschäftsführer Christian Fiege in einem Interview mit dem Handelsblatt, hat sich so umfassend an den digitalen Wandel angepasst wie Cewe. Heute produziert die Firma neben jährlich rund 6 Millionen Fotobüchern auch andere Fotoprodukte. Doch die Transformation ist längst nicht beendet, sondern wird laufend fortgesetzt. So akquirierte Cewe in jüngster Vergangenheit weitere Technologieanbieter, um das Geschäftsmodell um neue Daten-Serviceangebote zu ergänzen, u. a. Foto-App Anbieter und Offsetdruckereien. Dass dies eine Erfolgsgeschichte ist, zeigt ein Blick auf den Aktienkurs, der 2019 mehr als das 4-fache des Kurses im Jahr 2000 ausmacht.

Weiterführende Literatur
Handelsblatt Global. How a century-old German photofinishing firm survived the digital revolution, 25.02.2018

Testen Sie Ihr Wissen

a. Was verstehen Sie unter digitaler Transformation?
b. In der Praxis wird es sehr oft vom Scheitern digitaler Transformationsvorhaben gesprochen. Welche Gründe werden Ihrer Ansicht nach hierbei angeführt und welche Wahrnehmungsmuster führen zu dieser Interpretation?
c. Was wird unter der digitalen Identität einer Organisation verstanden?
d. Was verstehen Sie unter einer purpose-driven Organization?
e. Ziehen Sie einen Vergleich zwischen der klassischen Auffassung von Vision und Mission im Rahmen der strategischen Unternehmensführung und dem sozio-kognitiven Konzept des Sensemaking.
f. Was versteht man unter kognitiver Dissonanz?
g. Was besagt die adaptive Strukturrationstheorie?
h. In der Wissenschaft wird vom Imperativ der Technologie gesprochen. Erläutern Sie dieses. Modell und erläutern Sie dessen Bedeutung für die unternehmerische Praxis der Digitalisierung.
i. Was besagt das Modell der strategischen Wahlmöglichkeiten?
j. Welche Narrative der Digitalisierung kennen Sie? Erläutern Sie die Ursache Wirkungszusammenhänge im Zusammenhang mit dem Scheitern von Digitalisierungsvorhaben?
k. Was wird unter organizational readiness verstanden?
l. Warum gibt es einen Zusammenhang zwischen der Digital-First-Denkweise und dem Erfolg mancher Unternehmen im Zeitalter der Digitalisierung?
m. Was versteht man unter Wahrnehmungsverzerrung?
n. Schreiben sie eine fiktive Stellenausschreibung für einen Datenwissenschaftler für Ihr Unternehmen oder Ihre Institution.
o. Was versteht man unter einem digitalen Geschäftsmodell?

p. Joseph Schumpeter hat schon sehr früh vom schöpferischen Neugestalten gesprochen, wesentlich früher, als die Digitalisierung in der Wirtschaft Einzug hielt. Warum hat diese Theorie heute immer noch ihre Daseinsberechtigung?
q. Erläutern Sie den Ansatz der Ambidextrie.

Literatur

Börsen-Zeitung. 2000. CeWe Color sieht Zukunft im Netz Listing der Digital-Tochter wird geprüft – Rekordabschluss.

Castells, Manuel. 2010. *The rise of the network society*, 2. Aufl. West Sussex: Wiley-Blackwell. http://www.lavoisier.fr/livre/notice.asp?depuis=e.lavoisier.fr&id=9781405196864.

Cunliffe, Ann, und Chris Coupland. 2012. From hero to villain to hero: Making experience sensible through embodied narrative sensemaking. *Human Relations* 65 (1): 63–88.

Dataflair Team. 2019. Data science at Netflix – a must read case study for aspiring data scientist. https://data-flair.training/blogs/data-science-at-netflix/. Zugegriffen: 24. Sept. 2019.

Davenport, Tom und D.J. Patil. 2012. Data scientist: The sexiest job of the 21st century. https://hbr.org/2012/10/data-scientist-the-sexiest-job-of-the-21st-century. Zugegriffen: 15. Mai 2019.

Fischer, Fabian und Marc Wiesner. 2016. Die Konstruktion organisationaler Identität durch Sensemaking und Sensegiving. In *Organizational Identity*. Erweiterte Neuausgabe, 11–36, Hrsg. A. Hartmann und P. Eberl. Hamburg: Diplomica Verlag.

Foster, Richard N und Sarah Kaplan. 2001. Creative destruction, *Mc Kinsey Quarerly* 3: 41.

Kane, Gerald C., Doug Palmer, Anh Nguyen Phillips, David Kiron, und Natasha Buckley. 2016. *Organization for its digital future*. Cambridge: MIT Sloan Management Review.

Kapás, Judit. 2008. Industrial revolutions and the evolution of the firm's organization: An historical perspective. *Journal of Innovation Economics* 2 (2): 15.

Kitchin, Robert M. 1994. Cognitive maps: What are they and why study them? *Journal of Environmental Psychology* 14 (1): 1–19.

Loshin, Dav. 2013. Planning for Success. *Business Intelligence*, 33–52.

Maitlis, Sally und Marlys Christianson. 2014. Sensemaking in organizations: Taking stock and moving forward. *Academy of Management Annals* 8 (1): 58.

Mavridis, Nikolaos. 2015. A review of verbal and non-verbal human-robot interactive communication. *Robotics and Autonomous Systems* 63 (P1): 22.

Mühlmann, Kay, Manuel Nagl, Günther Schreder, und Eva Mayr. 2014. Storytelling in der Organisationskommunikation. *Storytelling in der Organisationskommunikation, 27–40*, Hrsg. Ettl-Huber S., 28. Wiesbaden: Springer Fachmedien.

Orlikowski, Wanda Janina. 1992. The duality of technology: Rethinking the concept of technology in organizations. *Organization Science* 3 (3): 398.

Schumpeter, Joseph. 1911. *Theorie der wirtschaftlichen Entwicklung*. Leipzig: Verlag von Duncker & Humblot.

Tabrizi, Behnam, Ed Lam, Kirk Girard, und Vernon Irvin. 2019. Digital transformation is not about technology. https://hbr.org/2019/03/digital-transformation-is-not-about-technology. Zugegriffen: 14. Mai 2019.

Tempelaar, Michiel P. und Nicole A. Rosenkranz. 2019. Switching hats: The effect of role transition on individual ambidexterity. *Journal of Management* 45 (4): 1520.

Thielen, Michael und Tobias Wangermann. 2011. *Netzpolitik aus internationaler Perspektive*. Berlin: St. Augustin.

Tolman, Edward C. 1948. *Cognitive maps in rats and men*. US, American Psychological Association.
Vogel, Rick. 2018. *Organisationale Identität: Bibliometrische Diskursanalyse und Ausblick auf einen praxistheoretischen Zugang*. Hamburg: Universität Hamburg.
Weick, Karl Edward. 1995. *Sensemaking in organizations*. Thousand Oaks, Kalifornien: Sage.
Wu, Tim. 2015. Netflix's secret special algorithm is a human. https://www.newyorker.com/business/currency/hollywoods-big-data-big-deal. Zugegriffen: 13. Dez. 2018.

Teil II
Organisationen im Wandel

Neue Leitbilder der digitalen Organisation

5

Zusammenfassung

Dieses Kapitel beschäftigt sich mit der Frage, in welcher konkreten Gestalt digitale Organisationen aus strukturationstheoretischer Sicht entwickelt werden können. Aus den vorhergehenden Kapiteln ist bekannt, dass Unternehmen angesichts der digitalen Einflüsse nicht mehr ausschließlich nach Prinzipien der traditionellen Institutionensicht gestaltet werden sollten. Besprochen werden alternative und neue Leitbilder der digitalen Organisationsentwicklung sowie deren Vor- und Nachteile: Angefangen bei den Vorläufern der digitalen Organisation in Form der computergestützten und virtuellen Organisation, über neuere Formen der systemischen Organisation, wie Holokratie oder Hypertextorganisation, bis hin zur abstrakt-fraktalen Organisation sowie ihrer Schwester, der dezentralisierten autonomen Organisation (DAO), wird ein Abriss über den heutigen Entwicklungsstand zur Diskussion um neue Strukturationsformen digitaler Organisationen gegeben.

In diesem Kapitel erfahren Sie
- was eine Organisation ausmacht,
- welche Veränderungen es im derzeitigen Organisationsverständnis gibt,
- welche Organisationstheorien der digitalen Organisation zugrunde liegen,
- welche Formen zur Gestaltung digitaler Organisation sich entwickelten,
- was der Unterschied zwischen virtualisierter, systemischer und fraktaler Organisation ist,
- warum die DAO die Zukunft der digitalen Organisation sein könnte.

Themen des Kapitels
Organisation, digitale Organisationsentwicklung, Organisationsformen, Computergestützte Organisation, Virtuelle Organisation, Transaktionskostenansatz, Systemische Organisation, Agile Organisation, Fluide Organisation, Modell der lebensfähigen Organisation, Hypertextorganisation, Fraktale Organisation, Dezentrale Autonome Organisation

5.1 Grundannahmen über Organisationen

Bevor wir in die Diskussion rund um die Frage nach der Strukturation einer Organisation startet, wollen wir besprechen, was grundsätzlich unter einer Organisation verstanden werden kann. Üblicherweise hat jeder über das, was eine Organisation ausmacht, ein individuelles und erfahrungsgeleitetes Bild vor Augen. Dies entspricht meist dem, was wir in unserem Organisationsalltag selbst erleben. Eine Organisation könnte beispielsweise die Hochschule sein, in der man studiert, das Unternehmen in dem man arbeitet, der Verband, in dem man sich engagiert oder auch das Geschäft, in dem man einkaufen geht. Alles dies sind einzelne Formen von Organisation, die wir erfahrungsbasiert beschreiben können. Zugleich aber auch beschreiben diese Organisationsformen immer nur einen spezifischen Fall der Konstitution einer bestimmten Organisationsform, der nicht generalisierbar ist. Mit genau diesem Problem der Generalisierbarkeit der Phänomene, was eine Organisation ausmacht, setzt sich seit Jahrzehnten auch die Organisationswissenschaft auseinander. Bis heute aber konnte sich kein einheitliches Verständnis entwickeln, was unter einer Organisation per definitionem zu verstehen ist (Prietula und Carley 1994). Weder haben sich einheitliche Definitionen noch einheitliche Merkmalsbeschreibungen durchgesetzt.

Aus diesem Grund versucht die Organisationswissenschaft das Problem der Begriffsdiffusion bislang auf phänomenologische Weise zu beschreiben und nähert sich dem Begriff der Organisation rein deskriptiv. Scott (2003), als ein wichtiger Vertreter der Organisationswissenschaften, beschreibt einige zentrale Eigenschaften, die in allen Organisationen gleich sind:

- Eine wichtige Eigenschaft ist die der **sozialen Konstruktion.** Mittels einer Organisation sind Einzelpersonen in der Lage, gemeinsam Ziele zu verfolgen. Die kollektiven Ziele können vielfältig sein: Von der Produktentwicklung eines Unternehmens, über die Umsetzung eines Kundenauftrags, der Haushaltssanierung in einer Landesbehörde, der Ausbildung von Kindern in Schulen bis hin zur Löschung eines Brands durch die Feuerwehr.
- Die Organisation ist nicht nur bloßer Kontext für Zusammenarbeit. Vielmehr sind Organisationen **eigenständige kollektive Akteure.** Sie können Maßnahmen ergreifen, Verträge abschließen oder Eigentum besitzen. Dadurch sind sie in der Lage untereinander in Beziehung zu treten. Sie arbeiten gemeinsam mit anderen Organisationen

5.1 Grundannahmen über Organisationen

im interorganisationalen Verbund, verbinden sich darin zu Wertschöpfungsketten und grenzen sich zu anderen kollektiven Akteuren ab (Scott 2003).

- Dies führt zur **Allgegenwärtigkeit.** Organisationen sind durch die Möglichkeit, kollektive Ziele zu verfolgen, die dominierende Form der Zusammenarbeit in modernen Gesellschaften. Sie erfüllen sehr unterschiedliche Aufgaben und Funktionen, wie Verwaltung, Bildung, Resozialisierung, Strafverfolgung etc. Moderne Gesellschaften verfügen auch über eine große Vielfalt wirtschaftlicher Organisationen, die sich der Produktion, dem Vertrieb von Waren an Industrieunternehmen, dem Einzelhandel oder der Erbringung von Dienstleistungen widmen. Erst die Entwicklung von Organisationen macht es also möglich, hochgradig differenzierte Aufgaben in der Gesellschaft zu organisieren, in ihnen Dinge zu erledigen, um die Ziele zu erreichen, die über das Mögliche des Einzelnen in der Gesellschaft hinausgehen (Scott 2003).
- Ebenso tendieren Organisationen aufgrund der kollektiv verfolgten Ziele dazu, **Machteliten** – meist an der Spitze der Organisation – herauszubilden. Einzelne Personen dominieren die Ziele. Diese können sich teilweise auch gegen die Bedürfnisse und Ziele anderer Akteure richten, die nicht Teil der Organisation sind. Je größer beispielsweise wirtschaftliche Unternehmen werden und je schneller sie wachsen, desto stärker konzentriert sich Macht und Einfluss, was gesellschaftliche Folgen haben kann und zu einer übergroßen Dominanz bestimmter Organisationen führen kann. Die Folgen der Machtkonzentration wirken sowohl auf gesellschaftlicher als auf persönlicher Ebene, beispielsweise durch Beschädigung von persönlichen Rechten, der Entfremdung zwischen Mensch und Organisation, einer zunehmenden Überkonformität oder anderer Persönlichkeitsentwicklungen. In den Wirtschaftswissenschaften wird dieses Problem auch ausführlich in der Principal-Agent-Theorie diskutiert.

Hintergrund
Principal-Agent-Theorie
Die Principal-Agent-Theorie bespricht das Problem der Vertrauensbildung in den Innenbeziehungen einer Organisation. Ausgangspunkt dafür ist die Prämisse einer wie auch immer definierten arbeitsteiligen Beziehung zwischen einem Auftraggeber (Principal) und einem Auftragnehmer (Agent). Es wird davon ausgegangen, dass der Agent, der im Auftrag des Prinzipals eine bestimmte Entscheidung zu treffen hat, diese nicht nur im Sinne des Auftraggebers trifft, sondern dabei auch seinen Eigennutz und Wohlergehen mitberücksichtigt. Typische Beispiele dafür sind Beziehungen zwischen Arbeitgeber und Arbeitnehmer, Eigentümer und Geschäftsführer, Aufsichtsrat und Vorstand, Vorstand und Führungskraft und so weiter. Wer jeweils Principal bzw. Agent ist, kann nur situationsabhängig beurteilt werden (Picot 1991). Unterstellt wird, dass es zwischen den beiden Partnern eine Vertragsbeziehung gibt, diese aber durch asymmetrische Information und Unsicherheit gekennzeichnet ist. Der Prinzipal kann nie oder nur sehr eingeschränkt beurteilen, ob der Agent seine versprochene Leistung erfüllt hat. Aufgrund dieses Bewertungsproblems entstehen Kosten (Holtbrügge 2015).

- Ebenfalls stehen große (digitale) Organisationen und deren Macht zunehmend in der Kritik, **Ressourcen der Gesellschaft zu absorbieren** und dadurch Funktionen, die besser von der Zivilgesellschaft wahrgenommen werden könnten, zu übernehmen.

Damit einher geht die Sorge, dass durch digitale Machtkonzentration Organisationen zunehmend die Stabilität der sozialen Gemeinschaft stören (Scott 2003). Dieses Risiko wird am folgenden Beispiel deutlich.

> **Praxis**
>
> **Wird Facebook zu mächtig?**
> Facebook ist aktuell einer der führenden digitalen Anbieter im weltweiten Segment für soziale Netzwerke. Aufgrund seines starken Wachstums der letzten Jahre und der damit verbundenen Skandale, die auf diese Machtkonzentration zurückgeführt werden können, gerät das soziale Netzwerk zunehmend in die Kritik: Vom Datenskandal bei Cambridge Analytica, (Eder 2017) über Passwort- und Datenhacks bis hin zum Vorwurf der Verbreitung von Informationen über Terror, Gewalt und politischer Hetze steht Facebook unter Dauerkritik und wird von Vertretern aus Politik, Medien und öffentlichen Institutionen kritisch beobachtet. Aktuell hat das digitale Netzwerk ca. 2,3 Mrd. aktive Nutzer. Seine Tochter WhatsApp kommt auf weitere 1,6 Mrd. Nutzer. Seine Tochterfirma Instagram verzeichnet zudem weitere ca. 1 Mrd. Nutzer (Kühl 2019). Damit ist Facebook neben Google eines der weltweit größten Werbenetzwerke im Internet. Dies führt zu einer außergewöhnlichen Konzentration von Macht über Informationen, Kommunikation, Werbung sowie Meinungsbildung. Laut Kritikern beschränkt dies den Wettbewerb im Informationszeitalter und bietet Tür und Tor für Meinungsüberwachung und Zensur. Gefordert wird deshalb immer stärker die Entflechtung einzelner Geschäftsbereiche von Facebook. Dies würde bedeuten, dass Facebook seine beiden großen Dienste entweder auflösen oder verkaufen müsste und darüber hinaus weitere Mega-Übernahmen seitens Facebook unterbunden werden müssten, wie der ehemalige Facebook-Mitgründer Chris Hughes forderte (CNBC 2019). Zudem, so die Kritiker, sollte es für Facebook & Co. weitere regulatorische Auflagen geben, um den Umgang mit Nutzerdaten besser zu regulieren oder deren Handel zu untersagen. Ebenfalls wird gefordert, dass Facebook keine eigene Foto- oder Kommunikations-App mehr entwickeln darf. Aus rechtlicher Sicht sind diese Forderungen schwierig umzusetzen. Denn wirtschaftlich hat Facebook im Markt für Online-Werbung lediglich eine wichtige, aber keine marktbeherrschende Position. Anders ist die Bewertung im Markt für soziale Netzwerke. Hier geht das Bundeskartellamt davon aus, dass es zwar Alternativen zu Facebook gibt, diese aber gegenüber der marktbeherrschenden Stellung von Facebook zu ignorieren sein. Aus diesem Grund fordert das Bundeskartellamt die Zusammenführung von Nutzerdaten aus verschiedenen Quellen, darunter Instagram, Facebook und wird WhatsApp zu untersagen (Kühl 2019).

Aus Anwendungssicht aber lassen sich neben den theoretischen Merkmalen auch Merkmale einige Spezifika der Gestaltung anführen, die sich auf die konkrete Form einer Organisation in der betrieblichen Realität auswirken:

5.1 Grundannahmen über Organisationen

- So wirkt die **Größe und Mitarbeiterzahl** stark auf den Charakter der Organisation. Während Unternehmen mit mehreren 100.000 Mitarbeitern und Geschäftsaktivitäten in mehreren hundert Ländern im Konzernumfeld keine Seltenheit sind, entstehen heute immer mehr klein- und mittelständisch geprägte Unternehmen, die mit einer Handvoll Mitarbeitern weltweit im digitalen Umfeld erfolgreich arbeiten.
- Ebenfalls spielen die **demografischen Ausprägungen** eine Rolle. Die Demografie-Forschung beschäftigt sich üblicherweise mit unterschiedlichen Aspekten menschlicher Population. Unter anderem gehören dazu quantitative Analysen, beispielsweise zur Zusammensetzung der Gesellschaft, der Verteilung von Einkommen, dem Wachstum, Migrationsbewegungen oder anderen Strukturfragen. Zu der qualitativen Forschung gehören unter anderem Fragen zur Soziologie einer Gesellschaft, wie Bildung, Wohlstand oder auch der gesellschaftlichen Fortentwicklung. So ist aktuell ein Trend zu erkennen, dass Unternehmen, die traditionell auf Seniorität und die Erfahrung älterer Mitarbeiter setzen, versuchen, sich verstärkt den Fragen ihrer demographischen Strukturen zu widmen. Dazu gehört, dass versucht wird über die Rekrutierung jungen Fachkräfte die Altersstrukturen in der Organisation zu optimieren. Gerade wenn es um die Bewältigung neuer Technologien geht, sind gut ausgebildete Fachkräfte, die sich mit neuen Technologien auskennen, essenziell. Der demografische Fingerabdruck wirkt sich auf das Wissen und Know-how im Unternehmen, erfahrungsbasiertes Fach- und Berufswissen der Experten, der Entwicklung von Kernkompetenzen sowie die grundsätzliche Innovationsfähigkeit und die Fähigkeit, effizient zu handeln und zu wachsen einer Organisation aus.
- Neben der Größe und demografischen Prägung unterscheiden sich Unternehmen vor allem auch in **Struktur und Organisation** stark voneinander. Die mehrschichtige hierarchische Organisationsstruktur, die typisch für das Industriezeitalter war, unterscheidet sich enorm von modernen flachen autoritäts- und kontrollfreien Strukturen moderner Unternehmen. Zugleich sind unterschiedliche Organisationsstrukturen innerhalb ein und derselben wirtschaftlichen Unternehmungen zu finden. So tendieren beispielsweise Projekt- oder Forschungsabteilung dazu, relativ flach und antiautoritär zu arbeiten. In jüngster Zeit wurde beispielsweise viel Aufmerksamkeit der agilen Steuerung von Organisationen geschenkt. Dies beschreibt aus operativer Sicht die formale Möglichkeit für Akteure, innerhalb einer Organisation unabhängiger und selbstbestimmter zu arbeiten und dadurch schneller auf den Markt und die Marktentwicklungen zu reagieren.

Diese Auflistung von Merkmalen, die dem Phänomen der Organisation zugeschrieben werden, ist keineswegs abschließend, sondern soll exemplarisch nur die wichtigsten Themen des organisationstheoretischen Diskurses umreißen. Angesichts dessen aber zeigt sich schon das Problem. Es ist schwierig, von der einen Organisation bzw. der einen Organisationsform zu sprechen, wenn man das Phänomen der Organisation selbst umreißen will. Grundsätzlich ist der Kontext entscheidend, in dem sich eine Diskussion rund um die Organisation bewegt. Allen Organisationsformen ist aber gemein, dass es sich um ein nach Regeln aufgebautes System handelt, das zur sozialen Einheit und Verbundenheit von Menschen führt. Dieses System wird geschaffen, um gemeinsame, kollektive Ziele besser verfolgen zu können. Dies macht es notwendig, dass sich Organisationen selbst Strukturen und Regeln geben, um die Aktivitäten zwischen ihren Mitgliedern zu klären, Rollen und Verantwortlichkeiten festzulegen oder einzelnen Organisationsmitgliedern Aufgaben zur Koordination zu übertragen. Dieses Verständnis liefert den Ausgangspunkt für Überlegungen, wie Organisationen im digitalen Zeitalter ausgestaltet werden können.

5.2 Digitale Organisationsentwicklung

Immer mehr wandelt sich im Kontext der Digitalisierung das **Leitbild der Organisation.** Die Fragen, die in diesem Zusammenhang eine Rolle spielen sind: Welche Fähigkeiten muss ein Unternehmen entwickeln, um in einer digitalen Welt zu überleben und geschäftliche Chancen wahrzunehmen? Mit dieser Frage beschäftigen sich Wissenschaftler, Praktiker, Politiker und Berater gleichermaßen. Die Digitalisierung von Organisationen wird zur Hauptaufgabe der heutigen Unternehmensführung. Es geht um Wege, wie Unternehmen das Potenzial digitaler Technologien zur eigenen Veränderung einsetzen können, um im digitalen Zeitalter wirtschaftlich solide aufgestellt zu sein und weiter zu wachsen.

Während die traditionelle Organisation für strukturierte und hierarchischer Geschäftsmodelle, vertikale Machtstrukturen und abteilungs- und bereichsbezogene Aktivitäten und Befehlsketten steht, repräsentiert die neue, digitale Organisation Schnelligkeit, Anpassungsfähigkeit, Innovation, durchgängige Kommunikation und geringe Machtdistanzen. Wer solche Struktur-Forderungen in etablierten Konzernen bis vor wenigen Jahren äußerte, wurde nicht selten ausgegrenzt oder ignoriert. In den vergangenen Jahren aber hat sich in vielen Unternehmen die Erkenntnis durchgesetzt, dass die traditionellen Ansätze zur Gestaltung und Führung von Unternehmen nicht zielführend sind, wenn man die Rahmenbedingungen der Digitalisierung in Betracht zieht.

Gründe dafür sind beispielsweise:

- Der immer invasivere Einzug leistungsstarker Informations- und Kommunikationssysteme (ICT) in allen Bereichen von Unternehmen führt zur **Verschmelzung digitaler und physischer Organisationsstrukturen,** was in Folge zur Auflösung zwischen realer und virtueller Arbeitswelt bei den Akteuren führt.
- Die immer stärkere digitale Vernetztheit der Akteure innerhalb und außerhalb der Organisation führt zu einer **hierarchielosen Netzbildung** zwischen Mitarbeitern, Führungskräften, Aktionären, Lieferanten, Konkurrenten etc.
- Die sozialen Interaktionen führen zu einer Zerstörung der gewohnten Aufbau- und Ablaufstrukturen und zugleich der Neuformierung parallel existierender **digitaler Wissens- und Vertrauensstrukturen.**

5.2 Digitale Organisationsentwicklung

- Zuletzt führen die immer schnelleren in der Unternehmensumwelt ablaufenden technologischen Sprünge zur Auflösung herkömmlicher Geschäftsmodelle. Hervorgerufen werden diese Entwicklungen durch die **invasiven Auswirkungen von neuen Technologien** wie z. B. dem Cloud-Computing, der digitalen Biomechanik, neuen digitalen Kommunikationsformen im Alltag, verbunden mit einem radikal sich verändernden Lebenswandel der Konsumenten, was insgesamt zu einer Neuformierung der Märkte und Ökonomien führt.

Diese Entwicklungen machen einen Umbruch im Organisationsverständnis notwendig, mit allen daraus resultierenden Folgen. Positiv daran ist, dass sich aus den Veränderungskräften der Digitalisierung grundlegend Chancen zur Neuausrichtung der Vorstellungen über und des Managements von Organisationen bieten. Gleichzeitig wirken die digitalen Entwicklungen zerstörerisch: Es können bisherige Wettbewerbsvorteile zerstört werden, Talentstrukturen überaltern oder technologische Risiken übersehen werden. Dies lässt sich anhand zahlreicher Beispiele belegen. So führte das Aufkommen digitaler E-Books zur Auflösung des Buchhandels, der sich viel zu langsam neuen Technologien zuwandte. Ebenfalls der radikale und unkontrollierte Wandel der Musikindustrie zeigt, wie die Disruption neuer digitaler Produktformen und Vertriebsstrukturen die Musikindustrie zerstört hat, ohne dass sie selbst in der Lage war, eigene digitale Merkmale auszubilden. Auch der Journalismus und damit das Verlagswesen befinden sich mitten in einem Prozess der sozio-technologischen Zerstörung. Durch die Verschiebung der Machtstrukturen zwischen Produzenten und Konsumenten, hervorgerufen durch neue Inhaltsformen und Geschäftsmodelle, befindet sich eine Traditionsindustrie kurz vor der Auflösung. Alle Beispiele zeigen eindrücklich, dass es wichtig ist, auf die radikalen Umbrüche aus Organisationssicht zu reagieren.

> **Übung 10**
> **Zukunftsbild der digitalen Organisation**
> Denken Sie an die bisherigen Themen zurück und lassen Sie Revue passieren, wie Organisationen im digitalen Zeitalter aussehen sollten. Führen Sie zur Entwicklung einer gemeinsamen Zukunftsvision eine Reflexionsübung in Ihrer Gruppe durch. Ziel soll es sein in der Gruppe ein gemeinsames Verständnis zur Frage zu entwickeln „Was ist unsere ideale Unternehmensorganisation für das digitale Zeitalter?".
>
> - Starten Sie beispielsweise mit einer gemeinsamen Assoziations-Übung. Jeder Teilnehmer in der Gruppe brainstormt persönliche Assoziationen, die er/sie mit dem Gedanken an eine perfekte Unternehmensorganisation verbindet. Dokumentieren Sie in geeigneter Weise die Überlegungen.
> - Überlegen Sie nun gemeinsam, wo es Gemeinsamkeiten und Unterschiede zwischen den Sichtweisen und Perspektiven gibt. Dokumentieren Sie die daraus gewonnenen Erkenntnisse in Bezug auf die Herausforderungen des digitalen Zeitalters.

- Wie würde nun Ihre ideale Unternehmensorganisation aussehen? Entwerfen Sie ein Zukunftsbild. Welche Merkmale würden Sie Ihrer Organisationsform im Vergleich zu konventionellen Organisationen zuschreiben? Wie würden Sie die Organisation benennen?

Organisationen befinden sich in Bezug auf ihr Organisationsmodell in einem Spannungsfeld zwischen **Rekonstruktion und Destruktion.** Innerhalb dieses Spannungsfeldes sollten Organisationen in der Lage sein, zu entscheiden, mit welchen Ansätzen im Organisationsmodell sie ihre unternehmerischen Ziele in Zukunft erreichen. Problematisch erscheint die oftmals rückwärtsorientierte Ausrichtung vieler Vertreter der Organisationsentwicklung in Bezug auf die Prämisse der **Stabilisierung der Strukturen.** Insbesondere im Topmanagement werden Organisations-Konzepte und Methoden angewendet, die hoffnungslos ungeeignet sind, um mit den digitalen Herausforderungen umzugehen. Hoverstadt (2008) geht so weit und vergleicht die Methoden der Top-Down-Geschäftsplanung heutiger Holding-Strukturen mit der „zentralisierten Planwirtschaft in der der ehemaligen Sowjetunion zu Zeiten Stalins". Zwar muss man nicht unbedingt dieser Analogie zustimmen, aber dennoch zeigt sich in vielen Unternehmen eine **Diskrepanz zwischen dem alten und neuen Organisationsverständnis:** Zwischen dem, was die strategische Bedrohungslage erfordert und dem, was in der Organisation in Form von Organisationsmodellen, Prozessen und Routinen verankert ist. Zu stark geprägt sind die vorherrschenden Praktiken von den Paradigmen des Industriezeitalters, u. a.

- dass Organisationsstrukturen und Prozesse weitestgehend anhand linearer Geschäftsabläufe, Materialflüsse und Produktionsfaktormengen beurteilt werden;
- dass Ressourcen zur Gewinnung neuer Fähigkeiten auf Basis geographischer Grenzen sowie binärer Wegen zur Kommunikation beurteilt werden;
- dass Produktions- und Vertriebswege anhand eindimensionaler Wertschöpfungsketten gestaltet werden;
- dass Produktwerte nur auf Ebene der Unternehmung allokiert werden, nicht auf Ebene der Konsumenten im Sinne der Prosumenten.

Von diesen Prämissen gehen viele Verantwortliche heute noch aus und verstricken sich in immer mehr unauflösbaren Widersprüchen. Marek (2017) führt wichtige **Symptome organisatorischer Mängel** in heutigen Organisationen auf, die auf veränderte Rahmenbedingungen bzw. der mangelnden Reaktionen der Unternehmensentwicklung zurückzuführen ist.

- Führungskräfte sind überlastet. Tagesgeschäft und Sachbearbeitung lassen Führungskräften kaum Zeit für strategische Fragen und für den direkten Kontakt zu ihren Mitarbeitenden. Die Unternehmensleitung befasst sich mit operativen Einzelheiten, dafür bleiben wichtige Entscheidungen liegen. Beschlüsse der Leitungsgremien werden

5.2 Digitale Organisationsentwicklung

nicht konsequent umgesetzt. Die Mitarbeitenden klagen, dass die Führung zu wenig spürbar sei.
- Informationspannen und -lücken zwischen Führung und Arbeitsebene werden größer: Mitarbeitende kennen wichtige Beschlüsse und Informationsgrundlagen nicht. Meldungen von oben und von unten versanden, Anfragen und Vorschläge bleiben unbeantwortet. Dafür gibt es viel „Flurfunk" und ungeschriebene Gesetzte, die für engagierte Mitarbeiter zur Stolperfalle werden können.
- Abgrenzungskonflikte zwischen Abteilungen. Das Gerangel um Zuständigkeiten und Ressourcen nimmt viel Zeit in Anspruch, vor allem wenn die Auftragserteilung unklar oder als willkürlich wahrgenommen wird. Teams oder einzelne Mitarbeitende schotten sich ab und verteidigen ihren Aufgabenbereich. Eine fach- oder schon nur personenübergreifende Zusammenarbeit kann viel Überzeugungskraft erfordern.
- wenig Engagement der Mitarbeitenden. Dies spiegelt sich in einer hohen Fluktuation und einem hohen Krankenstand wider. Die Führungskräfte beklagen die fehlende Gesamtsicht des Betriebs und fehlendes Engagement bei den Mitarbeitern, welches selbstständiges Handeln vermeiden und sich bei jedem Schritt absichern.
- Bürokratisierung von Entscheidungen: Veränderungen lassen sich nur mit großem Aufwand umsetzen. Selbst kleine Zwischenfälle erzeugen große Störungen. Auch Routinearbeiten bzw. -aufträge erfordern umfangreiche Absprachen und beschäftigen unzählige Gremien.
- Leistungsschwäche am Markt: Beschwerden von internen und externen Kunden nehmen zu, bleiben aber ohne Folgen. Zeitpläne werden nicht eingehalten, Termine werden verfehlt oder verschoben. Projekte scheitern oder es gibt Verzögerungen. Folglich nehmen Nacharbeiten und Korrekturen zu. Der Verbrauch an Arbeitszeit und Material ist ungewöhnlich hoch (Marek 2017).

Dies alles können Symptome einer nicht zeitgemäßen Organisationsentwicklung sein. Eine moderne Organisationsentwicklung hat zum Ziel, den Übergang zwischen analoger und digitaler Welt systematisch zu begleiten, zu moderieren und dabei zu unterstützen, die damit verbundenen Auswirkungen auf die Akteure und Strukturen im Unternehmen besser zu reflektieren. Dabei geht es nicht um punktuelle Optimierungen, sondern um einen Neuanfang im Organisationsverständnis. Immer mehr verschmelzen die Ansichten im Verständnis der traditionellen Organisation mit progressiven Ansichten zur Organisationsgestaltung, neuen Methoden oder auch der Nutzung digitaler Kommunikations- und Analysemöglichkeiten. Daraus hervor gehen verschiedene Vorschläge zur Reform der Organisation, die sich aus interdisziplinären Meinungen, Ansichten und Vorgehensweisen speist (Carley 1994). Die Konvergenz dieser unterschiedlichen Perspektiven kann als **digitale Organisationsentwicklung** bezeichnet werden.

▶ **Digitale Organisationsentwicklung** Managementwissenschaft, die einzelne Aspekte moderner Betriebswirtschaftslehre, Technologie- und Datenwissenschaften sowie Sozialwissenschaft miteinander verbindet. Es geht um die Verschmelzung traditioneller

Ansichten zur Organisation und seiner Akteure mit neuen Ansätzen, Modellen und praktischen Erprobungen aus dem Kontext der Digitalisierung von Organisationen. Das Ziel ist es, die Strukturen und das Akteursverhalten in der Organisation an die Anforderungen der Digitalisierung anzupassen und die DNA der Organisation im Kern digitaler zu machen.

Kurz gesagt: Es geht es darum, Organisationen fit für die Digitalisierung zu machen. Die digitale Unternehmens- und Organisationsentwicklung ist eine konvergente Disziplin, die sich aus theoretischen und praktischen Erklärungsansätzen des Einsatzes digitaler Technologien zur Veränderung und Verbesserung der ökonomischen Leistungsfähigkeit speist. Durch ihre Offenheit gegenüber neuen Ansätzen läuft die Disziplin nicht Gefahr, selbstreferentiell zu werden, sondern entwickelt sich durch neue Impulse stets weiter, je nachdem, wie sich die Herausforderungen über die Zeit hinweg verändern.

Strategisch wie auch operativ hat die digitale Organisationsentwicklung zum Ziel, mithilfe neuer Verfahren und Instrumente sowohl die Menschen als auch die in Organisationen als Ganzes zu befähigen, das digitale Zeitalter besser zu bewältigen und grundsätzlich die **Adaptionsfähigkeit** auf beiden Ebenen zu erhöhen. Die Wirkung der digitalen Organisationsentwicklung kann entsprechend der beiden Dimensionen differenziert bewertet werden.

- Auf individueller Ebene werden neue Kompetenzen und Fähigkeiten entwickelt, die die Menschen im Unternehmen befähigen, mit den Einflüssen der Digitalisierung besser umzugehen. Im Ergebnis entwickeln sich wesentlich differenzierte Kompetenzstrukturen im Umgang mit der Digitalisierung.
- Auf organisationaler Ebene können neue Strukturen und Instrumente angewandt werden, um die Organisation strategisch und taktisch sich optimaler an die dynamischen Umweltbedingungen anzupassen. Dies versetzt die Gesamtorganisation in die Lage, dynamisch neue Fähigkeitsstrukturen zu entwickeln.

Wie in Abb. 5.1 dargestellt kann man anhand der beiden Dimensionen vier unterschiedliche Arten von Organisationen anhand ihrer Adaptionsfähigkeit unterscheiden.

1. Von der stabilen bzw. starren Organisation kann dann die Rede sein, wenn die Fähigkeitsstrukturen der Mitarbeiter zur Bewältigung der Digitalisierung homogen ausgeprägt und die Routinen der Organisation konstant sind. Dies ist nicht zwingendermaßen negativ zu bewerten. So kann es sein, dass z. B. sich ein Unternehmen der Bergbauindustrie in einem sehr stabilen Wirtschaftsumfeld agiert und nur wenig von digitalen Trends beeinflusst wird.
2. Kritisch wird es dann, wenn Unternehmen einem Umfeld ausgesetzt sind, dass er dynamisch und volatil ist, innerhalb der Organisation aber die Fähigkeitsstrukturen homogen bleiben. Hier besteht Nachholbedarf bei der Entwicklung neuer Digitalkompetenzen auf Führungs- und Mitarbeiterebene. Eine derartige Konstellation findet sich beispielsweise im Praxisbeispiel von Kodak wieder.

5.2 Digitale Organisationsentwicklung

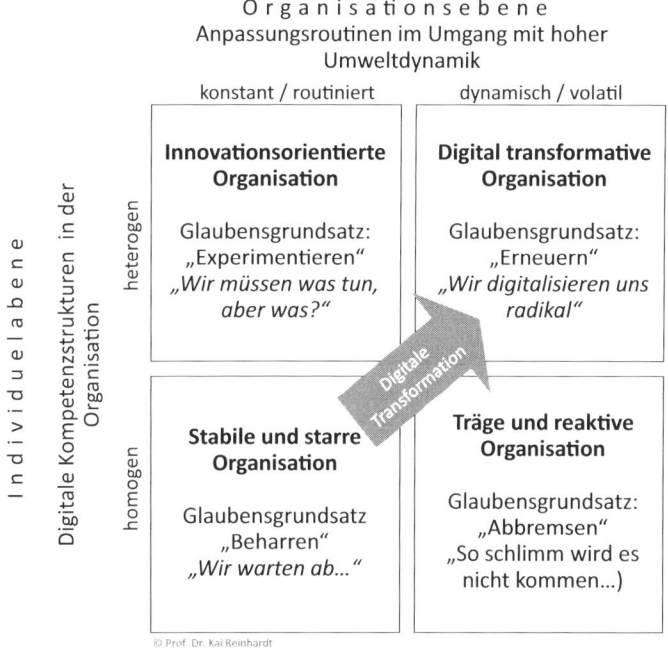

Abb. 5.1 Auf dem Weg zur digitalen Organisation: Unterschiede in der Adaptionsfähigkeit von Organisationen

3. Viele Unternehmen, die sich mit der Digitalisierung auseinandersetzen, zählen zum Cluster der innovationsorientierten Organisationen. Die Mitarbeiter besitzen dort heterogen ausgeprägte Fähigkeiten und sind sich dadurch bewusst. dass sich das Unternehmen dynamischer entwickeln wird. Die Strukturen der Organisation sind noch nicht umfassend an die neuen Umweltbedingungen angepasst. Es laufen im Unternehmen häufig viele Experimente zur Neuausrichtung.
4. Von der digital transformativen Organisation kann dann die Rede sein, wenn sowohl die strategischen als auch taktischen Strukturen so ausgebildet sind, dass die Organisation dynamische Fähigkeiten entwickeln kann und die Mitarbeiter und Führungskräfte zugleich so heterogen ausgeprägte Digitalkompetenzen besitzen, dass sie in der Lage sind, jegliche Umweltveränderung schnell und experimentell zu bewältigen.

Der Weg hin zum digital transformativen Unternehmen kann indes als digitale Transformation bezeichnet werden. Um dieses Ziel zu erreichen kommen unzählige neue Methoden und Instrumente zum Einsatz, um aus analogen Organisationen moderne, digitale Unternehmen zu machen. Ob in Marketing, Vertrieb, Produktion, Entwicklung oder der Führung: Bereits heute koexistieren zahllose Ansätze, die auf die Betriebswirtschaftslehre, Technologie- oder Sozialwissenschaften zurückgeführt werden können. Entsprechend können drei Hauptziele der digitalen Organisationsentwicklung definiert werden:

- **Produktivitäts- und Wirtschaftlichkeitsziel:** Aus wirtschaftlicher Sicht geht es um den Einsatz digitaler Technologien für den Aufbau neuer Geschäftsfelder mit eigener Struktur, Prozessorganisation oder Belegschaft als auch den Einsatz der Technologie zur Kostensenkung bei Herstellung und Vertrieb. Die niedrigeren Preise wiederum können zu einer höheren Nachfrage nach Gütern und damit zu einer höheren Nachfrage nach Arbeitskräften führen. Dieser Nachfrageeffekt wird bei der Diskussion rund um den wirtschaftlichen Einsatz neuer Technologien oft unterschätzt und wenig thematisiert. Doch unabhängig davon, mit welchem Ziel digitale Technologien eingesetzt werden: Aus wirtschaftlicher Sicht kann dadurch eine höhere Produktivität erreicht werden.
- **Erneuerungs- und Innovationsziel:** Auch geht es darum, eine Organisation durch fokussierten Einsatz von digitalen Technologien zu erneuern. Das ist eine besondere Herausforderung, da der Wandel selbst über den bloßen Einsatz von Technologie hinausgeht, sondern Produkte, Prozesse, Marktangebote, Wertversprechen und Geschäftsmodelle betrifft. Dazu zählt beispielsweise der Einsatz von Analytik-Technologien, mobilen Online-Anwendungen, sozialen Medien, intelligenten und eingebetteten Geräten ebenso wie die Nutzung hoher Rechenkapazitäten und moderner Cloud-Infrastrukturen, Big Data Algorithmen oder KI-Technologien etc. Die technologische Transformation kompetent zu managen führt letztlich zur Differenzierung im Wettbewerb (Lewis 2019).
- **Sozialisierungs- und Antizipationsziel:** Bei der digitalen Organisationsentwicklung geht es aber nicht zuletzt um die Anpassung der Akteure an zukünftige Umweltentwicklungen. Aufgrund der zunehmenden Komplexität ist dieses Ziel wichtiger als die erstgenannten Ziele. Cevolini (2017) sieht den Grund in den strukturellen Veränderungen, die die moderne Gesellschaft hervorgebracht hat (Cevolini 2016). Er führt aus, dass es bei der Debatte vorwiegend um vorausschauendes Verhalten sowie über eine zukunftsorientierte Planung in Entscheidungsprozessen geht (insbesondere in formalen Organisationen). Dies beschreibt er als Folge des sozialen Übergangs von einer geschlossenen in eine offene Zukunft. In einer offenen Zukunft gibt es steht eine Reihe rivalisierender Hypothesen über die mögliche Zukunft und keine verbindlichen Aussagen, wie sich Zukunft entwickelt. Er nennt diese vielen Annahmen ‚Resthypothesen', die seiner Ansicht nach ein Korrektiv sind, um allzu ambitionierte Zukunftsaussagen zu unterbinden. Denn nicht nur allgegenwärtige Zukunftsforscher propagieren tagtäglich eine mögliche moderne Zukunft. Auch Institutionen versuchen den Akteuren Unsicherheit vorzugaukeln. Unsicherheit sollte nicht künstlich institutionalisiert werden, sondern Teil der individuellen Handlungswelt sein. Grundsätzlich spielen also Fähigkeiten zum Umgang mit Unsicherheit eine große Rolle.

Mithilfe der unterschiedlichen Impulse werden in der digitalen Organisationsentwicklung unterschiedliche **idealtypische Organisationsformen** entwickelt (Weber 1904). Üblicherweise wird mit der Organisationsform (engl.: Business Organization, Corporate Organization) festgelegt, wie Unternehmen sich innerhalb und außerhalb ihrer Organisationsgrenzen strukturieren, um möglichst optimal ihre geschäftlichen Ziele

5.2 Digitale Organisationsentwicklung

zu erreichen. Beim Design geht es um die Beschreibung dessen, wie Organisationen idealerweise aufgebaut, strukturiert, koordiniert oder geleitet werden sollten, um die an sie gestellten Aufgaben in einer von Veränderung geprägten Umwelt besser zu erfüllen. Bei der Entwicklung neuer Organisationsmodelle finden sich in der Praxis zwei unterschiedliche Ansätze:

- **Programmatische Ansätze:** Zum einen werden in Wissenschaft und Praxis häufig Vorschläge für neue Organisationsformen entwickelt, die die formalen Grundsätze der gesamten oder von Teilgebieten einer Organisation reformieren. Der Fokus dieser Organisationsmodelle liegt z. B. oft auf der Einführung eines bestimmten Transformations-Programms, bei dem digitale Prozesse zur Entscheidungsfindung, Kommunikationsformen zwischen den Akteuren, neue formalisierte Rollenmodelle oder auch musterhafte Technologieinnovationen usw. eingeführt werden.
- **Hermeneutische Ansätze:** Ein anderes Vorgehen bei der Entwicklung neuer Organisationsformen liegt in der Entwicklung einer gänzlich neuen Position der Organisation in ihrer Umwelt. Nach hermeneutischer Tradition wird so das Selbstbild der Organisation im Kern neu bewertet und damit verändert. Organisation werden dabei nicht als isolierte Einheiten betrachtet, sondern als strukturelle Knotenpunkte innerhalb einer digitalen und vernetzten Umwelt (Carley 1994).

Betrachtet man die historische Entwicklung der letzten 30 Jahre, finden sich etliche Ansätze zur Gestaltung **digitaler Organisationsformen,** die als Vorläufer das heutige Verständnis zur digitalen Organisation prägen. In Abb. 5.2 ist der Zusammenhang

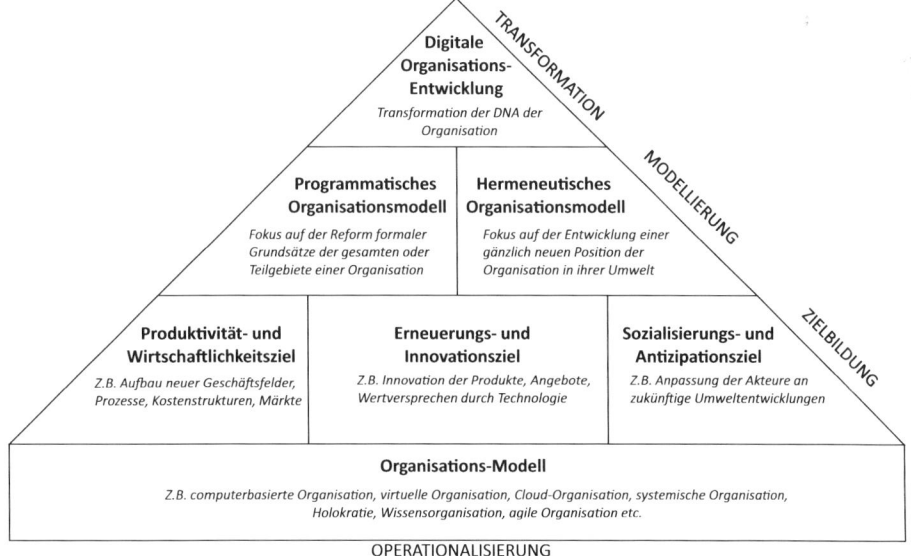

Abb. 5.2 Modell der digitalen Organisationsentwicklung

zwischen der Wahl eines spezifischen Organisationsmodells und letztendlich dem Ziel der Transformation der Organisation dargestellt. Im Folgenden nun werden wichtige Vorläufer der digitalen Organisation benannt und deren Bezugspunkt zum digitalen Organisationsverständnis verdeutlicht. Alle beschriebenen Organisationsansätze zielen darauf ab, neue Grundsätze zur Verhaltensveränderung der Akteure der Organisation zu entwickeln, damit diese schneller auf Umweltveränderungen reagieren können, als klassische Organisationen.

5.3 Computergestützte Organisation

Die Geschichte der digitalen Organisationsformen hat einen zentralen Ursprung in der sogenannten **computergestützten Organisationstheorie** (Computational Organizational Theory, COT), die sich im Umfeld neuer Einflüsse aus Soziologie, Mathematik und Informatik in den 1990er Jahren aus den Diskussionen rund um Kybernetik, künstliche Intelligenz, Computer-Programmierung und Systemmodelle entwickelte (Prietula und Carley 1994). Im Kern geht es um Fragen, wie Organisationen in einer von digitaler Technologie geprägten Umwelt mittels formaler Rechenmodelle besser agieren. Die computerbasierte Organisation gründet sich auf dem Verständnis, dass die Handlungsfähigkeit eines Unternehmens in hohem Maße von den miteinander vernetzten Fähigkeiten innerhalb der Organisation abhängt, unabhängig davon, ob diese Fähigkeiten durch Menschen oder von Computertechnologien erzeugt werden. Damit kann diese Organisationsform zur Gruppe der programmatischen Ansätze gezählt werden. Ein zentrales Merkmal diese Organisationsform ist der Zusammenhang zwischen den Individuen und der Organisation, währenddessen die Individuen nicht nur als rein human verstanden werden, sondern hier bereits die Grundlagen für eine differenzierte Betrachtung von Fähigkeitsmustern humaner und humanoider Agenten in der Organisation gelegt werden.

▶ **Computergestützte Organisation** Die computerbasierte Organisation gründet sich auf dem Verständnis, dass die Handlungsfähigkeit eines Unternehmens in hohem Maße von den miteinander vernetzten Fähigkeiten innerhalb der Organisation abhängt, unabhängig davon, ob diese Fähigkeiten durch Menschen oder von Computertechnologien erzeugt werden. Damit kann diese Organisationsform zur Gruppe der programmatischen Ansätze gezählt werden.

Modelle, die von COT-Forschern entwickelt wurden, verkörpern in der Regel eine Organisationstheorie, bei der auf Grundlage mathematischer und rechnerischer Strukturen dargestellt wird, wie sich Organisation verhalten. Diese Modelle simulieren Verhaltensmodelle vergleichbar zum Verhalten realer Organisationen, sind aber als Computerprogramme selbst in den Strukturen implementiert. Die Algorithmen können durch Simulationsmethoden erstellt und getestet werden und liefern Daten, um die Passfähigkeit des Modells auf ein spezifisches Unternehmensproblem hin zu validieren

(Carley und Gasser 1999). Damit verändert sich die Fähigkeitsperspektive gegenüber der traditionellen Auffassung über Organisationen: Das Verständnis, was Kompetenzen, Wissen, Fähigkeiten, Fertigkeiten und Intelligenz sind, bezieht sich nicht allein mehr nur auf die Menschen, sondern auf Technologien und die technologische Infrastruktur. Ziel ist es, Organisationen im digitalen Zeitalter in die Lage zu versetzen, mittels intelligenter Strukturen relevante Informationen über ihre Umwelt, über Trends, Technologien oder Wettbewerbsstrukturen zu gewinnen und diese zu Entscheidungsfindung schnell und spontan einzusetzen sowie Maßnahmen zur Bewältigung einer bestimmten Situation durchzusetzen (Prietula und Carley 1994). Anders als Designansätze klassischer Organisationsformen, bei denen der Fokus auf der Gestaltung von Strukturen und Prozessen menschlicher Ressourcen liegt, geht es bei der computergestützten Organisation um zwei komplementäre Gestaltungsansätze: (Carley und Gasser 1999)

- Zum einen geht es um das Design der menschlichen bzw. **natürlichen Organisationsebene.** Dabei wird davon ausgegangen, dass Organisationen aus einer Fülle von Informationen bestehen, die intelligent durch die Mitarbeiter verarbeitet werden müssen.
- Zum anderen geht es um die **digital-technologische Organisationsebene.** Es geht darum, intelligente technologische Agenten (z. B. künstliche Intelligenz, Algorithmen, Rechenpower usw.) miteinander zu vernetzen, damit sie handeln, sich Aufgaben zuweisen, Wissen teilen oder miteinander kommunizieren können.

Das Ziel des Organisationsmodells ist es, beide Ebenen zu einer konvergenten Organisationsform, bestehend aus menschlichen und technologischen Agenten, zu verschmelzen. Diese Konvergenz führt letztendlich dazu, dass Organisationen, die auf beiden Ebenen in der Lage sind kompetent zu handeln, erst im Kontext digitaler Umwelteinflüsse ihre volle Leistungsfähigkeit entfalten. Dies erfolgt durch bewusste Zusammenführung menschlicher und technischer Systeme, Prozesse, Fähigkeiten oder Denkweisen zu neuen Organisationsformen. Diese sind in der Lage, die komplexe und dynamische Umwelt gut zu bewältigen.

5.4 Virtuelle Organisation

Einen weiteren Ansatz für einen alternativen Strukturationsansatz digitaler Organisationen liefert die **virtuelle Organisationstheorie (VO),** die sich Ende der 1990er Jahre entwickelte (Sieber und Griese 1999). Speziell diese Organisationsform genoss zur damaligen Zeit in Medien und akademischen Kreisen während der sogenannten Dotcom-Blase eine hohe Aufmerksamkeit. Unterschiedliche Forschungen im Bereich der Wirtschaftswissenschaften und Informatik argumentieren, dass virtuelle Unternehmen andere Eigenschaften besitzen, als traditionelle Unternehmen, was auf die Virtualität in Hinblick auf die Entgrenzung von Organisationen mittels Internettechnologien zurückzuführen sei (Amorim 2007). Die Innovation dieser Organisationsform ist jedoch nicht deren sozio-technologische Modellform. Vielmehr ist diese in der Kompetenz-Kombinatorik zu finden. Denn virtuelle Organisationen sind als ein Verbund aus verschiedenen Kernkompetenzen zu verstehen, die zwischen unterschiedlichen Unternehmen vernetzt werden und in Kombination ein Marktbedürfnis bedienen. Diese Organisationsform kann der Gruppe hermeneutischer Organisationsansätze zugeordnet werden und stellt einen Vorläufer zur Diskussion heutiger digitaler Ökosysteme dar.

Eine virtuelle Organisation ist ein Verbund unabhängiger Unternehmen und Institutionen, die sich durch Nutzung digitaler Kommunikationstechnologien zu einem Netzwerk zusammenzuschließen. Die Integration erfolgt vertikal, das heißt die einzelnen Unternehmen vernetzen miteinander ihre Kernkompetenzen und agieren am Markt in der Erscheinungsform einer einzelnen Organisation. Vernetzt werden vor allem Technologien, mit denen neue Geschäftsmodelle etabliert werden, wie bspw. E-Commerce-Plattformen. Durch die Vernetzung erzielt der Verbund eine größere Marktdifferenzierung, die für einzelne Unternehmen zu teuer oder nicht erreichbar wäre. Das theoretische Fundament zur Erklärung der Vorteile liefert der **Transaktionskostenansatz** als Teil der neuen Institutionenökonomik. Demzufolge agieren die am Netzwerk beteiligten Akteure begrenzt rational (bounded rationality). Kein einzelner Akteur ist in der Lage, umfassend das Verhalten der anderen Partner vorauszusehen. Zudem ist jeder Partner mit unterschiedlichem Wissen ausgestattet. Innerhalb des Verbundes fallen weniger Kosten im Zusammenhang mit der physikalischen und rechtlichen Übertragung von Gütern und Leistungen (Bardmann 2011) an, beispielsweise Suchkosten, Informationskosten, Entscheidungskosten, Kontrollkosten usw. Das virtuelle Netzwerk erzielt einen Vorteil bei den Transaktionskosten gegenüber anderen Marktakteuren. Dadurch ist die virtuelle Organisation in der Lage, besondere Fähigkeiten aufzubauen, um Prozesse schnell zu verändern und ihre strategischen Ziele an den Bedarf des Marktes anzupassen. Effizienzvorteile daraus sind z. B. günstige Einkaufspreise, eine höhere Produktivität oder geringere Gemeinkosten (Appel und Behr 1998a).

Strukturell ist die virtuelle Organisation als eine separate Dimension neben den eigentlichen Unternehmensformen anzusehen. In der Regel behalten die einzelnen Unternehmen im Verbund ihre bisherige Organisationsform – je nach Ausprägung eher hierarchisch oder flach organisiert. Zwischen den Organisationen aber herrscht eine hohe Flexibilität, die durch schnelle Prozessanpassung, geringe Formalisierung und eine ausgeprägte Teamorientierung geprägt ist. Der Kern der Organisation ist weniger technologisch determiniert, als vielmehr menschlich und setzt auf die direkte und unmittelbare Zusammenarbeit der Akteure innerhalb der virtuellen Organisation. Das Netzwerk hat gegenüber klassisch hierarchisch organisierten Organisationen den Vorteil, dass die Kosten für die Suche nach neuen Partnern oder dem Aufbau neuer Geschäftsmodelle sehr gering sind. Das Modell der virtuellen Organisation liefert eine Erweiterung traditioneller Organisationsansichten, die zwar Teile der konventionellen Auffassung beibehalten, aber aufgrund des Merkmals der kooperativen Vernetzung einen wichtigen Beitrag zum Verständnis über digitale Organisationen liefern (Appel und Behr 1998b).

▶ **Virtuelle Organisation** Beschreibt einen Verbund unabhängiger Unternehmen und Institutionen, die sich durch Nutzung digitaler Kommunikationstechnologien zu einem Netzwerk zusammenzuschließen. Die Integration erfolgt vertikal, das heißt die einzelnen Unternehmen vernetzen miteinander ihre Kernkompetenzen und agieren am Markt in der Erscheinungsform einer einzelnen Organisation. Vernetzt werden vor allem Technologien, mit denen neue Geschäftsmodelle etabliert werden, wie bspw. E-Commerce-Plattformen.

5.5 Systemische Organisation

Schnelle Veränderungen im Wettbewerb der Technologie oder im regulatorischen Umfeld führen dazu, dass Unternehmen sich heute immer schneller ihrer Umwelt anpassen müssen. Zur Beschreibung der Fähigkeit, sich flexibel und aktiv an neue Umweltbedingungen anzupassen, werden heute gern in den Managementwissenschaften Begriffe, wie ‚agil‘, ‚flexibel‘, ‚holokratisch‘ oder ‚fluide‘ bemüht. Aus einer rein wissenschaftlichen Sicht aber führen diese vielen Begriffe und die damit verbundenen Organisationsmodelle in die Irre und sind in ihrer kontextuellen Einordnung als kritisch zu betrachten. So wird beispielsweise behauptet, dass

- die **agile Organisation** (Batley 2012) durch besonders flache und hierarchiefreie Strukturen schnell auf Umwelteinflüsse reagieren kann,
- die **fluide Organisation** (Capgemini 2012) eine hohe innere Veränderungsbereitschaft durch emergente Vernetzungsfähigkeiten und eine hohe Durchlässigkeit zwischen Unternehmensgrenzen und Organisationsakteuren fördert,
- das **lebensfähige Organisationen** (Malik 2006) (VSM, oder Viable System Model) einen veränderten Blick auf die Tiefenstrukturen im normativen, strategischen und operativen Management bekommen und so in der Lage sind, Machtakkumulation und andere Limitationen zu überwinden,
- die **holokratische Organisation** (Groth 2015) in der Lage ist, durch Anwendung spezifischer Organisationsregeln, der holokratischen Konstitution, Selbstorganisation besonders intensiv bei den Organisationsmitgliedern auszuprägen,
- die **Hypertextorganisation** (Reinhardt et al. 2004) in der Lage ist, unterschiedliche Wissensschichten innerhalb eines Unternehmens miteinander so zu verbinden, dass es zu intensiven Wissensaustausch und -vernetzung kommt.

Die Liste ließe sich noch beliebig weiterführen und in die spezifische Definition der unterschiedlichen Vorschläge gegeneinander ausloten. Im Ergebnis aber würde dies wenig Erkenntnisgewinne in Bezug auf die Einordnung der Entstehung digitaler Organisationen bringen. Denn das, was alle diese Organisationsformen eint, ist die rein deskriptive Beschreibungen der Anwendung ganz verschiedener **adaptiver und systemischer Lernverfahren,** mit denen die Organisation als Ganzes in der Lage ist, sich an die dynamische und komplexe Umweltentwicklung anzupassen. Damit können alle Derivate der systemischen Organisation in die Gruppe der programmatischen Transformationsansätze digitaler Organisationen eingeordnet werden.

▶ **Systemische Organisation** Beschreibungen der Anwendung ganz verschiedener adaptiver und systemischer Lernverfahren, mit denen die Organisation als Ganzes in der Lage ist, sich an die dynamische und komplexe Umweltentwicklung anzupassen. Damit können alle Derivate der systemischen Organisation in die Gruppe der programmatischen Transformationsansätze digitaler Organisationen eingeordnet werden.

Im Vergleich zu klassischen Organisationsmodellen bauen alle diese Modelle auf der Prämisse auf, dass in der Organisation ein mehr oder weniger unbewusster Veränderungsprozess abläuft, der auf Grundlage bestimmter Regeln erfolgt. Neue technologische Innovationen, die Optimierung des Produktportfolios, die Anpassung des Geschäftsmodells oder die Aufnahme neuer Kundenbedürfnisse gehören dabei zum Instrumentarium beim Aufbau neuer Organisationen.

Hintergrund
Das Organisationsmodell der Hypertextorganisation
Einen konzeptionellen Wegbereiter zur digitalen Transformation von Organisationen aus den 90er Jahren stellt die sog. „Hypertextorganisation" dar. In diesem Ansatz werden gezielt Wissensträger im Unternehmen so miteinander vernetzt, dass nicht nur die Nutzung bestehenden Wissens verbessert wird, sondern auch der Aufbau neuen Wissens gefördert wird. Besondere Betonung erfährt dabei der Aspekt der organisationalen Wissensbasis als dem eigentlichen Asset des gesamten intellektuellen Kapitals, auf dem letztlich Innovation und Wettbewerbsfähigkeit beruhen. Nonaka/Takeuchi haben mit diesem Konzept einen internationalen wesentlichen Impuls zur Sensibilisierung von Theorie und Praxis geleistet für die Bedeutung der Wissensbasis und deren aktive Weiterentwicklung gerade auch im Hinblick auf die Erschließung des impliziten Wissens (tacit Knowledge) (Nonaka und Takeuchi 1997).
    Das Konzept der Hypertextorganisation wurde später im Kontext des angewandten Wissensmanagements aufgegriffen und insbesondere von Schnauffer et al. (2004) zu einem Organisationsansatz für Unternehmen im Kontext der Produktentwicklung weiterentwickelt. Der Begriff des Hypertextes dient dabei als Metapher für die Vernetzung mehrerer Organisationsdimensionen, auf die der User im übertragenen Sinne durch einen „Klick" – also sehr einfach – Zugriff bekommt Schnauffer et al. (2004). In der praktischen Umsetzung handelt es sich um einen multifaktoriellen Ansatz, der organisatorische, technische und Human Ressource-Ansätze zu einem unternehmensspezifisch ausbalancierten Gesamtkonzept integriert. Ein Fokus liegt dabei auf der Vernetzung von Projektwissen, um den nicht-repetitiven Herausforderungen des Marktes besser begegnen zu können.
    Wie Abb. 5.3 zeigt, weist die Hypertextorganisation wesentliche Merkmale systemischer Organisationsformen auf. Die Vorteile liegen auf der Erschließung und Nutzung vorhandenen expliziten und vor allem auch impliziten Wissens durch eine kontextübergreifende Zusammenarbeit. Unterschieden werden die organisationalen Dimensionen der Primär-, Sekundär- und

5.5 Systemische Organisation

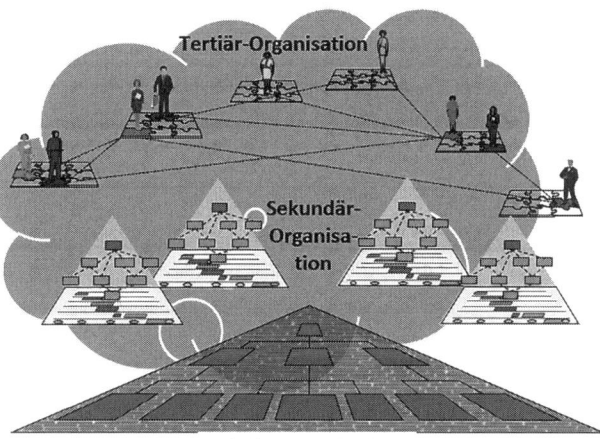

Abb. 5.3 Hypertext-Organisation (Schnauffer et al. 2004 in Anlehnung an Nonaka and Takeuchi 1997)

Tertiär-Organisation. Die Primär-Organisation dient der effizienten Abarbeitung von Routineaufgaben und ist in einer hierarchischen Struktur aufgebaut, die typischerweise im Organigramm abgebildet wird. Die Sekundär-Organisation umfasst typischerweise zeitlich begrenzte Aufgaben, insbesondere Projekte. Hier verbleiben Mitarbeiter für eine begrenzte Dauer zur Erledigung nicht-repetitiver Aufgaben. Nach Beendigung der Projekte übernehmen die Mitarbeiter neue Projekte oder kehren in die Geschäftssystem-Schicht zurück. Diese drei Dimensionen der Hypertext-Organisation existieren nebeneinander und stehen miteinander in Wechselbeziehung, da die Mitarbeiter einer Organisation zwischen diesen Dimensionen wechseln, bzw. gleichzeitig in mehreren Dimensionen agieren. Sie sind beispielsweise in die Hierarchie der Organisation eingebunden und treten für die Zeit der Projektarbeit in die Projektteam-Schicht ein, nutzen Wissen der Wissensbasis und bauen diese wiederum mit neuem Wissen. Alle drei Schichten sind mehr oder minder ausgeprägt in jedem Unternehmen vorhanden, entscheidend ist deren systematisch-aktive Gestaltung als eine Kernleistung des Wissensmanagements.

Dieses Verständnis rekurriert mit der systemischen Denktradition, die an die systemtheoretischen Modellüberlegungen von Luhmann (1984), Habermas und Luhmann (1971) oder auch Willke (2006) anknüpft. Im Unterschied zum konventionellen hierarchisch-organisierten Unternehmen geht es nicht um funktionale Teilsysteme, sondern um die tieferliegenden Schichten und Strukturen einer Organisation. Während in der klassischen Organisationslehre die Teile eines Unternehmens arbeitsteilig im

Sinne der Ablauf- und Aufbauorganisation abgegrenzt werden, geht es um die Anatomie der Beziehung zwischen den Teilelementen der Organisation, deren Beziehungen oder Kommunikation. Der Systembegriff impliziert also eine logische Dekonstruktion der Elemente der Organisation, bei denen es sich beispielsweise um Teilstrukturen, Kommunikations-Elemente, Umgebungsvariablen oder Steuerungsvariablen handeln kann. Die Gesamtheit definiert den Zweck der Organisation und ist Grundlage zur Erhaltung der Lebensfähigkeit. Im Kontext der Veränderung einer Organisation ist das Forschungsanliegen demzufolge meist die Dekonstruktion und Rekonstruktion der Systemstrukturen, um Organisation schneller an neue Umweltbedingungen anpassen zu lassen. Viele der angewandten Organisationssysteme beziehen sich beispielsweise auf das Wissenssystem, das Informationssystem, das Produktmanagement-System, das Führungssystem oder auch das Planungssystem im Unternehmen – je nachdem, wo das Problem der fehlenden Anpassungsgeschwindigkeit vermutet wird.

Hintergrund
Agile Organisation – Wunsch oder Wirklichkeit?
Der Aufbau agiler Strukturen und Organisationen ist ein Modebegriff, der momentan viele Unternehmen beschäftigt. In einer zunehmd komplexer werdenden Welt planen viele Unternehmen mit einer Reihe neuer Methoden sich schneller an neue Umweltbedingungen anzupassen. Ebenfalls geht es oftmals um die Optimierung der tradierten Managementpraktiken und der gelebten Managementkultur. Im Idealfall verfügen agile Organisationen über weitaus weniger Managementstufen als traditionelle Unternehmen. Je nach Branche und Zielsetzung der sogenannten agilen Organisation kommen dann sehr unterschiedliche Methoden im agilen Management zum Einsatz. Zu den Methoden, die unter anderem dem agilen Management einer Organisation zugeschrieben werden, gehören unter anderem solch exotische Konzepte, wie Lean-Startup, Design Thinking, Scrum, Kanban, holokratische Organisationen oder Teal Organisationen.

Wie in Abb. 5.4 zu sehen ist, (Ahlbäck et al. 2017) haben jedoch erst sehr wenige Unternehmen vollständig agile Arbeitsweisen unternehmensweit etabliert. Sind die Unternehmensprozesse und Managementansätze „agil", kommt es den Untersuchungen zufolge mit sehr hoher Wahrscheinlichkeit zu einer Verbesserung der grundsätzlichen Unternehmensleistung. Eine vollständige agile Transformation ist aktuell aber nur in 4 % aller Unternehmen vollständig umgesetzt. Zwar planen knapp 37 % der Unternehmen agile Veränderungen in Gang zu setzen. Im Fokus stehen schnellere Innovationszyklen, eine bessere Kundenerfahrung, Optimierung von Vertrieb und Service sowie im Produktmanagement. Nicht überraschend an den Ergebnissen ist, dass die Kundenorientierung eines der am häufigsten genannten Ziele von Agilität ist. 40 % der Unternehmen würden gern agile Arbeitsweisen innerhalb ihrer Operations-, Strategie- und Technologie-Prozesse implementieren. Ein Drittel könnte sich vorstellen, agile Arbeitsweisen auch in der Wertschöpfung und im Talentmanagement zu etablieren. Kurzum: Ob das agile Management in der betrieblichen Realität tatsächlich Bestand haben wird, kann noch nicht abschließend beurteilt werden. Es zeigt sich aber eine Tendenz der überzogenen Verwendung der agilen Terminologie gegenüber der betrieblichen Realität.

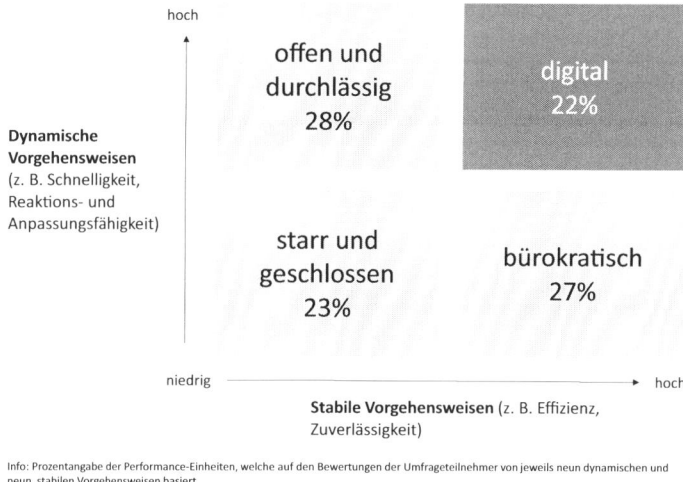

Abb. 5.4 Verbreitung agiler Organisationen in der Wirtschaft (angelehnt an Ahlbäck, Karin, Fahrbach, Clemens, Murarka, Monica und Salo, Olli (2017): How to create an agile organization In: McKinsey & Company, Ausgabe October)

5.6 Fraktale Organisation

Die **fraktale Organisationsform** ist im Kern eine auf bioökonomischen Prinzipien basierende Form einer selbstorganisierten und wachstumsstarken Organisation, die Umweltveränderungen schnell absorbieren kann. Der Ausdruck der fraktalen Organisation ist inspiriert von den mathematischen Forschungen zu Beginn des 20. Jahrhunderts rund um Benoit Mandelbrot, der als Gründer der fraktalen Geometrie gilt. In diesen Forschungen ging es um die Ergründung der Geometrie der Natur, wie sie Muster hervorbringt und wie im Laufe der Zeit das Betriebssystem der Natur auf evolutionäre Veränderungen durch Formgebung reagiert. Diese Ansätze wurden später von Janna Raye aufgegriffen und zu einer transformationalen Veränderungstheorie weiterentwickelt (2014). Aus einer Managementsicht richtet sich, anders als bei der virtuellen Organisation, der Blick in die Organisation hinein und weg von rein technologisch begründeten Organisations-Architekturen zur Vernetzung. Die Frage, die die fraktale Organisationstheorie ergründet, ist vor allem für die Weiterentwicklung von Organisationsstrukturen in einem von Digitalisierung und Vernetzung geprägten Zeitalter entscheidend. Sie geht der Frage nach, wie Organisationen durch Nutzung ihrer natürlichen Informations- und Vernetzungsmöglichkeiten selbstorganisiert und skalierbar von innen herauswachsen, ohne dass sie auf Hierarchie und Kontrolle setzen müssen.

Bei dieser Organisationsform wird von der Prämisse ausgegangen, dass typische Organisationen durch eine Top-down-Hierarchie und starke autoritäre Kontrollsysteme gekennzeichnet sind, die in der Organisation zu Stress und Wettbewerb führen. Beispielsweise entstehen aufgrund von Machtdivergenzen zwischen Mitarbeitern und Führungskräften Informationssilos, in denen Informationen zurückgehalten werden. Dies wiederum führt zu negativem Stress, was zu verschiedenen Problemen führt, wie beispielsweise einer hohen Fluktuation, dem Verlust von Talenten oder Kreativitäts- und Innovationsfeindlichkeit. Dadurch sind hierarchisch geführte Organisationen aufgrund dieser negativen Tendenzen nur bedingt in der Lage, von innen heraus zu wachsen, sondern wachsen typischerweise nur durch Akquisitionen (Raye 2014).

Im Gegensatz dazu geht die fraktale Organisation von einem sogenannten **fraktalen Betriebssystem** aus, das in der Lage ist, erfolgreiche Muster der Kreativität, Anpassung, Vitalität und Innovation selbstorganisiert zu replizieren. Die Analogie der fraktalen Geometrie wird aufgegriffen, so wie sie in vielen lebendigen Systemen in der Natur vorkommt. Fraktal wird dabei als zufällig und skalierbares Muster der natürlichen Evolution von Organismen verstanden. Eine fraktale Organisation hat die Fähigkeit, ein erfolgreiches Organisationsmuster immer und immer wieder zu replizieren, stets in immer kleineren Größen. Damit entstehen sogenannte Fraktale, die ähnliche Eigenschaften zueinander haben, vorstellbar als eine unendliche Ansammlung von immer gleichen Mustern von Organisationseinheiten. Aus theoretischer Sicht ist diese Organisationsform an die Theorien der Systemtheorie angelehnt, mit engen Rückkopplungsschleifen innerhalb der Organisationsstrukturen und autonom kooperierenden Akteuren innerhalb eines Systems. Dies alles sorgt für eine sehr hohe Agilität in der Fortentwicklung und eine immer wieder neue Programmierung der Systemzustände durch stetige Anpassung der Einheiten an neue Umweltzustände. Fraktale Organisationen bleiben damit stets kreativ und innovativ. Eine fraktale Organisation basiert insofern auf selbstorganisierten Prinzipien, die in der Lage sind, in einem Chaos auch Kreativität, Anpassung und Vitalität hervorzubringen. Der Wechsel von einer hierarchischen in eine fraktale Organisation unterstützt die Kooperation zwischen den Akteuren, bietet weitaus größere Möglichkeiten für Informationsdurchlässigkeit, mehr Raum für Weiterentwicklung und beseitigt die Auffassung der Ressourcenknappheit. In der Unternehmenspraxis wird der Einsatz fraktaler Organisationsmodelle beispielsweise im Bereich der innovativen Lernstrukturen diskutiert, so wie sie beispielsweise beim Aufbau von **Unternehmensuniversitäten** oder Innovationsprozessen notwendig sind. Der Vorteil dabei ist es, dass die Organisationsform laufend neue Veränderungszuständen miteinander kombiniert und erweitert, sodass innovative Strategien und Geschäftsprozesse, technologische Neuerungen und innovative Kunden- und Marketingansätze entwickelt werden können (Bodunkova und Chernaya 2012).

▶ **Fraktale Organisation** Diese Organisationsform ist eine auf bioökonomischen Prinzipien basierende Form einer selbstorganisierten und wachstumsstarken Organisation, die Umweltveränderungen schnell absorbieren kann. Der Ausdruck der fraktalen Organisation ist inspiriert von den mathematischen Forschungen zu Beginn des 20. Jahrhunderts rund um Benoit Mandelbrot, der als Gründer der fraktalen Geometrie gilt.

5.7 Dezentralisierte Autonome Organisation (DAO)

Das Akronym DAO steht für die „Dezentralisierte Autonome Organisation", die im engeren Sinne kein wissenschaftlicher Organisationsansatz, sondern die erste vollständig digitale Organisation ist, die auf Grundlage der technologischen Innovation der ‚Blockchain' in den Computerwissenschaften entwickelt wurde. Zurückgeführt werden kann die DAO zum einen auf Buterin (Blania 2017), der als Gründer der Kryptowährung Etherum gilt und die technologische Grundlage für die DAO lieferte. Zum anderen geht der konkrete Ansatz auf Jentsch zurück, der aus einem Interesse für dezentrale Systeme heraus das Konzept der DAO entwickelte und dieses Kunstwort prägte (Jentzsch 2016). Im Wesentlichen handelt es sich bei der DAO um eine Computersoftware, die über ein dezentrales Peer-to-Peer-Netzwerk verteilt ist. Anwender der Software sind in der Lage, Governance- und Entscheidungsregeln in Form von Computercode in sogenannte Blockchains zu schreiben. Technologisch kommt dabei „Ethereum" zum Einsatz. Anders als andere Kryptowährungen, wie z. B. die bekannte Währung Bitcoin, bietet Ethereum nicht nur Möglichkeiten der Ausgabe einer Digitalwährung, sondern auch die Möglichkeit, ‚smart contracts' zu etablieren. Smart contracts sind digitale Verträge, in denen Beziehungen zwischen zwei Vertragspartnern digital besiegelt werden können. Die Konditionen der Verträge sind durch die Blockchain im Nachhinein nicht mehr veränderbar und vollständig transparent (vgl. dazu auch Kap. 10).

Der Begriff DAO wurde erstmals verwendet, um die erste Instanz einer solchen digitalen Organisationsform im Jahr 2016 in der realen Wirtschaft zu etablieren (Meier und Schuppli 2019). Jentsch greift die Idee der ‚smart contracts' auf und überführt sie in eine Organisationsform, die mit dem Namen ‚DAO' als gewinnorientierte Einheit am Markt als eine Art „automatisierter Investmentfonds" positioniert wird. Die DAO verkauft an Investoren ‚DAO-Token', die in Form blockkettenbasierter digitaler Assets festgeschrieben wurden. Diese sollten später zur Finanzierung weiterer Geschäftsvorhaben verwendet werden. Die Inhaber der DAO-Token partizipierten an den erwarteten Erträgen aus den Projekten in Form eines Gewinns in DAO-Token. Darüber hinaus könnten DAO-Token-Inhaber ihre Investitionen in DAO-Token monetarisieren, indem sie DAO-Token über webbasierte Börsenplattformen weiterverkaufen, die den Sekundärhandel mit den DAO-Token unterstützen.

Der Ansatz der DAO ist es, prinzipiell wie ein normales Unternehmen zu funktionieren, mit dem Unterschied, dass im Gegensatz zum klassisch aufgebauten Unternehmen kein Management in der Organisation gibt, die Entscheidungen treffen. Vielmehr entscheiden alle Beteiligten mittels smarter Verträge, was durch die Organisation umgesetzt wird. Statt also wie bisher hierarchische Strukturen zu etablieren, entsteht durch die technologische Möglichkeit der ‚smart contracts' eine Art plutokratische Organisation, in der die Gruppe alles entscheidet. Diese Unternehmensform kommt ohne Management und Mitarbeiter aus. Prinzipiell stellt die DAO eine technologische Weiterentwicklung der sogenannten systemischen Organisation dar, bei der auch das Ziel der „Ent-Hierarchisierung" verfolgt wird, deren Gestalt aber nicht ohne mehr oder weniger zentral organisiertes Management auskommt. Diese Defizite von klassischen Organisationen werden bei der DAO überwunden. Eine neue Technologie namens Blockchain ermöglicht es, neue Organisationen zu entwickeln, die im Gegensatz zu traditionellen Unternehmen auf Grundlage völlig transparenter Regeln arbeiten. Diese Regeln sind unabdingbar in Software verankert und können nicht beliebig von den Akteuren dieser Organisation verändert werden. In diesem Sinne ist die DAO dezentrale, völlig unabhängige Einheiten, die lediglich über ihren digitalen Code existieren und damit betrieben werden. Insofern stellt die DAO die erste echte digitale Organisationsform dar, die nicht mehr auf den Prinzipien klassische Organisationen aufbaut. Das Eigentum, z. B. an Ideen, Patenten, Immobilien RCA, wird innerhalb dieser DAO durch einen sogenannten Token repräsentiert, der im Prinzip ähnlich wie eine Aktie in regulären Organisationen vergeben wird. Das Angebot jedoch, an einem DAO beteiligt zu sein, ist gänzlich für alle offen und jederzeit möglich. Auf diese Weise können kleine Unternehmen beispielsweise die Vorteile des Crowdfunding nutzen, um anderen Menschen die Möglichkeit zu geben, in dieses Unternehmen zu investieren, ohne dass bestimmte Mindestanforderungen an Investition zu erfüllen werden. Alle Tokeninhaber haben zugleich die gleichen Rechte.

Da DAO lediglich auf Grundlage einer sogenannten Blockchain existieren, sind die auf der Blockchain durchgeführten Arbeiten 100-prozentig transparent und die Abstimmung und Vertragsgestaltung, ob eine bestimmte Arbeit in der Organisation ausgeführt wird, ebenfalls. Die DAO ist konzeptionell ähnlich wie ein normales Unternehmen aufgebaut. Es ist eine separate Wirtschaftseinheit und kann Einnahmen und Ausgaben über eine bestimmte Schnittstelle verbuchen, die hier als Kryptowährung wallet definiert wird. Der Hauptunterschied einer DAO zu einem klassisch aufgebauten Unternehmen ist, dass diese sich jedoch komplett selbst managed und kein Mensch in Form eines executive managements oder eines Geschäftsführers in die Geschicke diese Organisation eingreift.

▶ **Dezentrale Autonome Organisation (DAO)** Die DAO ist im engeren Sinne kein wissenschaftlicher Organisationsansatz, sondern die erste vollständig digitale Organisation, die auf Grundlage der technologischen Innovation der ‚Blockchain' in den Computerwissenschaften entwickelt wurde. Der Ansatz der DAO ist es, prinzipiell wie ein normales Unternehmen zu funktionieren, mit dem Unterschied, dass es im Gegensatz zum klassisch aufgebauten Unternehmen kein Management in der Organisation gibt, die Entscheidungen treffen. Vielmehr entscheiden alle Beteiligten mittels smarter Verträge, was durch die Organisation umgesetzt wird.

Testen Sie Ihr Wissen
a) Welche phänomenologischen Merkmale schreibt Scott einer Organisation zu? Erläutern Sie vier der zentralen Eigenschaften.

b) Was besagt die Principal-Agent-Theorie? Welche Rolle spielt die Theorie bei der Transformation traditioneller in digitale Organisationen? Kann die Digitalisierung die Unzulänglichkeiten, die die Theorie thematisiert, überwinden?
c) Diskutieren Sie das Problem der Ressourcenabsorption digitaler Organisationen anhand der Ausbreitung „ressourcenloser" digitaler Geschäftsmodelle. Nehmen Sie beispielsweise Airbnb, die keine Hotels oder Betten besitzen, trotzdem aber für massive Touristenströme in den Städten sorgen. Ein anderes Beispiel wäre Flixbus, die keine Busse besitzen, aber dennoch die öffentliche Infrastruktur des Straßennetzes nutzen. Welche konkreten Ressourcen werden von diesen Geschäftsmodellen vom Staat absorbiert? Welche Vorschläge gibt es aus Sicht der Organisationsgestaltung, um diese Disbalancen zu vermeiden oder zumindest fair zu gestalten?
d) Diskutieren Sie die Auswirkungen der demografischen Verschiebung aus Sicht der Digitalisierung. Recherchieren Sie neue Statistiken über die demografische Entwicklung und bewerten Sie, wie sich die Demographie auf die Chancen einer Gesellschaft auswirken, digitaler zu werden.
e) Benennen Sie drei Gründe, warum das Festhalten an traditionellen Organisationsformen aus strategische Unternehmenssicht in Zeiten der Digitalisierung falsch ist.
f) Welche Paradigmen des Industriezeitalters werden heute häufig immer noch bei der Gestaltung von Organisationen zugrunde gelegt?
g) Welche Ziele verfolgt die digitale Organisationsentwicklung?
h) Nach welchen beiden Ansätzen können idealtypische Zukunft Organisation in einer digitalen Organisation entworfen werden? Beschreiben Sie das allgemeine Ziel des jeweiligen Ansatzes.

Literatur

Ahlbäck, Karin, Clemens Fahrbach, Monica Murarka und Olli Salo. 2017. How to create an agile organization. McKinsey & Company, Ausgabe October.
Amorim Nobre, Americo. 2007. *Virtual organization theory: Current status and demands*. International Federation for Information Processing Digital Library; Integration and Innovation Orient to E-Society Volume 1: 251.
Appel, Wolfgang, und Rainer Behr. 1998a. Towards the theory of virtual organisations: A description of their formation and figure. *Virtual-organization.net Newsletter* 2 (2): 15.
Appel, Wolfgang, und Rainer Behr. 1998b. Towards the theory of virtual organisations: A description of their formation and figure. *virtual-organization.net Newsletter* 2 (2): 22.
Bardmann, Manfred. 2011. *Grundlagen der Allgemeinen Betriebswirtschaftslehre*, 406. Wiesbaden: Springer Fachmedien.
Batley, Scott. 2012. *The Agile Enterprise*. London: PWC UK
Blania, Judith. 2017. Ethereum: Alle Fakten zur Kryptowährung und Erfinder Vitalik Buterin. https://orange.handelsblatt.com/artikel/33925. Zugegriffen: 07. Sept. 2019.
Bodunkova, Anna G., und Irina P. Chernaya. 2012. Fractal organization as innovative model for entrepreneurial university development. *World Applied Sciences Journal* 18 (12 SPL.ISS): 81.
Capgemini. 2012. Digitale Revolution. Ist Change Management mutig genug für die Zukunft? 11.

Carley, Kathleen. 1994. Sociology: Computational organization theory. *Social Science Computer Review* 12 (June): 611–624.
Carley, Kethleen, und Les Gasser. 1999a. Computational organization theory. In *Distributed Artificial Intelligence*, Hrsg. Gerhard Weiss, 206. Cambridge: MIT Press.
Carley, Kethleen, und Les Gasser. 1999b. Computational organization theory. In *Distributed Artificial Intelligence*, Hrsg. Gerhard Weiss, 206–220. Cambridge: MIT Press.
Cevolini, Alberto. 2016. The strongness of weak signals: Self-reference and paradox in anticipatory systems. *European Journal of Futures Research* 4 (1): 2.
CNBC. 2019. Facebook Co-Founder Chris Hughes Speaks with CNBC's „Squawk Box" Today, CNBC LLC. https://www.wiso-net.de/document/NBPC__180619144326378900173271.
Eder, Martin. 2017. Nicht ganz unpolitisch. In *Digitale Evolution: Wie die digitalisierte Ökonomie unser Leben, Arbeiten und Miteinander verändern wird*, Hrsg. Martin Eder, 50. Wiesbaden: Springer.
Groth, Aimee. 2015. Holacracy at Zappos. http://qz.com/317918/holacracy-at-zappos-its-either-the-future-of-management-or-a-social-experiment-gone-awry/. Zugegriffen: 06. Juli 2015.
Habermas, Jürgen, und Niklas Luhmann. 1971. *Theorie der Gesellschaft oder Sozialtechnologie*. Frankfurt: Suhrkamp.
Holtbrügge, Dirk. 2015. *Personalmanagement*, 6. Aufl, 34. Berlin: Springer Gabler.
Hoverstadt, Patrick. 2008. *The fractal organization: creating sustainable organizations with the viable system model*. Chichester, West Sussex: John Wiley & Sons.
Jentzsch, Christoph. 2016. Decentralized autonomous organization to automate governance. In SlockIt, 1–30. slock.it/dao.html.
Kühl, Eike. 2019. Zerschlagt, was euch kaputt macht. https://www.wiso-net.de/document/ZEIO__06E37DB5BA62C57E95E97F74F9F130AF. Zugegriffen: 21. Mai 2019.
Lewis, Michal S. 2019. Technology change or resistance to changing institutional logics: The rise and fall of digital equipment corporation. *The Journal of Applied Behavioral Science* 55:3.
Luhmann, Niklas. 1984. *Soziale Systeme: Grundriss einer allgemeinen Theorie*. Suhrkamp: Springer.
Malik, Fredmund. 2006. Strukturmodell der lebensfähigen Unternehmung (VSM). The Viable Systems Model, Seminardokumentation.
Marek, Daniel. 2017. Weshalb Organisation (wieder) ein Thema ist. In *Organisationsdesign*, Hrsg. D. Marek, 3. Wiesbaden: Springer Gabler.
Meier, Julia, und Benedict Schuppli. 2019. The DAO Hack and the Living Law of Blockchain. In *Digitalisierung – Gesellschaft – Recht*, Hrsg. Alexandra Dal Molin-Kränzlin, Anne Mirjam Schneuwly, und Jasna Stojanovic, 27–29. Zürich: Dike.
Nonaka, Ikujirō, und Hirotaka Takeuchi. 1997. *Die Organisation des Wissens*. Frankfurt: Campus-Verlag.
Picot, Arnold. 1991. Ökonomische Theorien der Organisation. In *Betriebswirtschaftslehre und Ökonomische Theorie*, Hrsg. Dieter Ordelheide, Bernd Rudolph, und Elke Büsselmann, 150. Stuttgart: Poeschel.
Prietula, Michael J. und Carley, Kathleen M. 1994. Computational organization theory: Autonomous agents and emergent behavior. *Journal of Organizational Computing* 4 (1): 41–83. http://www.tandfonline.com/doi/abs/10.1080/10919399409540216.
Raye, Janna. 2014. Fractal organisation theory. *Journal of Organisational Transformation & Social Change* 11 (1): 51.
Reinhardt, Kai und Hans-Georg Schnauffer. 2004. Vom innovativen System zur systematischen Innovation – die Hypertext-Organisation in der Praxis. In *Unternehmensberater*, (1): 25–30.
Schnauffer, Hans-Georg, Brigitte Stieler-Lorenz, und Sibylle Peters. 2004. *Wissen vernetzen: Wissensmanagement in der Produktentwicklung*. Wiesbaden: Gabler Wissenschaftsverlage.

Schnauffer, Hans-Georg, Mark Staiger, Stefan Voigt und Kai Reinhardt. 2011. Die Hypertext-Organisation – Ansatz und Gestaltungsmöglichkeiten. Wissen vernetzen – Wissensmanagement in der Produktentwicklung.

Scott, W. Richard. 2003. *Organizations rational, natural, and open systems*, 5. Aufl, 6–9. New Jersey: Parson International.

Sieber, P., und J. Griese. 1999. *Organizational Virtualness and Electronic Commerce*. Bern: Simowa.

Weber, Max. 1904. Die "Objektivitat" sozialwissenschaftlicher und sozialpolitischer Erkenntnis. *Archiv für Sozialwissenschaft und Sozialpolitik* 19: 22–87. http://nbn-resolving.de/urn:nbn:de:0168-ssoar-50770-8.

Willke, Helmut. 2006. *Systemtheorie: Grundlagen*, Bd. 1. Stuttgart: Lucius & Lucius.

Design der Digitalen Organisation 6

> **Zusammenfassung**
>
> Nachdem die Rahmenbedingungen zur Entwicklung digitaler Organisationen sowie die Anforderungen an digitale Organisationsformen geklärt wurden, stellt sich die Frage, wie die digitale Organisation in der Praxis etabliert wird. Vorgestellt wird dazu in diesem Kapitel das digitale Betriebsmodell, das den operativen Bauplan für den Aufbau digitaler Organisationsstrukturen liefert. Schritt für Schritt lässt sich damit die digitale DNA im Unternehmen entwickeln bzw. bestehende Strukturen um digitale Aspekte erweitern. Abschließend wird reflektiert, warum sich mit dem Ansatz der digitalen Organisation Risiken des digitalen Zeitalters besser bewältigen lassen als mit konventionellen Organisationsformen.

In diesem Kapitel erfahren Sie
- weshalb es unterschiedliche Anpassungsgeschwindigkeiten von Mensch und Organisation an technologische Veränderungen gibt,
- welche Unterschiede zwischen herkömmlichen und digitalen Organisationen existieren,
- was unter der digitalen DNA einer Organisation zu verstehen ist,
- wie das Reifegradmodell des digitalen Wachstums (DIGROW) aufgebaut ist,
- wie ein Bauplan zum Umbau der digitalen DNA aussehen kann,
- was Game Changer und Disruptoren sind,
- warum die Erhöhung von Komplexität in einer digitalen Organisation wichtig ist.

Themen des Kapitels
Digitales Betriebsmodell, digitale Organisation, digitale Binnenkomplexität, digitale DNA, Komplexität, organisationale Pfadabhängigkeit, Dynamik, dynamische Fähigkeitsentwicklung, Hyperkomplexität, Entropie, Varietät

6.1 Die digital wirksame Organisation

Werden Unternehmen mit der digitalen Wirklichkeit konfrontiert, reagiert das Management häufig intuitiv mit Überlegungen zum Redesign der Marktstrategie, die im Zentrum jedes Geschäftsmodells im Unternehmen steht (Abschn. 3.1). Die Grundlage für das Redesign des strategischen Geschäftsmodells stellen häufig Entscheidungen dar, die sich nach außen richten. Das Management erwartet sich daraus Produktivitätsvorteile sowie Zeitvorteile bei der Marktbearbeitung zu erlangen. Doch der Umbau des Marktansatzes kann erst dann wirksam sein, wenn nicht nur die äußeren Bedingungen berücksichtigt werden, sondern auch das **Betriebsmodell der Organisation** (im Englischen: Operating Model) als Gegenstück zum strategischen Geschäftsmodell, wie in Abb. 6.1 zu sehen ist.

▶ **Digitales Betriebsmodell**
Das digitale Betriebsmodell beschreibt die innere Geschäftslogik der Organisation, die Digitalisierung umzusetzen. Es stellt einen Referenzrahmen zur Digitalisierung der Organisation dar. Als Referenzrahmen dient hier das Modell der digitalen DNA.

Terminologisch muss der Begriff des Betriebsmodells von dem des Geschäftsmodells abgegrenzt werden. Während es beim Geschäftsmodell um die Entwicklung marktbezogener Werte geht, die die Organisation in Form von Produkten und Dienstleistungen an seine Kunden liefert (u. a. Kundenkanäle, Produktangebote, Einnahmequellen) bezieht sich das Betriebsmodell auf die innere Geschäftslogik der Organisation, diese Werte überhaupt zu generieren. Beim Organisationsmodell geht es um die Befähigung der Organisation zur Flexibilität und Innovation, um den Aufbau neuer Kompetenzfelder,

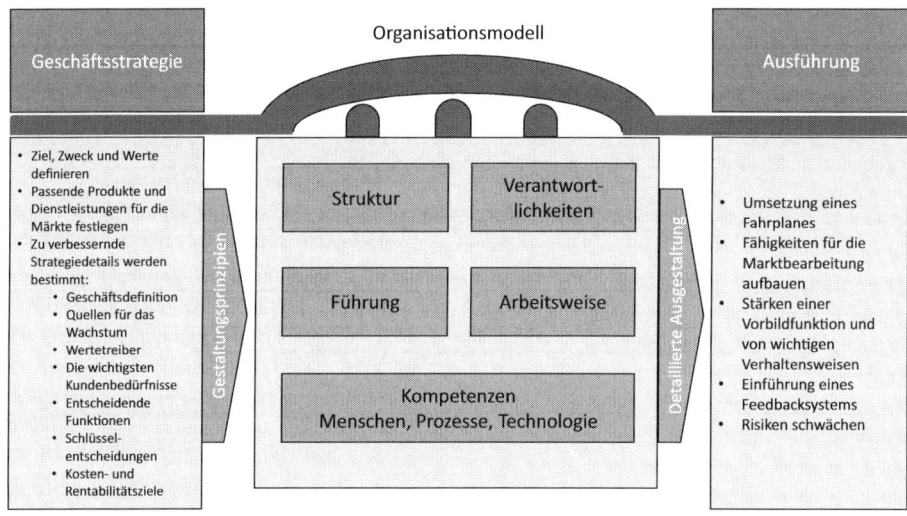

Abb. 6.1 Zusammenhang zwischen Geschäftsstrategie und operativem Betriebsmodell

der Veränderung von Kultur, Führung oder Managementsystemen. Während traditionelle Unternehmen die Digitalisierung nicht auf allen diesen Strukturebenen umsetzen, verfolgen erfolgreich digitalisierte Unternehmen den Umbau in allen Dimensionen.

Dass ein ganzheitlicher Ansatz sinnvoll ist, zeigt auch die Forschung. Die Abb. 6.2 zeigt im oberen Bereich, wie Entscheider heute üblicherweise den Zusammenhang zwischen technologischem Wandel und der digitalen Strategie aus Produktivitätssicht bewerten. Augenscheinlich führen Investitionen in digitale Technologien dazu, dass sich der Abstand zwischen Unternehmen und dem technologischen Wissensstand der Gesellschaft verkleinert. Dies hat **Produktivitätsvorteile** für die Organisation zur Folge, da diese die Vorzüge des technologischen Wandels nutzt. Dass dies nicht so ist, zeigen aktuelle Ergebnisse aus der Forschung: Trotz massiven Investments in digitale Technologien konnte die Arbeitsproduktivität in den letzten Jahren nicht exponentiell über alle Industrien hinweg gesteigert werden. Vielmehr verlieren Unternehmen tendenziell an Produktivität bzw. stagnieren auf einem Niveau. Kane et al. (2016) beschreiben den Grund für diese Stagnation damit, dass Unternehmen den Zusammenhang zwischen der Geschwindigkeit des technologischen Wandels und der Produktivität falsch interpretieren. Ihrer Ansicht zufolge konzentrieren sich Organisationen in der Digitalisierung zu sehr auf die Geschäftsstrategie und zu wenig auf die Digitalisierung des Betriebsmodells.

Ihr Vorschlag gründet sich in der Abkehr der reinen marktbezogenen Geschäftsmodell- Perspektive. In den Blick genommen werden sollten vielmehr die Geschwindigkeiten der einzelnen Player, die beim Wettlauf um die Technologisierung eine Rolle spielen: Menschen, Organisationen und Politik. Der Schlüssel zur Anpassung sind ihrer Ansicht nach die Menschen im Unternehmen, die sich schneller als ihre eigenen Organisationen an die technologischen Entwicklungen anpassen können. Nicht die fehlenden Investitionen in Technologie, Robotik, IT oder künstliche Intelligenz sind der Grund für Produktivitätsnachteile. Vielmehr sind es verpasste Chancen der Unternehmen, die Menschen zu mehr Flexibilität und Innovation zu befähigen, z. B. in Bereichen der Unternehmensplanung, Organisationsstruktur, Arbeitsgestaltung, Zielplanung oder dem Management. Organisationen, die allein auf strategische Neuorientierung setzen, schlagen den falschen Weg ein. Wichtiger wird es sein, die Organisation als solche zu flexibilisieren, damit sich die Menschen darin an die Veränderungen besser anpassen und die Organisation im Kern digitaler machen können.

Diese veränderte Perspektive erfordert ein Umdenken in der Unternehmens- und Organisationsentwicklung. Die Aspekte, die das betrifft, sind in Tab. 6.1 kurz im Vergleich zwischen traditioneller und digitalisierter Organisation zu sehen. Rechts finden sich typische Merkmale von Organisationen, die eine hohe Reife in der inneren Digitalisierung aufweisen. Während Organisationen früher auf Effizienz und Effektivität hin getrimmt wurden, geht es heute um offene Lernstrukturen, Innovation und Kundennähe. Die digitale Organisation ist so aufgebaut, dass Veränderungssignale aus der Umwelt wahrgenommen und darauf aufbauend veränderte Entscheidungen getroffen werden. Auch der hierarchische Aufbau ist in Zeiten schneller Anpassungen schwierig aufrechtzuerhalten. (Abschn. 3.1.) Organisationen werden heute als von Menschen ‚empowerte'

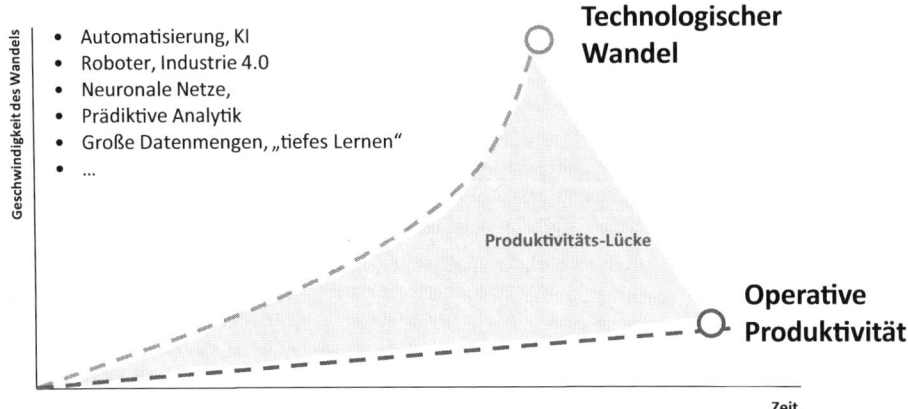

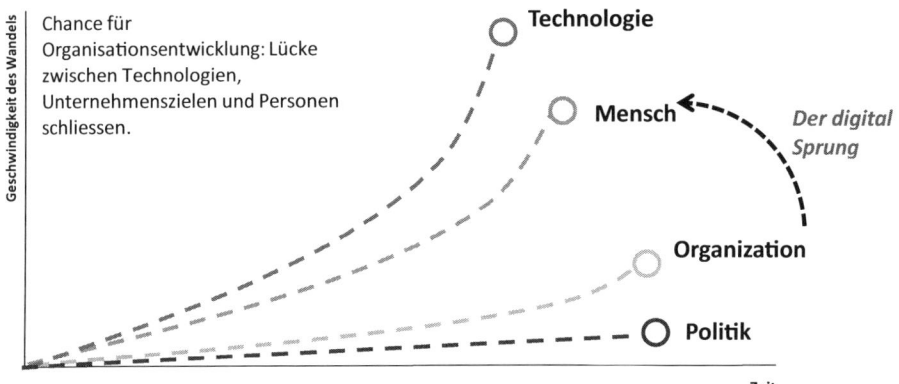

Abb. 6.2 Perspektiven der Anpassungslücke an den technologischen Wandel. (Auf Grundlage von Quelle: Global, Deloitte, Capital, Human und Deloitte Consulting: Rewriting the rules for the digital age, 2017, S. 3)

6.1 Die digital wirksame Organisation

Tab. 6.1 Vergleich neuer und alter Regeln der Organisation

Merkmale konventioneller Organisationen	Merkmale digitalisierter Organisationen
Ausgerichtet auf Effizienz und Effektivität	Ausgerichtet auf offene Lernstrukturen, Innovation und Kundennähe
Organisation ist hierarchisch aufgebaut (hinsichtlich der Entscheidungswege, der Struktur und Mitarbeiterführung)	Organisationen werden als ‚empowerte' Wissensnetzwerke verstanden
Struktur basierend auf Funktionen, Abteilungen und anderen funktionalen Grenzen	Struktur basiert auf Projekten, die Teams konzentrieren sich auf die Produkte, die Kunden und den Service
Fortschritt erfolgt durch schrittweise Beförderung von Mitarbeitern zu Führungskräften	Fortschritt gelingt durch viele Aufgaben, verschiedene Erfahrungen und multifunktionale Führungsaufgaben
Die Mitarbeiter werden zu Führungskräften durch Beförderungen	Mitarbeiter folgen Führungskräften aufgrund ihres Einflusses und Kreativität
Organisation wird von oben geführt	Organisation wird orchestriert
Unternehmenskultur wird von der Angst zu Versagen und von der Fremdwahrnehmung bestimmt	Unternehmenskultur basiert auf Risikodenkweise und Innovationsbereitschaft
Starres, regelbasiertes System	Offene Spielregeln
Klare Definition von Berufspositionen und -titeln	Klare Definition von Teams und Verantwortlichkeiten, Berufspositionen und -titel verändern sich regelmäßig
Prozessorientiert	Projektorientiert

(Angelehnt an: Global, Deloitte, Capital, Human und Deloitte Consulting 2017: Rewriting the rules for the digital age, 2017, S. 25)

Wissensnetzwerke verstanden und nicht mehr als Machtrefugien. Die Arbeitsstrukturen sind hingegen projekt- und teamorientiert und weniger funktional. Dies macht eine schnelle Bearbeitung von Problemen über Bereichs- und Unternehmensgrenzen hinweg möglich. Menschen innovieren die Organisation und folgen Führungskräfte, die sie orchestrieren, anstatt Autorität auszuspielen. Kurzum: Der Fokus der digitalen Organisation liegt auf einem **neuen Designansatz für operative Strukturen,** anstatt nur die Geschäftsstrategie und das Marktmodell in den Blick zu nehmen.

Zwar sind nicht bei in allen Unternehmen diese Merkmale gleichermaßen gut ausgeprägt. Dennoch ergibt sich ein Zielbild, wie eine moderne digitale Organisation aussehen sollte, um Innovationen zu entwickeln, digitale Strategien umzusetzen und motivierte Mitarbeiter zu gewinnen und weiterzuentwickeln.

> **Übung 11**
> **Bestimmung der digitalen Reife einer Wunsch-Organisation**
> Sie haben die Aufgabe, die digitale Reife eine Organisation ihrer Wahl zu bestimmen. Nutzen Sie dazu als Ausgangsbasis die oben in der Tabelle beschriebenen Merkmale, was eine ideale digitale Organisation charakterisiert. Zur Bestimmung der Reife legen Sie in einem ersten Schritt ein Set an Indikatoren fest, anhand derer sich das jeweilige Merkmal bestimmen lässt. Empfohlen wird, pro Merkmal circa drei Indikatoren festzulegen. Die Indikatoren sollten in einem Gruppen-Workshop gemeinsam entwickelt werden. In einem nächsten Schritt recherchieren Sie/Ihre Gruppe qualitative und quantitative Informationen zu einem Unternehmen Ihrer Wahl. Ziel der Recherche ist es, den jeweiligen Zustand der Organisation für die einzelnen Indikatoren zu bestimmen. Ergänzend zur Recherche von Sekundärmaterial wird empfohlen, Interviewpartner aus unterschiedlichen Bereichen des Unternehmens zu gewinnen. Versuchen Sie nun für jedes Merkmal den Digitalisierungsgrad im Spannungsfeld zwischen konventioneller und digitaler Reife zu bestimmen. Nutzen Sie z. B. eine Skala von 1 bis 5 und vergeben Sie Punkte. Diskutieren Sie die Ergebnisse der verschiedenen Organisationsanalysen miteinander und reflektieren Sie die Gründe für die Abweichungen zwischen den Unternehmen.

Nur wenige Unternehmen werden tatsächlich diesen idealen Zustand erreichen. In der Praxis jedoch finden sich ausreichend Beispiele für Unternehmen, die diesem Zustand schon sehr nahekommen. So zeigt das folgende Beispiel eindrücklich, wie der Übergang vom konventionellen zum digitalen Organisationsmodell auch im Konzernumfeld gelingen kann.

> **Praxis**
> **Der EnBW InnovationCampus als digitales Schnellboot**
> *Janina Kose*
> EnBW zählt als drittgrößter Stromkonzern Deutschlands mit knapp 21 Mrd. Umsatz und über 21.000 Beschäftigten zu den führenden Unternehmen der Energiebranche. Die Konzernführung hat sich dem Ziel verschrieben, aus Atom- und Kohlekraftwerken auszusteigen und vermehrt neue Geschäftsmodelle zu etablieren, die sich dem Thema der erneuerbaren Energien und anderen alternativen Energiethemen widmen, beispielsweise der Absicherung systemkritischer Infrastrukturen im öffentlichen Raum, Smart-City-Konzepten, virtuellen Kraftwerkslösungen, Connected-Home-Technologien oder Lösungen für nachhaltige Mobilität (Kupke 2019). Abseits vom Konzernbetrieb existiert die EnBW Innovation und unterhält auch einen eigenen Campus. Dieser ist sowohl Ideenschmiede für neue Geschäftsmodelle als auch Inkubator für neue Projekte, die den zukünftigen Erfolg des Unternehmens absichern. Die EnBW Innovation besteht aus einem Kernteam von rund 20 Mitarbeitern, das sich mit der Entwicklung neuer Geschäftsmodelle beschäftigt. Im Kern betreut das Team laufend circa 30 Startup-Projekte, die im Inkubator betreut und begleitet werden. Die Projektteams, die an den Ideen arbeiten, setzen sich aus unterschiedlichen

Personen aus dem Innovation Campus sowie Konzern-Bereichen zusammen. Hier arbeiten sie in bereichsübergreifenden und hierarchielosen(freien) Teams zusammen. Bevor eine Lösung marktreif wird, wird sie zuvor getestet und weiterentwickelt. Sind die Ideen entwickelt, werden diese in die Kernorganisation überführt. Abhängig vom Reifegrad des Innovationsprojektes, kann dies in die Kernorganisation überführt werden, im Company Builder in der Skalierung unterstützt werden, so dass eine Ausgründung oder die Etablierung einer Micro Business Unit möglich ist. Das Credo des Campus ist es, offene Denkweisen abseits von Silodenken zu fördern und Projektideen zu verfolgen, die im Kerngeschäft ein zu hohes Risiko hätten (arbeitenviernull.de 2019). Vielmehr geht es langfristig darum, von innen heraus das Unternehmen zu erneuern, digitale Innovationen zu entwickeln und die Reputation der EnBW am Markt zu stärken. So konnten beispielsweise Startups wie Vialytics entwickelt werden, die innerhalb städtischer Agglomerationen Straßenanalysen mittels Smartphones machen und diese Straßenprophylaxe verschiedenen Kommunen zur Verfügung stellen. Ebenfalls daraus hervorgegangen ist Sm!ght – ein Start-up, das auf Basis bestehender urbaner Infrastruktur Lösungen für Ladeinfrastruktur, öffentliches WLAN, Umweltsensorik sowie Sicherheit und Verkehr herstellt.

Janina Kose, Circle Lead bei EnBW Innovation, erläutert im folgenden Interview, warum es für EnBW überhaupt wichtig ist, digitaler zu werden:

Interview/Janina Kose, EnBW

Warum muss ein Energiekonzern wie die EnBW überhaupt digitaler und innovativer werden?
Zum einen sicherlich, um einer neuen Erwartungshaltung der Kunden gerecht werden und am Markt effizienter und effektiver agieren zu können. Digitale Prozesse, die Kunden beruflich und privat täglich nutzen, sind für ihn bereits Standard. Dies möchte er auch im Umgang mit uns erleben.

Bei der Digitalisierung geht es aber um vielmehr. Es handelt sich um einen Paradigmenwechsel, der umfassende Transformations-Maßnahmen erfordert, die vor der Etablierung neuer Organisationsformen nicht Halt machen und dabei kulturelle Unterschiede berücksichtigen. Es gilt, die Unternehmensbereiche zu digitalisieren, die sich im ersten Schritt für einen digitalen Wandel anbieten und die Kundenzentrierung und Wirtschaftlichkeit des Unternehmens verbessern können. Wiederum werden andere Unternehmensbestandteile nicht sinnvoll oder vollständig digital transformiert werden können.

Der sogenannte „Sense of urgency", der für Transformations-Prozesse dieses Ausmaßes erforderlich ist, musste für die Energiewirtschaft nicht erst formuliert werden. Die Reaktorkatastrophe in Fukushima im März 2011 veränderte das Marktumfeld für die EnBW radikal. Sie erforderte eine Neudefinition der Strategie und des Zielsystems. Hinzu kam der Beschluss des Atom-Moratoriums der deutschen Bundesregierung 2011 zum Ausstieg aus der Kernenergie. Die EnBW und etablierte Wettbewerber mussten sich konsequent von bestehenden Geschäftsmodellen verabschieden und zudem den Verfall der Strompreise realisieren, der durch den Ausbau der Erneuerbaren Energien entstand. Dies wurde durch den Einbruch der Wirtschaftlichkeit der Kohle- und Gaskraftwerke noch verschärft.

Aus meiner Sicht hat die EnBW dabei aber stringenter als andere die Verantwortung für die Gestaltung der Welt von morgen übernommen. Sie hat sich freiwillig von einem erheblichen Teil der Kohlekraftwerke getrennt und in den Ausbau der Erneuerbaren Energien investiert.

Mit EnBW Innovation verfolgt sie dabei das Ziel, zukunftsfähige Lösungen für relevante Themen zu entwickeln, darunter Connected Home, Digitaler Erzeuger, Urbane Infrastruktur und Vernetzte Mobilität. Die Aufgabe von EnBW Innovation ist es, durch die Entwicklung neuer Geschäftsmodelle, aktiv Veränderungen im Konzern voranzutreiben und so die Zukunftsfähigkeit der EnBW zu sichern.

Was bedeutet für euch die digitale Transformation? Mehr Markt oder mehr Innovation?

Das eine geht nicht ohne das andere. Innovation ist ein Motor für Veränderung. Habe ich aber Marktpotenziale und Kundenbedürfnisse nicht verstanden bzw. sorgfältig analysiert, so werden wir unsere Geschäftsmodelle am Markt nicht erfolgreich platzieren und skalieren können. Geschwindigkeit und datengetriebene Entscheidungskultur sind dabei entscheidend.

Der gesamte Innovationsprozess wird bei uns in unterschiedlichen Phasen abgebildet. Es gilt, die Geschäftsmodelle zusammen mit dem Kunden zu entwickeln und immer wieder am Markt zu verproben. Anhand von transparenten KPIs werden die Geschäftsmodelle an den Gates (z.B. Innovation Board) bewertet und konsequent eingestellt, wenn diese perspektivisch keine wirtschaftlichen Erfolgsaussichten zeigen. Hierbei helfen klare spezifische Performanceziele, auf die man sich verständigt. Eine gute Innovationskultur ist eben auch eine, die selektieren kann und sich für oder gegen etwas entscheidet. Allein dieses Vorgehen und die damit verbundene offene Fehlerkultur sind eine große und positive Veränderung gegenüber einer EnBW vor einigen Jahren.

Eine weitere Herausforderung für erfolgreiche Konzerne ist sicherlich auch der aktuelle Erfolg. Dieser kann dazu führen, nicht wach genug zu sein und disruptive Veränderungen nicht schnell genug wahrnehmen und schlussendlich auf diese auch nicht mehr reagieren zu können. Als EnBW Innovation öffnen wir uns daher stark nach außen und unterstützen Netzwerke. Die EnBW New Ventures GmbH beteiligt sich z.B. in Form von Minderheitsbeteiligungen an unternehmerischen Teams, die mit neuen Geschäftsmodellen und neuen Technologien die Energiezukunft gestalten wollen. So schaffen wir bewusst Verbindungen in die Start-up Welt und fördern die kommerzielle Zusammenarbeit mit der Muttergesellschaft.

Welche Rolle spielen bei der Entwicklung digitaler Innovationen die Führungskräfte?

Peter Drucker hat mal gesagt "In times of change the greatest danger is to act with yesterday's logic".Führungskräfte sind aus meiner Sicht gerade im Kontext der digitalen

Transformation noch stärker gefordert, bestehende Verhältnisse zu hinterfragen und Mitarbeitende für die permanente Veränderung zu gewinnen. Rahmengebend für den Führungserfolg sind dabei Prozesse der Strategieentwicklung, damit schöpferische Innovationsprozesse die zentrale Rolle einnehmen können, die für das erfolgreiche Fortbestehen von Unternehmen notwendig sind (Franken, 2019). Die Vereinigung zwischen einer unternehmerischen Sichtweise und einer klassischen Führungskraft, die im Entrepreneurship mündet, wird für Unternehmen mit digitalen Ambitionen eine große Bedeutung erhalten (siehe auch Kreutzer/Neugebauer/Pattloch, 2017). Nicht umsonst versuchen Forschung und Wirtschaft immer wieder auf's Neue Prozesse, Verhalten, Rahmenbedingungen und damit auch Ursache und Wirkung von Führung zu beschreiben, zu erklären und im besten Fall vorhersagbar zu machen. Und das natürlich mit dem Ziel, Geschäftsmodelle mit der richtigen Führung am Markt erfolgreich platzieren zu können. Gleichzeitig verändern sich gesellschaftliche Bedingungen, was wiederum neue Formen der Organisation von Arbeit und damit auch von Führung hervorbringt (Berger, 2018).

Von Führungskräften wird erwartet, Visionen zu formulieren und gemeinsam mit den Mitarbeitenden Ziele zu entwickeln, die auf diese einzahlen. Sie verstehen sich also als Treiber und Unterstützer. Wahrnehmbare Veränderung drücken sich über Werte aus, die durch Führung in einer Vorbildrolle erlebbar gemacht werden müssen und zu einer Gestaltung von zwischenmenschliche Arbeitsbeziehungen führt. Gerade jungen Bewerbern ist der „Purpose" bei der Wahl des Arbeitgebers ein Anliegen. Für die zu leistende Arbeit gilt es, die geeigneten Rahmenbedingungen zu schaffen, um so eine gewünschte Wirklichkeit gemeinsam und konkret in Szene zu setzen. Das reicht von Arbeitszeitmodellen, Raumkonzepten bis hin zu der Gestaltung von Modellen zur virtuellen Teamarbeit mit digitalen Tools. Das Vorgehen ist sicherlich auch stark vom jeweiligen Unternehmen abhängig, doch bei der EnBW selbstverständlich, um nicht nur der innovativen Führung Ausdruck zu verleihen, sondern um schlichtweg effizient und effektiv in der Zusammenarbeit sein zu können und Anforderungen des Arbeitsmarktes (z.B. Bewerbern und Absolventen der MINT-Zielgruppe) mit einem attraktiven Arbeitsumfeld gerecht werden zu können.

Aufgabe von Führung ist es, den Bewusstseinswandel zu fördern und Mitarbeitende mit ihrem intellektuellen Kapital als treibende Kraft zu nutzen, die im schnellen Wettbewerbsumfeld Kundenbedürfnisse identifizieren und in passende Kundenlösungen überführen (Ackermann in Bruch/Krummaker, 2012). Anders als früher müssen Führungskräfte daher z.T. deutlich näher am Team sein, um Expertise und Erfahrung zielorientiert einzusetzen und bei Bedarf als Coach zu unterstützen.

Was sind die Top3- Erfolgsfaktoren, um eine digitale Innovationskultur aufzubauen?
Unterstützung des CEOs und Freiräume:
Immer wenn wir über Kultur sprechen, wissen wir, dass es sich um einen langwierigen und komplexen Prozess handelt, der einen langen Atem erfordert.

Transformations-Prozesse ohne Kulturwandel sind nicht möglich und nur das gesteuerte, konzentrierte und integrierte Vorgehen kann zu einer offenen Innovationskultur führen. Letztendlich hat man immer zum Ziel, unternehmerisch erfolgreich zu agieren und Wertschöpfung sicher zu stellen. Das Kernproblem bei der Entwicklung neuer Geschäftsmodelle oder auch der Investition von Venture Capital (Entwicklungshilfe für eine Unternehmensidee) in unterschiedliche weit entwickelte Geschäftsideen von Unternehmen wie kreativen Start-ups ist das zeitliche und finanzielle Risiko, das für Unternehmen und so auch für die EnBW schlecht steuerbar ist. Gerade in der Anfangszeit sind diese meist nicht wirtschaftlich und brauchen daher besonderen Schutz, um nicht gleich zu Beginn mit KPIs der Commodity Bereiche bewertet zu werden. Inkubatoren als auch Venture Capital befinden sich daher im Spannungsfeld zwischen Erfolgsdrucks (z.B. über den zukünftigen Unternehmenserfolg der EnBW mit zu entscheiden) und benötigtem kreativem Freiraum (z.B. für Ideenentwicklungen und Fokussierung auf Projekte, die zeitnah in eine Skalierungsphase überführt werden sollen).

Der Anstoß zur Veränderung sollte daher top-down erfolgen und die Unterstützung des CEOs haben. Dabei durchläuft ein Veränderungsprozess in der Regel unterschiedliche Phasen. Zu Beginn ist es zumeist sinnvoller häufig mit Innovations-Teams nicht zu nah an der Kernorganisation zu sein, um neue Arbeitsweisen verproben zu können und eine Fehlerkultur zu etablieren. Bei der EnBW Innovation wurde aus diesem Grunde ein Campus als Inkubator für die Entwicklung neuer Geschäftsmodelle geschaffen. EnBW Innovation wurde aus der Linienorganisation herausgelöst und in einer Form des zugänglichen Start-ups mit einer hohen Thementransparenz platziert (auch innerhalb der Organigramme). Aktuell rücken wir wieder deutlich näher an den Konzern und nutzen die Kompetenzen und Vorteile im Sinne der Start-ups. Zudem war und ist die Förderung durch das Top Management sowie die Entscheidung Innovation als ein weiteres Kernziel in der Unternehmensstrategie fest zu verankern entscheidend.

Lernende Organisation und permanenter Wandel
Mit einer Innovationskultur will man die Etablierung einer wandlungsfähigen Organisation untermauern. Das erfordert eine Offenheit für Andersartigkeit bei Führungskräften und Mitarbeitenden in gleichem Maße. Ziele sind schnellere Entscheidungswege, Eigenverantwortung zu ermöglichen, die Kreativität bei Mitarbeitenden zu fördern und flache Hierarchien zu etablieren. Zukünftig wird daher auch bei uns die permanente Veränderung der Organisation die Regel sein. Das ist ein deutlicher Unterschied zu früheren Change-Management Prozessen, wo es z.B. nach dem Modell von Lewin im dritten Schritt zu einer Stabilisierung kommt. Die Bedeutung von Feedbackschleifen (z.B. in Form von Retros) und ein hohes Maß an Selbstreflexion sind hierfür erforderlich, um permanent besser werden zu können.

Die Geschäftsmodellinnovation der EnBW stellt im Unternehmen zudem eine neue Herausforderung dar. Mit verschiedenen Experten und Bereichen im Unternehmen strebt sie für die erfolgreiche Umsetzung ihrer Projekte eine engere Zusammenarbeit an. EnBW Innovation hat dies über Rollendefinition gelöst (z.B. „Bridge-Funktionen",

„Beiräte"), die bewusst die Zusammenarbeit fördern und sich in unterschiedlichen Kulturen wertfrei bewegen können. Dies befruchtet Veränderung in einer Art Wechselwirkung und teamdynamischen Prozessen.

Kunde und Markt in das Zentrum der Veränderung stellen
Kunde und Markt entscheiden letztendlich über den Erfolg unserer Geschäftsmodelle. Diese Denkweise auch konsequent in die eigene Organisation einzubringen, führt zu einem Mehrwert und einem veränderten Umgang miteinander sowie einer konsequenten Ausrichtung an Märkten und Kunden. Entwicklungen werden nicht Einzelinteressen unterworfen, sondern sie werden gleichzeitig gezwungen, den existierenden Status-quo immer wieder kritisch zu hinterfragen und sich gegen den Wettbewerb benchmarken zu lassen.

6.2 Modell der digitalen DNA der Organisation

Eine wichtige Voraussetzung für die Etablierung einer wirkungsvollen Digitalorganisation ist die Konzeption und Umsetzung eines **digitalen Betriebs- bzw. Organisationsmodells.** Dieses liefert die Grundlage, um die Digitalisierung in der gesamten Organisation strukturell zu verankern. Organisationen, die die Digitalisierung systematisch vorantreiben, haben geringe Transformationskosten, investieren in die Transformation vergleichsweise weniger und führen diese schneller durch. Berücksichtigt man diese Argumente, wird das digitale Betriebsmodell zum Anker für die Überführung der Organisation in die nächste Generation. Das digitale Betriebsmodell ermöglicht es, die teils verstreuten digitalen Initiativen in einer Geschäftsorganisation zu bündeln und der Fragmentierung und hohen Steuerungskomplexität entgegenzuwirken. Für das Management bietet es gleichzeitig einen wichtigen Reflexionsrahmen, um das Unternehmen Schritt für Schritt von seinen antiquierten Routinen zu befreien und alle Organisationseinheiten, Geschäftsbereiche, Divisionen, Tochterunternehmen, Abteilungen, Stabsbereiche oder Teams in einen digitalen Handlungsmodus zu überführen. Das digitale Betriebsmodell geht weit über den punktuellen Einsatz von IT-Methoden oder digitalen Tools, Methoden und Plattformen hinaus, sondern repräsentiert die logischen Zusammenhänge, wie eine Organisation ihre **digitale DNA** entwickelt.

Diese Überlegungen sind nicht neu. Viele Institute und Beratungsgesellschaften lieferten in der Vergangenheit bereits unzählige Design-Vorschläge für die Einführung digitaler Maturity- und Reifegradmodelle, digitaler Roadmaps oder Digital Business Model-Ansätze etc. In allen diesen Modellen wird die digitale Reife als eine beeinflussbare Variable verstanden, die stellvertretend für die **digitale Binnenkomplexität** eines Unternehmens steht. Die digitale Binnenkomplexität steht stellvertretend für die Varietät und Vielfalt der Möglichkeiten eines Unternehmens, Austauschbeziehungen mit anderen Marktakteuren über digitale Wege oder mittels des Einsatzes digitaler Technologien herzustellen. Kurz gesagt: Mehr digitale Technologie bietet mehr Vernetzung und führt zu höheren Gewinnen. Wer sich für ein digitales Reifemodell entscheidet, erwartet, dass sich die Investments in Technologie auszahlen und dies zu einer höheren ökonomischen Leistungsfähigkeit des

Unternehmens führt, was sich letztendlich in Leistungskennzahlen ausdrücken lässt, beispielsweise Auftragseingang, Gewinn, Produktivität, Unternehmenswachstum etc.

▶ **Digitale Binnenkomplexität** Ausdruck aus der Systemtheorie, der stellvertretend für die Varietät und Vielfalt der Möglichkeiten eines Unternehmens steht, Austauschbeziehung mit anderen Marktakteuren über digitale Wege oder mittels des Einsatzes digitaler Technologien herzustellen.

Es stellt sich nun die Frage, ob die digitale Binnenkomplexität eines Unternehmens tatsächlich auf nur wenige Einflussgrößen reduziert werden kann. Viele der in der Praxis gängigen **Reifegradmodelle** erklären die digitale Binnenkomplexität lediglich auf zwei Faktoren: Die Investitionen in digitale Technologie und den Aufbau von digitaler Führungskompetenz (siehe Box unten). Zweifel kommen auf, dass diese Art der Komplexitätsreduktion auf nur wenige Faktoren die Fähigkeit zur Interaktion mit der Umwelt einer Organisation widerspiegeln kann. Im Prinzip folgt dieses Verständnis dem altbekannten Denkmuster der vergangenen industriellen Zeit: Die Beeinflussung einzelner funktionaler Systeme (hier: Technologie, Management etc.) führt direkt zum wirtschaftlichen Erfolg. Dass diese technokratische Business-Case-Perspektive im Kontext der Digitalisierung eventuell zu kurz greift, wird nur selten thematisiert. Die Reduktion auf nur wenige Faktoren erleichtert zwar das Handling des digitalen Reifegradmodells. Andere wichtige Einflussgrößen geraten aber schnell aus dem Blickfeld der Organisationsgestalter, wie beispielsweise die Unternehmenskultur, Entwicklungsansätze für die Belegschaft, der Einfluss von Technologien auf Arbeitsplätze etc. Diese Herausforderungen werden derzeit weitestgehend ausgeblendet und nicht weiter thematisiert.

Hintergrund
Vielfalt digitaler Reifegradmodelle
In der Forschungs- und Beratungswelt werden Reifegradmodelle bereits seit Jahrzehnten zur Weiterentwicklung von Unternehmen eingesetzt. Bereits in den 1980er Jahren hielten im Software Engineering Reifegradmodelle Einzug, um Software-Lösungen konzeptionell weiterzuentwickeln. Seitdem entstanden eine Vielzahl weiterer Reifegradmodelle, welche sich verschiedenen Entwicklungsprozessen in unterschiedlichen funktionalen Themenbereichen eines Unternehmens widmen. Heute widmen sich Wissenschaftler und Praxisvertreter vor allem der Entwicklung **digitaler Reifegradmodelle.** Eines der bekanntesten digitalen Reifegradmodelle stammt von einem Forscherteam des MIT Center for Digital Business (2013). Mittels dem 4-stufigen Maturity-Modells wird der Einfluss digitaler Technologien wird den Erfolg von Unternehmen von Digitalisierungs-Bemühungen messbar. Die Autoren kommen zum Schluss, dass die Dimensionen des Investments in digitale Technologie sowie der bewusste Management-Fokus auf die Einführung digitaler Technologien eine große Wirkung erzielen. Unternehmen können, wenn sie in beiden Dimensionen ‚outperformen', langfristig eine starke Wettbewerbsposition in der Digitalisierung aufbauen. Die Studie unterscheidet in vier Reifegrade der digitalen Transformation, die in der Abb. 6.3 dargestellt sind.

Eine Alternative für ein ganzheitlich orientiertes Reifegradmodell zur digitalen Transformation liefern North et al. (2019) mit dem digitalen Wachstumsrad. Dieses holistische Framework zur Evaluation des digitalen Reifegrades, das in Abb. 6.4 zu sehen

6.2 Modell der digitalen DNA der Organisation

Vier Ausprägungen der digitalen Reife

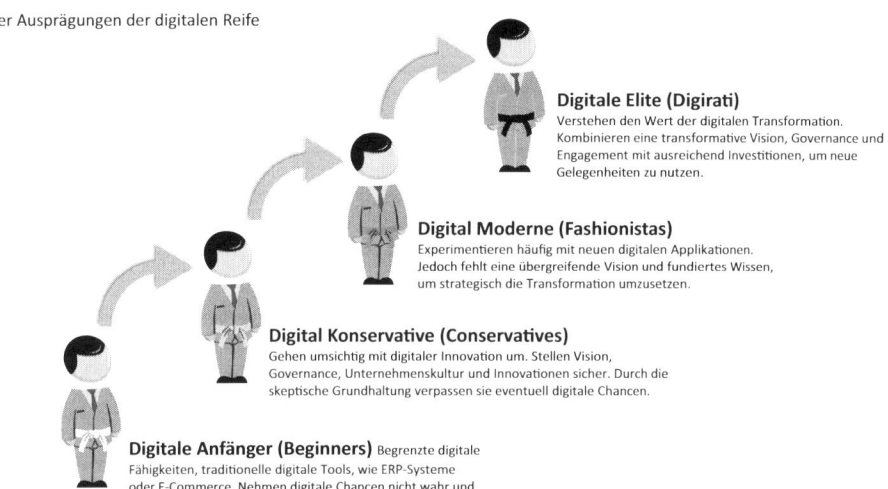

Abb. 6.3 Digitales Reifegradmodell von Capgemini und MIT Center for Digital Business. (Quelle: In Anlehnung an Capgemini Consulting. The Digital Advantage: How Digital Leaders Outperform their Peers in Every Industry. MIT Sloan Management Review, 2012, S. 1–24)

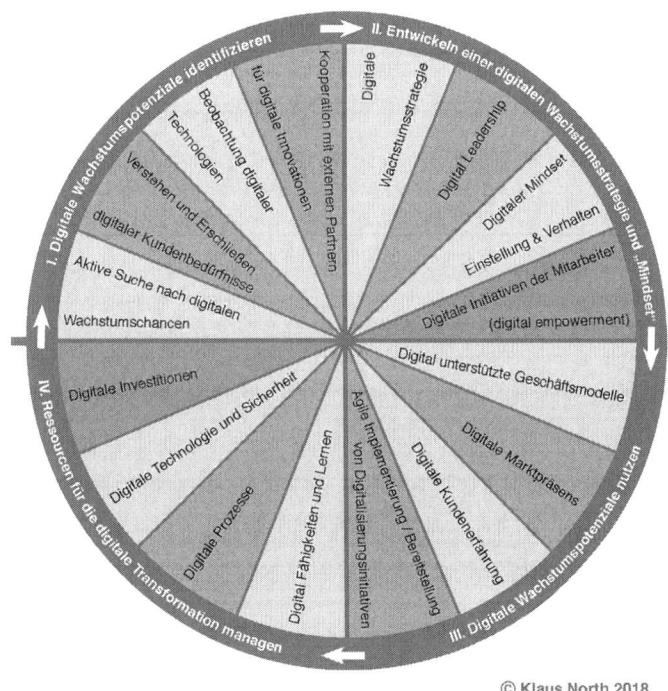

Abb. 6.4 Digitales Wachstumsrad nach Prof. Klaus North

ist, ermöglicht es Unternehmen, ihren eigenen Digitalisierungsgrad anhand der Einschätzung von Reifestufen in verschiedenen organisatorischen Facetten zu bestimmen. Anhand dieser Selbsteinschätzung wird es für Unternehmen möglich

1. dass sich Eigentümer, Manager und Mitarbeiter über die erforderlichen Maßnahmen bewusstwerden und lernen, ihre Fähigkeiten richtig einzuschätzen sowie Chancen und Bedrohungen zu bewerten;
2. ein gemeinsames Verständnis dafür zu schaffen, was „digital ermöglichtes Wachstum" für das Unternehmen bedeutet;
3. die digitale Strategie zu entwickeln und zu kommunizieren;
4. Pilotinitiativen zu einem Gesamtbild der Digitalisierung zu verankern; und
5. Lernziele zu definieren, z. B. Was müssen wir lernen, um von Stufe 2 zu Stufe 3 zu kommen?

Das Framework ist weniger formalisiert, als vergleichbare Reifegradmodelle, die eher auf die Bedürfnisse größerer Unternehmen zugeschnitten sind und ermöglicht deswegen vor allem KMUs eine Evaluation. Anhand der verschiedenen Bereiche wird das aktuelle und das gewünschte Niveau der Fähigkeiten beschrieben und in Form gängiger Praktiken in leicht verständlicher Form bewertbar. Darüber hinaus dient das „Rad" als eine umsetzungsorientierte Visualisierung und trägt dazu bei, ein Gesamtverständnis dessen zu vermitteln, was digital ermöglichtes Wachstum bedeutet. Das DIGROW-Framework wurde in Kooperation der Wiesbaden Business School mit der spanischen Deusto Business School entwickelt, bereits zur Selbstanalyse von mehreren hundert KMU genutzt und kann kostenlos eingesetzt werden.

Digitale Selbstanalyse für Unternehmen mit dem DIGROW-Reifemodell
Prof. Dr.-Ing. Klaus North
Digitale Transformation ist ein Lernprozess, der die Integration von Technologie-, Geschäfts- und Lernstrategien in eine unternehmerorientierte Organisation erfordert. Digitale Reife bedeutet, dass ein Unternehmen über die notwendigen Fähigkeiten verfügt, um die digitale Transformation erfolgreich zu gestalten. Eine gute Antwort, welche Fähigkeiten benötigt werden gibt die Theorie der „dynamischen Fähigkeiten" (Teece 2007): Um innovationsfähig und anpassungsfähig an sich verändernde Bedingungen zu sein, müssen Unternehmen ihre Kernkompetenzen hinterfragen und erneuern. Dazu müssen Sie Fähigkeiten entwickeln,

1. Chancen und Bedrohungen zu erkennen und zu gestalten(„sensing"),
2. Chancen zu ergreifen („seizing") und
3. die Wettbewerbsfähigkeit durch Verbesserung, Kombination, Schutz und gegebenenfalls Neukonfiguration der immateriellen und materiellen Vermögenswerte des Unternehmens abzusichern (Transforming).

Im DIGROW-Framework wurde für die Entwicklung eines praxisorientierten Selbstbewertungsrahmens eine weitere Fähigkeit zur Strategieentwicklung und -kommunikation zwischen den Fähigkeiten des „Sensing" und „Seizing" eingefügt. Insbesondere in KMU sind sich Eigentümer

6.2 Modell der digitalen DNA der Organisation

und Manager zwar oft der Wachstumspotenziale durch Digitalisierung bewusst, es fehlt ihnen jedoch häufig eine explizite Strategie.

Daher enthält das „DIGROW"-Framework die im Folgenden beschriebenen vier Dimensionen:

I. Digitale Wachstumspotenziale identifizieren

Um digitale Wachstumspotenziale zu erkennen, müssen KMU Mechanismen und Prozesse implementieren, um Veränderungen im Geschäftsumfeld zu erfassen, zu beobachten und zu verstehen. Digitale Wachstumschancen ergeben sich aus dem Verständnis und der Entwicklung digitaler Kundenbedürfnisse sowie aus der Identifizierung technologiegetriebener Möglichkeiten. Eine besonders fruchtbare Quelle kann die Nutzung von externem Wissen für digitale Innovationen sein: (potenzielle) Kunden, Universitäten, Forschungszentren, „The Crowd", Partner im „Ökosystem".

II. Entwickeln einer digitalen Wachstumsstrategie und „Mindset"

Die Frage, wie KMU im digitalen Umfeld erfolgreich sein können, erfordert ein Verständnis, welche strategische Ausrichtung das Unternehmen am besten dazu befähigt, sich in diesem Umfeld zu behaupten. Es ist von entscheidender Bedeutung, dass Führungskräfte das Potenzial für digitales Wachstum erkennen („Digital Leadership"). Ein gemeinsames Verständnis dafür, wie die digitale Welt „tickt", ist eine Grundvoraussetzung für die Motivation der Mitarbeiter und die Entwicklung einer vorausschauenden Einstellung zur Digitalisierung, gefolgt von einer umfassenden Entwicklung neuer Verhaltensweisen („digital mindset"). Die Führung sollte „Spielräume" schaffen damit Mitarbeiter mit digitalen Initiativen experimentieren können. Auf dieser Grundlage gilt es eine Strategie der digitalen Transformation zu entwickeln, die zum Unternehmen passt.

III. Digitale Wachstumspotenziale nutzen

Um identifizierte Chancen zu nutzen oder Bedrohungen durch die Digitalisierung abzumildern, müssen Unternehmen ihre Geschäftsstrategien überarbeiten und entscheiden, ob sie aktuelle Geschäftsmodelle anpassen oder neue entwickeln wollen. Dies hängt mit Investitionsentscheidungen und der Bereitschaft zur Erschließung neuer Geschäftsfelder zusammen. Vielfach sind Geschäftsmodellinnovation nötig, die das Hinterfragen und Neugestalten der Schlüsselelemente der Wertschöpfung beinhalten. Solche Schlüsselelemente sind u. a. die digitale Marktpräsenz und das digitale Kundenerlebnis. In Abhängigkeit von ihrem derzeitigen Entwicklungsstand erkennen Unternehmen zwar möglicherweise die Geschäftspotenziale der Digitalisierung, aber sind nicht auf die Implementierung der erforderlichen neuen Technologien und Prozesse vorbereitet. Aus diesem Grund ist die Fähigkeit zur agilen Umsetzung von Digitalisierungsinitiativen von entscheidender Bedeutung, um wahrgenommene Chancen zu nutzen. Dies kann kleine Pilotprojekte oder Methoden für die agile Produkt- und Serviceentwicklung umfassen wie z. B. SCRUM oder Design Thinking.

IV. Ressourcen für die digitale Transformation managen

Die Transformation der Organisation erfordern die kontinuierliche Anpassung und Neuausrichtung bestimmter materieller und immaterieller Ressourcen. Neben finanziellen Ressourcen sind dies Kompetenzen der Mitarbeiter, technologisches und prozessbezogenes Wissen. Der Begriff „digitale Fähigkeiten" beschreibt ein breites Spektrum professioneller Fähigkeiten, einschließlich organisatorischer Kompetenzen wie Markt- und Domänenkenntnisse und (Veränderungs-) Managementfähigkeiten. Die Veränderung gelingt oft in enger Zusammenarbeit mit vertrauenswürdigen Partnern entlang der Wertschöpfungskette. häufig KMU, die zu denselben lokalen Gemeinschaften gehören, in einem schrittweisen Prozess. Jeder Wissenstransfer muss durch den aktuellen Bedarf im Geschäftsprojekt gesteuert werden. Diese Erkenntnisse sind ein schlagkräftiges Argument für Projektlernansätze wie die oben beschriebene Methodik „Lernen um zu wachsen" oder konkreter Verweis falls an anderer Stelle im Buch darauf eingegangen wird.

In Bezug auf den Zugang zu und die Anwendung digitaler Technologien stehen KMU vor zwei Herausforderungen. Um die mit der Digitalisierung verbundenen Möglichkeiten voll ausschöpfen zu können, müssen Unternehmen einerseits einen zuverlässigen und erschwinglichen Zugang zu digitalen Netzen und Diensten haben. Andererseits bedeutet erfolgreiche Transformation auch, die Möglichkeiten digitaler Applikationen realistisch einzuschätzen und die IT-Sicherheit zu gewährleisten.

Die im digitalen Wachstumsrad dargestellten vier Dimensionen können als Herausforderungen (z. B. was sind unsere Herausforderungen, digital aktivierte Wachstumspotenziale zu erkennen?) oder als Fähigkeiten (z. B. haben wir die Fähigkeit, digital aktivierte Wachstumspotenziale zu erkennen?) angesehen werden. Beide Sichtweisen sind bei einer Selbsteinschätzung hilfreich. In Anlehnung an Teece (2007) Begründung der dynamischen Fähigkeiten sind im DIGROW-Framework für jede der vier Herausforderungen oder Fähigkeiten vier Gestaltungsfelder definiert, die auf fünf Stufen bewertet werden.

Sie sind nun eingeladen, die digitale Reife Ihres Unternehmens oder Ihres Geschäftsfeldes zu bewerten. Das vollständige Bewertungsraster finden Sie im Anhang zu diesem Buch.

Mit Blick auf die Verbesserung der digitale Binnenkomplexität, die bei der Digitalisierung eine entscheidende Rolle spielt, wird zu den bestehenden Reifegradmodellen ein alternatives Digitalisierungs-Modell vorgeschlagen. Diesem Modell liegt kein funktionales, sondern ein systemisches Verständnis zugrunde. Es gründet sich auf sechs Bausteinen, die jeweils verschiedene Perspektiven der Digitalisierung eine Organisation repräsentieren und damit über eine funktionale und komplexitätsreduzierende Geschäftsmodell-Sicht hinausgehen. Wie in Abb. 6.5 dargestellt, werden die sechs Bausteine zum **Modell der digitalen DNA** verdichtet. Bewusst wurde für die Darstellung des Modells die aus der Biologie bekannte DNA-Spirale verwendet, in der sich die Bausteine der

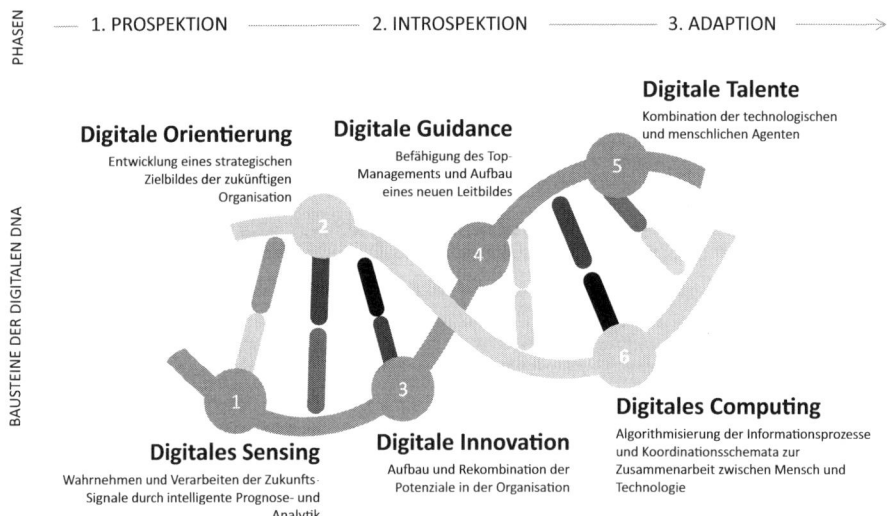

Abb. 6.5 Modell der digitalen DNA der Organisation

6.2 Modell der digitalen DNA der Organisation

DNA wiederfinden. Denn so, wie auch die menschliche DNA, geht es beim Ausbau der Binnenkomplexität einer Organisation um die Umsetzung eines komplexen Bauplans, der als Grundlage dient, um das Organisationssystem neu zu programmieren. Durch die Fokussierung auf sechs Bausteine lässt sich das organisatorische Betriebssystem in seinen Tiefenstrukturen, und nicht nur oberflächlich, von analog auf digital **neu programmieren.**

▶ **Modell der digitalen DNA** Modellbeschreibung, die die Gestaltungsperspektiven der Digitalisierung von Organisationen in Form eines komplexen Bauplans beschreibt. Es liefert die Grundlage, um ein Organisationssystem digital neu zu programmieren.

Wie in der Abbildung zu sehen, besteht der Bauplan zur Programmierung einer digitalen DNA bildlich gesprochen aus sechs Gensequenzen. Diese Sequenzen liefern den Programmier-Code, um die **Digitalorganisation** zu implementieren. Die einzelnen Bausteine werden in den folgenden Kapiteln des Buches ausführlich beschrieben, u. a. zählen dazu:

1. Digitales Sensing und Wahrnehmen,
2. Digitale Orientierung,
3. Digitale Guidance und Führung,
4. Digitales Innovieren und Experimentieren,
5. Digitaler Kompetenzaufbau und
6. Digitales Computing.

Jeder Baustein enthält Informationen zu den Bauplänen und Muster eines Teilbereichs der digitalen Organisation. Durch die Metapher der DNA wird deutlich, dass das Re-Design der Organisation kein lineares oder sequenzielles Vorhaben ist, sondern sich die einzelnen Bausteine wechselseitig beeinflussen. Werden alle diese Bausteine systematisch in den Blick genommen und Maßnahmen ergriffen, um den Digitalisierungsgrad eines Bausteins zu erhöhen, kommt es zu vielfältigen Veränderungen in den Tiefenstrukturen einer Organisation. So gelangen Schritt für Schritt neue Lernpraktiken, Kommunikationsformen, Managementinstrumente oder andere technologisch und methodische Werkzeuge in das Unternehmen. Dies führt zu einer umfassenden Neuentwicklung der Interaktionen zwischen den Akteuren in der Organisation miteinander sowie mit ihrer Umwelt. Das Modell der DNA ist anwendungsorientiert gestaltet und unterstützt vor allem dabei, allen Organisationsmitgliedern, inklusive dem Topmanagement, der Verwaltung, den operativen Bereichen, den Betriebsrat, den Support-Funktionen usw. die konkreten Bedingungen der Digitalisierung im Kontext ihrer eigenen Rolle und Funktion bewusst zu machen und so ein gemeinsames Verständnis zum Zielzustand zu entwickeln.

Die Umsetzung der Bausteine erfolgt nicht sequenziell, sondern in einem immer fortlaufenden **Anpassungsprozess.** Was aus theoretischer Sicht recht simpel klingt, kann aus praktischer Sicht jedoch zu einem komplexen Unterfangen werden. Je nach Ausstattung der Organisation mit digitalen Ressourcen, beispielsweise Personal, Technologie, Invest-

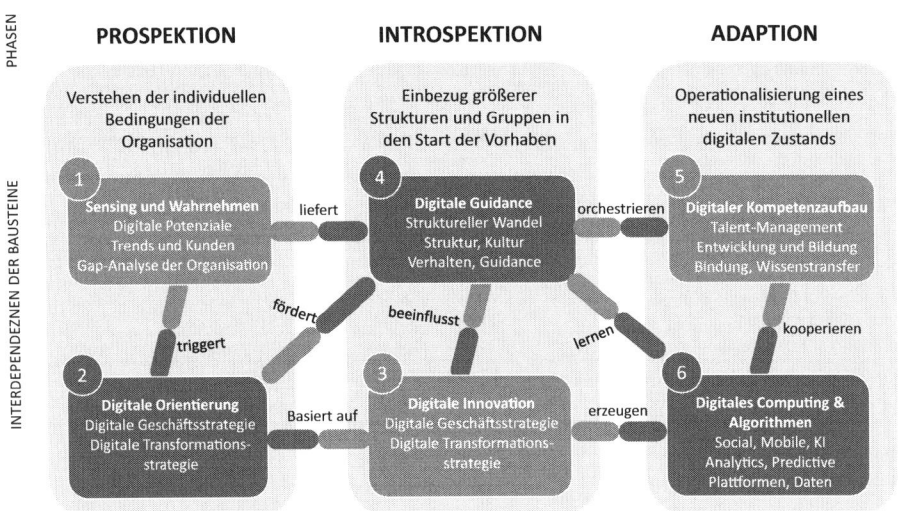

Abb. 6.6 Ablaufphasen und Bausteine

ment, Management oder Zugriff auf Ökosysteme, kann die Umsetzung der einzelnen Bausteine je nach Unternehmen sehr unterschiedlich ausfallen. Zur besseren Anwendung des Modells in der Unternehmenspraxis wird jeder Baustein einer bestimmten Phase zugeordnet. Dies hilft dabei, sich darüber bewusst zu werden, in welchem organisatorischen Bereich eine Organisation sich in welcher Phase befindet. Insgesamt kann der Anpassungszyklus der Organisation, wie in Abb. 6.6 zu sehen ist, in drei unterschiedliche Phasen unterteilt werden.

Prospektion – Wahrnehmen und Verstehen der Rahmenbedingungen im digitalen Transformationsvorhaben

Obwohl die meisten Unternehmen wissen, dass digitale Strategien notwendig sind, um die Stabilität und das Wachstum der Organisation sicherzustellen, wissen sie oft nicht, wo sie starten sollen. In dieser Phase wird das Spektrum der Wahrnehmung der digitalen Veränderungen beim Einzelnen oder in bestimmten Organisationseinheiten erweitert. Dies bezieht sich auf Baustein 1 (Digitales Sensing und Wahrnehmen) sowie auf Baustein 2 (Digitale Orientierung). Die Organisation wird in die Lage versetzt, die Signale aus der Umwelt zu verstehen. In dieser Phase werden konsequent digitale Wirkungsanalysen auf allen Stufen der Organisation angewendet, um Potenziale und Lücken der digitalen Fortentwicklung einer Organisation zu identifizieren. Es geht darum, alte Denkweisen abzulegen, mit Gewohnheiten zu brechen oder die eigene Unternehmenskultur als veränderbar anzuerkennen. Voraussetzung ist, dass über alle Unternehmensebenen hinweg Werkzeuge zur Prospektion zum Einsatz kommen und alle Beteiligten involviert werden. Wichtige Indikatoren, dass diese Phase in der eigenen Organisation noch nicht realisiert bzw. umgesetzt wurde, sind:

- Fehlen von Richtlinien und Planungen zur organisatorischen Prävention digitaler Risiken und dem Schutz vor digitalen Störfaktoren im aktuellen Geschäftsmodell.
- Keine Anwendung von Methoden der datenbasierten Vorausschau und Prävention.
- Technologische Infrastrukturen sind nicht vorhanden oder, falls vorhanden, sehr heterogen ausgeprägt, was auf unterschiedliche, spontane und fragmentierte Digitalisierungsaktivitäten in der Vergangenheit hinweist.
- Mangelnde Ressourcen zur Planung und Verwertung vorhandener digitaler Ressourcen.

Introspektion – Initialisieren digitaler Wachstums- und Stabilisierungs-Vorhaben
Sobald die digitalen Potenziale in der Organisation wahrgenommen werden, führt dies natürlicherweise zum Handeln und zur Transformation der Organisation. In dieser Phase geht es darum, Projekte zu initiieren, mit dem Ziel, digitale Transformation voranzutreiben. Es geht um Potenziale zur digitalen Vernetzung, Kreativität und neue Arbeitsmethoden. Dies bezieht sich auf Baustein 3 (Digitales Innovieren) und Baustein 4 (Digitale Guidance). Das Ziel ist es, einen lebendigen Prozess zur Entwicklung von Innovationen auf allen Stufen zu etablieren. Die Umsetzungen sind begrenzt in ihrer Wirkung, meist experimentell, und adressieren zuerst wenige Bedürfnisse der Organisation. Hier gilt es, investive Mittel für die Durchführung gewinnen, die zeitlichen Rahmenbedingungen zu klären und die Abhängigkeiten zwischen den Bausteinen zu verstehen. Beispielsweise konzentrieren sich diese Projekte auf den Aufbau experimenteller digitaler Infrastrukturen, der Umsetzung neuer Managementtechniken, der Verbreitung neuer Tools und Instrumente zur Realisierung breiter Digitalisierungsvorhaben. Hinweise und Indikatoren, dass diese Phase in der Organisation noch nicht realisiert bzw. umgesetzt wurde, sind:

- Die Planungen zur Umsetzung der Digitalisierungsstrategien bewegen sich auf einem sehr allgemeinen Niveau. Evidenzen zu den Bedingungen der Digitalisierung sind noch nicht expliziert.
- Die Organisation lehnt breitere technologische Fortschritte ab oder, was wahrscheinlicher ist, reagiert sehr reaktiv auf digitale Innovationen und projektspezifische Ansätze.
- Die Erarbeitung konkreter Umsetzungsstrategien ist noch nicht fundiert genug formuliert bzw. Ressourcen sind noch nicht gesichert.

Adaption – Konsolidierung der einzelnen Vorhaben zu umfassenden Programmen
Um von der Stufe 2 zu Stufe 3 zu kommen, ist ein umfassender organisatorischer Umbau notwendig. Jedes Unternehmen wird selbst festlegen, wie der Umbau konkret aussieht. Im Kern geht es um den Aufbau eines neuen Verständnisses, wie die Digitalisierung umgesetzt wird. Dies bezieht sich auf Baustein 5 (Digitaler Kompetenzaufbau) und Baustein 6 (Digitales Computing). Hier ist es notwendig, parallele Initiativen und Projekte zu initiieren, die insbesondere die Transformation der Kultur und der Organisationsstrukturen adressieren. Beispielsweise beschäftigen sich Organisationen in dieser Phase mit dem Aufbau ontologischer Kompetenzsysteme, Einführung von KI in allen

Kernprozessen oder der Verankerung neuer Rollen und Verantwortlichkeiten in holokratischen Strukturen. Hinweise und Indikatoren, dass diese Phase in der Organisation noch nicht realisiert bzw. umgesetzt wurde, sind:

- In der Organisation ist das Vertrauen in die Entwicklung grundsätzlich neuer Rahmenbedingungen noch nicht ausgeprägt.
- Es wird lediglich ein Minimum an Investments in neue Technologien zur Verfügung gestellt.
- HR-Systeme sind noch nicht auf die Gewinnung und Bindung von Digital-Experten ausgerichtet.

Die Umsetzung der Phasen unterstützt dabei, die Abhängigkeiten zwischen den Bausteinen zu verstehen und die Ausgestaltung des Modells auf die Bedürfnisse des Unternehmens anzupassen. Dies zwingt alle Beteiligten, sich darüber bewusst zu werden, in welcher Phase sich das Unternehmen befindet und wie die Ziele erreicht werden (Senge 1990). Zwar wird in der Praxis häufig dieses Vorgehen als ‚agil' umschrieben, aber wie bereits besprochen, ist der Begriff der Agilität im Kontext der digitalen DNA trügerisch. Es geht nicht um die Einführung einzelner Methoden, wie z. B. Lean Management, Kanban oder Design Thinking, sondern um den **Reflexionsprozess,** der in der Organisation dazu führt, dass neues Wissen zur Digitalisierung erworben und kontinuierlich verankert wird, um gemeinsam einen Wettbewerbsvorteil zu schaffen.

Studien zufolge sichert das digitale Betriebsmodell langfristig den **ökonomischen Erfolg.** Demzufolge lassen sich durch ein digitales Organisationsmodell in nur drei Jahren 60 bis 80 % aller digitalen Veränderungsziele erreichen und gleichzeitig die Grundlage für zukünftiges digitales Wachstum schaffen (Dias et al. 2017). Der Zweck der digitalen Veränderungsarbeit geht weit über die technologische Digitalisierung hinaus. Sie ist geprägt von einem ständigen Wandel und organisatorischer Innovierung. Die Digitalisierung ist Mittel zum Zweck, um auf allen organisatorischen Unternehmensebenen – von der strategischen Spitze und dem Management, über die funktionalen Bereiche, Divisionen und Abteilungen, bis hin zu den Unterstützungsfunktionen am Rande der Organisation (Mintzberg 1979) – in einer digitalisierten Welt ökonomisch erfolgreich zu wirtschaften. Die Veränderungen werden innerhalb der Organisation angetrieben von neuen Technologien, Prozessen, der Entwicklung neuer Kompetenz- und Wertesysteme, den vernetzten Erfahrungen von Kunden, Mitarbeitern und Interessengruppen sowie den gesellschaftlichen Entwicklungen. Damit ist die Entwicklung einer digitalen DNA kein Selbstzweck, sondern ein systemisches Werkzeug, um nachhaltiges Wachstum zu generieren.

Der Aufbau digitaler Organisationen folgt klaren Regeln. Um eine wirkungsvolle digitale Organisation zu entwickeln, sollte sich der Aufbau an **fünf Designprinzipien** orientieren: Systemoffenheit, Ganzheitlichkeit, Disruptivität, Dynamik und Komplexität. Diese fünf Prinzipien betreffen sowohl die Form als auch die Funktionen der digitalen Organisation der Zukunft. Die einzelnen Prinzipien werden im Folgenden kurz erläutert.

6.3 Designprinzip: Systemoffenheit

Ein Prinzip, nach dem digitale Organisationen entwickelt werden, ist das der Systemoffenheit. Darunter wird der Zustand einer Organisation verstanden, keinen festgelegten Entwicklungspfaden zu folgen, sondern sich ergebnisoffen zu entwickeln. Der Aspekt der Systemoffenheit wird bereits lange im Kontext der Managementforschung und Organisationswissenschaft thematisiert (Kotter 1995). Das aus den Naturwissenschaften stammende Konzept hat seinen Ursprung in der Industrie- und Innovationsökonomie und wurde später in anderen experimentellen Wissenschaftstheorien überführt (Antonelli 1999).

Ein Hindernis für digitale Veränderungen stellt in der Regel die **organisationale Pfadabhängigkeit** dar. Unternehmen erleiden Wettbewerbsnachteile, da sie trotz schneller Veränderungen in der unmittelbaren wirtschaftlichen Umwelt nicht in der Lage sind, Routinen und Handlungsmuster schnell genug zu verändern. Veränderungen sind meist nicht gewollt, was zu allgemein defensivem Verhalten bei den Akteuren gegenüber Wandel führt. Diejenigen Organisationen, die der laufenden Veränderung eher defensiv gegenüberstehen und nur wenig Erfahrungen besitzen, geraten ins Abseits und laufen Gefahr, vom Markt zu verschwinden. Die Trägheit führt ebenso dazu, dass sich zur Unterstützung eines Transformationsprojektes keine Koalitionen bilden, Fürsprecher oder Unterstützer finden. Die defensiv eingestellte Organisation agiert damit nicht nach vorn schauend, sondern situationsgetrieben (Siegler 1999) und den Status quo bewahrend. Diese Form kann als **reaktive Organisationen** klassifiziert werden. So können Unternehmen als reaktiv beschrieben werden, wenn z. B. tradierte Wertvorstellungen, Vorgehensweisen bei Planung und Management oder kulturelle Konventionen dazu führen, dass Veränderungsprojekte nicht umgesetzt werden. Rumelt sieht die folgenden Hürden als Hauptgründe, u. a.

- verzerrte Wahrnehmungen oder Verleugnung im Management,
- abgestumpfte Motivation sich verändern zu wollen,
- fehlgeschlagene Reaktionen in der Vergangenheit,
- politische Deadlocks oder
- Alibi-Aktivitäten, die zu keiner wirklichen Veränderung führen (Rumelt 1995).

Um diese Motive zu überwinden, müssten weitreichende Veränderungsprozesse durch die Akteure der Organisation angestoßen werden. Die Akteure selbst sind jedoch bestimmten Regeln des Zusammenspiels unterworfen. Die begrenzten Möglichkeiten, diese Regeln selbst zu ändern sowie ihr begrenzter Zugang zu Informationsressourcen bremsen die Weiterentwicklung in der Organisation aus und haben Einfluss auf deren Flexibilität. Dieses Phänomen ist auch unter den Begriffen der organisationalen Rigidität, Trägheit oder Inflexibilität bekannt (Dawson 2014).

▶ **Organisationale Pfadabhängigkeit/organisationale Trägheit** Beschreibt ein bestimmtes träges Verhaltensmuster von Unternehmen, trotz schneller Veränderungen in der unmittelbaren wirtschaftlichen Umwelt nicht ihre eigenen Routinen und Handlungsmuster schnell genug zu verändern, wodurch sie Wettbewerbsnachteile erleiden.

Um die sozialen Normen und Verhaltensweisen so zu verändern, dass ein Wandlungsprozess möglich wird, sollte die Organisation nach handlungsoffenen Prinzipien gestaltet werden. Der Zustand der organisationalen Trägheit kann nicht durch technologische Erneuerung überwunden werden, sondern erfordert das Experimentieren mit neuen Handlungsstrukturen, bspw. veränderten Entwicklungs- und Prozessstrukturen, taktischen Führungssystemen und anderen operativen Praktiken. Im Gegensatz zur reaktiven Organisation spricht man dann von handlungsoffen und **progressive Organisationen.** Hier setzen sich die Akteure mit der Bewältigung zukünftiger Herausforderungen und nur wenig mit Problemen der Vergangenheit auseinander.

Das Designprinzip der Systemoffenheit kann u. a. durch folgende Maßnahmen realisiert werden:

- Ausrichtung des Managements auf Innovation und Kreativität,
- Prozess-Redesign der Entscheidungsprozesse und Abbau von Bürokratie
- Herstellung von Chancengleichheit zwischen den Akteuren, Ideen einzubringen
- Förderung laufender Veränderungen und Innovationen, u. a. Bereitstellung ausreichender Investivmittel, Wettbewerbe, Anreizsysteme
- Neue Prozesse zur Effizienzverbesserung in der Entscheidungsfindung, unter anderem durch KI-Automatisierung,
- Aufbau konsensförderlicher Strukturen,
- Abbau kleinteiliger Abteilungsgrenzen und Neuordnung der Organisationsgrenzen,
- Bewusste Konsolidierung der Marktbearbeitung, unter anderem für Vertriebseinheiten, Länder-Organisationen oder andere marktbezogene Strukturen.

▶ **Progressive Organisation** Beschreibt eine Organisation, die außerordentlich progressiv mit Veränderung umgeht und ihre Erwartungen stärker auf die Bewältigung zukünftiger Herausforderungen und nur wenig auf die Probleme der Vergangenheit setzt.

Praxisbeispiel
Digitalisierung in der Bestattungsindustrie
Das Problem der Pfadabhängigkeit ist besonders deutlich in konservativen Industrien zu beobachten, wie das Beispiel der Bestattungsindustrie zeigt (Wenzel und Wagner 2015). Trotz vieler Veränderungen halten besonders die etablierten Bestattungsunternehmen an ihrem gewohnten Geschäftsmodell fest und verändern sich nur langsam. Zu den Veränderungen der vergangenen Jahre zählten u. a. die Deregulierung des

Bestattungsmarktes, der Markteintritt von Billiganbietern, so genannten ‚Discount Funeral Homes', oder auch ein harter Wettbewerb durch digitale Anbieter. Anfang der 2000er Jahre traten bereits neue Marktteilnehmer in den Markt ein, die offensiv mit Online-Rabatten und ausgetüftelten Suchmaschinen-Strategien den etablierten Wettbewerbern das Leben schwermachten. Ziel der Online-Anbieter war es, bei den Suchtreffern stets vor den etablierten Unternehmen zu erscheinen, um so präferiert zu werden. Zunächst warteten viele etablierte Bestatter diese Entwicklung ab, in der Hoffnung, dass ihre Kunden kein Online-Begräbnis kaufen würden. Dies jedoch stellte sich als falsche strategische Einschätzung dar. Mehr und mehr Verbraucher wechseln auf digitalisierte Kanäle, um günstige Bestattungsangebote zu suchen. Mit dieser Entwicklung verändert sich die Wettbewerbssituation drastisch. Aus einem freundlichen Nebeneinander entwickelte sich das Wettbewerbsumfeld zu einem hart umkämpften Wettbewerb zwischen digitalen und traditionellen Bestattungsunternehmen. Diese Destabilisierung wirkt sich zudem auf die Reproduktion der strategischen Fähigkeiten bestehender Unternehmen aus. Einfluss hat die Digitalisierung besonders auf die Interaktion zwischen Bestattungsunternehmen und Verbrauchern. Um im Preiskampf zu überleben reagierten etablierte Betreiber nun auf die neue Wettbewerbssituation ebenfalls mit preisgünstigen Bestattungspaketen und beginnen heute erst damit, Verbraucher verstärkt über digitale Kanäle anzusprechen, um mit ihnen in Kontakt zu treten.

6.4 Designprinzip: Ganzheitlichkeit

Ein weiteres Designprinzip digitaler Organisationen ist das der **Ganzheitlichkeit.** Bei der digitalen Transformation geht es darum, die Tiefenstrukturen der Organisation zu verändern und nicht nur partielle Teilbereiche. Dies erfordert, dass Digitalisierungsvorhaben auf mehreren Ebenen parallelisiert gestartet werden. Daraus können komplexe Umsetzungs-Szenarien mit unterschiedlichen Zielen entstehen, zum Beispiel die Beseitigung veralteter Planungs-Praktiken in den Vertriebsbereichen; gleichzeitig die Erschließung neuer Märkte durch neue digitale Angebote sowie einer veränderten Angebotspolitik und Preisplanung; die Einführung einer neuen Plattform zum Tracking von Kunden und der Vorhersage ihrer Kaufgewohnheiten; die Rekrutierung neuer Digitalspezialisten im Vertrieb sowie die Entwicklung neuer Rollenbilder im Vertrieb etc. (Parviainen et al. 2013). Was in einer klassischen Organisation überfordert, ist in der digitalen Transformation Realität. Nicht die singuläre Veränderung spielt eine Rolle. Es geht um viele parallel ablaufende Veränderungen auf vielen Organisationsebenen, die in einem logischen Zusammenhang miteinander stehen.

Diese komplexe Veränderung kann als ganzheitliche Transformation bezeichnet werden, was ein typisches Merkmal der Digitalisierung ist. Daraus können spannende Chancen entstehen, nämlich dann, wenn sich durch die vielen parallelen Initiativen neuen Geschäftspotenziale entwickeln. Beispielsweise kann die ganzheitliche Digitalisierung bei einem Logistikanbieter zu ungeahnten Chancen einer neuen strategischen Ausrichtung führen: Der Logistikanbieter könnte z. B. damit beginnen, mittels digitaler Technologien das Verbraucherverhalten der Konsumenten zu messen und diese Daten an Hersteller und Produzenten zu verkaufen. In einem zweiten Szenario könnte der Logistikanbieter gemeinsam mit einem Zahlungs-Anbieter neue, kombinierte Services anbieten. Dies würde zu einer Umsatzverschiebung in Servicefelder führen. In einem dritten Szenario könnte der Logistikanbieter digitale Technologien wie z. B. Blockchain einsetzen, um mehrere Zwischenhändler auszuschalten. Alle drei Szenarien begründen sich auf eine ganzheitliche Sichtweise der Digitalisierung, die wesentlich größere Chancen für Organisationen bietet, als nur partielle Lösungen. Die Ursachen sind differenziert, die Wirkung ist oft für die ganze Organisation auf unterschiedlichen Ebenen der Organisation spürbar.

Das Designprinzip der Ganzheitlichkeit kann u. a. durch folgende Maßnahmen realisiert werden:

- Anpassung der Entscheidungsstrukturen im Unternehmen durch mehr Mitbestimmung auf allen Stufen.
- Neue Vergütungsstrukturen für Mitarbeiter, um sich einzubringen und motiviert zu arbeiten.
- Ganzheitliche Lernprozesse über Abteilungsgrenzen hinweg.
- Kollaborative Formen zur Zusammenarbeit und Partizipation.
- Einführung analytischer Modelle und neue Feedback-Mechanismen.
- Transparenz zu den Aufgaben der Mitarbeiter.
- Einführung neuer Beteiligungsformen, wie z. B. Co-Innovation.

6.5 Designprinzip: Disruptivität

Ein weiteres Designprinzip der digitalen Organisation ist das der **Disruptivität**. Beschrieben wird damit der Prozess der Zerstörung bestehender normativer Wettbewerbs- und Marktstrukturen durch die Entstehung einer neuen digitalen Technologie, die zu meist günstigeren Marktinnovationen führt und in der Folge den Wettbewerb verändert. Der Begriff lässt sich auf das englische Wort „disrupt", also unterbrechen oder zerstören, zurückführen. Damit gemeint ist ein meist schleichender Prozess, bei dem ein Geschäftsmodell oder ein Markt durch die technologische Innovation abgelöst bzw. zerschlagen wird. Während bei einer normalen Innovation von einer geplanten Erneuerung ausgegangen wird, verläuft die disruptive Innovation ungeplant und führt oft zur Zerschlagung bestehender Strukturen. Die Disruption ist jedoch nicht nur auf Technologien bezogen, sondern kann auch Herstellungsformen, Denkweisen, Prozesse, Systeme oder Kulturen betreffen.

Christensen et al. (2015, 2016) beschreiben den Entstehungsprozess marktbezogener Disruptionen. Sie sehen darin eine Form der Marktinnovation, bei der neue Marktteilnehmer etablierte Marktteilnehmer durch clevere Markteintrittsstrategien ausstechen. Der disruptive Innovator nutzt den strategischen Fehler etablierter Unternehmen aus, die sich meist nur auf die profitabelsten und anspruchsvollsten Kunden konzentrieren, während sie den weniger anspruchsvollen Kunden keine Aufmerksamkeit schenken. Dies eröffnet dem Disruptor die Möglichkeit, sich (zunächst) auf die Low-End-Kunden zu konzentrieren und diesen ein ‚gut genug'-Produkt anzubieten. Disruptive Innovationen hingegen werden von den Kunden des etablierten Unternehmens als minderwertig angesehen. In der Regel sind die Kunden nicht bereit, auf das neue Angebot umzusteigen, nur, weil es billiger ist. Stattdessen warten sie, bis die Qualität steigt. Sobald dies passiert, übernehmen sie ebenfalls das neue Produkt und akzeptieren den niedrigeren Preis. Auf diese Weise treibt die Disruption die Preise nach unten.

Disruptionen sind Chance und Risiko zugleich. Besonders progressive Organisationen sind in der Lage, etablierte Geschäftsregeln zu disruptieren und neue Angebote und Services zu entwickeln. Einige aktuelle Beispiele für disruptive Geschäftsmodelle sind u. a.:

- Uber, die weltweit den Markt für Taxiunternehmen angreifen, ohne, dass sie ein einziges Fahrzeug im Bestand haben;
- Facebook, das als weltweit bekanntes Mediennetzwerk den klassischen Nachrichtenmarkt angreift, ohne selbst Inhalte zu produzieren;
- Alibaba, der größte Retailer der Welt, der aber selbst keine Bestände hat;
- Airbnb, der weltweit größte Anbieter von Betten, der aber keine eigenen Hotels oder Immobilien besitzt;
- Flixbus, die den Reisemarkt mit günstigen Bus- und Bahnangeboten attackieren, ohne einen einzigen Bus zu besitzen.

Praxisblick

Wie Flixbus den Reisemarkt verändert

Flixbus ist ein junger europaweit agierender Mobilitätsanbieter. Seit 2013 bieten die Flixbusse eine neue Alternative, um bequem und preiswert durch ganz Europa zu reisen. Die Entwicklung von Flixbus ist die Folge der regulatorischen Veränderungen in Deutschland. Insbesondere seit 2013 wurden durch die deutsche Bundesregierung Pläne zur Liberalisierung des nationalen Überlandbusmarktes definiert, was sich auf Busverbindungen über 50 km bezog. Nach der vollständigen Liberalisierung beschlossen viele Anbieter, eine Betriebsgenehmigung beim Bundesamt für Güterverkehr zu beantragen. Bis zum Jahr 2013 wurden über 300 Lizenzen beantragt. Eine wichtige Strategie der meisten Neueinsteiger war es, auf schnelle Expansion der Streckennetze bei gleichzeitigem Verzicht auf den Aufbau einer eigenen Flotte zu setzen. Diesem Modell folgte auch Flixbus. Alternativ zu einer eigenen Busflotte baute Flixbus ein Geschäftsmodell auf, das auf den Diensten von Subunternehmern aufbaut. Bereits bestehende lokale Busunternehmen werden verpflichtet, unter der Marke Flixbus zu fahren und bestimmte Qualitätsnormen im Kontakt mit den Kunden und Passagieren zu erfüllen. Selbst bezeichnet sich das Unternehmen als „Kind der Digitalisierung" (Herrmann 2016). Denn anders als bei klassischen Fernbusanbietern betreibt Flixbus nur eine digitale Plattform, auf der die Routen gebucht werden und Anbieter und Kunden miteinander vernetzt werden können. Mit dieser Strategie stieg der Marktanteil von Flixbus bereits 2014 auf über 25 %. Nach der Fusion mit Mein-Fernbus und dem Ausscheiden mehrerer Konkurrenten hält Flixbus heute im innerdeutschen Fernbusmarkt einen Anteil von schätzungsweise 80 bis 90 %. Mehr als 60 Mio. Kunden nutzen die Services, die mittlerweile rund 1000 Ziele in 20 Ländern anfahren, was etwa 100.000 täglichen Verbindungen entspricht.

Quelle: Dürr, N.S. et al. Competition in the German interurban bus industry a snapshot two years after liberalization. Competition and Regulation in Network Industries, 2015

Disruptive Bedingungen sind meist für angestammte Unternehmen existenzbedrohlich, bieten aber Unternehmen, die die disruptiven Fähigkeiten aufbauen, neue attraktive Marktchancen. So führte z. B. die Einführung neuer mobiler Kommunikationstechnologien Mitte der 2000er Jahre zu Umbrüchen in den Wettbewerbsstrukturen. Apple, die bereit waren ihre Organisation den Entwicklungen anzupassen, wurde damit aber zugleich zum erfolgreichsten Unternehmen der Welt. Ihr Geschäftsmodell veränderte die normativen Bedingungen des Wettbewerbs und Marktes. Unternehmen, wie Apple werden auch als **Game Changer** bezeichnet. Beispiele dafür sind u. a. auch Flixbus, Airbnb oder Facebook. Untersuchungen zeigen, dass Mitarbeiter bei Game Changer-Unternehmen überdurchschnittlich gut miteinander vernetzt sind, was den Erfolg erklärbar macht (Gorgs 2017). Im Ergebnis bauen Game Changer mit fünfmal höherer Erfolgswahrscheinlichkeit neue Geschäftsmodelle als, als traditionelle Unternehmen. Diese Zahl spricht dafür, dass das dahinter ein organisatorisches Gestaltungsprinzip verbirgt, das bei der Digitalisierung eine Rolle spielt.

Das Designprinzip der Disruption kann u. a. durch folgende Maßnahmen realisiert werden:

- Hinterfragen aller gewohnten Arbeitsweisen und Geschäftsregeln,
- Experimentelle Umsetzung neuer Arbeitsformen, Geschäftsmodelle, die keinen gewohnten Regeln folgen,
- Etablierung umfangreicher Vernetzungsmöglichkeiten, um Erkenntnisse und Ideen zwischen den Mitarbeitern interessengeleitet zu verteilen,
- Förderung von Beta-Status, Zulassen von Fehlern, Abkehr vom Perfektionismus,
- Verfügbarkeit von Zeitkontingent zur freien Zeiteinteilung und Innovierung.

> **Übung 12**
> **Finden Sie einen Game Changer**
> In einem Artikel im Feuilleton der Süddeutschen Zeitung kritisiert Autor Alex Rühle (2017) den Begriff des Game Changers und charakterisiert diesen Begriff als eine überbewertete Phrase, die gern im Management verwendet wird: „Manager kriegen Geld dafür, Nonsens als stylischen Content zu verpacken. Sie sind die allerpotentesten Game Changer der deutschen Sprache. Die ist ihnen dafür natürlich auch zu heißem Dank verpflichtet, wäre sie ohne diesen permanenten Relaunch doch immer noch nicht fit für den Weltmarkt. Aber können wir den Game Changer bitte mal aus unserem Sprachspiel des Lebens entsorgen?" Seine Kritik mag tatsächlich auf die oft überstrapazierte Verwendung dieses Begriffs zurückzuführen sein. Ihre Aufgabe ist es, den Gegenbeweis anzutreten und zu zeigen, dass es tatsächlich „Spiel-Veränderer" gibt, die in der Lage sind, die Spielregeln eines Marktes zu verändern. Recherchieren Sie ein Unternehmen, das in den letzten fünf Jahren die Spielregeln grundlegend veränderte (z. B. Bankindustrie, Autoindustrie, Baubranche, Consulting-Branche, Spieleindustrie etc.). Beschreiben Sie die Spezifika der Organisation anhand der sechs Dimensionen des Organisationsmodells der digitalen Transformation. Recherchieren Sie, welche Phasen dieses Unternehmen durchlaufen hat, welche Schwierigkeiten es gab und wie sich die Situation heute zeigt. Stellen sie ihre Untersuchungen einer Gruppe vor und diskutieren Sie die unterschiedlichen Perspektiven.

▶ **Game Changer** Ausdruck aus der Mikroökonomie, der Unternehmen beschreibt, die in der Lage sind, in Folge der digitalen Veränderungen ihres eigenen Geschäftsmodells, die normativen Wettbewerbsstrukturen in einem Markt oder einer ganzen Branche nachhaltig zu verändern. Beispiele dafür sind Flixbus, Airbnb oder Facebook. Wird auch in der Volkswirtschaftslehre verwendet.

6.6 Designprinzip: Dynamik

Ein weiteres Designprinzip digitaler Organisationen ist es, dynamisch auf Marktveränderungen zu reagieren, indem neue Fähigkeiten ausgebildet werden. Dieses Prinzip wird auch als **dynamische Fähigkeitsentwicklung** bezeichnet. Dabei geht es um die bewusste Veränderung der strategischen Routinen, sodass sich daraus neue Ressourcenkombinationen in der Organisation ausbilden. Dies ist eng mit der Transparenz vorhandener Fähigkeiten und der gekonnten Akquisition neuer Fähigkeiten verbunden. Beim dynamischen Design neuer Kompetenzbündel sind nicht nur menschliche Fähigkeiten in Betracht zu ziehen, sondern auch die Kombination aus menschlichen, technologischen oder auch prozessualen Kompetenzen. Anders als in traditionellen Organisationsstrukturen sorgen in digitalen Organisationen ausgeklügelte Lernprozesse dafür, dass verschiedene Fähigkeitsarten dynamisch vernetzt werden. Carley und Gasser (1999) sehen den Vorteil der Dynamisierung insbesondere in der Kombination menschlicher und künstlicher Fähigkeiten, woraus ihrer Ansicht nach komplexe und nichtlineare Prozess-Strukturen entstehen können. Gemeint ist damit das Zusammenspiel aus künstlichen Intelligenzen, Menschen oder Mischformen daraus.

Hintergrund
Wissensmanagement im Kontext von Digitalisierung und Industrie 4.0
Hans-Georg Schnauffer
Industrie 4.0 ist im Kern ein Sammelbegriff für die multilaterale Vernetzung einzelner Maschinen oder Anlagen mit diversen IT-Systemen, die Prozesse und Abläufe steuern, insbesondere ERP-Systeme, resp. MES (Manufacturing Execution System) – auch via Internet im Sinne Cyber-Physischer Systeme. Im Gegensatz zu den CIM-Visionen der 80er Jahre (CIM steht für Computer-Integrated Manufacturing) liegen heute wichtige technische Voraussetzungen tatsächlich vor, insbesondere in den Schlüsselbereichen Sensorik, Vernetzung und intelligenter bzw. smarter Nutzung großer Datenmengen (Big Data). Das Internet der Dinge entgrenzt den Bezugsrahmen ,Fabrik' oder ,Unternehmen' auf Wertschöpfungsketten oder -netze, was wiederum die Voraussetzungen für neue Geschäftsmodelle schafft. Die Praxis zeigt, dass diese tektonischen Verschiebungen insgesamt langsam aber mächtig verlaufen und lokal durchaus disruptiv sein können. Das gilt auch für einen Bereich, der bisher (zu) wenig Beachtung in diesem Zusammenhang findet – nämlich das **Wissensmanagement** in der Industrie 4.0, oder allgemeiner gesprochen: Dem Wissensmanagement im Kontext der Digitalisierung. Hier finden seit Jahren analoge Entwicklungen statt, die nicht nur im Zusammenhang mit Industrie 4.0 und digitalisierter Wertschöpfung gesehen werden müssen, sondern letztlich die andere Seite ein und derselben Medaille darstellen.

Wichtige Entwicklungskorridore des Wissensmanagements in der Digitalisierung sind insbesondere:

- Wissen wird vernetzt: Social Intranets und Social Collaboration sind auch 2015 noch für viele Unternehmen ein Thema: Enterprise Social Network-Plattformen erweitern zentrales Content-Broadcasting um individuelle Beiträge, Bewertungen oder Kommentare und ermöglichen eine bedarfsspezifische Push-Informationsversorgung für alle Wissensarbeiter.
- Wissen wird verdichtet: Die Vielzahl von Datenquellen und -beständen kann heute intelligent ausgewertet werden. Der Data Analyst verdichtet die unterschiedlichen Datenbestände zu relevantem Wissen, das bisher nicht bekannte Zusammenhänge zutage fördert. Derartige digitale Verdichtungen veredeln Datenfluten in vielerlei Hinsicht zu wertvollem und verwertbarem Wissen.
- Wissen wird mobil: Wissen und Information kommen nicht mehr nur vom Computer im Büro, sondern über verschiedenste mobile Devices und damit direkt im Kontext der Aufgabenstellung vor Ort, wo und wann es gebraucht wird. Das gilt zumindest das virtuell transportable Wissen, das jedoch tendenziell immer umfassender wird. Entscheidend ist, dass das erforderliche Wissen entsprechend dem Bedarf des Mitarbeiters als push kontextualisiert und personalisiert bereitgestellt wird. Das mögen manchmal nur wenige Meter weg vom PC sein, können aber genauso gut ein paar tausend Kilometer sein.
- Wissen wird augmentiert: Der nächste Schritt der Mobilisierung ist die Augmentierung von Wissen, auch Augmented Reality (AR) genannt. Relevante Informationen werden in Echtzeit visuell über AR-Brillen oder per Sprachausgabe bereitgestellt. Die Informationsquelle kann eine Datenquelle sein, oder auch ein Mensch.
- Wissen wird mechanisiert: Handlungen bei denen etwas bewegt, verändert, oder auf eine sonstige Art und Weise mechanisch interveniert wird, können zunehmend von intelligenten

Robotern unterstützt oder übernommen werden – Stichwort: Mensch-Roboter-Kollaboration. Menschen können heute Roboter anlernen, wie Kollegen: Durch Vormachen und Nachahmen. Neue Sensortechnologien machen es möglich und ersparen den die mühsame Explizierung derartigen Wissens durch Dokumentationen.

Diese kurze Aufzählung zeigt einen kleinen Ausschnitt der Möglichkeiten, Wissensteilung und Informationslogistik durch Digitalisierung zu unterstützen. Sie stellen kein „Nebenprodukt" der Industrie 4.0 dar, sondern – und das ist entscheidend – eine wichtige Voraussetzung für die ganzheitliche und erfolgreiche Umsetzung. Jedes Unternehmen muss seinen eigenen Weg definieren (Strategie!) und gehen. Klingt banal, stellt jedoch eine relevante Herausforderung dar. Nicht, weil nicht über das Thema nachgedacht wird, sondern viel mehr, weil angesichts der zwischenzeitlich hohen Bedeutung an unterschiedlichsten Stellen auch unterschiedlich nachgedacht wird. Konsolidierung und Harmonisierung sind angesichts der Komplexität und der Vielschichtigkeit der Digitalisierung das A und O einer integrierten Strategie. Diese Arbeit aber lohnt sich. Nicht nur, weil damit eine wichtige Orientierung für diverse Investitionsentscheidungen geschaffen wird, sondern auch weil die eigene Positionierung im Kontext Industrie 4.0 inzwischen auch eine wichtige Marketing-Botschaft werden kann, das die Zukunftsfähigkeit des Unternehmens unterstreicht.

Es geht, blickt man auf die Wurzeln des **Dynamik**-Begriffes selbst, um die von innen heraus entwickelte Kraft, auf Veränderungen durch Kompetenzaufbau zu reagieren (Teece und Pisano 1994). Das Prinzip, neue Fähigkeitsbereiche schnell und dynamisch auszubilden, zählt damit zu den essenziellen Designprinzipien einer digitalen Organisation. Es geht um die laufende Selbstveränderung als Ergebnis der koordinierten Kombination vorhandener Ressourcen. Im Ergebnis sind die dynamischen Fähigkeitsbündel von anderen Wettbewerbern nur schwer zu replizieren und bieten damit direkte Chancen auf neue Wettbewerbsvorteile. Dies können beispielsweise sein:

- neue digitale Produkte, Dienstleistungen und Prozesse zu entwickeln,
- neue digitale Geschäftsmodelle zu implementieren oder das bestehende Geschäftsumfeld umzugestalten,
- Chancen und Bedrohungen durch digitale Wettbewerber zu erkennen usw.

Das Designprinzip der Dynamik kann u. a. durch folgende Maßnahmen realisiert werden:

- Aufbau des Verständnisses für den Aufbau dynamischer Fähigkeiten,
- Einbezug aller Autoritäten und Stakeholder in den Fähigkeitsaufbau,
- Schnelle Entscheidungs- und Lernzyklen, um die Fähigkeitsbündel miteinander schnell zu vernetzen,
- Performance-orientierte Anreizsysteme.

▶ **Dynamik** Begriff, der eine von innen aus der Organisation heraus entwickelte, auf Veränderungen ausgerichtete zielstrebige Kraft beschreibt, der aus dem System der Organisation selbst entspringt.

6.7 Designprinzip: Adaptivität

Ein weiteres Designprinzip für digitalisierte Unternehmen ist die adaptive Ausrichtung. Die Forschung beschäftigt sich bereits seit langem mit Organisationen nach dem Vorbild **adaptiver und komplexer Strukturen** (Carley und Gasser 1999). Adaptive Organisationen sind in der Lage, ihre Handlungs- und Aktivitätsstrukturen komplexer zu gestalten als andere Unternehmen. Dadurch erreichen sie Vorteile z. B. bei der Vernetzung der Mitarbeiter. Dies trägt dazu bei, dass diese auch dann noch situationsadäquat handeln, wenn die Ursachen für die Veränderung in der Umwelt nicht erklärbar sind. Wichtiger als Ursachenanalyse ist es, Problemlösungen zu entwickeln.

Villanyi et al. (2009) bezeichnen das Ergebnis des Aufbaus von Adaptionsfähigkeiten als **Hyperkomplexität.** Hyperkomplexe Systeme weisen eine besonders hohe Binnendifferenzierung auf, z. B. durch eine hohe funktionale Differenzierung und Spezialisierung der Fachfunktionen in der Organisation. Dadurch sind sie gut vorbereitet, auf Störungen und neue Umwelteinflüsse zu reagieren, da ihre strukturelle Variationsbreite größer ist, als bei üblichen Organisationsformen. Die Vielfalt an Reaktionsmöglichkeiten ist wesentlich höher, was zur Steigerung der Leistungsfähigkeit in Zeiten hoher Unsicherheit führt. Buckley zufolge kann dies als gewollte Unordnung einer Organisation interpretiert werden, die auch als **Entropie** bezeichnet wird (Dirk et al. 2009). Durch die hohe Entropie sind Organisationen gegenüber ihrer Umwelt lösungsoffen und reagieren auf zunehmende Komplexität mit noch komplexeren Strukturen. Im Unterschied zur traditionellen Auffassung von Organisationen verfügen adaptive Systeme damit über ein höheres Energieniveau, ihre Strukturen laufend anzupassen und auszubauen und sichern damit ihr Überleben. Ein Nachteil ist, dass adaptive Systeme die Steuerung erschweren. Durch Erweiterung des Möglichkeitsraum wird es schwieriger zu erfassen, welche Folgen die Umsetzung einer bestimmten Maßnahme hat.

▶ **Hyperkomplexität** Begriff aus der Systemtheorie, der Systeme beschreibt, die eine sehr starke Binnendifferenzierung aufweisen, z. B. durch eine hohe funktionale Differenzierung und Spezialisierung der einzelnen Funktionen innerhalb der Organisation. Diese sind besser vorbereitet, auf Störungen und Umwelteinflüsse zu reagieren, da ihre strukturelle Variationsbreite größer ist, was die Vielfalt an Reaktionsmöglichkeiten erhöht.

Das Designprinzip der Adaptivität kann u. a. durch folgende Maßnahmen realisiert werden:

- Erhöhung des Grades an Spezialisierung in den einzelnen Fachfunktionen
- Reduktion hierarchischer Stufen und Abbau von Managementfunktionen
- Stärkung der Selbstbestimmung und Selbstorganisation der Mitarbeiter, beispielsweise durch Übernahme von mehr Verantwortung
- Integration neuer Ideen in die Organisation, um die Komplexität der Ressourcen und der Perspektiven des Denkens und des Handelns zu erhöhen

- Anreizsysteme nach Teamleistung, somit wird der Einzelne dazu befähigt, im Sinne der Gemeinschaft zu handeln.

Testen Sie Ihr Wissen

a) Erläutern Sie den Unterschied zwischen einem Geschäftsmodell und einem Organisationsmodell.
b) Digitalisierung wird stark mit Effizienz- und Produktivitätsvorteilen in Verbindung gebracht. Gibt es Ihrer Ansicht nach diesen direkten Zusammenhang zwischen technologischem Wandel und Produktivitätszuwächsen wirklich? Welche alternativen Erklärungsansätze kennen Sie?
c) Ziehen Sie einen Vergleich zwischen den organisationalen Regeln, die konventionellen Organisationen zugrunde liegen, und Regeln, die beim Organisationsdesign in digitalisierten Organisationen gelten.
d) Was verstehen Sie unter digitaler Reife?
e) Definieren Sie den Begriff der digitalen Binnenkomplexität.
f) Im Jahr 2013 wurde vom MIT eines der bekanntesten digitalen Reifegradmodelle entwickelt. Anhand welcher Dimensionen bestimmen die Autoren des Reifegradmodells die digitale Reife einer Organisation? Bewerten Sie den Zusammenhang zwischen den Wirkungsgrößen und der digitalen Reife kritisch!
g) Skizzieren Sie die sechs Bausteine des Modells der digitalen DNA der Organisation.
h) Skizzieren Sie den Anpassungszyklus einer digitalen Organisation anhand der drei unterschiedlichen Phasen im Modell der DNA der digitalen Organisation.
i) Was verstehen Sie unter organisationaler Pfadabhängigkeit?
j) Was verstehen Sie unter organisationaler Ganzheitlichkeit?
k) Christensen et al. beschreiben den Entstehungsprozess marktbezogener Disruptionen. Beschreiben Sie den Prozess!
l) Was verstehen Sie unter dynamischen Fähigkeitsbündeln?
m) Was verstehen Sie unter hyperkomplexen Systemen?

Literatur

Antonelli, C. 1999. The evolution of the industrial organisation of the production of knowledge. *Cambridge Journal of Economics* 23 (2): 243–260.

arbeitenviernull.de. 2019. EnBW Experimentierraum: Arbeiten 4.0 Experimentierräume. https://www.arbeitenviernull.de/experimentierraeume/praxisbeispiele/enbw-experimentierraum.html. Zugegriffen: 11. Sept. 2019.

Carley, Kethleen, und Les Gasser. 1999. Computational organization theory. In *Distributed Artificial Intelligence*, Hrsg. G. Weiss, 206–220. Cambridge: MIT Press.

Christensen, Clayton M., Michael E. Raynor und Rory McDonald. 2015. What is disruptive innovation? *Harvard Business Review*, Ausgabe December, https://hbr.org/2015/12/what-is-disruptive-innovation&cm_sp=Article-_-Links-_-End of Page Recirculation.

Christensen, Clayton M., Thomas Bartman, und Derek van Bever. 2016. The hard truth about business model innovation. *Sloan Management Review* 58 (1): 31–40. ISBN: 15329194.

Dawson, Patrick. 2014. Reflections: On time, temporality and change in organizations. *Journal of Change Management* 14 (3): 1–24.

Dias, Joao, Somesh Khanna, Christopher Paquette, Marta Rohr, Barr Seitz, Alex Singla, Rohit Sood und Jasper van Ouwerkerk. 2017. Introducing the next-generation operating model. McKinsey & Company, New York, 41.

Dirk, Villányi, Matthias Junge, und Ditmar Brock. 2009. Soziologische Systemtheorie. In *Soziologische Paradigmen nach Talcott Parsons*, Hrsg. Ditmar Brock, Matthias Junge, Heike Diefenbach, Reiner Keller, und Dirk Villányi, 337–397. Wiesbaden: VS Verlag. https://doi.org/10.1007/978-3-531-91454-1_7.

Gorgs, Claus. 2017. Game Changer in Deutschland. https://www.manager-magazin.de/magazin/artikel/game-changer-deutsche-vorzeige-unternehmen-a-1139060-2.html. Zugegriffen: 21. Mai 2019.

Herrmann, Wolfgang. 2016. Vom Startup zum Marktführer: Flixbus-CIO Krauss: Der USP liegt in den Algorithmen. https://www.computerwoche.de/a/flixbus-cio-krauss-der-usp-liegt-in-den-algorithmen,3328923. Zugegriffen: 21. Mai 2019.

Kane, Gerald C. 2016. Your Digital Talent Needs May Not Be What You Think They Are. MIT Sloan Management Review. Abgerufen von:http://sloanreview.mit.edu/article/your-digital-talent-needs-may-not-be-what-you-think-they-are/

Kotter, John P. 1995. Acht Kardinalfehler bei der Transformation. *Harvard Business Manager* 3:1–12.

Kupke, Susanne. 2019. Innovationscampus: Wie der Stromgigant EnBW zündende Ideen sucht. https://www.rnz.de/politik/suedwest_artikel,-innovationscampus-wie-der-stromgigant-enbw-zuendende-ideen-sucht-_arid,432949.html. Zugegriffen: 11. Sept. 2019.

Mintzberg, Henry. 1979. *The structuring of organizations*, 20 ff. Englewood Cliffs: Prentice-Hall.

North, K., N. Aramburu, und O. Lorenzo. 2019. Promoting digitally enabled growth in SMEs: A framework proposal. *Journal of Enterprise Information Management*. https://doi.org/10.1108/JEIM-04-2019-0103.

Parviainen, Päivi, Maarit Tihinen, Jukka Kääriäinen, und Susanna Teppola. 2013. Tackling the digitalization challenge: How to benefit from digitalization in practice. *International Journal of Information Systems and Project Management* 5 (1): 63–77.

Rühle, Alex. 2017. Phrasenmäher – Game Changer. https://www.sueddeutsche.de/kultur/phrasen-maeher-game-changer-1.3747589. Zugegriffen: 20. Mai 2019.

Rumelt, Richard P. 1995. Inertia and transformation. In *Resource-based and evolutionary theories of the enterprise: Towards a synthesis*, Hrsg. C.A. Montgomery, 101–132. New York: Springer.

Senge, Peter M. 1990. *The fifth discipline: The art and practice of the learning organization*. New York: Random House.

Siegler, Oliver. 1999. *Die dynamische Organisation Grundlagen – Gestalt – Grenzen*. Wiesbaden: Springer.

Teece, D.J. 2007. Explicating dynamic capabilities: The nature and microfoundations of (sustainable) enterprise performance. *Strategic Management Journal* 28 (4): 1319–1350.

Teece, David, und Gary Pisano. 1994. The Dynamic capabilities of firms: An introduction. *Industrial and Corporate Change* 3 (3): 537–556.

Villányi, D., & Brock, D. 2009. Soziologische Systemtheorie. *Soziologische Paradigmen Nach Talcott Parsons*, 337–397.

Wenzel, Matthias und David Wagner. 2015. Digitization and Path Disruption: An examination in the funeral industry.

Weiterführende Literatur

Berger. 2018. „*Praxiswissen Führung*". Springer Verlag
Bruch/Krummaker. 2012. „*Leadership – Best Practices und Trends*". Springer Gabler Verlag, Springer Fachmedien Wiesbaden
Franken. 2019. „*Verhaltensorientierte Führung Lernen und Diversity in Unternehmen*", 4. Auflage. Springer Fachmedien Wiesbaden GmbH.
Kreutzer/Neugebauer/Pattloch. 2017. „*Digital Business Leadership Digitale Transformation Geschäftsmodell-Innovation – agile Organisation – Change Management*". Springer Gabler, Wiesbaden.

Teil III
Gestaltungsfelder der digitalen Transformation

7 Digital Sensing: Organisation der Kundeninteraktion im digitalen Unternehmen

Zusammenfassung

Beim ersten Gestaltungsfeld einer digitalen DNA geht es um den Aufbau veränderter Strukturen, um den Kunden im Kontext der Digitalisierung besser verstehen zu können. Die Grundlage bildet die Sensibilisierung aller Beteiligten für eine kundenzentrierte, digitale Kundeninteraktion. In diesem Kapitel wird der Einsatz neuer Verfahren, Methoden und Instrumente zum Aufbau der kundenzentrierten Organisation besprochen. Dazu zählen unter anderem Instrumente zur digitalen Kundenanalyse, zur Kundeninteraktion über verschiedene Kanäle hinweg, zum Customer Experience Management bis hin zum Einsatz sozialer Netzwerke und mobiler Medien in der Kundeninteraktion.

In diesem Kapitel erfahren Sie
- welche Wirkungskräfte die Beziehung zwischen Unternehmen und Kunde prägen,
- was Unterschiede zwischen synchroner und asynchroner Kommunikation sind,
- wie Multichannel-Management die Kundenloyalität verbessert,
- wieso vom empowered customer die Rede ist,
- welche Merkmale eine kundenzentrierte Organisation hat,
- was Kundenzentrierung bedeutet,
- wie Co-Creation in der Kundenbeziehung hilft.

Themen des Kapitels
Digital Sensing, Kundeninteraktion, synchrone und asynchrone Kundenkommunikation, Kommunikationskanal, Red-Queen-Effekt, Kundenzentrierung, Bedürfniswelt, empowered customer, Touchpoints, datenbasierte Attributisierung, Customer Journey, Customer User Experience Management (UX), Omnichannel-Management

7.1 Neue Wirkungskräfte in der Kundenbeziehung

Der digitale Wandel bietet Unternehmen unendliche Möglichkeiten, neue Produkte oder Services zu entwickeln, die in einer analogen Welt undenkbar gewesen wären: Apps, digitale Musik, digitale Grafikservices, Wifi-basierte Sicherheitslösungen, intelligente Kleidung, E-Commerce-Portale, Softwarelösungen, Online-Finanzplanung, digitale Sport- und Ernährungsberatung, Online-Fotografie, usw. Ohne, dass digitale Technologien, wie soziale Netzwerke, Mobile Computing, Analytics oder Cloud Computing in der Kundeninteraktion zum Einsatz kommen, wären all diese Produkte und Dienstleistungen nicht möglich. Gleichzeitig steigen für die Unternehmen bei der Zunahme der hybriden und digitalen Angebote auch die Risiken: Der schnelle und aggressive Wettbewerb macht es angestammten Unternehmen schwerer, ihre Position abzusichern. Niedrige Markteintrittsbarrieren, Deregulierung, geringe Kosten des Markteintritts und die hohe Innovationsgeschwindigkeit führen zu einem Verdrängungswettbewerb um die **Kunden.** Doch der Einsatz digitaler Technologien bringt auch enorme Vorteile. Sind Unternehmen in der Lage, präzise Daten zum Verhalten ihrer Kunden zu gewinnen, führt dies zu Wettbewerbsvorteilen. Die Daten können dafür eingesetzt werden, die Interaktion mit den Kunden laufend zu optimieren.

Dass dies schwieriger denn je ist, steht außer Frage. Kunden fordern heute nicht mehr nur einfache Produktangebote, sondern suchen nach dem perfekten Produkt, das auf ihre individuellen Präferenzen zugeschnitten ist. Bei der Gestaltung der **Kundeninteraktion** entscheidet vor allem das Wissen, das die Organisation aus dem wechselseitigen Austausch von Informationen über die Kunden gewinnt. Die Qualität des Informationsaustauschs ist ein entscheidender Einflussfaktor, welche Fähigkeiten die Organisationen aufbaut, um Produkte und Innovationen gezielt auf das veränderte Kundenverhalten hin zu entwickeln (Jüngst 2011). Eine klassische Form des Austauschs von Daten zwischen Unternehmen und Kunden auf digitalem Wege sind beispielsweise E-Mail-Newsletter. Mit E-Mail Newslettern kann der Traffic und Umsatz auf digitalen Kanälen gesteigert werden. Newsletter werden beispielsweise im E-Commerce dafür eingesetzt, Kunden über Produkt-Updates oder Angebote zu versorgen oder bieten Kunden das Gefühl, dass sie exklusive Vorteile genießen dürfen. Auch digitale Loyalitätsprogramme sind seit langem ein beliebtes Werkzeug der Kundenbindung und Kundeninteraktion. Durch effektives Profiling der Kunden ist es möglich, ihnen Treueangebote zu unterbreiten, die sie stärker an eine Marke binden. In diesem Segment sind beispielsweise Unternehmen aktiv, die nicht direkt mit Endkonsumenten interagieren, sondern die darauf spezialisiert sind, anderen Unternehmen Tools zur Gewinnung und Auswertung der Daten anzubieten.

▶ **Kundeninteraktion** Beschreibt den wechselseitigen Austausch von Informationen zwischen Kunden und Unternehmen. Die Qualität des Informationsaustauschs wirkt sich auf die Strategie des Unternehmens aus, neue Produkte und Innovationen gezielt auf sich verändernde Marktbedürfnisse hin zu entwickeln.

Wenn Mitarbeiter in einer Organisation in der Lage sind, kompetent diese Werkzeuge zu nutzen und in der Kundenkommunikation einzusetzen, kann das ein Vorteil sein. Die Intelligenz der Organisation, Daten über Kunden und deren Bedürfnisse zu gewinnen, diese zu analysieren und die richtigen Entscheidungen daraus zu treffen, kann als **digitales Sensing** verstanden werden. Zum digitalen Sensing gehört zum einen die Organisation und das Management der Kundenbeziehung innerhalb der verschiedenen Strukturen eines Unternehmens. Dies kann durchaus sein komplexes Unterfangen sein, wenn unterschiedliche Märkte von verschiedenen Geschäftseinheiten bearbeitet werden.

▶ **Digitales Sensing** Strategie der Organisationsentwicklung, bei der es um den Aufbau spezifische Fähigkeiten zur Umsetzung digitaler Kundenkommunikation und der Analyse von Kundenverhalten in den unterschiedlichen Kommunikations- und Austauschkanälen zwischen Organisation und Umwelt geht.

Doch digitales Sensing ist nicht nur eine Frage der Organisation, sondern vor allem die Fähigkeit, fokussiert Wissen über das Management der Kundenbeziehung in der gesamten Organisation aufzubauen. Es geht dabei um Möglichkeiten der Trendanalyse, des Kundenprofilings, des Targetings, der Sequenzierung der Kundeninteraktion oder auch den damit verbundenen technischen sowie rechtlichen Fragestellungen. Über diese Themen nicht nur in den Fachabteilungen Wissen aufzubauen, sondern entlang des gesamten Wertschöpfungsprozesses stärkt die Fähigkeit der Organisation, neue Marktentwicklungen zu verstehen und Entscheidung zu treffen, wie Kunden und Märkte besser bearbeitet werden können. Digitales Sensing ist insofern als Organisationsentwicklungs-Strategie zu verstehen, bei dem eine Organisation aktiv digitale Fähigkeiten aufbaut, um das Verhalten von Kunden zu analysieren und dieses Wissen zum Aufbau neuer Formen der Kundeninteraktion einzusetzen.

Beispiel
Digitale Kundeninteraktion bei Mymuesli
Die Mymuesli GmbH, die 2007 von drei Studenten gegründet wurde, vertreibt über eine eigene Online-Infrastruktur, eigene Läden sowie in Handelsketten individuell zusammenstellbare Bio-Müsli. Das Produktportfolio wurde mittlerweile auf weitere Produktsegmente ausgeweitet. Mymuesli nutzt unterschiedliche soziale Netzwerke, wie z. B. Instagram, Facebook, Twitter, Pinterest oder YouTube, um mit seinen Kunden direkt zu kommunizieren. Sehr früh setzte das Unternehmen auf diese direkte Form der Kundenkommunikation als Bestandteil seiner Markenpräsenz. Neben der starken Marke und hohen Nutzerzahl in den sozialen Netzwerken bietet das Unternehmen auch einen eigenen Kommunikationskanal in Form eines Blogs auf der Unternehmenswebsite. Dieser ist nicht nur einseitig, sondern wird als Plattform genutzt, um Informationen zwischen dem Unternehmen und den Kunden auszutauschen.

Neben Informationen zu Produkten, Rezeptideen, Gesundheitstipps und Hintergrundinformationen zum Unternehmen werden auch kritische Themen offen angesprochen. Durch die breite Aufstellung in den sozialen Medien, die aktive Ansprache der Kunden sowie die Bereitstellung von Informationen, die über die eigene Produktwelt hinausgehen, liefert das Unternehmen seinen Kunden einen Mehrwert. Dies wirkt sich auf die Authentizität und Glaubwürdigkeit der Marke aus.

Wie das Beispiel zeigt, existieren in der digitalen Welt viele Möglichkeiten, Informationskanäle aufzubauen, auf denen Kundendaten generiert und analysiert werden können. Doch mit den Möglichkeiten steigt zugleich die Gefahr, dass sich Unternehmen in einen aussichtslosen Wettbewerb um Aufmerksamkeit begeben. Aus Sicht der Unternehmen wird die Präferenzwahl des Kunden immer unvorhersehbarer, was sie oft dadurch beantworten, dass eine immer größere Vielfalt an **Kommunikations- und Online-Kanälen** aufgebaut wird. Immer nach dem Motto: Viel hilft viel. Organisationen müssen aber auch in der Lage sein, diese Vielfalt an Kommunikationsformen zu managen. Dazu zählen sowohl Kommunikationskanäle, die direkt und ungefiltert die Kommunikation mit dem Kunden erlauben oder Kommunikationskanäle, bei denen eine geplante Kommunikation stattfinden kann. Formen der **synchronen Kommunikation,** d. h. der direkten und ungefilterten Kommunikation nehmen im digitalen Zeitalter zu. Der Vorteil der synchronen Kommunikation besteht darin, dass ein Kunde während des Entscheidungsprozesses, z. B. auf einer Online-Plattform, fehlende Informationen direkt und ohne Verzögerung beispielsweise über einen Video-Chat mit einem Kundenbetreuer einholt.

Dies führt zu mehr Informiertheit und Partizipation der Kundin im Entscheidungsprozess. Aus Sicht der Kundeninteraktion schafft der Einsatz von Videochats auch ein Gefühl von Vertrauen und Transparenz. Untersuchungen zufolge würden mehr als ein Drittel aller Kunden auf E-Commerce-Portalen Video-Kommunikation nutzen, um sofortigen Support zu erhalten (Chazal 2014). In vergangenen Zeiten war eine solche persönliche Unterhaltung ein Privileg des physischen Einzelhandels. Heute können Kunden sich mit einem Vertriebsmitarbeiter unterhalten und ein direktes Gespräch führen. Dies erhöht die Zufriedenheit und die Bindung. Je nach Software existieren aber auch noch andere Möglichkeiten, u. a. durch künstliche Agenten auf Basis von Algorithmen, die einfache Fragen der Kunden beantworten: ‚Gibt es noch etwas, bei dem ich Ihnen heute helfen kann?' oder ‚Sind Sie noch da?' sind typische Fragen eines vorprogrammierten Bots. Chatbots sind Computerprogramme, die meist auf Basis von Skripten und Interaktionsschleifen programmiert und damit in der Lage sind, menschenähnliche Gespräche zu simulieren. Der Chatbot analysiert die vom Benutzer eingegebenen Inhalte und prüft in einer Datenbank, ob es mögliche Antworten gibt. Fortschrittliche Bots nutzen Machine-Learning-Technologien, die in der Lage sind, neue Informationen in die Datenbank mit aufzunehmen und sich an verändertes Frageverhalten anzupassen.

7.1 Neue Wirkungskräfte in der Kundenbeziehung

Hintergrund
Potenziale von Chatbots in der Kundeninteraktion
Als Facebook 2017 seine Eröffnung des Facebook-Messenger auch für Chatbots ankündigte, waren die Erwartungen groß. Chatprogramme bieten üblicherweise die Möglichkeit, selbstständig auf Nutzerfragen zu reagieren und diese automatisiert zu beantworten. Für viele Unternehmen bietet dies eine Chance, einen weiteren Servicekanal in ihre Strukturen zu integrieren und zum anderen neben dem persönlichen Call-Center im First-Level eine automatisierte, aber doch individualisierte Betreuung für User anzubieten (Weck 2018). Gerade die Verbindung zwischen Facebook-Messenger und unternehmensinternen Chatbots bietet große Potenziale. Immerhin verwenden weltweit pro Monat ca. 1,3 Mrd. Menschen den Facebook-Messenger. 40 Mio. Unternehmen nutzen die Plattform als Social-Media-Kanal. Pro Monat tauschen Unternehmen und Nutzer über 20 Mrd. Nachrichten aus. Auf der Entwicklerkonferenz 2019 legte Facebook Zahlen offen, dass bisher bereits 300.000 aktive Messenger-Bots eingesetzt werden (Slama 2019). Dass diese Strategie erfolgreich ist, zeigen prominente Beispiele. So bietet Nike beispielsweise für Sneaker-Fans einen Chatbot an, der es Nutzern erlaubt, eigene Outfits zu stylen. Die Benutzer wählen dabei ihren individuellen Stil und kreieren ihren eigenen Sneaker. Wenn das Outfit gefällt, wird man auf die Website weitergeleitet und kann das richtige Produkt auswählen (Kopnais 2019). Studien zufolge ist das Potenzial für Chatbots sehr groß. Schätzungen zufolge planen bis 2020 etwa 85 % aller großen Unternehmen, in der Kundenbeziehung Chatbots einzusetzen (Hinds 2018). Noch beeindruckender ist die Prognose, dass bis 2020 der Durchschnittsmensch mehr Gespräche mit Chatbots führen wird als mit seinem Ehepartner. Chatbots sind aber nicht nur auf den Einsatz im Kundenservice beschränkt, sondern können auch für Marketing und After-Sales-Support eingesetzt werden. Die Einsatzfelder reichen von der Bestellung von Lebensmitteln, über die Produktempfehlung bis hin zur Terminplanung und lassen sich somit flexibel in eine Reihe von Geschäftsprozessen integrieren.

Hingegen ist beispielsweise die E-Mail ein klassisches Beispiel für **asynchrone Kommunikation,** bei der es typischerweise längere Antwortzeiten gibt. Im Unternehmen löst die asynchrone Interaktion typischerweise einen Kundeninteraktions-Prozess aus, bei dem der Kunde mit weiteren Informationen zu einem späteren Zeitpunkt versorgt wird. Bei der asynchronen Kommunikation werden vor allem im Servicebereich Customer Relationship Management-Systeme eingesetzt. Die Idee dahinter ist, dass Informationen über einen Kunden aus unterschiedlichen Kanälen in einem einzigen System gesammelt und analysiert werden. Auch im digitalen Servicebereich kommen verstärkt Service-Portale zum Einsatz, die mit einem ERP, CRM- oder SCM-System verbunden sind.

Hintergrund
Was ist ERP, CRM und SCM?
Unter Enterprise Resource Planning (ERP) ist die unternehmerische Aufgabe zu verstehen, alle Ressourcenströme innerhalb eines Unternehmens abzubilden, zu steuern und planbar zu machen (Umble et al. 2003). Der Begriff wird synonym für die dafür verwendete Software, wie zum Beispiel SAP, ERP oder Microsoft Navision genutzt. Die Abkürzung CRM steht wiederum für Customer Relationship Management und bezeichnet die Ausrichtung eines Unternehmens auf die Kundenbedürfnisse und die entsprechenden Prozesse. Der Begriff wird synonym für die dafür verwendete Software, wie zum Beispiel Salesforce genutzt (Homburg und Sieben 2000). Supply Chain Management (SCM) bezeichnet den Aufbau und die Verwaltung integrierter Logistikketten (Material- und Informationsflüsse) über den gesamten Wertschöpfungsprozess hinweg (Lackes 2019).

Das Ziel ist es, die Kundenloyalität von Bestandskunden zu erhöhen. Bei möglichen Beschwerden hat ein Kundenbetreuer die Möglichkeit, die Historie des Kunden direkt im CRM-System aufzurufen und kann so direkt auf die Bedürfnisse eingehen. Aktuelle Studien zeigen, dass der Einsatz von CRM-Systemen im Service sich positiv auf die Langzeit-Loyalität auswirken kann (Iriqat und Daqar 2017). In der Tab. 7.1 sind typische Merkmale der asynchronen und synchronen Kundenkommunikation noch einmal zusammengefasst (Watkin 2018).

Wie Abb. 7.1 zeigt, erfordert das Management der vielen Kommunikationskanäle ausgeprägte Fähigkeiten im **Multi-Channel-Management**. Bei diesem Ansatz wird in der Kundeninteraktion keine Trennung mehr zwischen digitalen Kanälen (Mobil, Social, Web) und traditionellen Kanälen (Call Center, Filialen, Laden) gemacht. Die Interaktionspunkte mit dem Kunden werden so miteinander verwebt, dass sich beim Kunden insgesamt eine konsistente Wahrnehmung gegenüber einem bestimmten Angebot einstellt. Eine Umfrage, an der 500 Unternehmen teilnahmen, zeigt, dass die Nutzung verschiedener digitaler Kanäle in einer Organisation zunimmt (u. a. Kundenportale, Smartphones, soziale Netzwerke). Allein im Vergleich zwischen 2016 und 2017 gab es einen Anstieg in der Nutzung digitaler Kanäle von rund 12 %. Der einzige Kanal, der im Vergleich rückläufig ist, ist das Faxgerät. Da die Mehrheit privater Haushalte kein Faxgerät mehr besitzt, verschiebt sich das Präferenzmuster in Richtung E-Mail. Das Festnetz-Telefon ist mit der E-Mail zudem der am häufigsten verwendete Kommunikationskanal.

Die Präferenzverschiebung hat aber nicht nur aus Sicht der Kunden Vorteile, sondern auch für die Unternehmen: Die Kunden sind 24-h erreichbar, was einem hohen Erreichbarkeitspotenzial im Vergleich zu klassischen Medien entspricht. Zudem können

Tab. 7.1 Vergleich zwischen Merkmalen der synchronen und asynchronen Kommunikation

Synchrone Kundenkommunikation	Asynchrone Kundenkommunikation
Typischerweise sehr kurze Reaktionszeiten	Typischerweise Reaktionszeiten, die sich an den Rhythmus des Kunden orientieren, meist Stunden oder Tage
Nutzung von Kommunikationskanälen, wie beispielsweise Live-Chat, Telefon, skype oder persönliche Besuche	Nutzung von Kommunikationskanälen wie E-Mail, SMS, Social, Mobile
Ermöglicht das Lösen komplexer Problemstellungen, beispielsweise Produktbeschwerden, komplexe Angebote	Kundeninteraktion kann auf das individuelle Tempo des Kunden ausgerichtet werden
Fokussiert stets auf die Lösung eines Kundenproblems	Gesprächsverlauf kann über einen größeren Zeitraum weiterverfolgt werden
Bei direktem Kontakt stellt die nonverbale Kommunikation ein wichtiges Element dar	Nutzung mobiler Kanäle fördert die Standortunabhängigkeit

Angelehnt an: Watkin, Jeremy (2018): Synchronous vs. Asynchronous Support Channels: Which is Better for Agents and Customers?, 2018

7.1 Neue Wirkungskräfte in der Kundenbeziehung

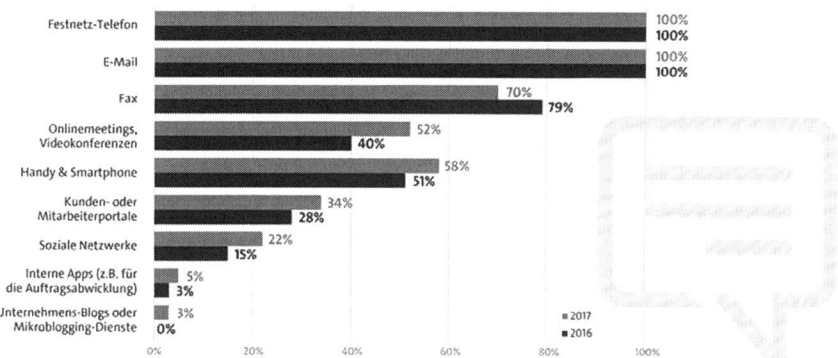

Abb. 7.1 Nutzung von Kommunikationskanälen im Kommunikationsmix von Unternehmen (Bitkom e. V. 2017: Unternehmen setzen verstärkt auf digitale Kommunikation, 2017, abgerufen am 17.09.2019, https://www.bitkom.org/Presse/Presseinformation/Unternehmen-setzen-verstaerkt-auf-digitale-Kommunikation.html.)

über die digitalen Kommunikationskanäle hochwertige Daten erfasst, gesammelt und für weitere strategische Planungen verwendet werden. Unternehmen, die also das Potenzial eines stark diversifizierten Kanalmixes nutzen, haben die Chance, eine wirksame Kundenkommunikation zu etablieren. Aktuelle Untersuchungen zeigen, dass sich unterschiedliche Service-Kanäle gegenseitig verstärken. So zeigen die Ergebnisse einer Studie, dass sich in komplexen Multichannel-Setups ein digitales Serviceportal in Kombination mit der Verfügbarkeit kompetenter und freundlicher Servicemitarbeiter positiv auf die Kundenzufriedenheit auswirken kann. Die Digitalisierung führt also nicht zur Kanalsubstitution, sondern verstärkt die Service-Wahrnehmung und fördert die Kundenbindung (van Birgelen et al. 2006).

Organisatorische Komplexität der Multichannel-Strategie
Hilken et al. (2018) machen Vorschläge zur organisatorischen Gestaltung von Multichannel-Strategien, die insbesondere auch bei der Gestaltung digitaler Organisationen eine Rolle spielen: (Hilken et al. 2018)

- Abbilden der Komplexität der Customer Journey: Bei der Gestaltung der Supportstrukturen sind die spezifischen und komplexen Muster zu berücksichtigt, die Kunden auf ihrer Omnichannel-Reise verfolgen. Durch eine intensive Analyse können Erkenntnisse darüber gewonnen werden, wie und wann das Kundenerlebnis an verschiedenen Berührungspunkten verbessert werden kann.
- Entscheidungskomplexität zulassen: Beim Design der Kundeninteraktions-Kanäle sollte eine breite Palette von Variablen einbezogen werden, welche die Kaufentscheidungen beeinflussen, z. B. beim Sammeln und Assimilieren von Informationen, deren Reflexionen und beim tatsächlichen Kauf.

- Nahtlose Integration von Kanälen: Die Einbettung digitaler Informationen in physische Umgebungen, wie Läden und Stores, sichert, dass Erkenntnisse über das Kundenerlebnis über verschiedene Kanäle hinweg gewonnen werden kann.
- Differenzierung der Kunden über alle Kanäle: Bei der Erfolgsbewertung sollten anhand relevanter Kundenmerkmale die Kundenbewertungen heterogen erfolgen. Zusätzliche Persönlichkeitsmerkmale, helfen, die Omnichannel-Strategie umfassend zu gestalten.

Aus der Interaktion mit verschiedenen Interaktionspunkten in einem Multichannel-Setup können unzählige Daten gewonnen werden, mit denen die Organisation neues Wissen über die Optimierung der Kundenbeziehung entwickeln kann. Die Interaktionspunkte werden auch als ‚**Touchpoints**' bezeichnet, die sich zur sogenannten ‚Customer Journey' zusammenfassen lassen. Die Customer Journey wird als Reise des Kunden über verschiedenen Kontaktpunkte hinweg verstanden, bis es zu einem Kauf oder einer anderen intendierten Interaktion kommt. Neben den klassischen Touchpoints, wie Printmedien, Werbespots nimmt vor allem die Anzahl digitaler Interaktionspunkte massiv zu. Dazu gehören beispielsweise Blogs, Websites, Apps, Onlineportale, Social Media usw. Die Summe aller Erfahrungen, die ein Kunde mit diesen Kontaktpunkten macht, wirkt sich auf das wahrgenommene Kundenerlebnis aus.

> **Praxisbeispiel**
>
> **Multi-Channel-Ansatz bei n-tv**
>
> Der deutsche Nachrichtensender n-tv mit Sitz in Köln ist ein Unternehmen der Mediengruppe RTL Deutschland. Neben den n-tv-Nachrichten bietet der Sender Magazinformate, Talksendungen und Dokumentationen (Mediengruppe RTL 2019). Das Unternehmen verfolgt dabei den Ansatz einer Multi-Channel-Strategie. Für die Vermarktung seiner unterschiedlichen Nachrichtenformate werden mehrere klassische und digitale Kanäle gleichzeitig genutzt. So sind die Sende- und Werbeinhalte neben dem TV auch online auf der Website, auf dem Smartphone, als Smartphone-App und als Skill bei Amazon Echo für die Kunden erreichbar. Ergänzend dazu umfasst die Kanalkommunikation auch verschiedene Social-Media-Kanäle. Unter anderem sind ergänzende Inhalte zu den Sendungen auf Kanälen wie Facebook, Twitter, Pinterest und Instagram abrufbar. Mit Breaking-News wurde ein Kanal eröffnet, auf dem ausschließlich sehr aktuelle Nachrichten angeboten werden. Dem Nutzer wird die bequeme Option geboten, Nachrichten, die neu im Ticker sind, auf unterschiedlichen digitalen Kanälen zu empfangen. Neben der klassischen App bietet n-tv auch die Möglichkeit, Nachrichten per Messenger wie z. B. WhatsApp, Instagram oder Facebook-Messenger zu abonnieren (n-tv.de 2019). Damit reagiert der Nachrichtensender auf das neue Bedürfnis seiner Nutzer, private Messenger-Services für die Nachrichtenkonsum zu nutzen. Dem Unternehmen bietet sich dadurch die Möglichkeit, in die vorwiegend privat genutzten Kommunikationskanäle seiner Kundinnen und Kunden vorzudringen. So verschwimmen immer mehr die Grenzen zwischen privater und kommerzieller Kommunikation, was weitreichende Möglichkeiten der Datenanalyse und des Informationsmanagements für den Nachrichtensender eröffnet.

Das Wettrennen um immer mehr Kontaktpunkte und damit um immer mehr Aufmerksamkeit bleibt aber nicht ohne Folgen. Denn für Unternehmen steigt mit jedem neuen Kommunikations-, Produkt- oder Vertriebskanal die Komplexität, die bewältigt werden muss. Sobald der Wettbewerb sich in eine neue Richtung entwickelt, z. B. zum Aufbau bestimmter Social-Media-Kanäle, muss eine Organisation entscheiden, ob sie diesem Trend folgt oder nicht. Anhand des Red-Queen-Effekts lässt sich aufzeigen, dass dieses Wettrüsten nicht immer Vorteile bringt. Der **Red-Queen-Effekt** geht auf die Forschungen von Van Valen (1973) zurück, der den Begriff aus „Alice im Wunderland" entlehnt. Die darin auftretende Rote Königin erklärt der neugierigen Alice: „Hierzulande musst du so schnell rennen, wie du kannst, wenn du am gleichen Fleck bleiben willst." Empirisch weist er anhand der Untersuchung 50 verschiedener Populations-Gruppen nach, dass das Aussterberisiko einer einzelnen Gruppe zu einem bestimmten Zeitpunkt unabhängig von deren Existenzdauer ist. Daraus schlussfolgert er, dass sich die Umweltbedingungen stets für jede Gruppe gleich gut oder schlecht sind. Demzufolge gibt es keine Unterschiede unterschiedlichen Populationen, sich an Veränderungen anzupassen – jede Gruppe ist stets dem gleichen „Marktrisiko" ausgesetzt (Fehr 2004). Übertragen auf den Wettbewerb um Aufmerksamkeit beschreibt dies, dass Unternehmen zwar viel Energie in die Entwicklung immer neuer Kanäle usw. stecken können. Dieses ‚Wettrüsten' hat insgesamt für jedes einzelne Unternehmen aber nur bedingt Erfolg. Die Konkurrenz wird sich ähnlich verhalten und kurz Zeit später ähnliche neue Kanäle launchen. Dies führt dazu, dass das Feuerwerk an Kommunikation verpufft – oder wie es Li et al. (2016) ausdrücken: „Wie in einem Wettrennen muss man schneller und härter rennen als der Rest, um nach ganz vorne zu kommen oder seine Spitzenposition zu behalten."

> **Beispiel**
> **Red-Queen-Effekte im Streaming-Markt**
> Studien zufolge geben Menschen heute im Schnitt ca. 30 € pro Monat für Unterhaltung aus. Dazu gehört neben dem öffentlichen Beitragsservice, Zeitungen, Kino und ebenfalls Ausgaben für Musikstreaming- und Videostreaming-Dienste. Der Trend geht soweit, dass Zuschauer heute mehrere Streaming-Dienste gleichzeitig abonnieren – im Schnitt zwei bis drei (Bialek und Postinett 2019). Seit Jahren ist Netflix einer mit über 160 Mio. Nutzern der populärste Streaming-Anbieter weltweit und wurde durch viele Eigenproduktionen in Form von Filmen und Serien erfolgreich. Allein 2018 hat Netflix rund 12 Mrd. Dollar in eigene digitale Produktionen investiert. Doch der Markt für Streaming-Dienste wird immer umkämpfter. Unternehmen wie Disney, Amazon oder Apple steigen nun auch in den lukrativen Markt ein. 2019 starten gleich zwei Giganten vergleichbare Angebote: Zum Disney mit Disney+ sowie Apple mit Apple TV+. Dies wird nicht nur für Kunden dazu führen, dass der Markt unübersichtlicher wird, sondern wird vor allem den bisherigen Marktführer Netflix schwächen. Populäre Disneyfilme und Kinderprogramme werden aus der Netflix-Bibliothek entfernt und in ein eigenes Disney-Paketangebot aufgenommen. Ebenso kündigt Apple

ein umfassendes neues Angebot aus Shows, Spielfilmen, Dokumentationen und Serien an, das zudem deutlich günstiger als das des Marktführers Netflix sein wird (Graham 2019). Alle Entwicklungen begründen sich in einem veränderten Kundenverhalten, das seinen Ursprung in der Digitalisierung hat: Bereits seit einigen Jahren gerät das lineare TV-Fernsehen immer mehr ins Hintertreffen. Daraus entstehen neue Geschäftsmodelle, bei denen Computer-Hardware mit digitalen Inhalten und Reichweite kombiniert ein attraktives neues Geschäftsmodell ergibt, das weitreichende Wachstumschancen bietet.

7.2   Kundenorientierung: Empowerment der Organisation

Kunden haben heute vermehrt den Anspruch, in Echtzeit interaktiv, mehrdimensional und personalisiert über viele unterschiedliche Marketing-, Kommunikations- und Vertriebskanäle hinweg in ihrer individuellen **Bedürfniswelt** abgeholt zu werden. Der heutige Kunde fühlt sich nicht mehr nur als reiner Konsument, sondern als Teil der Unternehmenswelt. Helmrich (2017) fasst das treffend wie folgt zusammen: „Der Endkunde äußert online, jederzeit und von jedem Ort der Welt seinen individuellen Wunsch und stößt damit die weiteren Schritte an – vom Design bis zur Auslieferung. Damit ist er nicht mehr Abnehmer am Ende der Wertschöpfungskette, sondern Impulsgeber und Mittelpunkt des gesamten industriellen Ecosystems." Dass die Erwartungshaltung der Kunden ständig wächst, bestätigen auch aktuelle Untersuchungen: 71 % der Kunden erwarten, dass, wenn es ein Problem gibt, das Problem über alle Kanäle hinweg nur ein einziges Mal geschildert werden muss – die Realität sieht anders aus. Nur bei 29 % aller Fälle wird dies bereits so gehandhabt. Auch erwarten Kunden heute einen personalisierten Service. 59 % der Kunden geben an, dass individueller Service wichtiger sei als eine schnelle Lösung eines Problems. 98 % der Kunden akzeptieren zudem keine automatischen Antwortservices mehr (Petzer 2011).

Der neue Typus des ‚**Empowered customers**' – also des mündigen, informierten und anspruchsvollen Kunden – erfordert umfassende Veränderungen an den Strukturen, Prozessen und Abläufen einer Organisation. Der informierte Konsument lebt heute in einer mobilen Welt, die von Smartphones dominiert wird. Konsumenten nutzen das Smartphone in allen Lebenslagen: als Begleiter beim Einkauf, bei der Ernährung, im Job, zur Kommunikation, beim Sport oder in der Freizeit usw. Sie sind damit in der Lage, sofort und in allen Situationen auf Informationen zuzugreifen. Informierte Kunden lesen Online-Produktbewertungen, fragen im sozialen Netzwerk nach oder nutzen digitale Portale, um sich außerhalb der Unternehmenskanäle mit Informationen zu versorgen. Die Verfügbarkeit sozialer Plattformen und anderer Informationsquellen macht damit die Geschäftspraktiken vieler Unternehmen transparenter. In der Vergangenheit konnte ein Unternehmen sich noch eine schlechte Service- und Produktqualität leisten, ohne dass dies größere Auswirkungen hatte Heute bereits reicht oft ein einzelner Tweet oder einen Facebook-Post, der einen massiven Reputationsschaden auslöst. Die Auswirkungen können dabei in Millionenhöhe getrieben werden.

> **Beispiel**
>
> **Dell Hell – Wenn die Kundenkritik digital überkocht**
>
> Kunden lieben es heute, Plattformen wie Facebook und Twitter zu nutzen, um Kritik an einem Produkt, Serviceangebot oder einem Unternehmen öffentlich zu äußern. Die sozialen Netzwerke bieten die notwendige Öffentlichkeit, um den Unmut kund zu tun. Die ersten Entwicklungen hin zur kommunikativen Vormachtstellung der Konsumenten im Netz gehen auf die Blogger-Bewegung der 1990er Jahre zurück. Mit dem Aufkommen neuer Blog-Dienste verlagerte sich auch die Macht der Kunden. Die Technologie machte es möglich, dass Menschen digitale Plattformen nutzten, um ihre Gedanken in die Welt hinauszutragen. Doch einige Unternehmen verstanden diese Entwicklung nicht. Darunter auch das Unternehmen Dell Computers (Hughes 2018). Ein Journalist Namens Jeff Jarvis gründete 2005 einen Blog namens ‚Dell Hell'. Darin dokumentierte er akribisch seine Probleme, die er mit dem Dell- Kundenservice bei Problemen mit seinem Laptop hatte. Zu dieser Zeit war nicht öffentlich bekannt, dass Dell ernsthafte Probleme mit dem Kundensupport hatte. Da das Unternehmen global aufgestellt war, wurden die weltweiten Kundensupport-Prozesse nicht auf die lokalen Kundenbedürfnisse abgestimmt, sondern global koordiniert, was dazu führte, dass weltweit die Anzahl unzufriedener Kunden anstieg. Eines der Blog-Posts, die Jarvis schrieb, ist mit dem Titel „Dell lies. Dell sucks" betitelt. Darin schreibt Jarvis (2005):
>
>> I just got a new Dell laptop and paid a fortune for the four-year, in-home service.
>> The machine is a lemon and the service is a lie.
>> I'm having all kinds of trouble with the hardware: overheats, network doesn't work, maxes out on CPU usage. It's a lemon.
>> But what really irks me is that they say if they sent someone to my home — which I paid for — he wouldn't have the parts, so I might as well just send the machine in and lose it for 7–10 days — plus the time going through this crap. So I have this new machine and paid for them to FUCKING FIX IT IN MY HOUSE and they don't and I lose it for two weeks.
>> DELL SUCKS. DELL LIES. Put that in your Google and smoke it, Dell.
>
> Auf diesem Blogpost wurden nicht nur ein paar wütende Kunden aufmerksam, sondern er entfachte einen Sturm aus Protesten, bei dem die Firma Dell und deren Kundenservice ins Visier genommen wurde. Weltweit schlossen sich verbitterte Dell-Kunden an. Dieser Vorfall gilt als einer der allerersten Shitstorms der Internet-Geschichte und das nur, weil das Unternehmen den Blogger nicht ernst nahm. Als Reaktion engagierte Dell später einen erst 14-jährigen Blogger und übergab ihm die Leitung für die Dialogarbeit mit der Online-Community.
>
> **Linktipp:**
> https://buzzmachine.com/2005/06/21/dell-lies-dell-sucks/

Im Wettkampf um Aufmerksamkeit in einer digitalen Welt rückt das Konzept der **kundenzentrierten Organisationen**. Bei der kundenzentrierten Organisation steht das Ziel im Vordergrund, möglichst viel Wissen an den Interaktionspunkten über den Kunden zu gewinnen und dieses Wissen in der Organisation verfügbar zu machen. Einheiten, wie z. B. das Marketing, der Vertrieb oder der Support, weisen aufgrund ihrer Aufgabenbereiche eine sehr hohe Wissensintensität in Bezug auf Kundenwissen auf. Lee und George (2019) nennen drei Faktoren, nach denen eine kundenzentrische Organisation gestaltet werden sollte:

- Eine kundenorientierte Struktur: die verantwortlichen Bereiche werden nach Kunden und nicht mehr nach Produkten oder Produktsegmenten strukturiert.
- Strukturelle Granularität: die Organisation wird in kleine strukturelle Einheiten unterteilt, die sich um spezifische Kundenwünsche und Kundenbedürfnisse kümmern.
- Vernetzte Teams: Die Organisation besteht aus miteinander verwobenen Clustern von Projekt- oder Aufgaben-Teams, deren Aktivitäten in kurzer Zeit erfüllt werden sollten.

Diese strukturellen Gestaltungsfaktoren ermöglichen ist Marketing-Organisationen, **dynamische Fähigkeiten** zu entwickeln und sich schnell an hochdynamische und digitalisierte Veränderungen anzupassen. Andere organisationale Gestaltungselemente, wie beispielsweise Anreizstrukturen, Kontrollsysteme und Messsysteme sollten möglichst an die Gestaltungsprinzipien der kundenzentrierten Organisation angepasst werden. Der Aufbau dieser dynamischen Fähigkeitsstrukturen führt zur Verankerung neuer Wissensstrukturen innerhalb der Organisation. Nennen dies „wachsame Lernfähigkeiten" und beschreiben damit die Charakteristik der Organisation, Gefahren oder auch größere Chancen außerhalb der Organisation schnell antizipieren zu können. Dies erfordert von den Mitarbeitern, sich mit den Veränderungen im Markt zu beschäftigen und interessiert und neugierig diese zu beobachten und auszuwerten. Dies fördert ein tiefes Verständnis für Bedürfnisse der Konkurrenz oder auch latente Gefahren seitens der Konkurrenz. Zudem kann durch adaptives Experimentieren mit dem neuen Wissen, beispielsweise mittels der Durchführung kleiner Marketing-Experimente, die Antizipation der neuen Entwicklungen in der Organisation gefördert werden. In welchen Bereichen diese Antizipation umgesetzt werden kann, zeigt an ausgewählten Interaktionspunkten die Tab. 7.2.

Die laufende Weiterentwicklung der antizipatorischen Fähigkeiten an diesen Kontaktpunkten zählt zu den Kernaufgaben in der kundenzentrierten Organisation. Vor allem geht es darum zu entscheiden, inwieweit die Möglichkeiten der Digitalisierung zu einer Verbesserung der Wissensintensität über den Kunden führen können. Der Mitarbeiter wird zum wichtigsten Bindeglied zwischen den Chancen, die die Organisation zur Bedürfnisbefriedigung der Kunden ergreift, und dem Kunden, der seine Erwartungen an das Unternehmen übermittelt. Dem **Empowerment** der Organisation und seiner Mitarbeiter kommt eine zentrale Bedeutung zu. Aus Sicht der Organisationsgestaltung verändern sich vor allem die Anforderungen an die Mitarbeiter, wie die Interaktion mit

7.2 Kundenorientierung: Empowerment der Organisation

Tab. 7.2 Interaktionspunkte zur Antizipation von Marktwissen

Wichtiger Punkt der Kundeninteraktion	Erläuterung
Kampagnenmanagement	• Aufbau von Wissen über Präferenzen • Kernaufgaben sind Planung, Durchführung, Kontrolle und Überwachung der Kampagnenaktivitäten • Unterscheidung zwischen individualisierten (One-to-One-Marketing) und segmentspezifischen Kampagnen
Lead Management	• Konsolidierung, Qualifizierung und Priorisierung der Informationen potenzieller Kunden • Vertriebsmitarbeiter entwickeln auf Basis dieses Wissens Angebote und Preise
Angebotsmanagement	• Folgestufe des Lead Managements • Kunden erhalten individuelles und verbindliches Angebot • Wird in der Regel durch Kundenanfrage ausgelöst
Vertragsmanagement	• Ziel ist es, Verträge über die Lieferung von Produkten und Dienstleistungen zu erstellen und abzustimmen • unterstützt Angebots- oder Servicemanagement
Service Management	• Planung, Realisierung und Kontrolle der Maßnahmen zur Erfüllung der Kundenwünsche • Beispielsweise Wartungs-, Reparatur- und Supportaktivitäten sowie Erbringung anderer Services nach Vertragsabschluss
Beschwerdemanagement	• Wissensgenerierung zu artikulierten Unzufriedenheiten • Ziel ist es, die Kundenzufriedenheit zu verbessern, indem Probleme beseitigt werden

dem Konsumenten designt wird. Speziell die analytischen Ansprüche an die Mitarbeiter, die mit der Kundenorientierung betraut sind, verändern sich. Mitarbeiter sollten… (Riedmann-Streitz 2011)

- Kunden kennen und wissen wie das neue Produkt verwendet wird, u. a. Bedingungen, Einschränkungen, Gewohnheiten und Vorurteile;
- die Technologie, die dem Produkt oder der Dienstleistung zugrunde liegt, tiefgreifend verstehen;
- die Aktivitäten, die beim Kunden durch das Produkt verändert werden, verstehen;
- eine starke Vision, klare Werte und eine konsequente Haltung gegenüber den Themen haben, die verbessert werden, um den heutigen und zukünftigen Bedürfnissen gerecht zu werden.

In der digitalen Welt verlagern sich damit die kognitiven Entscheidungsprozesse von der Kundenseite auf die strukturelle Organisationsseite. Dieser neue Ansatz ist unter dem Begriff der **aktivitätsorientierten Customer Centricity (ACC)** bekannt. Für alle wichtigen Stufen im Entscheidungsprozess des Kunden – von der Information über ein Produkt bis hin zur Kaufentscheidung – muss im Unternehmen neues Wissen aufgebaut und gewonnen werden, das dann bei den Entscheidungen und Handlungen der Mitarbeiter berücksichtigt wird. In den kundennahen Bereichen sollte dazu ein Umfeld geschaffen werden, bei dem jeder Einzelne seine Fähigkeiten und Energie zur Zufriedenheit des Kunden einsetzen kann. Ziel muss es sein, die Arbeitsumgebung und die Kultur, in die die Mitarbeiter eingebunden sind, so zu gestalten, dass diese so schnell wie möglich die Anliegen des Kunden berücksichtigen und erfüllen können (Cook und Macaulay 1997). Sind die Mitarbeiter frei in der Gestaltung und Verbesserung ihrer Arbeitsweise, drückt sich dies in der Regel in mehr Innovationen in der Kundenbeziehung aus.

Praxisbeispiel

Spieglein, Spieglein an der Wand – Einsatz virtueller Realität bei L'Oreal
Eine große Herausforderung in der Online-Welt ist es, die Kundenerlebnisse der physischen Welt mit der digitalen Welt zu verbinden. Aktuell arbeiten Unternehmen verstärkt daran, mit Augmented-Reality-Technologien (AR) der Abwanderungen von Kunden aus dem eigenen Online-Kanal auf andere Websites entgegenzuwirken. Um dieser Herausforderung zu begegnen, arbeitet die Firma L'Oreal an innovativen Ansätzen, digitale Inhalte in die physische Umgebung ihrer Kunden einzubetten. L'Oreal zählt zu den größten Kosmetikunternehmen der Welt und positioniert sich in der Branche selbst als technologischer Innovationsführer. Eine Innovation ist dabei der Magic Mirror, der in verschiedenen Shops eingesetzt wird. Der Spiegel verbindet eine Augmented-Reality-Anwendung mit einem klassischen Spiegel. Die Kunden stehen vor dem Magic Mirror und können live verschiedene Schattierungen eines Make-ups ausprobieren, ohne dass sie dabei echte Produkte testen. Virtuell werden Make-ups, Lippenstifte usw. dem Spiegelbild hinzugefügt. Über den Magic können dann die Produkte direkt bestellt werden. Über den Spiegel können die Kunden auf die gesamte Produktpalette von L'Oreal zuzugreifen, unabhängig davon, ob die Produkte im Laden vorrätig sind oder nicht. Aktuell testet L'Oreal diese Geräte in Boutiquen u. a. in Shanghai und Wuhan. Damit verschmilzt die sensorische Erfahrung beim Test der physischen Produkte mit dem Online-Erlebnis der Kunden (Hilken et al. 2018).

An diesem Beispiel wird deutlich, dass die empowerte Organisation für Offenheit gegenüber digitalen Innovationen und veränderten Kundenbedürfnissen steht. Das Empowerment der Organisation ist jedoch keine Top-down-Initiative isolierter Managementbereiche, sondern erfordert Freiheitsgrade auf unterschiedlichen Mitarbeiterstufen. Zu einem Empowerment auf Mitarbeiterebene kann es beispielsweise durch die folgenden **Eingriffe in die Organisationsstrukturen** kommen:

- Den „Front"-Mitarbeitern wird mehr Verantwortung für die Interaktion mit dem Kunden direkt übertragen, d. h. die Mitarbeiter, die den direkten Kontakt zum Kunden haben, erhalten mehr Handlungsspielraum, u. a. bei Budgets, Richtlinien, Reisen, Eskalationen etc.

- Das Top-Management vermittelt veränderte Werteansätze, die darauf abzielen, die Unterstützung der Kunden in den Vordergrund zu stellen.
- Es werden strukturelle Interventionen in die Organisation vorgenommen, z. B. werden flache Hierarchien für schnellere Entscheidungen geschaffen, um Anfragen und Wünsche der Kunden schneller zu beantworten.
- Die IT-Abteilung führt unternehmensweit ein CRM-System mit digitalen Analysefunktionen ein, um den Abteilungen, die am Kundenprozess beteiligt sind, Zugang zu neuen Wissensressourcen zu ermöglichen.
- Führungskräfte übertragen bewusst ihre Entscheidungsverantwortung an kleine Customer Support Teams, um eine höhere Selbststeuerung im Kundensupport zu erreichen.

Aus Sicht des Kunden wird es einfacher, mit einer ‚empowered organization' Geschäfte abzuschließen, Verträge auszuhandeln, Käufe zu tätigen oder Qualitätsprobleme zu lösen: Mitarbeiter tragen höhere Verantwortung für die Lösung der Probleme des Kunden und agieren eigenständiger und proaktiver im Kundenmanagement als in traditionell organisierten Unternehmen. Der Kunde erkennt dies daran, wie sein Interaktionserlebnis bzw. seine Kundenerfahrung mit der Organisation ist und wie stark das Unternehmen in der Lage ist, auf seine Bedürfnisse einzugehen. Beispiele für ein positiv wahrgenommenes Kundenerlebnis sind in der Tab. 7.3 zu sehen (Cook und Macaulay 1997).

Tab. 7.3 Beispiele für ein positiv wahrgenommenes Kundenerlebnis

Beispiel für Kundeninteraktion	Mögliche Wertbeiträge
Der Kunde erlebt die Einstellungen der Mitarbeiter durchweg als positiv, aufgeschlossen und proaktiv	Wiederkäufe, Cross-Selling, Up-Selling
Die Mitarbeiter sind in der Lage, die richtigen Informationen bereitzustellen und Entscheidungen direkt zu treffen	Markenpräferenz, hohe Zufriedenheit-Indizes
Die Geschwindigkeit bei der Problemlösung individueller Probleme ist hoch, kreative Ideen werden zur Verbesserung der Kundenbeziehung entwickelt	Empfehlungen, positive Kommentare in sozialen Netzwerken, Mundpropaganda
Der Kunde nimmt wahr, dass aufgrund seiner Anregungen die Support-Mitarbeiter ihre Standards der Kundenbetreuung sofort verändern, und diese nicht erst von der Spitze im Unternehmen festgelegt werden	Positives Unternehmensimage, Markenwert-Steigerung, positive Effekte auf den Kapitalmarkt
Mitarbeiter nehmen sich die Zeit, den Kunden zu betreuen, ihm zuzuhören oder den persönlichen Standpunkt zu verstehen	Wiederkäufe, Cross-Selling, Up-Selling, positives Sentiment in den Social Networks
Kunden werden mit Begeisterung und einer positiven Einstellung begrüßt	Positives Unternehmensimage, emotionale Markenbindung

Beispiele angelehnt an: Cook und Macaulay (1997); eigene Ergänzung

7.3 Digital Customer Experience Management (DCXM)

Ein wichtiges Kompetenzfeld der kundenzentrierten Organisation ist heute zudem die Nutzung digitaler Technologien. Durch neue Analysetechniken wird es möglich, dem Kunden individuelle Vorschläge passend auf sein Bedürfnismuster zu unterbreiten Dies wird auch als **Digital Customer Experience Management (DCXM)** bezeichnet.

▶ **Digital Customer Experience Management (DCXM)** Bezeichnet die Gesamtheit aller Interaktionen zwischen einem Kunden und Unternehmen über alle analogen und digitalen Kontaktpunkte hinweg.

DCXM wird als Schlüssel angesehen, um Kunden in einer digital vernetzten und modernen Welt überhaupt anzusprechen, zu begeistern und sie zum Kauf anzuregen. Es geht um die Gesamtheit aller Interaktionen zwischen einem Kunden und Unternehmen über alle analogen und digitalen Kontaktpunkte hinweg. Dabei wird die Definition des Kontaktpunktes weit gefasst: Es kann sich sowohl um Websites, Social-Media-Kanäle, Microsites, iPhone und Android-Apps oder andere Software-Tools, an denen Daten zum Kunden in anfallen. Es geht also nicht mehr um eine n-zu-n, sondern eine 1-zu-1 Beziehung im Kundenmanagement. Die Bedeutung von statistischen Zielgruppensegmenten oder Produktkategorien verliert an Bedeutung. Im Vordergrund steht die granulare Benutzererfahrung. Das Wissen im Unternehmen zu dieser individuellen Kundenerfahrung ist eine neue wichtige strategische Ressource im digitalen Wettbewerb: Die Daten zu den Kundenbedürfnissen ermöglichen Prognosen über das Kundenverhalten und sind die Basis für maßgeschneiderte Produkt- und Serviceangebote sowie effektive Marketingkampagnen.

> **Übung 13**
>
> **Entschlüsseln Sie die digitale Customer Experience**
> Analysieren Sie mithilfe der folgenden Checkliste (Tab. 7.4) das digitale Kundeninteraktion Modell eines Unternehmens Ihrer Wahl. Diskutieren Sie den Einfluss der Digitalisierung auf die unterschiedlichen Wirkungsebenen in der Gruppe.

Dieses Wissen hat einen direkten Effekt auf die Geschäftserfolge eines Unternehmens. Durch die Vielzahl digitaler Kanäle wird die Organisation intelligenter. Die Organisation gewinnt Wissen, das vormals auf Kundenseite im kognitiven Entscheidungsprozess erzeugt wurde. Dieses Wissen geht mittels digitaler Tools, wie Big Data, Machine Learning und künstlicher Intelligenz, nach und nach vom Kunden auf die Organisation über. Heute kommen andere Kanäle in intelligenten, physischen Umgebungen hinzu, z. B. Kommunikationsaktivitäten im Ladengeschäft, die Gesichtserkennung im Supermarkt, die Daten, die beim Kauf von Produkten in Ladengeschäften anfallen etc. Das Problem

7.3 Digital Customer Experience Management (DCXM)

Tab. 7.4 Checkliste: Digitale Customer Experience

Rolle des Kunden im Interaktionsmodell		
Aspekte	Wie ist der Status quo der Organisation?	Wie stark ist der Bezug zur Digitalisierung? (niedrig, mittel, hoch)
Welche speziellen Fähigkeiten, Wissen, Fähigkeiten bringen Kunden in das Kunden- und Serviceerlebnis ein?		
Was motiviert die Kunden, ihr Wissen an den verschiedenen Stellen dem Unternehmen weiterzugeben?		
Gibt es bestimmte demographische und Persönlichkeitsmerkmale, die die Bereitschaft zur Interaktion fördern/erhöhen?		
Unter welchen Umständen sind Kunden bereit/nicht bereit, ihr Wissen einzubringen?		
Welche Muster von Interaktionsabläufen prägen das Kundenerlebnis?		
Rolle der Organisation im Interaktionsmodell		
Welche Ressourcen stellt die Organisation zur Verfügung, um die Kundeninteraktion zu ermöglichen?		
Auf welche Weise können Frontmitarbeiter das Kundenerlebnis verbessern/gestalten?		
Welche spezifischen Aktivitäten und Interaktionen verbessern das Kundenerlebnis?		
Was sind besonders aufwendige Aktivitäten, die zur Optimierung des Kundenerlebnisses eingesetzt werden?		
Wie werden die Muster der Interaktionsabläufe der Kunden erfasst?		
Wie stark wirken die Maßnahmen auf die emotionale Bindung der Kunden?		

Quelle: Grundlagen für die Fragen bildete die von McColl-Kennedy et al. (2015) vorgestellten empirischen Ergebnisse der Analyse neuer Perspektiven im Customer Experience Management

heutiger Organisationen ist nicht mehr der Datenmangel, sondern die **Dateninterpretation.** Beispielsweise ermöglichen IT-technische Empfehlungsalgorithmen Unternehmen, Zusammenhänge zwischen den Kontaktpunkten innerhalb von Millisekunden herzustellen. Dies scheint die perfekte Voraussetzung für eine hochentwickelte und leistungsfähige Kundenorientierung zu sein.

Hintergrund
Digitale Attributionstechnologien in der Customer Journey
Viele Unternehmen sind heute mit der Aufgabe konfrontiert an unterschiedlichen Interaktionspunkten Kundendaten zu erfassen, zu filtern, zu bewerten und zusammenzuführen. Und diese Datenflut zu bewältigen, bieten Datenmanagement-Plattformen Unterstützung bei der Modellierung optimaler Kundenerlebnisse. Zum Einsatz kommen Attributisierungstechnologien. Das Ziel des Einsatzes der Technologie ist es, die unterschiedliche Wirkung der Interaktionspunkte zwischen Organisation und Kunden messbar zu machen. Hinter der Datentechnologie verbirgt sich ein kanalübergreifendes und standardisiertes Messverfahren, bei dem unterschiedliche Kanäle, Plattformen und Maßnahmen zu einem digitalen Muster verknüpft werden. Die Attribution der Marketingkanäle liefert dann in Echtzeit Datensätze, die Aussagen zur Werbewirkung der Kanäle im Marketingmix zulassen. Daraus ermittelt werden unterschiedliche Kennzahlen, u. a. zum Erfolg bestimmter Produkte oder Endgeräte. Maschinelles Lernen ermöglicht es, dass die gewonnenen Datensätze wiederum dazu verwendet werden, dass Kennzahlen zur Werbewirkung ermittelt werden. Aus einer aktuellen Studie (Schobelt 2018) geht hervor, dass die durchschnittliche Anzahl der Touchpoints heute übergreifend über alle Industrien hinweg circa 20 ist. Die größte Anzahl der Touchpoints wird heute noch über stationäre Computer, sogenannte Desktops, generiert. Feststellbar ist aber eine wachsende Präsenz mobiler Endgeräte, die ebenfalls viele Berührungspunkte zum Marken und Organisationen bieten.

Mit mehr Einsatz digitaler Technologien verändert sich das Kundenerlebnis. Die Veränderungen der Verbraucherpräferenzen, in Kombination mit dem Aufkommen neuer Kommunikations- und Marketingtechnologien, wie Social Media, Mobile Commerce oder programmatische Werbetechnologie, führen dazu, dass Unternehmen ihre kundenorientierten Aktivitäten gänzlich neu erfinden.

Dies führt zu einer neuen **Qualität der Interaktion** und ermöglicht es Kunden ganzheitlich zu „analysieren". Während die Datengewinnung bis vor wenigen Jahren noch teuer und zeitaufwendig war, werden Unternehmen heute mit Kundendaten überflutet, die sich auf alle Aspekte der Interaktion beziehen, einschließlich der getätigten Käufe, der Markenwahrnehmung, der Produktnutzung sowie der Präferenzen und Meinungen über Produkte und Produktwelten. Wie in Abb. 7.2 zu sehen, hat der **Technologiewandel** dazu beigetragen, dass viele Branchen, die traditionell weitestgehend nach innen ausgerichtet sind, sich nun stärker dem Kunden widmen. Dieses Phänomen zeigt sich übergreifend über alle Größenklassen von Unternehmen hinweg. Die Digitalisierung ermöglicht es beispielsweise auch kleinen Unternehmen, sich in einem umkämpften Marktumfeld zu behaupten.

Hintergrund
Evolution der Kundenbeziehung im Bankenbereich
Viele große Banken mit geographisch verteilten Filialnetzen setzten bislang auf Standardisierung und Skalenvorteile. Diese Marktmacht wird mehr und mehr durch kleine Unternehmen aus dem finanztechnologischen Bereich torpediert. Während die Durchsetzung von individuellem Beziehungsmanagement für große Retail-Banken immer noch eine Schwierigkeit darstellt, nutzen kleine Technologieunternehmen diese Lücke und bieten ihren Kunden spezielle Services, die auf die Lösung eines bestimmten Problems abzielen. Startups im Bereich der Vergleichsportale, wie Smava oder Check24, bieten unbürokratische und schnelle Unterstützung bei der Inanspruchnahme

7.4 Digitale Produkt- und Serviceindividualisierung

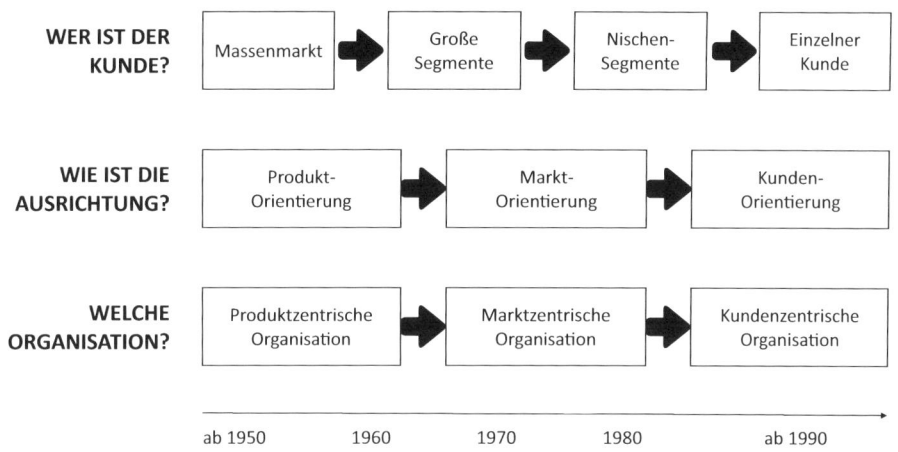

Abb. 7.2 Evolution zur Kundenorientierung. (Quelle: in Anlehnung an Sheth et al. 2000, eigene Ergänzungen)

von Bankdienstleistungen. Kunden, die diese digitalen Serviceanbieter nutzen, haben die Möglichkeit, über verschiedene Kanäle, wie Telefon, Smartphone oder Internet, einen Kreditanbieter auszuwählen und können innerhalb weniger Stunden über einen bestimmten Kreditbetrag verfügen. Dabei nutzen die Portale nicht klassische Beratungskanäle zum Kundenmanagement, sondern setzen gezielt auf digitale Kanäle, um dem Kunden ein unkompliziertes Beratungserlebnis zu bieten. Aktuellen Statistiken zufolge informieren sich mittlerweile 70 % aller Kunden, die Bankgeschäfte tätigen wollen, zuvor bei Check24 nach alternativen Angeboten (AssCompact 2017). Diese Entwicklungen erschweren es klassischen Retail-Banken, ihre Marktposition im gesamten Lebenszyklus ihrer Kunden weiter auszubauen. Die Tab. 7.5 gibt einen Überblick über einige wesentliche Elemente im Kommunikationsmix im Vergleich zwischen Banken, so viel sie früher agierten und heutigen Anbietern im Finanzmarkt Segment, die auf Personalisierung und Digitalisierung setzen.

7.4 Digitale Produkt- und Serviceindividualisierung

Ein weiterer Teilbereich bei der Transformation zur digitalen Organisation ist der Bereich der Produkt- und Serviceindividualisierung. Die Individualisierung ist gerade in digitalen Zeiten ein spannendes Instrument, um Kunden an ein Unternehmen zu binden. Dieses Konzept ist unter dem Begriff der **kundenindividuellen Massenproduktion** (mass-customization) bekannt. Dies steht für die Produktion von Gütern, bei der das Bedürfnis eines einzelnen Nutzers berücksichtigt werden kann.

▶ **Mass Customization** Konzept der kundenindividuellen Massenanpassung. Wird vor allem in der Produktion eingesetzt, bei der computergestützte Fertigungssysteme kundenspezifische Ergebnisse erzeugen können.

Tab. 7.5 Beispiele für Evolution der Kundenbeziehungen im Bankenbereich

	Frühere Banken	Heutige Banken
Produkt	Standardisierte Bankdienstleistungen für alle Kunden	Hochdifferenzierte Bankdienstleistungen, abgestimmt auf Kundenbedürfnisse
Place	Oft eingeschränkter Filialbetrieb mit festen Servicezeiten	„Always-on" Welt mit flexiblen Möglichkeiten, alle Arten der Finanzdienstleistungen überall in Anspruch zu nehmen
Preis	Einheitliche Gebühren, meist nach einem Katalogsystem	Unterschiedliche Gebührensätze, die von Faktoren die vom Kundenlebenszyklus abhängen
Promotion	Massenwerbung, Nutzung konventioneller Werbekanäle	Personalisierte Werbeformen, Social und mobile Advertising, langfristiger Kundenkontakt, Cross-Selling/Up-Selling
People	Fokus auf fachlichen Kompetenzen und hoher Finanzexpertise der Mitarbeiter	Fokus sowohl auf fachlichen Kompetenzen aber auch sozialer Kompetenzen bei der Ansprache der Kunden
Process	Prozesse richten sich an den Bedürfnissen und Rahmenbedingungen der Kunden	Kundenzentrierte Prozesse, die dem Kunden eine hohe Flexibilität im Kundenkontakt über unterschiedliche Kanäle bieten
Physisch	Vor-Ort-Filialen, Sparbücher, gedruckte Kontoauszüge	Vorwiegend digitalisierte Kontaktpunkte, wie Online-Accounts, virtuelles Customer Support Center, Home-Banking

> **Beispiel**
>
> **Individualisierung bei On-Demand Gentests**
>
> Über das Internet haben Verbraucher heute die Möglichkeit, basierend auf der Extraktion ihrer DNA aus dem Speichel, schnell und günstig einen Gentest machen zu lassen. Firmen, wie 23andme.com. bieten Möglichkeiten, mittels eines Gentests die eigene Abstammung und Herkunft bestimmen zu lassen. Dabei wird aus einer Speichelprobe DNA extrahiert. Anhand der Ergebnisse können Aussagen zu möglichen Krankheiten, Erbanlagen oder Abstammungen gemacht werden. Diese Tests werden als „Genotypisierung" bezeichnet (Farr 2018). Wissenschaftlich stehen die Tests jedoch in der Kritik. Denn anders als suggeriert werden nur bestimmte Stellen in der DNA untersucht, an denen Daten vermutet werden. Im Gegensatz zu konventionellen Gentests wird also nur ein Teilbereich des Erbguts analysiert. Doch das Geschäft läuft gut. Bei 23anme.com haben mehr als 5 Mio. Menschen den Test durchgeführt. Jedoch warnen Verbraucherschutzorganisationen vor allzu viel Datenoffenheit. Sie kritisieren an den sogenannten direct-to-consumer-Tests, dass die Daten ohne Einverständnis der Kunden an andere Firmen weiterverkauft werden (Brodwin 2018).

7.4 Digitale Produkt- und Serviceindividualisierung

Der Begriff der Mass-Production geht auf Davis zurück, der dieses Konzept als Antwort auf zerfallende Massenmärkte Ende der 1990er Jahren entwickelte. Besteht eine Verbindung zwischen der Massenproduktion großer Stückzahlen und der Produktindividualisierung dar, bei der nur geringe Stückzahlen gefertigt werden (Turner 2018). Mit der Digitalisierung einer gehen neue Möglichkeiten der individuellen Datenerfassung und -analyse, die die zukünftige Entwicklung der Massenindividualisierung weiter beschleunigen. Durch die genaue Erfassung der Präferenzen wird es möglich, dem Konsumenten ein individuelles Kundenerlebnis zu bieten. Während sich im industriellen Bereich die Schwierigkeit zeigt, Produkte vollständig auf die Wünsche der Kunden anzupassen, zeigen sich im digitalen Umfeld vielfältige und oftmals einfach umsetzbare Möglichkeiten, den Kunden ein individuelles Kauferlebnis zu bieten, z. B.:

- Kuratierte Shopping-Angebote, bei dem für den Kunden individuelle Kleiderboxen zusammengestellt werden, die auf Basis seiner Präferenzen zusammengestellt werden
- individuelle Angebote eines Mobilfunkanbieters durch Kombination von Hardware und speziellen virtuellen Diensten, wie Handy-Flatrates, spezielle Servicehotlines
- Konsumenten lassen individuelle Körperscans vermessen, um mithilfe dieser Daten Kleidung und andere Modeartikel passgenau dem Kunden zu liefern,
- Detaillierte Daten zum Gesundheitszustand helfen Firmen, speziell auf den Konsumenten zugeschnittene Nahrungsergänzungs- oder Vitamintherapien herzustellen,
- Online-Shops erstellen für einzelne Konsumenten Präferenzmuster ihres Einkaufsverhalten, um mit diesen Daten ein individuelles Online-Kundenerlebnis auf E-Commerce-Shops anzuzeigen und
- Bewegungsprofile, die im Smartphone erfasst werden, werden eingesetzt, um Kunden automatisch Vorschläge für ihren nächsten Restaurant- oder Konzertbesuch zu machen.

Ziel aller Individualisierungs-Maßnahmen ist es, die **Loyalität** des Kunden zu erhöhen und ihn zum wiederholten Kauf zu bewegen. Gleichwohl können sich die Einstellungen des Kunden auch verändern, was sich unter Umständen negativ auf dem Loyalitätsniveau auswirken könnte. Aus der psychologischen Forschung ist bekannt, dass ein positiv wahrgenommenes Einkaufserlebnis zur Zufriedenheit des Verbrauchers führt und dies den Bezug zu einer bestimmten Marke, einer Firma oder einer bestimmten Sorte fördert. Dabei werden zwei unterschiedliche Arten der Loyalität unterschieden:

- Die **kognitive Loyalität** gründet sich auf den bewusst wahrgenommen Werten eines Produktes oder Angebots. Verbraucher werden dabei besonders von Produktwerten, wie Kontrolle, Genuss und Komplexität, positiv beeinflusst.
- Die **emotionale Loyalität** basiert auf den Gefühlen, die mit der Kaufentscheidung verbunden sind. Während des Kauferlebnisses entwickelt der Kunde bei der Verarbeitung der Erfahrungen eine emotionale Bindung mit einem Objekt.

Werden beide Loyalitätsbereiche optimal bedient, wird es wahrscheinlicher, dass ein Kunde das Kauferlebnis wiederholen möchte, um das gleiche Erlebnis, verbunden mit den gleichen positiven Emotionen, zu haben. Beide Loyalitätsmerkmale wirken gleichzeitig und ergänzen sich. Durch die Digitalisierung entstehen viele Möglichkeiten, Loyalitätsverluste und Präferenzwechsel zu minimieren. Abwanderungen stellen gerade im Internet eine große Gefahr dar, da die Kunden in der Regel wesentlich besser informiert sind, als früher Informationen zu Produktvergleichen, Firmeninformationen oder auch über Wettbewerber sind mittlerweile mit einem Klick erreichbar. Diese Informiertheit, die die Digitalisierung mit sich bringt, führt zu einer raschen und teils ungeplanten Veränderung der Präferenzen, was das Risiko eines Wechsels mit sich bringt. Kunden zu binden und die Loyalität des Kunden zu erhöhen, wird im digitalen Zeitalter zum strategischen Wettbewerbsfaktor, wie das folgende Beispiel zeigt.

> **Praxisblick**
>
> **Lululemon: Digitale Beziehungen als Schlüssel für radikale Kundenorientierung im Handel**
>
> Schaut man sich die Statistiken der stärksten Einzelhändler der USA an, so steht Apple mit seinen Stores seit Jahren als Gigant an der Spitze der jährlichen Handelsstatistik. Der Maßstab, ob ein Einzelhändler erfolgreich ist oder nicht, bemisst die Branche an einer einzigen magischen Kennzahl: dem Umsatz pro Quadratmeter. Diese Kennzahl steht stellvertretend für alle produktiven Bemühungen der Handelsunternehmen, dem Kunden ein unvergessliches Einkaufserlebnis zu bieten. Nimmt der Kunde das Einkaufserlebnis im Laden positiv wahr, so wertschätzt er dies – so die Annahme – durch einen großen Warenkorb, der pro Quadratmeter Handelsfläche konsumiert wird. Damit wird es möglich, die Produktivität der verfügbaren Handelsfläche in einer einzigen KPI auszudrücken und zu vergleichen (Thomas 2018). Seit einiger Zeit taucht in den Top-10 ein neuer Wettbewerber auf, der so gar nicht in das Muster der großen Handelskonzerne passt: Lululemon.com, ein 1998 gegründetes kanadisches Unternehmen aus dem Bereich der Yoga- und Sportbekleidung, setzt neue Maßstäbe beim Kundenmanagement. Lululemon setzt beim Kundenmanagement vor allem auf neue Verfahren zur Auswertung und Analyse digitaler Kundendaten, um mit diesen Informationen das Kundenerlebnis laufend zu optimieren und eine einzigartige Kundenkultur zu entwickeln. Lululemon hat dazu in der Organisation die Fähigkeiten zur intelligenten Datenanalyse entwickelt und in der Organisation die Rahmenbedingungen zur Entfaltung dieser Fähigkeiten geschaffen: An allen Kontaktpunkten, die das Unternehmen hat, werden ausnahmslos alle Kundendaten gesammelt und mit dem Ziel hin ausgewertet, Erkenntnisse zu gewinnen, wie der Kunde zum Fan der Marke wird (Mottl 2018).
>
> Lululemon hat es dadurch geschafft eine große Menge an Anhängern und treuen Kunden zu entwickeln. Diese hohe Loyalität hat ihre Wurzeln in einer einzigartigen Kultur des Unternehmens. Das Wohl des Kunden steht im Mittelpunkt des Interesses

7.4 Digitale Produkt- und Serviceindividualisierung

aller organisatorischen Aktivitäten. Gleichzeitig werden die Vorteile der Digitalisierung genutzt, um die Kundenloyalität zu verbessern und aufrecht zu erhalten. Nina Gardiner, die Community Relations Managerin bei Lululemon sagt dazu: (Carter 2017)

„Making sure we're really building those relationships – that's what really sets us apart from being just another retail store that's opening up to sell clothes. Absolutely we sell clothes, but we are building relationships. We are supporting communities."

Die gesamte Organisation ist damit auf die Gewinnung neuer Kunden, der Optimierung der Beziehungen zu bestehenden Kunden, die Weiterentwicklung der Kundenbeziehung und einem effizienten Kundenmanagement hin optimiert. Diese vollständige Ausrichtung auf die Kundenbedürfnisse hat nicht nur Einfluss auf das Wachstum des Unternehmens, sondern sorgt auch dafür, dass Lululemon Mitarbeiter gewinnt, die sich in dieser Kultur wohlfühlen und erreicht damit eine tiefe Verwurzelung dieser Ziele in der gesamten Organisation, was zu einer hohen Authentizität bei der Ausführung und Operationalisierung des Kundenbeziehungsmanagements führt. In der Kundenorientierung hat auch die Nutzung digitaler Kundenkanäle und Techniken eine besondere Bedeutung. Einige Beispiele dafür sind:

- Guest Educator Centre – das Online-Kundenschulungszentrum: Das Schulungszentrum ist wie ein traditionelles Call Center aufgebaut, hat aber weniger den Vertrieb der Produkte im Blick, sondern die Produktschulung der Konsumenten. So genannte Educator übernehmen bei Support-Aufgaben vor allem die Aufgabe, Kunden bei der Verwendung der Produkte zu helfen, z. B. die Pflege der Kleidungsstücke, die Eigenschaften bei unterschiedlichen Sportarten etc. Damit steht nicht der Verkauf der Produkte im Vordergrund, sondern die Zufriedenheit der Kunden. Das Schulungszentrum ist jederzeit von der Website aus über eine Live-Chat-Funktion erreichbar und ergänzt damit den Online-Shop um digitale Beratungsleistungen. (Link: https://lululemon.custhelp.com)
- Community-Aufbau über Twitter: Über den Social-Media-Kanal von Lululemon (@lululemon) hält das Unternehmen laufend Kontakt zu seinen über eine Millionen Followers. Das Ziel ist es, die Kunden in die Kommunikation mit und über die Marke einzuziehen. Dabei setzt Lululemon auf eine integrierte Kommunikation, die sowohl in Richtung der physischen als auch der digitalen Einkaufskanäle abzielt. Auf Twitter werden sowohl Informationen, wie z. B. zu neuen Kollektionen, Produkten oder Angeboten an die Community weitergegeben, als auch Beschwerden gemanagt.
- Technologisch werden alle Daten aus allen Kundenkanälen über ein CRM-System (Customer Relationship Management) gesammelt und ausgewertet. Diese Daten machen es möglich, die Muster in den Kundenbeziehungen zu erkennen und diese für Entscheidungen zur Geschäftsmodellskalierung einzusetzen. Das CRM-System liefert zudem die Grundlage für die digitale Analyse. Im System sind über 100 Konnektoren integriert (sogenannte Application Programming Interfaces oder

APIs), die es möglich machen, alle denkbaren Datenkanäle anzubinden. Zudem setzt Lululemon auf digitale Bibliotheken, in denen selbstlernende Algorithmen zur prädiktiven Datenanalyse (predictive data analytics) jedem Manager zugänglich sind. Die Datenanalyse umfasst alle relevanten Daten aus allen Kontaktpunkten mit dem Kunden, vom Online-Kundenfeedback, über Kommentaren auf Produktseiten bis hin zu Meinungen aus Anrufen im Callcenter.

Diese Kombination aus Daten und Datenintelligenz bietet einzigartige Einblicke in die Verhaltensmuster der Kunden. Mittlerweile peilt Lululemon das Geschäftsziel von einer Milliarde weltweiten Kunden an. Dieses Ziel soll vor allem auch durch Investitionen in die intelligente Geschäftsorganisation realisiert werden.

7.5 Co-Design in der Kundeninteraktion

In Zeiten massiver Präferenzverschiebungen beschäftigen sich Wissenschaftler und Praktiker zugleich mit den Möglichkeiten, welche situativen und kontextuellen Aspekte bei der Präferenzbildung beim Konsumenten eine Rolle spielen. Das Ziel ist es zu verstehen, welcher Denkstil die Wahrnehmung eines Produktes beeinflusst. In diesem Kontext setzen moderne Organisationen auf **Co-Design** oder **Co-Creation** (Turner 2018). Der Kunde wird bereits in einer frühen Phase in den Entstehungsprozess der Produkte im Unternehmen einbezogen. Die Ansätze der Co-Kreation stehen traditionellen Konzepten der Kundeninteraktion entgegen. Dahinter steht die Idee, Kunden frühzeitig an der Produktentstehung in der Wertschöpfung direkt zu beteiligen. Diese neue ökonomische Form eine Plattform für Partizipation und Kollaboration mit den Kunden hat den Vorteil, dass der Konsument schon früh an seinem eigenen Produkt mitarbeitet. Er wird zum aktiven Teilnehmer der Entwicklung neuer Produkte, Dienstleistungen, Lösungen oder auch Verfahren. Der Ansatz wurde im Rahmen des strategischen Marketings von Prahalad und Ramaswamy (2004) entwickelt und eingeführt; verbreitete sich später aber schnell auf andere Bereiche, wie den Innovationsbereich, die Markenbildung, den Einzelhandel, die Produktion usw.

Die Umsetzung von Ansätzen der Co-Creation erfordert von Führungskräften und Mitarbeitern Methodenkenntnisse zur Anwendung von Techniken wie Co-Creation-Workshops, Co-Creation-Wettbewerben oder Crowdsourcing. Die Quelle der Innovation stellen die Konsumenten dar. Oft entwickeln sogenannte Lead-User gemeinsam mit dem Entwicklungsteam eines Unternehmens neue Produkte bei Einsatz digitaler Informations-, Kommunikations- und Analyse-Technologien. Zum Einsatz kommen Systeme und Prozesse, mit denen sich Trends erkennen und Communities überwachen lassen, wie Social Media. Über Social Media entsteht ein direkter Zugang zu einzelnen Konsumenten und Zielgruppen, die Informationen zur Weiterentwicklung von Produkten und Dienstleistungen bieten können.

In der Folge sind Unternehmen gefordert, neue Strukturen für den Kundensupport zu etablieren. Dies erfordert neue Formen der Organisation und Zusammenarbeit. Die Zeiten, in denen der Kundensupport nur zu bestimmten Zeiten verfügbar ist, ist lange vorbei. Kunden erwarten heute, dass Unternehmen schnell auf Anfragen und Kommentare reagieren. Waren Kunden bis vor wenigen Jahren noch bereit, einige Tage zu warten, erwarten sie heute bei einer Anfrage über Facebook oder Twitter eine sofortige Reaktion. Diese Interaktion kann auf unterschiedliche Teilstufen der Produktentstehung angewendet werden: Ideenfindung, Design, Produktion, Vertrieb oder Kundendienst. Ebenso variieren auch die Formen der Co-Creation, je nachdem, in welche Richtung der Transfer stattfindet, wie stark der Kunde am Kern des Produktes arbeitet und wie lange die Kooperation zwischen Produzent und Konsument verläuft.

▶ **Co-Creation** Beschreibt eine Methode, bei der Kunden, Handelspartner oder andere externe Beteiligte in die Gestaltung spezifischer Projekte oder Produkte einbezogen werden. Der Ansatz stammt aus dem Design Thinking und kann dazu eingesetzt werden, Strukturen aufzubrechen und die Organisation durchlässiger zu machen.

7.6 Zukünftige Entwicklungen in der Kundeninteraktion

Schritt für Schritt werden Unternehmen heute mit der Digitalisierung konfrontiert, die in allen Bereichen der Kundeninteraktion Einzug hält. Immer neue, innovative Technologien kommen dabei zum Einsatz. Aus diesem Grund ist es wichtig, sich auch bewusst zu werden, welche dieser Digitalisierungspotenziale in die eigene Customer Journey in den nächsten Jahren Einzug halten werden. Diese werden in Abb. 7.3 kurz dargestellt und Beispiele für Technologien erwähnt, deren Einsatz sich aus heutiger Sicht bereits abzeichnet. Dieses Bild ist natürlich nicht abschließend, sondern die Technologien entwickeln sich rasant weiter.

Testen Sie Ihr Wissen
a) Welche Entwicklungen, Trends und Wirkungskräfte führen im digitalen Zeitalter zu einer Bedeutungszunahme der Beziehung zwischen einem Unternehmen und seinen Kunden? Nennen Sie dafür sowohl soziale, technologische als auch ökonomische Gründe.
b) Was besagt der Red-Queen-Effekt? Beschreiben Sie die darin verankerten Annahmen an einem konkreten Beispiel aus dem aktuellen Wettbewerbs- und Marktumfeld.
c) Recherchieren Sie mindestens drei verschiedene Definitionen des Begriffs der „Kundenzentrierung" und benennen Sie die jeweiligen wissenschaftlichen Bezugspunkte. Diskutieren Sie, warum die Kundenzentrierung als ein multiperspektivisches Konzept verstanden werden kann.

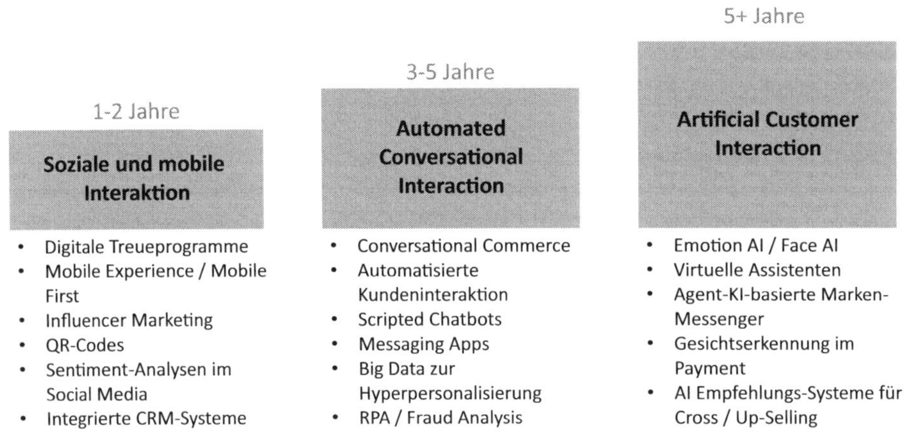

1-2 Jahre	3-5 Jahre	5+ Jahre
Soziale und mobile Interaktion	**Automated Conversational Interaction**	**Artificial Customer Interaction**
• Digitale Treueprogramme • Mobile Experience / Mobile First • Influencer Marketing • QR-Codes • Sentiment-Analysen im Social Media • Integrierte CRM-Systeme	• Conversational Commerce • Automatisierte Kundeninteraktion • Scripted Chatbots • Messaging Apps • Big Data zur Hyperpersonalisierung • RPA / Fraud Analysis	• Emotion AI / Face AI • Virtuelle Assistenten • Agent-KI-basierte Marken-Messenger • Gesichtserkennung im Payment • AI Empfehlungs-Systeme für Cross / Up-Selling

Abb. 7.3 Überblick über zukünftige Digitaltechnologien in der Kundeninteraktion

d) Was verstehen Sie unter dem empowered customer? Diskutieren Sie, warum beim Empowerment der Kunden gerade die Digitalisierung eine wesentliche Rolle spielt.

e) Recherchieren und analysieren Sie ein Beispiel eines kommunikativen Krisenfalls der letzten Zeit, der als Shitstorm durch die Presse ging. Versuchen Sie anhand dieses Falls eine Kausalkette zu konstruieren, welche Ursachen zu diesem Krisenfall führten und zu welcher Reaktion es aus organisatorischer Sicht kam. Reflektieren Sie in diesem Zusammenhang den digitalen Verstärkereffekt!

f) Sie werden in Ihrem Unternehmen damit beauftragt, eine auf Social Media aufbauende Kundensupport-Organisation aufzubauen. Entwickeln Sie hierfür einen Einführungsplan und legen Sie dar, wie Sie dabei speziell mit dem Veränderungsmanagement in der Organisation umgehen.

g) Sie haben in diesem Kapitel viel über die historischen Entwicklungen und den aktuellen Stand der digitalen Kundenorientierung erfahren. Versetzen Sie sich in die Lage eines Studenten im Jahre 2050. Wie würde wohl dieser Student die heutige Situation reflektieren? Welche Rahmenbedingungen, welche Entwicklung usw. führen zur aktuellen Transformation im Kontext der Kundenorientierung? Wie könnten weitere Entwicklungsschritte bis ins Jahr 2050 aussehen?

h) Erläutern Sie das Konzept des Omnichannel-Managements!

i) Welchen Beitrag hat Co-Creation für die kundenzentrierte Organisation?

Literatur

AssCompact Nr. 12 vom 04.12.2017, S. 16.

Bialek, Catrin und Axel Postinett. 2019. Unternehmen Einstieg mit Kampfpreis. *Handelsblatt*, Handelsblatt Media Group, Düsseldorf, Ausgabe 177, 16.

Brodwin, E. 2018. DNA testing companies like 23andMe sell your data — how to delete it. https://www.businessinsider.de/dna-testing-delete-your-data-23andme-ancestry-2. Zugegriffen: 15. Nov. 2018.

Clarke Joanna. 2017. Lululemon Athletica is in the Driver Seat on Customer Engagement. Retrieved November 15, 2018, from http://smbp.uwaterloo.ca/2017/05/lululemon-athletica-is-in-the-driver-seat-on-customer-engagement/

Chazal, Aurelie. 2014. The untapped potential of ecommerce video chat. https://www.business2community.com/infographics/untapped-potential-ecommerce-video-chat-infographic-0841619. Zugegriffen: 18. Sept. 2019.

Cook, Sarah, und Steve Macaulay. 1997. Empowered customer service. *Empowerment in Organizations* 5 (1): 54–60.

Farr, C. 2018. 23andMe considering $749 „premium" service. https://www.cnbc.com/2018/09/05/23andme-considering-749-dollar-premium-service.html. Zugegriffen: 15. Nov. 2018.

Fehr, Ernst. 2004. Don't lose your reputation. *Nature* 432 (November): 449–450.

Graham, Jefferson. 2019. Cut the cord: Apple takes on netflix, disney, amazon with only 9 shows. https://eu.usatoday.com/story/tech/talkingtech/2019/09/14/apple-takes-on-netflix-disney-amazon-hulu/2301130001/. Zugegriffen: 17. Sept. 2019.

Helmrich, Klaus. 2017. *Wie die Digitalisierung Geschäftsmodelle und Kundenbeziehungen der Industrie verändert*, 86. Berlin: Springer Gabler.

Hilken, Tim, et al. 2018. Making omnichannel an augmented reality: the current and future state of the art. *Journal of Research in Interactive Marketing* 12 (4): 509–523.

Hinds, Rebecca. 2018. By 2020, you're more likely to have a conversation with this than with your spouse. https://www.inc.com/rebecca-hinds/by-2020-youre-more-likely-to-have-a-conversation-with-this-than-with-your-spouse.html. Zugegriffen: 19. Sept. 2019.

Homburg, Christian, und Frank G. Sieben. 2000. *Customer Relationship Management: Strategische Ausrichtung statt IT-getriebenem Aktivismus*, Bd. 52. Mannheim: Inst. für Marktorientierte Unternehmensführung, Univ. Mannheim.

Hughes, Tim. 2018. Dell Hell – When Brands Don't Listen. https://ondigitalmarketing.com/learn/odm/foundations/dell-hell-when-brands-dont-listen/. Zugegriffen: 23. Nov. 2018.

Iriqat, Raed A.M., und Mohannad A.M. Abu Daqar. 2017. The impact of customer relationship management on long-term customers' loyalty in the Palestinian banking industry. *International Business Research, CCSE* 10 (11): 139.

Jarvis, Jeff. 2005. Dell lies. Dell sucks. https://buzzmachine.com/2005/06/21/dell-lies-dell-sucks/. Zugegriffen: 23. Nov. 2018.

Mottl, Judy. 2018. Lululemon taps data intelligence to amplify customer experience, relationship. https://www.retailcustomerexperience.com/articles/lululemon-taps-data-intelligence-to-amplify-customer-experience-relationship/. Zugegriffen: 14. Nov. 2018. Retailcustomerexperience.com.

Jüngst, Johannes. 2011. *Kundeninteraktion: Formen des Kundenkontakts*, 4. Stuttgart: Fraunhofer.

Kopnais, John. 2019. How 6 innovative brands use chatbots effectively. https://www.mentionlytics.com/blog/how-6-innovative-brands-use-chatbots-effectively/. Zugegriffen: 19. Sept. 2019.

Lackes, P. 2019. Definition: Supply chain management (SCM). [online] Gabler Wirtschaftslexikon. https://wirtschaftslexikon.gabler.de/definition/supply-chain-management-scm-49361. Zugegriffen: 15. Mai 2019.

Lee, Ju-Yeon, und George S. Day. "Designing customer-centric organization structures: Toward the fluid marketing organization." In *Handbook on customer centricity: Strategies for building a customer-centric organization*, Hrsg. Robert W. Palmatier,108. Cheltenham: Edward Elgar.

Li, Mahei, et al. 2016. Digitale Service-Systeme. In *Digitale Transformation im Unternehmen gestalten Geschäftsmodelle – Erfolgsfaktoren – Fallstudien*, Hrsg. Oliver Gassmann, 29–37. München: Carl Hanser.

McColl-Kennedy, Janet R., Anders Gustafsson, Elina Jaakkola, Phil Klaus, Zoe Jane Radnor, Helen Perks, und Margareta Friman. 2015. Fresh perspectives on customer experience. *Journal of Services Marketing* 29 (6–7): 430–435.

Mediengruppe RTL. 2019. n-tv. https://www.mediengruppe-rtl.de/unternehmen/firmen-und-sender/n-tv/. Zugegriffen: 17. Sept. 2019.

n-tv.de. 2019. n-tv Eilmeldungen auf Messengern. https://www.n-tv.de/apps/n-tv-Eilmeldungen-auf-Messengern-article14595871.html. Zugegriffen: 17. Sept. 2019.

Petzer, D.J. 2011. Online complaint intention and service recovery expectations of clothing retail customers. *The Retail and Marketing Review.* 39 (8): 14–33.

Prahalad, C.K., und Venkatram Ramasaway. 2004. Co-creating unique value with customers. *Strategy and Leadership* 32 (3): 4–9.

Riedmann-Streitz, Christine. 2011. *Design, user experience, and usability Theory, methods, tools and practice*, Bd. 6769, 203–222. Heidelberg: Springer.

Schobelt, Frauke. 2018. 20 Touchpoints für eine erfolgreiche Customer Journey. https://www.wuv.de/digital/20_touchpoints_fuer_eine_erfolgreiche_customer_journey. Zugegriffen: 17. Sept. 2019.

Sheth, Jagdish N., Rajendra S. Sisodia, und Arun Sharma. 2000. The Antecedents and Consequences of Customer-Centric Marketing. *Journal of the Academy of Marketing Science* 28 (1): 55–66.

Slama, Guillaume. 2019. Facebook developer conference: F8 2019 highlights. https://www.sitel.com/blog/facebook-developer-conference-f8-2019-highlights/. Zugegriffen: 19. Sept. 2019.

Thomas, Laura. 2018. Here are the retailers that make the most money per square foot on their real estate. https://www.cnbc.com/2017/07/29/here-are-the-retailers-that-make-the-most-money-per-square-foot-on-their-real-estate.html. Zugegriffen: 14. Nov. 2018. — CNBC.

Turner, Frances. 2018. *The individualization of mass customization: Exploring the value of individual thinking style through consumer neuroscience*, 439–450. Basel: Springer.

Umble, Elisabeth J., Ronald R. Haft, und M. Michael Umble. 2003. Enterprise resource planning: Implementation procedures and critical success factors. *European Journal of Operational Research* 146 (2): 241–257.

Van Valen, Leigh. 1973. *A new evolutionary law*. Chicago: University of Chicago.

van Birgelen, Marcel, Ad de Jong, und Ko de Ruyter. 2006. Multi-channel service retailing: The effects of channel performance satisfaction on behavioral intentions. *Journal of Retailing* 82 (4): 375.

Watkin, Jeremy. 2018. Synchronous vs. Asynchronous support channels: Which is better for agents and customers? http://customerthink.com/synchronous-vs-asynchronous-support-channels-which-is-better-for-agents-and-customers/. Zugegriffen: 17. Sept. 2019.

Weck, Andreas. 2018. Chatbots nach dem Hype: Wie smart sind die kleinen Programme wirklich? https://t3n.de/magazin/chatbots-hype-smart-kleinen-programme-wirklich-chatbots-243315/. Zugegriffen: 19. Sept. 2019.

Digitale Orientierung: Zukunft strategisch meistern

8

Zusammenfassung

Ein zentrales Gestaltungsfeld der digitalen DNA ist das der veränderten strategischen Ausrichtung von Organisation. Dieses Gestaltungsfeld ist eng mit der operativen Strategiearbeit eines Unternehmens verwebt. In diesem Kapitel lernen Sie die wichtigsten Instrumente der strategischen Arbeit in der Digitalisierung kennen und erfahren, wie sich Veränderungen in der digitalen Organisation aus Strategiesicht bewältigen lassen. Vorgestellt werden neben klassischen Formen für die Strategiearbeit vor allem neue Instrumente und Ansätze, wie Venture Building, Digital Labs, Inkubation und Akzeleration. Mit diesem Wissen ausgestattet sind Organisationen in der Lage, systematisch am Aufbau neuer strategischer Fähigkeiten im Zeitalter der Digitalisierung zu arbeiten.

In diesem Kapitel lernen Sie
- warum die Evolutionstheorie im digitalen Zeitalter eine neue Blüte erfährt,
- was strategische Orientierung im digitalen Zeitalter bedeutet,
- was unter der sozialen Replikation im Kontext der Digitalisierung verstanden wird,
- welche Merkmale transfunktionale Strategien haben,
- welche Schlüsselelemente zur Umsetzung der digitalen Transformationsstrategie zählen,
- mit welchen Instrumenten sich das Kerngeschäft digitale Fähigkeiten erweitern lässt.

Themen des Kapitels
Evolutionstheorie, Selektion, soziale Replikation, 7S-Strategieframework, Porter's Five-Forces, SWOT-Analyse, transfunktionale Strategie, Economies of Scale, Economies of Learning, digitale Transformationsstrategie, digitaler Systemzustand. Core Extension, Hackathon

8.1 Survival of the most digital? Wie sich Strategie verändert

Das Überleben des Stärkeren. Dieses Diktum prägt seit Jahrzehnten die Top-Vorstandsetagen vieler Organisationen. Der Ausspruch wird dem Evolutionsbiologen Charles Darwin zugesprochen, der vor über 100 Jahren seine **Evolutionstheorie** entwickelte (Darwin et al. 1867). In dieser Theorie wurde erstmals ein neues Bild zur Geschichte der unterschiedlichen Spezies entwickelt, das die Grundlage für die gesamte Disziplin der Entwicklungsbiologie legte, bis hin zur heutigen Vererbungslehre bzw. Genetik. In seiner Theorie prägt er das berühmte Zitat ‚survival of the fittest'. Doch kaum eine Formulierung hat so viele Missverständnisse in der Wissenschaftsgeschichte hervorgerufen wie diese. Denn ursprünglich drückte Darwin damit die Fähigkeit von Spezies aus, sich möglichst ideal an die bestimmten Umweltbedingungen anzupassen. Diejenigen, die überleben, können ihre Vererbungsanlagen an andere Generationen übertragen.

> Neue Arten entstehen aus neuen Varietäten, welche einige Vorzüge von älteren Formen an sich tragen, und diejenigen Formen, welche bereits der Zahl nach vorherrschen oder irgend einen Vortheil vor anderen Formen voraus-haben, werden natürlich am öftesten die Entstehung neuer Varietäten oder beginnender Arten veranlassen; denn diese letzten werden in noch höherem Grade siegreich gegen andre bestehen und sie überleben (Darwin et al. 1867).

Damit formulierte er erstmals Regeln, mit denen eine gewisse Ordnung des Überlebens erklärbar wird. Seine evolutionsbiologische Theorie bot lange Zeit inspirierende Antworten auf die Grundfrage, ob Veränderungen in der Welt durch **Zufall oder durch Notwendigkeit** stattfinden. Darwin zufolge gab darauf gleich mehrere Antworten: Während Variation dem Zufallsprinzip folgt, gibt es bei der Selektion feste Regeln. Neben diesen beiden existiert noch das Prinzip der Replikation, bei dem Informationen zur Anpassung der Spezies von Generation zu Generation weitergegeben oder im Laufe der Zeit kopiert werden (Jaeger 2015). Diese Theorie war so überzeugend, dass sie zu einer Art neuer Orthodoxie in der Wissenschaft wurde, wenn es darum ging, auch Aspekte des Überlebens im Wirtschaftskontext zu erklären (Witzel 2010). Nicht zuletzt hielten seine Ansichten deshalb massiv Einzug in die ökonomische Denkweise – wenn auch stark verkürzt und eben meist nur auf das Prinzip der **Selektion** reduziert. Der Ausspruch Darwins' wurde so verstanden, dass diejenigen Organisationen überleben, die sich am stärksten auch im ökonomischen Markt durchsetzen. Später wurde der Ausdruck „das Überleben des Stärkeren" durch die sogenannte Gruppe der Sozialdarwinisten falsch übernommen und prägt bis heute bestimmte neoliberale Ansichten zum Verdrängungswettbewerb.

▶ **Evolutionstheorie** Wissenschaftliche Beschreibung der Entstehung und Veränderung der biologischen Arten und Organismen im Laufe der Erdgeschichte. Charles Darwin gilt als einer der zentralen Vertreter dieser Wissenschaft.

Wenn aktuell über die Frage des Überlebens von Organisationen in digitalen Zeiten diskutiert wird, dann wird nicht selten dieser Ausspruch bemüht: Die digitale Transformation wird mit Kampf, Disruption, Zerstörung und Verdrängung gleichgesetzt. Nur diejenigen Unternehmen würden überleben, so die weit verbreitete Meinung, die sich radikal im digitalen Wettbewerb durchsetzen. Tagtäglich hört und liest man dieses Mantra, ohne sich bewusst zu sein, dass die Ratschläge lediglich einem reduktionistischen gedanklichen Modell der Selektion folgen. Populäre Auffassungen in der neueren Managementliteratur, die den digitalen Darwinismus als evolutionäre Folge von Technologiewechseln darstellen (Kreutzer 2017), greifen dies auf. Diese und ähnliche Argumentationen führen zum sogenannten **Reduktionismus.** Das Verhalten der Organisation, als komplexes, interaktives und durch Menschen geprägtes soziales Gebilde, wird auf wenige digital-ideologische Verhaltensweisen reduziert. Der Begriff des Reduktionismus ist aus der Psychologie und den Verhaltenswissenschaften entlehnt. Damit wird beschrieben, dass Individuen dazu neigen, komplexe Systeme oft fälschlicherweise nur durch reduzierte Betrachtung einzelner Teilelemente zu beschreiben und dabei die Verflechtungen im gesamten System außer Acht bleiben.

Ein Unternehmen wird unzutreffend als aggressives Chamäleon skizziert, das mittels ‚Digital-Fit-Programmen' die Farbe wandeln und sich im harten Wettbewerb des digitalen Dschungels ‚durchsetzen' kann. Dass dies nicht der Realität gerecht wird, ist nicht nur wissenschaftlicher Stand heutiger Sozialökonomie, sondern auch die Erfahrung vieler Manager, deren Digitalprogramme nicht den gewünschten Erfolg bringen (Hodgson und Knudsen 2010). Hodgson und Knudsen (2019) zufolge hat die Darwin'sche These zwar als Inspirationsquelle nach wie vor ihre Daseinsberechtigung. Doch sollte sich die Praxis von der Reduktion auf das Selektions-Prinzip verabschieden und das **Vererbungs-Prinzip** in den Blick nehmen. Bei dieser Erklärung spielen nicht die individuellen Entscheidungsprozesse der Menschen in der Organisation, als Muster für ökonomischen Erfolg, eine Rolle (Hodgson und Knudsen 2010). Nicht also die Selektion entscheidet über den Erfolg, sondern die **Vererbung erfolgreicher sozialer Eigenschaften** der Mitglieder der Organisationen von der alten in die neue Generation von Organisationen.

Diese organisatorischen Erbanlagen können auch als **soziale Marker** bezeichnet werden. Sind Unternehmen in der Lage, ihre sozialen Erfolgsmerkmale von Variante zu Variante (Organisation 2.0, 3.0, 4.0, …) zu erkennen, zu kodifizieren und zu übertragen, sichert dies das Überleben am Markt. Zwar haben Organisationen keine Gene und können auch keine Kopien von sich selbst machen. Sie replizieren aber indirekt Verhaltensmerkmale. Die sozialen Marker können beispielsweise Ideen, Memes, Denk- und Verhaltensweisen oder Organisationsabläufe darstellen. Im Ergebnis werden die kopierten Merkmale in den Gewohnheiten des Replikats verankert, was sich auf die individuellen Verhaltensweisen der Akteure überträgt und die Überlebenschancen erhöht.

▶ **Soziale Replikation** Unter sozialer Replikation wird die Übertragung bestimmter Charakteristika in einem organisatorischen Sozialsystem verstanden. Zwischen dem Originalzustand und der Replikation muss der kausale Zusammenhang erhalten bleiben. Erst dann kann von sozialer Replikation der Organisation gesprochen werden. Operationalisiert werden kann dies durch das Prinzip der sozialen Marker (Hodgson und Knudsen 2010).

Vor allem in der Gestaltung von Unternehmensstrategien kommt es darauf an, die **soziale DNA** übertragbar zu machen, um sich neuen Bedingungen anzupassen. Übertragen auf die Wettläufe und strategischen Planungen im digitalen Umfeld bedeutet das, dass digitale Märkte nicht als Kampfarena verstanden werden. Die digitale Anpassung ist eine komplexe Transformation, bei der organisatorische Charakteristika in eine neue Organisations-Version überführt werden. Die Kopie stellt die Grundlage dar, damit die Organisation erfolgreich mit ihrer Umwelt interagiert und sich öffnet. In der zukünftigen Strategiearbeit rücken Methoden und Vorgehensweisen zur Replikation sozialer Muster in den Mittelpunkt. Strategen und Unternehmenslenker wechseln ihre Perspektive. Im Blick steht nicht mehr die Disruption, der Kampf und die Zerstörung von Geschäftsmodellen. Es geht um Förderung wichtiger sozialer Marker, u. a. von Kooperation, Zusammenarbeit und Durchlässigkeit. Diese Erbanlagen im Sinn strategischer Fähigkeiten weiterzuentwickeln wird zum Kern zukünftiger strategischer Planungsarbeit.

Beispiel

Wie die Otto Group durch das Project Collins überlebte
Mit dem Aufkommen von Amazon bekam der deutsche Versandhändler Otto in den späten 2000ern die Digitalisierung mit aller Härte zu spüren. Konkurrent Quelle war an der neuen Form der Konkurrenz bereits zerbrochen und mit Zalando schickte sich ein weiterer Konkurrent aus dem lokalen Raum an, das letzte verbleibende Geschäft online einzunehmen: die Mode. Nachdem intern bereits mehrere Versuche gestartet wurden, den digitalen Wandel anzustoßen, musste das Management bei Otto sich eingestehen, dass die interne Digitalisierung zu lange dauern würde, um im Wettbewerb zu überleben. Die Digitalisierung interner Prozesse und die Modernisierung alter IT-Systeme war schlicht zu aufwendig. Die Otto Gruppe gründete unter dem Arbeitsnamen ‚Project Collins' ein eigenes digitales Start-up. Unter der Führung von Tarek Müller, einem digital versierten Experten, der sich in der Hamburger Szene einen Namen gemacht hatte, war der Plan, Otto für die digitale Zukunft umzubauen. Ohne die Einschränkung der Altlasten, aber mit einem dreistelligen Millionenbetrag ausgestattet, baute er und sein Team Otto zu einem digitalen Champion um. Heute firmiert sein Team unter dem Namen ‚About You' und gilt als eines der wenigen Unicorns Deutschlands, die sich gegen digitale Champions, wie Amazon und Zalando behaupten.

Lesetipp:
https://www.kassenzone.de/2013/06/17/projekt-collins-warum-otto-so-handelt/

Es stellt sich die Frage, mit welchen Methoden sich die Replikation von Organisationen erfolgreich planen und umsetzen lassen kann. In vielen Top-Etagen von Unternehmen dominiert im Gegensatz dazu nach wie vor die militärische und funktionale Auffassung von Strategiearbeit. Bei der Formulierung von Geschäfts- und Unternehmensstrategien wird traditionell davon ausgegangen, dass möglichst langfristige Strategien über fünf oder zehn Jahre zur Verwirklichung der Ziele formuliert werden sollten, um die verfügbaren **Ressourcen** effizient einzusetzen (Matt et al. 2015). Dieses Verständnis hat seine Wurzeln in der militärischen Planungspraxis und findet sich bis heute in weiten Teilen der strategischen Unternehmensplanung wieder. In Bezug auf die strategische Planung in der Wirtschaft wird noch stets von den grundlegend gleichen Zielen, wie zu Clausewitz' Zeiten ausgegangen. Der Sinn der Formulierung einer Strategie liegt demzufolge

- in der strategischen Ziel- und Zweckformulierung,
- im Bestreben, die verfügbaren Ressourcen effektiv und effizient einzusetzen und zu verteilen sowie
- in der Koordination der Entscheidungen zum Einsatz der Ressourcen.

Hintergrund
Kurze Entstehungsgeschichte des Strategiebegriffs
Killian Veer
Der Begriff der Strategie hat eine sehr lange Geschichte, die sich etymologisch auf das altgriechische Wort strategos, also der ‚Kunst der Heeresführung', zurückführen lässt. Bereits um 500 vor Christus schrieb der chinesische General Szu sein Werk ‚Die Kunst des Krieges', das bis heute zur Standardliteratur im Strategiekontext zählt (Freedman 2015). Szu beschreibt 68 Thesen für verschiedene militärische Strategien (Tsu 2012). In Europa gilt Carl von Clausewitz als Vater der modernen westlichen Militärstrategie (1780–1831) und formte das heutige Verständnis von Strategie. In Clausewitz' Ausführungen wurden erstmals auch die politischen Eigenschaften der Kriegsführung hervorgehoben. Anstatt die Militärstrategie separat zu betrachten, wurde sie als Bestandteil der Politik angesehen. So sagt Clausewitz in einem seiner Publikation ‚Vom Kriege', dass „der Krieg (…) eine bloße Fortsetzung der Politik mit anderen Mitteln" sei (Clausewitz und Hahlweg 1973). Clausewitz' Meinung ist es, dass lediglich die Politik Ziele definieren kann, nach welchen der Erfolg militärischen Operationen zu messen ist. Neumann und Morgenstern (2007) überführen diese Gedanken im 20. Jahrhundert auf einen wirtschaftlichen Strategiekontext. Nach Jahren der globalen Unsicherheit und wenig planbaren Rahmenbedingungen, benötigten Organisationen in den Nachkriegsjahren Instrumente zur längerfristigen Planung. Hier wurden neue Ansätze populär, wie die strategische Planung in einem wirtschaftlich komplexen System ablaufen kann. unter anderem schlägt Andrews (1965) erstmals vor, den strategischen Entscheidungen Stärken-Schwächen-Profile zugrunde zu legen und vor Markteintritt diese abzuwägen (Andrews 1980). Porter (2004) greift diese Überlegungen in seinem berühmten Strategieansatz auf, schlägt aber unterschiedliche Wege zum Erreichen der strategischen Zielposition vor. Damit ergänzt er die strategische Planungsliteratur um folgende wichtige Konzepte:

- Bei der Kostenführerschaft geht es darum, dass Unternehmen durch niedrige Herstellkosten niedrigere Preise als Konkurrenten anbieten. Unternehmen schaffen dies, indem sie die betriebliche Effizienz kontinuierlich verbessern, Lernkurveneffekte erfahren oder auch Skaleneffekte erzielen.

- Die Differenzierung zielt darauf ab, sich klar von der Konkurrenz abzugrenzen. Dies wird typischerweise durch innovative Produkte, sehr gute Qualität oder einen zufriedenstellenden Kundenservice erreicht. Kunden sind oftmals bereit einen höheren Preis zu zahlen und sind loyaler.
- Bei der Fokussierung verstehen und bedienen Unternehmen den Zielmarkt besser als andere. Der Schlüssel liegt in der Wahl eines stark eingegrenzten Marktsegmentes. Anstatt sich durch eine mögliche Vielzahl von Opportunitäten in angrenzenden Bereichen ablenken zu lassen, fokussiert sich die Organisation bei dieser Strategie auf die Dinge, die es besonders gut beherrscht.

Ab den 1980er Jahren rücken verstärkt Themen der unternehmensinternen Strukturanalyse in den Fokus der strategischen Planung. Unternehmensplaner konzentrierten sich nun stärker auf Kompetenzen und Fähigkeiten sowie deren Ausbau und Steuerung.

In der strategischen Planung existieren viele Methoden, die diesem funktionalen und militärischen Weltbild folgen. Wenig jedoch ist die Rede von Kernkompetenzen, sozialen Erbanlagen oder besonderen Fähigkeiten einer Organisation. Spätestens seit den 1960ern aber nimmt die Diskussion rund um die Strategieentwicklung eine neue Wende. Das Aufkommen der Möglichkeiten der empirischen Datenerhebung führt zu einer differenzierten Entwicklung strategischer Theorien (Kiechel 2009). Doch der Planung liegt stets die gleiche Idee zugrunde: Mit der Strategieformulierung wird die Organisation ‚vorprogrammiert', ihr Ziel zu erreichen. Und selbstredend kommen bei der Entwicklung und Umsetzung der Strategien viele praxiserprobte Management-Tools zum Einsatz. Beispielsweise zählen dazu strategische Planungswerkzeuge, wie das 7S- Framework von McKinsey, Porters Five-Forces-Modell oder auch die SWOT-Analyse.

8.2 Neue Aspekte digitaler Strategiearbeit

Heute eröffnet die Digitalisierung ein gänzlich neues Feld der strategischen Planung und Entwicklung – das Feld **digitaler Geschäftsstrategien und -modelle,** die Orientierung für die Entwicklung des Unternehmens bieten. Aktuelle Umfragen zeigen (Falck et al. 2017), dass dieses Thema nahezu alle Führungskräfte umtreibt (98 %). Ein starkes Interesse daran haben insbesondere Führungskräfte aus Handel und Industrie (51 %). Dennoch richten andere Studien ihren Blick auf die Defizite in der Praxis: In den meisten deutschen Führungsetagen mangelt es an der Fähigkeit zur richtigen Priorisierung und Umsetzung der digitalen Transformation (Fraunhofer Academy 2019). In nur 30 % der Unternehmen scheinen digitale Strategien erst tatsächlich umgesetzt worden zu sein. Und selbst wenn Strategien geplant werden, umzusetzen, fehlt es an Personal, Erfahrung oder Schlicht dem Mut, diese in die Tat umzusetzen. Aus diesem Grund werden die

Faktoren, die zur Umsetzung von Digitalisierungsstrategien notwendig sind, in der internationalen Managementforschung der Zeit umfassend untersucht und diskutiert.

Zu den ersten, die sich mit der Formulierung und der Architektur digitaler Strategien auseinandersetzen, gehören Bharadwaj et al. (2013). Ihr Augenmerk legen sie auf Merkmale und Elemente der digitalen Strategieentwicklung. Diese fassen sie zu drei **Aspekten digitaler Strategie** zusammen, u. a.

- dem Scope, d. h. des Umfangs und der Tragweite der digitalen Strategie,
- der Skalierung, worunter das quantitative Ausmaß verstanden werden kann und
- der Geschwindigkeit, mit der die Strategie realisiert wird.

Das Scope und die Reichweite digitaler Strategien sind weiter gefasst, als im klassischen Strategiebereich. Durch den Charakter der Digitalisierung sind Digitalstrategien üblicherweise funktionsübergreifend. Sie machen keinen Halt vor Abteilungsgrenzen, vor Bereichsgrenzen, vor unterschiedlichen Managementstufen usw. Bei Digitalstrategien handelt es sich um Querschnittsstrategien, die sich durch das gesamte Unternehmen ziehen. Bharadwaj et al. beschreiben dies als **transfunktionale Strategie.** Die digitale Strategie hat die Funktion, einzelne funktionsbezogene Strategien, Programme, Projekte oder Initiativen unter einem Dach zu bündeln und zu orchestrieren. Operativ werden den Einzelstrategien ein Mix aus physischen und digitalen Ressourcen zugeordnet. So kann es sein, dass sich ein Team in der Organisation um das Thema digitale Ethik kümmert; das digitale Marketing führt ein weiteres interdisziplinäres Projektteam aus Marketing und IT ein, ein HR-Team treibt die digitale Weiterbildung der Führungskräfte voran, im Operation-Bereich werden neue Sensoren getestet und in einer Industrie 4.0 -Plattform miteinander vernetzt, im IT-Umfeld laufen die Weiterentwicklungen von Big Data, CRM oder ERP, das Produktmanagement entwickelt digitale Services und Produkte etc. Alle Themen betreffen unterschiedliche Bereiche und Ebenen. Die übergreifende Strategieformulierung stellt sicher, dass die Taktiken miteinander verzahnt sind und deren integrative Wirkung beurteilbar wird (Bharadwaj et al. 2013).

Beispiel

Digitaler Wettbewerb im Automobilbereich
Killian Veer
Die beiden weltweit führenden Automobilkonzerne, die Daimler AG aus Stuttgart und die BMW AG aus München, konkurrieren beide im gehobene Automobilsegment. Vor wenigen Jahren erkannten beide Unternehmen, dass die Digitalisierung zu einem veränderten Automobilerlebnis führen würde. Spätestens mit der zukünftigen Einführung des autonomen Fahrens würde der Besitz von Autos weniger wichtig. In Zukunft würde der schnelle Zugang zu einem Fahrzeug, welches er nicht besitzt, für die Wahl

des Kunden entscheidend sein. Um sich auf diesen Wandel vorzubereiten gründeten beide Unternehmen unabhängige Carsharing Services: DriveNow (BMW) und Car2Go (Daimler). Nach einigen Jahren der direkten Konkurrenz erkannte man die Austauschbarkeit beider Dienste aus Kundensicht. Zudem drohte neuer Wettbewerb, da nun auch Dienstleister wie Sixt versuchten eigenständig in den Markt zu drängen. Man entschloss sich zu der Zusammenlegung beider Carsharing Dienste. Seit 2019 kooperieren beide Unternehmen mit ihren Mobilitätsservices unter dem Namen Sharenow, um Kunden eine umfassende Produkterfahrung zu bieten (Governance 2019). Eine solche Kooperation wäre auf Basis der Strategie eines reinen Fahrzeugherstellers undenkbar gewesen. Erst die Neuausrichtung der Unternehmensstrategie, sich in der Zukunft als Mobilitätsdienstleister zu positionieren, machte diese Kooperation erst möglich. Diese wiederum wurde durch die Digitalisierung angestoßen.

Ebenfalls die **Skaleneffekte** digitaler Strategien reichen weiter, als bei Strategien und Geschäftsmodellen physischer Produkte. Im industriellen Zeitalter konnten Geschäftsmodelle nur dann skaliert werden, wenn eine Kostendegression zu erwarten war. Niedrige Stückkosten führten zur Steigerung der Margen und der Rentabilität des Gesamtunternehmens. In digitalen Zeiten fällt die Limitierung physischer Produktionsfaktoren nahezu gänzlich weg. In der digitalen Strategieformulierung muss nicht mehr über geographische Lokationen, Produktionsstandorte, Lieferanten, Netzwerke etc. zwangsläufig und ausschließlich nachgedacht werden.

▶ **Economies of Scale** Unter dem Skaleneffekt wird das Erreichen bestimmter Größenvorteile in einem Geschäftsmodell verstanden, beispielsweise, wenn bei der Herstellung eines Produktes die Selbstkosten je Stück fallen. Mit steigender Produktionsmenge sinken damit die Gesamtkosten. Im Englischen ist auch von Economies of Scale die Rede, die u. a. in der Massenproduktion die Grundlage für die Wettbewerbsstrategie der Kostenführerschaft beschreiben.

Der Unterschied wird vor allem anhand rein digitaler Geschäftsmodelle deutlich, wie z. B. der Vermarktung bestimmter Softwarelösungen, Apps oder Content-Plattformen: Unabhängig von der Nutzerzahl, setzen die Geschäftsmodelle auf weltweit verfügbare digitale Infrastrukturen, mit denen sich die Geschäftsmodelle schnell und kostengünstig skalieren lassen. Über eine Cloud-Infrastruktur lassen sich Software-Produkte nahezu an jeden Computer dieser Welt ohne aufwendige Logistik ausliefern. Der Kundensupport erfolgt direkt zwischen PC und einem Call-Center. Marketingkampagnen werden über E-Mail und Social Media umgesetzt. Für die Kundenkommunikation werden digitale Community-Manager eingesetzt. Die neuere Forschungen spricht im Falle der Erzielung digitaler Skalenvorteile in digitalen Geschäftsmodellen auch von Erfahrungskurveneffekten bzw. von **Economies of Learning** (Peters 2008). Je mehr Erfahrungen ein Unternehmen bei der Entwicklung digitaler Produkte gewinnt, desto geringer werden im Zeitverlauf die Kosten für die Befähigung der Organisation. Dieser Skaleneffekte entstehen unter anderem daraus, dass Mitarbeiter lernen, ihre Arbeit effizienter zu organisieren, vernetzter zu koordinieren oder schneller durchzuführen. Arbeiten Strategen bewusst an Modellen, die digitale Skaleneffekte nutzen, kann dies einen immensen Druck im Wettbewerb erzeugen. Wachstumsgrößen, wie sie im digitalen Geschäftsmodell realisiert werden, sind im physischen Geschäftsmodell nahezu unmöglich. Da immer mehr Produkte digital vernetzt werden, entscheiden die **digitalen Skaleneffekte** über den Erfolg am Markt und werden zum strategischen Differenzierungsmerkmal zwischen unterschiedlichen Digital-Playern (Bharadwaj et al. 2013).

▶ **Economies of Learning** Wirtschaftlicher Effekt, der sich insbesondere in digitalen Geschäftsmodellen zeigt. Entsteht dadurch, dass im Zeitverlauf die Kosten für die Befähigung der Organisation sinken. Skaleneffekte entstehen u. a. durch Wissenszunahme bei Mitarbeitern und eine effizientere Arbeitsorganisation.

Die **Geschwindigkeit** ist aus strategischer Sicht ein wichtiges Merkmal heutiger Digitalstrategien. Die digitale Vernetztheit hat großen Einfluss auf die Geschwindigkeit, wie Digitalstrategien umgesetzt werden können. Zum einen können neue Produkte, die rein auf Softwareentwicklung und Codierung aufbauen, schneller einen Marktvorteil bringen, als physische Entwicklungen. Produkte lassen sich kostengünstiger entwickeln und früher einführen. Updates lassen sich ohne Zeitverlust ausspielen und neue Features in kürzeren Zyklen entwickeln. Durch digitale Logistik und ERP-Systeme lassen sich Nicht-Kernaktivitäten zügig an Partnernetzwerke auslagern. Neue Technologien, wie Blockchain, machen es möglich, Vertragsbeziehungen innerhalb von Lieferketten flexibel und ohne bürokratischen Aufwand zu managen. Dies erfordert auf organisatorischer Seite Fähigkeiten zur schnellen Innovation. Die hohe Umsetzungsgeschwindigkeit erfordert auch den **Abbau von Innovationsbarrieren.** Wurden früher in der Produktentwicklung lange Vorlaufzeiten für Datenerhebungen, Testreihen oder Prototypenentwicklung geplant, so reicht heute ein einziger Mitarbeiter mit seinem Laptop, um ein marktreifes Produkt zu entwickeln. Dieser Beschleunigungseffekt hat eine stärkere Dynamisierung ganzer Märkte zur Folge. Unternehmen experimentieren deshalb mit neuen Organisationsformen, die ihnen helfen, transfunktionale Strategien zügig umzusetzen (Bharadwaj et al. 2013).

Letztlich erfordern diese neuen Rahmenbedingungen eine veränderte Auffassung von Strategie. Angefangen bei der Datengewinnung, dem Informationsaustausch, den zeitlichen Zyklen, der Art und Weise der Planung von Strategieprozessen bis hin zu neuen Jobprofilen bei Strategien und dem Recruiting neuer strategisch versierter Mitarbeiter: Die Umsetzung digitaler Strategien erfordert ein Umdenken und neue Handlungsmuster, die es ermöglichen, die Transformation zu steuern. In der Konsequenz werden auch solide Geschäftsmodelle infrage gestellt. Können existierende Prozesse digitalisiert werden oder müssen sie komplett umgedacht werden?

> **Beispiel**
> **Digitale Innovationen bei Würth**
> *Killian Veer*
> Die Würth Gruppe ist ein weltweit operierendes Unternehmen, mit Fokus auf die Belieferung von Großhandel und Firmen im Bereich der Befestigungs- und Montagetechnik. Ein Bestandteil der Vertriebsstrategie von Würth ist das Platzieren von Regalen mit dem Würth-Logo bei den Kunden. Eine Produktinnovation im Bereich der Regalsysteme wurde 2019 mit dem German Design Award ausgestattet. Das unter dem Namen ORSY bekannte Regalsystem ist das erste sensorgesteuerte Regalsystem mit vollautomatischer Bestellfunktion. Dank integrierter Sensoren und zugehörige Auswerteelektronik erfasst dieses Regal zu einem definierten Zeitpunkt den aktuellen Lagerbestand, z. B. immer nach Feierabend, wenn alle Artikel im Regal stehen. Bei Unterschreiten eines individuell festgelegten Mindestbestandes wird per Internetverbindung automatisch die erforderliche Bestellung ausgelöst. Da jedes Regalfach einem bestimmten Produkt zugeordnet ist, ergibt sich aus der Anzahl vorhandener Packungen und Größen der aktuelle Bestand. Vor allem die Inventarisierung und Verwaltung sogenannter C-Teile wird wesentlich erleichtert. Tägliche Zeitfresser werden vermieden und Bestandskontrollen auch für kleine mittelständische Unternehmen kostengünstig und vollautomatisch umsetzbar. Waren früher zeitraubende manuelle Inventuren, Prüfungen, Listenführung und Bestellungen notwendig, so hat die Digitalisierung zu einer immensen Zeit- und Kostenersparnis geführt (Hildebrand 2018).

8.3 Elemente der digitalen Transformationsstrategie

Ein entscheidender Unterschied zur klassischen Unternehmensstrategie ist neben dem Programm-Charakter die Verankerung in der Organisation. Da es sich um eine Querschnittsstrategie handelt, macht letztlich eine Trennung zwischen Geschäfts- und Digitalstrategie nur noch wenig Sinn. Teilweise werden heute Digitalstrategien noch isoliert unter der Leitung eines Chief Digital Officer (CDO) oder anderen Führungsstrukturen entwickelt und umgesetzt. Erreichen Unternehmen aber höhere Reifegrade bei der Digitalisierung, macht spätestens dann die Separation wenig Sinn. Dies führt zur **Konvergenz** zwischen Digitalstrategie und Business-Strategie zur **digitalen Transformationsstrategie** (Bharadwaj et al. 2013). Unter dem Dach der digitalen Strategie werden Produkte, Prozesse, Vertriebskanäle und Lieferketten unter dem Vorzeichen der Digitalisierung neu ausgelotet. Die Zusammenführung beider strategischen Planungssysteme ist mehr als deren Summe: Erwartet wird, dass die Vorteile der Digitalisierung sich auf alle Bereiche auswirken (Matt et al. 2015). Welche Themen, Projekte und Initiativen unter der digitalen Transformationsstrategie gebündelt werden, kann nicht pauschalisiert werden, sondern hängt vom Ziel im Unternehmen ab. Folgend sind ausgewählte Digitalstrategien beschrieben. Jede einzelne führt zu spezifischen Veränderungen der digitalen DNA sowie der Sozialstrukturen der Organisation – ist aber stets Teil einer übergeordneten Unternehmensstrategie:

- **Online Marketing Strategie:** Umfasst Maßnahmen oder Maßnahmenbündel, die darauf abzielen, Besucher auf die eigene oder eine ganz bestimmte Internetpräsenz zu lenken. Hier soll dann direkt ein Kaufabschluss erzielt oder zumindest vorbereitet werden (Lammenett 2017). Die Online-Marketing-Strategie ist ein wichtiger aber nur kleiner Teilaspekt der digitalen Strategie.
- **Kundenansprache über die Webseite:** Webseiten sind in vielen Fällen die digitale Reflektion des Wertversprechens eines Unternehmens und somit ein hervorragendes Werkzeug, um eine Marke zu transportieren und Kunden über digitale Möglichkeiten zu informieren. Dennoch sind Webseiten eben nur Reflektionen. Das wiederum impliziert, dass die Unternehmensstruktur und Strategie noch immer unangetastet bleiben.
- **Industrie 4.0:** Die Industrie 4.0 ist die Verzahnung der industriellen Produktion mit moderner Informations-und Kommunikationstechnik (Bauernhansl 2014). Ausgehend von einer Initiative der deutschen Bundesregierung, sollen durch Industrie 4.0 intelligente und digital vernetzte Systeme eine weitestgehend selbstorganisierte Produktion ermöglichen, womit nicht ein einzelner Produktionsschritt, sondern eine ganze Wertschöpfungskette optimiert werden soll. Der Ansatz kann ein Bestandteil von Unternehmensstrategien im produzieren Gewerbe angesehen werden, reduziert sich aber auf die Produktion und ist somit kein Äquivalent für eine unternehmensweite digitale Strategie.

▶ **Digitale Transformationsstrategie** Bündelung einer rein technologischen und digital ausgerichteten Strategie mit der eigentlichen Geschäftsstrategie. Unter einem Dach werden Projekte, Taktiken, Programme usw. zur Realisierung eines höheren digitalen Reifegrades einer Organisation zusammengefasst.

Der Anwendungsbereich digitaler Strategien ist weiter gefasst und umfasst die Optimierung aller digitalen Aktivitäten an den Schnittstellen der Organisation zum Markt und zum Kunden. Dies ist ein Unterschied zu klassischer Strategiearbeit, da digitale Transformationsstrategien über reine Prozessoptimierungen hinausgehen und Auswirkungen auf Produkte, Dienstleistungen und ganze Geschäftsmodelle haben. Dies führt zu Fragestellung, welche Aspekte in einer Digitalisierungsstrategie formuliert werden sollten. Matt et al. (2015) gehen dieser Frage auf den Grund und formulieren vier **Schlüsselelemente der digitalen Transformationsstrategie,** die den strukturellen Rahmen der Formulierung liefern (Matt et al. 2015). Diese sind in Tab. 8.1 kurz zusammengefasst.

Tab. 8.1 Schlüsselelemente der digitalen Transformationsstrategie

Schlüsselelemente digitaler Transformationsstrategien	Erläuterung
Technologiefokus	• Befasst sich mit der konkreten Zielsetzung des Einsatzes neuer IT-Lösungen und dem zukünftigen technologischen Anspruch • Entscheidungen der Technologieführerschaft, Entwicklung eigener Standard oder Nutzung etablierter Standards sind zu treffen • Hat hohe Wirkung auf das Risiko der Umsetzung
Wertschöpfungs-Wirkung	• Befasst sich mit den Veränderungen des Einsatzes neuer Technologien auf die Wertschöpfungsketten, • Teilweise werden kritische Entscheidungen zur Ablösung der Aktivitäten aus dem analogen Kerngeschäft getroffen • Möglichkeiten zur Erweiterung und Öffnung der Wertschöpfungskette zu anderen Beteiligten im digitalen Ökosystem
Strukturelle Veränderungen	• Befasst sich mit den strukturellen Variationen der Organisationsstruktur im Unternehmen, insbesondere der Verortung der Verantwortlichkeiten für digitale Produkte, Prozesse und Fähigkeiten • Fragen zur Integration digitaler Tochterunternehmen oder isolierter digitaler Strukturen in das Kerngeschäft sind zu beantworten.
Finanzielle Aspekte	• Befasst sich mit der Fragestellung, welche Auswirkungen digitale Programme auf den finanziellen Erfolg im Kerngeschäft haben • Entscheidend ist die Bewertung des finanziellen Drucks im Kerngeschäft, der sich auf die wahrgenommene Handlungsdringlichkeit auswirken kann • U. a. geringer finanzieller Druck im Kerngeschäft führt zu geringer Bereitschaft zur digitalen Innovation

Aus strategischer Sicht kann die digitale Transformationsstrategie als Kombination aus Elementen der Digitalisierungsstrategie und der Business-Strategie angesehen werden. Die Kombination beider Ansätze liefert das Fundament zur Überführung der DNA der Organisation in einen neuen, **digitalen Systemzustand:** Es geht um den Übergang der Organisation von einem analogen und physischen Zustand in einen Zustand, bei dem die Organisation in der Lage ist, bewusst die Potenziale digitaler Technologien unter Berücksichtigung von Skaleneffekten, neuen Wertschöpfungs-Systemen und Kundenzufriedenheit auszuschöpfen. Eine Digitalisierungsstrategie priorisiert die Integration neuer Technologien nach Nutzen und Adaptionsmöglichkeiten. Sie bietet dabei die Möglichkeit alle Prozesse zu ersetzen, erneuern oder zu entfernen, falls sie nicht mehr benötigt werden. Sie treibt die Transformation eines zuvor analogen zu einem digitalisierten Unternehmen. Der damit verbundene Wandel wird strukturell und zwischenmenschlich dabei auf Widerstand stoßen, der adressiert werden muss.

Übung 14

Digitalisierung über die Grenzen der Wartung hinaus
Versetzen Sie sich in die Rolle eines Managers im Servicebereich eines Maschinenbauunternehmens. Sie erhalten die Aufgabe, in Ihrem Bereich eine digitale Strategie umzusetzen. An Sie wird das Problem herangetragen, dass die Wartungsteams, die halbjährlich die Maschinen beim Kunden warten, die dabei gewonnenen Informationen immer noch in Papierform dokumentieren. Aus der Geschäftsleitung wird an sie die Aufgabe herangetragen, die Art und Weise der Dokumentation und Kommunikation im Team zu ändern, um insgesamt den Wissensaustausch nachhaltiger zu gestalten. Eine Kollegin schlägt Ihnen den naheliegenden Schritt vor, die Dokumentation zu digitalisieren und die Daten gleich vor Ort in eine Cloud hochladen zu lassen. Obwohl dies logisch klingt und sich dies mit Sicherheit auf die Effizienz auswirken würde, möchten Sie über weitere Potenziale der digitalen Transformation zuerst nachdenken. Beispielsweise könnten gleichzeitig unnötige Prozesse hinterfragt, moderne Sensoren eingeführt oder andere Daten in Echtzeit an andere Bereiche übertragen werden, die über die Fehleranalyse vor Ort hinausgehen. Sie erinnern sich aus Studium an die vier Schlüsselelemente digitaler Transformationsstrategien. Diskutieren Sie in einer Gruppe das Fallbeispiel und überlegen, welche Möglichkeiten es aus Sicht aller vier Schlüsselelemente bei der Umsetzung einer digitalen Transformationsstrategie gibt.

8.4 Verankerung digitaler Strategien in der Organisation

Ein entscheidender Faktor, der sich auf den Erfolg der Umsetzung digitaler Transformationsstrategien auswirkt, ist die **zeitliche Abfolge der Transformation** (Friedlein 2019). Die Erwartung, dass Unternehmen innerhalb kurzer Zeit digitaler werden, kann selten erfüllt werden. Eine vollständige digitale Transformation benötigt Jahre, wenn nicht gar Jahrzehnte. Praktiker, die bereits viel Erfahrung mit digitaler Transformation gemacht haben, sprechen von einer durchschnittlichen Zeitspanne von ca. 5 Jahren – jedoch sind diese Zahlen keineswegs belegt und sind von Fall zu Fall sehr unterschiedlich. Es ist entscheidend, sich darüber bewusst zu werden, in welcher zeitlichen Abfolge die Umsetzung einer digitalen Transformationsstrategie erfolgen kann. Abb. 8.1 zeigt den typischen Ablauf der Umsetzung einer Digitalisierungsstrategie. Zeitlich lässt sich die Umsetzung einer Digitalisierungsstrategie demzufolge in sechs unterschiedliche Phasen unterteilen. Diese sind im Folgenden kurz skizziert.

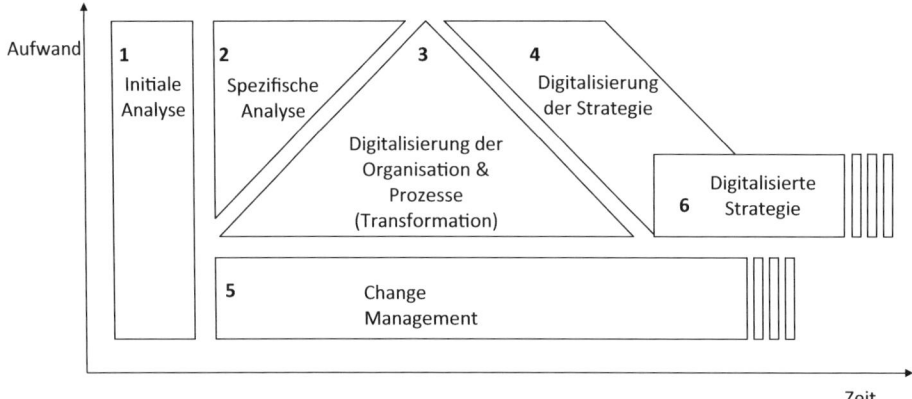

Abb. 8.1 Phasen der Umsetzung digitaler Transformationsstrategien (Quelle: Bridgemaker)

- Programm-Analyse und Kick-off: Kein Unternehmen ist heute noch komplett analog, kaum eines komplett digitalisiert. Zu Beginn steht die Bewusstwerdung zur eigenen Situation. Um sicherzustellen, dass die eigene Situationsanalyse auch fundiert genug ist, sollten Unternehmen sorgfältige Überlegungen anstellen, welche Projekte sie starten sollten und wie die die notwendigen Ressourcen zur Verfügung stellen. Am Ende der ersten Phase erfolgt die Priorisierung der unterschiedlichen Themen zur Transformation.
- Analyse spezifischer Ziele: Viele Themen bedürfen einer spezifischen Analyse, bei der Fachexperten einbezogen werden. Wichtig sind eine klare Zieldefinition und ein grober Zeitplan, der die Leitplanken für jede einzelne digitale Initiative festlegt. Voraussetzung dafür ist es auch, ein hochkarätiges Team pro Thema aufzustellen, das in der Lage ist, sowohl fachlich das Thema umzusetzen als auch eine digitale Kultur zu etablieren und zu leben.
- Digitalisierung der Organisation & Prozesse (Transformation): Die Art und Weise, wie sich ein Unternehmen in der Digitalisierung organisiert, ist der Schlüssel zu einem erfolgreichen Start. Der Aufbau einer passenden Organisation ist unerlässlich. Systeme und Tools werden ausgewählt, angepasst und eingeführt, Prozesse überarbeitet oder abgeschafft. Eine digitale Einheit zu etablieren, und ihr gleichzeitig die Freiheit der organisatorischen Gestaltung zu geben, kann die digitale Strategie beschleunigen. Eine gänzliche Trennung der digitalen Einheit vom Rest des Unternehmens ist keine langfristige Lösung. Diese muss in die Kernorganisation integriert werden. Schlussendlich werden Teamstrukturen an die neuen Arbeitsweisen angepasst.
- Digitalisierung der Unternehmensstrategie: Mit Fortschreiten der Transformation wird vielen Unternehmen klar, dass ‚digital' Teil von ihnen geworden ist. Dieses Mindset sollte Teil der eigentlichen Unternehmensstrategie werden. Zum einen finden sich nun digitale Elemente, wie z. B. Anteil digitaler Verkäufe oder Entwicklung neuer digitaler

Geschäftsmodelle langfristig in Strategien wieder. Zum anderen wird auch der Umgang mit der Unternehmensstrategie unter dem digitalen Einfluss. Der Weg dorthin dauert aber oft mehrere Jahre. Unternehmensstrategien werden langsam Schritt um Schritt um digitale Elemente erweitert.

- Change-Management: Der Prozess der Transformation kommt ohne begleitendes Change-Management nicht zum Erfolg. Die digitale Denkweise, Methoden und Verhaltensweisen sollten sich in der gesamten Organisation durchsetzen. Dies bedeutet, neue Prozesse und Verfahren zu etablieren, die kontinuierliches Feedback erlauben, Lernen fördern Kommafehler transparent machen und die Zusammenarbeit zwischen allen Beteiligten fördern. Dies bedeutet, dass viele Organisationen sich zu einem gewissen Grad neu erfinden und diesen Wandel bewusst und systematisch durch begleitende Veränderungsmaßnahmen umsetzen.
- Skalierung der digitalisierten Strategie: Wenn wichtige Initiativen auf dem Weg gebracht worden und bereits Gewinne erzielen, ist die digitalisierte Strategie auf gutem Weg. Die durchdachte Abfolge der Projekte und Initiativen ist ein Erfolgsmerkmal fundierter Strategien. Die Nachverfolgung der Produktivitätssteigerung und anderer Erfolgskennzahlen der Initiativen ist ebenso wichtig, wie auch die Einbindung aller Managementstufen in die Verbesserung der strategischen Architektur. Jedoch wird es kein fixes Ende geben, sondern die Umsetzung der Strategie bleibt fluide und wird sich stetig wandeln.

> **Beispiel**
>
> **Unternehmensstrategische Entscheidung bei Qiagen zur Digitalisierung**
> *Kilian Veer*
> 2012 wurde dem damals größten deutschen Biotechnologieunternehmen Qiagen klar, dass die Digitalisierung auch im B2B kein vorübergehender Trend sein würde. Bei einer initialen Analyse wurde zum einen deutlich, dass das Unternehmen in allen Bereichen weit von einer echten Digitalisierung entfernt war und zum anderen, dass dies der gesamten Branche ähnlich ging. Die Unternehmensführung folgerte, dass sich hier die Gelegenheit bot eine signifikante Führungsposition aufzubauen und stellte ein Investment für die Umsetzung von Maßnahmen zur Digitalisierung zur Verfügung. Dieses Budget war an eine Bedingung geknüpft: Die Höhe des Investments musste im jeweiligen Investitionsjahr in gleicher Höhe als Umsatz wieder eingespielt werden. Was zunächst nach Eigenfinanzierung klingt ist in Wahrheit keine. Für 10 Mio. € Investition in die Digitalisierung mussten 10 Mio. zusätzlicher Umsatz gebracht werden. Bei einer EBITDA-Marge von ca. 25 % sind dies nur 2.5 Mio., die der Finanzierung dienen können. Neben also einer nur teilweise zur Finanzierung der Arbeiten dienenden Maßnahme, hatte man einen anderen Effekt im Auge: Den dualen Ansatz der digitalen Strategie. Zum einen sollte durch die neu geschaffene Abteilung die digitale Transformation in allen Bereichen angestoßen und durchgeführt werden,

zum anderen aber auch Erfahrung mit dem Einfluss der Digitalisierung auf die Unternehmensstrategie aufgebaut werden. Mit zunehmender Erfahrung wurde der zweite Teil sukzessiv erweitert und die Bedeutung der Digitalisierung nahm zu. Heute findet sich in Qiagens Unternehmensstrategie der Einfluss der Digitalisierung deutlich wieder.

Ein weiteres wichtiges Merkmal der Umsetzung von Digitalisierungsstrategien ist die **Fähigkeits- und Kompetenzperspektive,** der Umsetzung der digitalen Strategie zugrunde gelegt wird. Dabei können Unternehmen üblicherweise aus zwei Optionen wählen und diesen Weg beschreiten: Core Extension oder Greenfield.

Wenn die Ziele der digitalen Strategie noch unklar sind oder Technologien noch erprobt werden sollen, bietet sich der Weg der **Core-Extension** an. Dabei erweitern Unternehmen, wie der Name schon sagt, das Kerngeschäft durch Aufbau neuen digitalen Wissens oft unter Nutzung der Ressourcen der eigenen Organisation. Es wird davon ausgegangen, dass Kenntnisse zum Produktportfolio, zu den Kundenbeziehungen, zu den Merkmalen der Märkte, zur Kultur etc. eine herausragende Bedeutung haben und diese bereits in der Organisation vorhanden sind. Der hat Ansatz hat den Vorteil, dass die Umsetzung der strategischen Pläne in einer kontrollierten Umgebung erfolgt, ohne dass externe Partner in Anspruch genommen werden. Ebenfalls eignet sich dieser Weg, um Fehlerkosten zu minimieren. Gleichzeitig aber auch bringt es Nachteile mit sich: So muss notwendiges Fachwissen erst langwierig aufgebaut werden, was Zeit benötigt. Auch kann dieser Weg sehr viel Zeit in Anspruch nehmen, da es an Kreativität und Skalierungsmöglichkeiten mangelt. Ein typisches Beispiel für den Ansatz der Internalisierung sind sogenannte **Intrapreneurship-Programme.** Dabei werden Mitarbeiter teilweise von ihren eigentlichen Aufgaben entbunden, um sich mit neuen Ideen der Digitalisierung widmen zu können.

▶ **Core-Extension** Strategischer Begriff für die Kompetenzerweiterung eines Unternehmens um digitale Kompetenzen. Dabei werden in der Belegschaft spezifische Fähigkeiten der Digitalisierung aufgebaut.

Beispiel

Hackathons bei Facebook

Alle sechs bis acht Wochen organisiert Facebook Hackathons für seine Mitarbeiter. Wie der Name bereits suggeriert, sind Hackathon Coding-Marathons, bei dem unterschiedlichen Teams an Programmier-Ideen arbeiten, beispielsweise Apps oder neue Software-Tools, die über einen kurzen Zeitraum hinweg, beispielsweise eine Nacht, einen Tag oder ein Wochenende, gemeinsam programmiert werden. Hackathons sind besonders für die Ideenfindung und schnelle Innovierung ein geeignetes Instrument. Der berühmteste Facebook-Hackathon fand in der Nacht vor dem Börsengang des sozialen Netzwerks 2012 statt. Dieses besondere Ereignis lief so lange, bis Mark Zuckerberg die Eröffnungsglocke an der NYSE läutete. Die Idee war es, zu signalisieren, dass Facebook, obwohl es ein börsennotiertes Unternehmen wird, seine Wurzeln nicht aus den Augen verlieren würde. Während einer ganzen Nacht arbeiten bei Facebook in der Regel Mitarbeiter an Ideen, die völlig anders sind als das, woran sie während ihres Arbeitstages arbeiten. In den ersten Jahren von Facebook waren Hackathons nur rein informelle Treffen, die Zuckerberg und sein Team machten. Allmählich aber wurden sie zum Ritual, mit dem die Führung versuchte, die Teambildung zu fördern. Seit dem ersten Hackathon gab es schätzungsweise 50 weitere Facebook-Hackathons. Aufgrund des schnellen Wachstums von Facebook war es nicht mehr möglich, unternehmensweite Hackathons durchzuführen. Mittlerweile führen unterschiedliche kleine Teams ihre eigenen durch. Hackathons sind mittlerweile Teil der Kultur, um die Kreativität der Mitarbeiter mit geringeren Kosten zu stimulieren. Das Konzept half Facebook u. a. bei der Entwicklung und ständigen Innovation: Der Like-Button oder die Messenger-App sind bei Hackathons im Unternehmen entstanden (Weinberger 2017).

Eine Alternative dazu stellt der strategische **Greenfield-Ansatz** dar, bei dem nicht das bestehende Wissen über das Kerngeschäft im Vordergrund steht, sondern eine radikal neue digitale Strategie, die neben dem Kerngeschäft etabliert wird. Diese Option wird gewählt, wenn die Digitalisierung des Kerngeschäfts von innen heraus als zu schwierig oder langwierig angesehen wird und die Umsetzung digitaler Strategien schneller erfolgen soll. Neben dem Kerngeschäft wird ein völlig neuer digitaler Kern entwickelt oftmals mit dem Ziel, das alte Kerngeschäft mit der Zeit in das neue Digitalgeschäft zu überführen. Interessant an diesem Ansatz ist, dass die Entwicklung des Digitalgeschäfts nicht den Bedingungen des Kerngeschäfts unterliegt. Weder die Rekrutierung von Talenten noch die Wahl von Werkzeugen oder das Prozessdesign unterliegen den Beschränkungen im bisherigen Geschäftsmodell. Durch die Rekrutierung neuer Experten entfallen zudem Kosten für die Anlernphasen der bisherigen Mitarbeiter. Seitens des Mutterkonzerns treten jedoch oftmals Abwehrreaktionen den neuen digitalen Geschäftsmodellen gegenüber auf, da es unweigerlich teilweise auch zurück Kannibalisierung bestehende Geschäftsfelder kommt.

▶ **Greenfield-Ansatz** Strategischer Ansatz, bei dem neben dem eigentlichen Kerngeschäft der Organisation ein völlig neuer digitaler Kern entwickelt wird mit dem Ziel, das alte Kerngeschäft später in das neue Digitalgeschäft zu überführen.

Corporate Venture Building (CVB) ist für die Umsetzung dieser Option beispielsweise ein effizientes und zudem praxiserprobtes Instrument. Corporate Venture Bilder sind eine Unterform von regulären Venture Buildern. Dabei arbeitet die Kernorganisation mit speziellen Dienstleistern zusammen, die sich auf den Aufbau digitaler Geschäftsmodelle für andere Konzerne spezialisiert haben (Hsu 2018). Die Leistung reicht dabei von der Ideenentwicklung bis hin zur Marktreife. Um gemeinsam ein Start-up-Unternehmen zu gründen, wird gemeinsam die Idee für einen bestimmten Sektor entwickelt, der für die Kernorganisation von strategischem Interesse ist. Das Start-up ist damit vom ersten Tag an vollständig auf die Mittel bis langfristige Strategie des Unternehmens ausgerichtet. somit wird eine spätere Integration des Start-ups in die bestehenden Strukturen einer Organisation wesentlich erleichtert. Im Gegensatz beispielsweise zur Akquisition eines bestehenden Startups sind die Kostenstrukturen besser planbar, da das neue Wachstumsfeld unter den Bedingungen, des Mutterkonzerns aufgebaut wird. Die Geschwindigkeit bis zur Marktreife kann bei diesem Instrument sehr hoch sein, je nachdem, wie schnell das Unternehmen sich am Markt etablieren kann (Menezes 2018). Die Mitarbeiter der Venture Builder besitzen meist große Erfahrungen im Umgang mit digitalen Werkzeugen und bringen zudem einen frischen unternehmerischen Geist mit. Der Begriff selbst wurde in der Vergangenheit zu einem Sammelbegriff für sehr unterschiedliche Modelle mit verschiedenen Kapitalstrukturen und Eigentumskonstellationen. Je nach Ausprägung gibt es verschiedene Herangehensweisen, wie die gemeinsame Struktur zwischen Mutterorganisation und Dienstleister organisiert wird. Typischerweise wird die Mutterorganisation im Vorstand bestimmte strategisch wichtige Positionen besetzen, in denen Entscheidungen für das Start-up im Sinne der Mutterorganisation getroffen werden. Aus Sicht des Auftraggebers ist dies von Vorteil, da die Richtung vorgegeben werden kann, in die sich das Start-up entwickelt. Dennoch bleibt ausreichend Spielraum, um fern von den Regularien der Mutterorganisation das neue Unternehmen zur Marktreife zu führen.

> **Beispiel**
>
> **Gründen-as-a-Service bei Bridgemaker**
>
> Ein prominentes Beispiel für erfolgreiches Venture Building ist die Firma Bridgemaker aus Berlin (www.bridgemaker.com). Bridgemaker wurde 2016 von Henrike Luszick gegründet und hat seitdem mehr als zehn erfolgreiche Startups aufgebaut. Bridgemaker ist heute ein führender, unabhängiger Corporate Company Builder. Mit einem Team aus Unternehmern und Innovatoren ermöglicht die Firma es anderen Unternehmen und Hidden Champions, neue Wettbewerbsvorteile zu entdecken, indem sie innovative Start-ups außerhalb der engen Grenzen des operativen Geschäfts gründen. Im Mittelpunkt des Erfolgs steht die Partnerschaft zwischen dem Team und den Experten der Unternehmensbranche. Die Unternehmen identifizieren beispielsweise einen strategisch wichtigen Sektor, in dem sie sich neu positionieren möchten. Ein schneller Markteintritt mit einem innovativen Produkt stellt oft für die diese Firmen eine große Herausforderung dar – nicht aber für das Bridgemaker, die darin geübt sind, mit digitalen Werkzeugen, Methodiken und dem bestehenden Netzwerk digitale Geschäftsmodelle zu entwickeln. Üblicherweise identifiziert Bridgemaker eine Idee mit Wachstumspotenzial, validiert die Nachfrage nach der Idee mit der

Zielgruppe, gründet um diese Idee ein Unternehmen mit nachhaltigem Geschäftsmodell und begleitet den Wachstumsprozess. Sukzessive werden die Operationen dem Unternehmen als Auftraggeber übergeben, bis es komplett auf den eigenen Beinen steht. Diese Dienstleistung, quasi Gründen-as-a-Service, ermöglicht es Unternehmen Schnellboote ins Wasser zu lassen, die neben dem Bestandsgeschäft neue Märkte eröffnen. Anders als ein regulärer Gründungsprozess erhöht dieser Prozess die Erfolgsquote für nachhaltige Geschäftsmodelle.

Eine weitere Möglichkeit des Aufbaus eines Digitalgeschäfts abseits des etablierten Kerngeschäft ist der Aufbau von **Digital Labs** als Suborganisationen. Für viele Unternehmen ist diese Option meist der erste Schritt zur Umsetzung digitaler Strategien, abseits der Strukturen im Kern. Dieser Ansatz ist auch unter dem Begriff Accelerator oder Incubator in der Praxis bekannt. In der Regel werden Gründern oder Ideengebern bestimmte Strukturen und Ressourcen zur Verfügung gestellt, mit denen Ideen systematisch bis hin zur Marktreife geführt werden können. Dies kann beispielsweise ein Mentoring oder bestimmte kostenfreie Dienste betreffen. Im Gegenteil zu einem CVB werden alle Ideen im eigenen Haus entwickelt und die Teams inhouse aufgebaut. Das Digital Lab hat zum Ziel, neue digitale Ideen in einem geschützten Umfeld umsetzen und zu testen. Brühl (2018) merkt an, dass Labs meist kleine, flexible Einheiten sind, die eine Plattform zur Kooperation zwischen Unternehmen, Start-ups und Wissenschaft bieten (Brühl 2018). Digital Labs gehen im Gegensatz zu Corporate Venture Buildern oft nicht mit einer gesellschaftsrechtlichen Beteiligung an Start-ups einher. Vielmehr geht es um die Etablierung von Rahmenbedingungen zur digitalen Innovation. Labs verfügen in der Regel über eine offene Struktur sowie über eine digitale Kultur der Zusammenarbeit. Teil des Labs sind meist sogenannte Coworking Spaces. In Coworking Spaces werden Start-ups, aber auch Freelancern, Arbeitsplätze zur Verfügung gestellt mit dem Ziel, ihre Ideen im Digital Lab weiterzuentwickeln. Darüber hinaus bieten viele Digital Labs leistungsfähige, flexible IT-Infrastrukturen und Entwicklungstools sowie Mentoring durch Coaches und Berater.

▶ **Digital Lab (auch: Accelerator, Inkubator)** Strategische Wachstumsoption, bei der eine Organisation für Gründer oder Ideengebern bestimmte Strukturen und Ressourcen zur Verfügung stellt, um Ideen systematisch im eigenen Haus bis hin zur Marktreife zu führen.

In einer digitalen Wirtschaft gewinnen Unternehmen auf diesem Weg neue Sichtweisen und Orientierung. Neben diesen beschriebenen Optionen gibt es unzählige andere Wege der modernen Strategiearbeit, die zum Aufbau digitaler Geschäftsmodelle oder der Erweiterung von Organisation um digitale Kerne eingesetzt werden können. In Abb. 8.2 sind die unterschiedlichen Wege zum Aufbau digitaler Geschäftsfelder kurz zusammengefasst. Die hier abgebildeten Typen orientieren sich am McKinsey Innovation Framework, das drei unterschiedliche Dimensionen von Geschäftsmodellinnovationen

Abb. 8.2 Wege zur strategischen Digitalisierung von Unternehmen (Quelle: angelehnt an die Tool-Analyse anhand des McKinsey Innovation Frontier Framework aus: Menezes 2018)

beschreibt: inkrementell, emergent und disruptiv. Durch die Bewertung der einzelnen Methoden je nach internem Werteaufbau und der Nähe zum eigentlichen Kerngeschäft gibt es demzufolge acht verschiedene Wege, eine Organisation auf ein neues digitales Niveau zu bringen (Menezes 2018).

- Digital Lab/Accelerator/Incubator: Positive Wirkung auf digitale Veränderungen in Kultur, Methodeneinsatz und Lernstrukturen. Strategischer Beitrag aus Innovationswirkung gering, jedoch positive Wirkung auf den Aufbau eines digitalen Images der Kernorganisation.
- Venture Client/kommerzieller Accelerator: Im Gegensatz zu internen Acceleratoren wird eine Substruktur aufgebaut, die für andere Organisationen digitale Start-ups entwickelt. Trotz Zugehörigkeit zur Kernorganisation hat diese keinen Einfluss auf strategische Entscheidungen oder ist zwangsläufig finanziell beteiligt. Methode eignet sich zum strategischen Wissensaufbau über Märkte und Technologien.
- Corporate Venture Builder: Wie beschrieben werden neue Digital-Startups in Zusammenarbeit mit einem Dienstleister, angelehnt an die Unternehmensstrategie, entwickelt und bis zur Marktreife geführt. Ziel ist, das Start-up später vollständig in die Organisation zu integrieren. Positive Wirkung auf Unternehmensimage sowie Gewinnung neuer Talente aus Digitalbereich.

- Venture Capital/Risikokapital: Im Gegensatz zu direkten Venture geht es um das Investment in potenzielle Startups in einer sehr frühen Phase. Der Risikokapitalgeber erwirbt eine Beteiligung an einem digitalen Unternehmen. Vorteil ist der frühe Zugang zu Innovationen, bei sehr hohem finanziellem Risiko und gleichzeitig geringer Integration in die Kernorganisationen.
- M&A (Mergers and Acquisitions): Der Bereich der strategischen Akquisition ist ein schneller Weg, um sofort Zugang zu einem digitalen Markt zu bekommen. Oftmals ist die Investition sehr hoch und die Integration sehr schwierig, da die Kernorganisation dazu neigen wird, ihre Prozesse und Strukturen auf das Start-up anzuwenden.

Die Entscheidung für oder gegen einen bestimmten Weg ist in hohem Maße von den Bedingungen und Zielen der Organisation abhängig. Für große Organisationen ist es beispielsweise übliche Praxis, dass **mehrere Wege gleichzeitig** eingeschlagen werden. So ist es denkbar, dass CVBs, Digital Labs usw. gleichzeitig zum Einsatz kommen – stets mit anderer Wirkung auf die Kernorganisation. Bei der Auswahl sollten sich Organisation über die Auswirkungen bewusst sein. Die Festlegung der strategischen Ziele hilft, den richtigen Weg zu wählen. Die spätere Harmonisierung aber kann zur Herausforderung werden: Nicht nur die unterschiedliche Geschwindigkeit, sondern auch die verschiedenen Charaktere hinter den Strukturen oder technologische Inkompatibilitäten bei Infrastrukturen und Systemen können zu Problemen bei der Harmonisierung führen. Ohne ausreichende Planung kann es zu Frustration kommen, bis hin zum Scheitern der Vorhaben. Organisationen, die dies besonnen und bewusst planen, kommen in den Genuss der Vorteile verschiedener Verfahren. Erforderlich dafür ist es Top-Management neue ein dynamisches Denken und flexiblere Formen der strategischen Anpassung und Planung zu etablieren, um ein ausgewogenes Portfolio digitaler Initiativen umzusetzen. Darüber hinaus kann der Aufbau einer Lernkultur den Erfolg beschleunigen. Die Digitalisierung verändert in der Umsetzung eben nicht nur Marktstrategien, sondern auch die Unternehmensstruktur und die damit verbundenen Verhaltensweisen der Akteure. Den meisten Unternehmen ist diese zweiseitige Veränderung bewusst. Vieles deutet darauf hin, dass viele Unternehmen beginnen, diesen Wandel bewusster als früher zu planen. Ziel ist es dennoch, ein individuelles Konzept für jedes Unternehmen zu entwerfen (Abb. 8.3).

8.5 Zukünftige Entwicklungen in der digitalen Strategiearbeit

Immer mehr Unternehmen setzen auf unterschiedlichen Wegen die Digitalisierung ihrer Kernorganisation um. Immer neue Methoden entstehen, immer stärker werden sich die Unternehmen auch bewusst, welche Wege auf ihre Situation passen bzw. welche nicht. Zudem bietet in Zukunft der Einsatz von Technologien neben den bekannten Planungs- und Strukturmethoden neue Optionen, um die strategische Arbeit präzise an Marktentwicklungen anzupassen. Am Horizont zeichnet sich bereits ein völlig neues Feld ab: das der KI-basierten Geschäftsmodelle-Entwicklung. Dabei kommen Technologien der

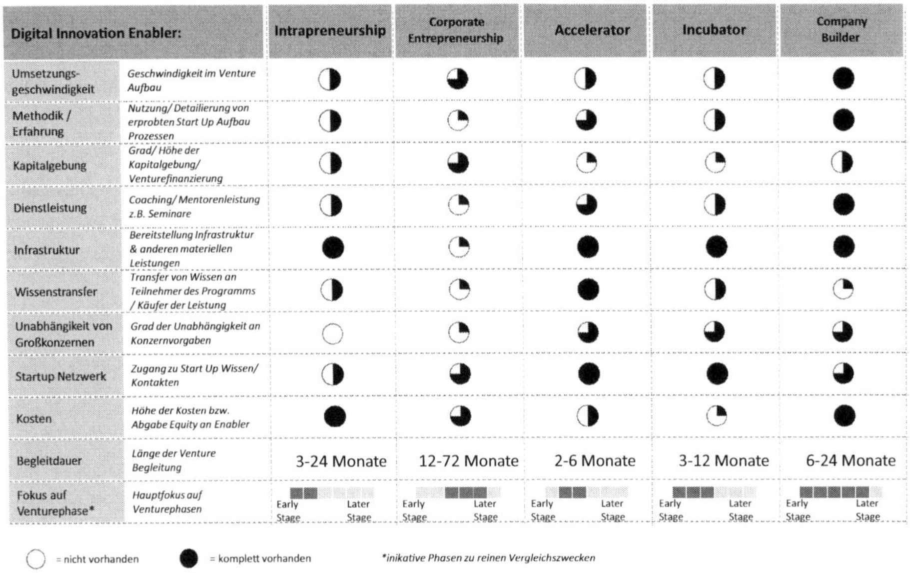

Digital Innovation Enabler:		Intrapreneurship	Corporate Entrepreneurship	Accelerator	Incubator	Company Builder
Umsetzungs- geschwindigkeit	Geschwindigkeit im Venture Aufbau	◔	◕	◑	◔	●
Methodik / Erfahrung	Nutzung/ Detaillierung von erprobten Start Up Aufbau Prozessen	◔	◕	◕	◔	●
Kapitalgebung	Grad/ Höhe der Kapitalgebung/ Venturefinanzierung	◔	◕	◑	◕	○
Dienstleistung	Coaching/ Mentorenleistung z.B. Seminare	◔	◕	●	◔	◕
Infrastruktur	Bereitstellung Infrastruktur & anderen materiellen Leistungen	●	◕	●	●	●
Wissenstransfer	Transfer von Wissen an Teilnehmer des Programms / Käufer der Leistung	◔	◕	●	◔	◕
Unabhängigkeit von Großkonzernen	Grad der Unabhängigkeit an Konzernvorgaben	○	◕	◕	◕	◕
Startup Netzwerk	Zugang zu Start Up Wissen/ Kontakten	◔	◕	●	●	◕
Kosten	Höhe der Kosten bzw. Abgabe Equity an Enabler	●	◕	◑	◕	●
Begleitdauer	Länge der Venture Begleitung	3-24 Monate	12-72 Monate	2-6 Monate	3-12 Monate	6-24 Monate
Fokus auf Venturephase*	Hauptfokus auf Venturephasen	Early Stage / Later Stage	Early Stage / Later Stage	Early Stage / Later Stage	Early Stage / Later Stage	Early Stage / Later Stage

○ = nicht vorhanden   ● = komplett vorhanden   *inikative Phasen zu reinen Vergleichszwecken

Abb. 8.3 Vergleich der Digital Innovation Enabler

künstlichen Intelligenz zum Einsatz, um basierend auf strategischer Mustererkennung und Verhaltensanalysen bestehende Strukturen und Technologien zu neuen Märkten zu kombinieren und daraus strategische Geschäftsfelder zu entwickeln (Namaki 2019). Jedoch wäre es verfrüht, bereits dazu weitere Annahmen zu treffen. Es ist aber wichtig, sich darüber bewusst zu werden, welche Entwicklungen in den nächsten Jahren in der Praxis Einzug halten werden. In Abb. 8.4 sind einige dieser Themen zusammengefasst, die sich aus heutiger Sicht bereits in der Strategiearbeit abzeichnen. Diese Übersicht ist natürlich nicht abschließend, sondern zeigt exemplarisch, wie sich das Themenfeld der digitalen Strategie und Orientierung weiterentwickelt.

Testen Sie Ihr Wissen

a) Wenn es um die digitale Transformation von Organisationen geht, wird oftmals die Evolutionstheorie nach Darwin bemüht und davon gesprochen, dass es bei der Digitalisierung um das Überleben des Stärkeren geht. Ist Ihrer Ansicht nach diese These richtig? Begründen Sie dies bitte.
b) Was wird im Transformationskontext unter sozialer Replikation verstanden?
c) Was könnten wichtige soziale Marker sein, die eine Organisation identifizieren könnte, wenn es um die strategische Festlegung von Transformationszielen geht? Nennen und diskutieren Sie einige Beispiele.
d) Erläutern Sie drei Instrumente der Strategiearbeit.
e) Was verstehen Sie unter einer digitalen Geschäftsstrategie? Wie grenzt sich diese von der klassischen Unternehmensstrategie ab?

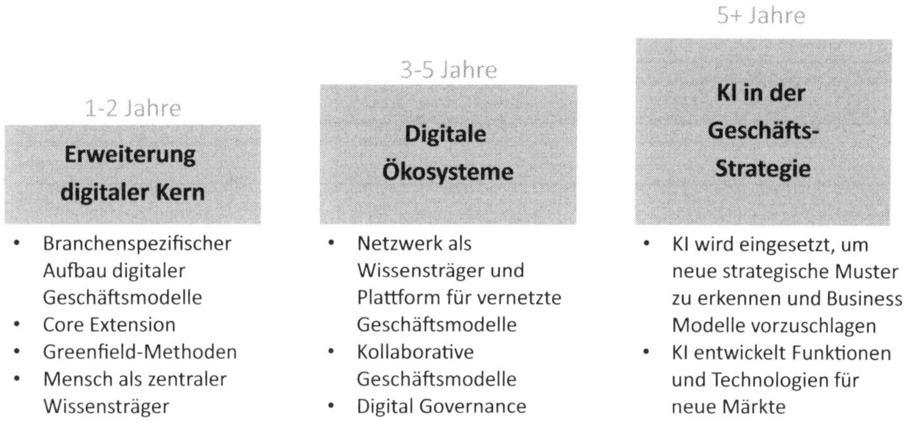

1-2 Jahre	3-5 Jahre	5+ Jahre
Erweiterung digitaler Kern	**Digitale Ökosysteme**	**KI in der Geschäfts-Strategie**
• Branchenspezifischer Aufbau digitaler Geschäftsmodelle • Core Extension • Greenfield-Methoden • Mensch als zentraler Wissensträger	• Netzwerk als Wissensträger und Plattform für vernetzte Geschäftsmodelle • Kollaborative Geschäftsmodelle • Digital Governance	• KI wird eingesetzt, um neue strategische Muster zu erkennen und Business Modelle vorzuschlagen • KI entwickelt Funktionen und Technologien für neue Märkte

Abb. 8.4 Zukunftstechnologien – Digitale Orientierung

f) Was sind drei zentrale Aspekte digitaler Strategien?
g) Was verstehen Sie unter einer transfunktionalen Strategie?
h) Was ist unter Economy of Scale und Economies of Learning zu verstehen? In welchem Zusammenhang spielen diese beiden Begriffe eine Rolle?
i) Nennen und erläutern Sie wichtige Schlüsselelemente digitaler Transformationsstrategien.
j) Erläutern Sie die sechs typischen Phasen zur Umsetzung digitaler Transformationsstrategien.
k) Wie können Hackathons zur digitalen Transformation einen Beitrag leisten? Bei welcher Option zur strategischen Umsetzung der Digitalisierung würden Sie dieses Instrument empfehlen?
l) Was verstehen Sie unter dem Instrument Corporate Venture Building und wann setzen Sie dieses aus strategischer Sicht ein?
m) Welche strategischen Instrumente eignen sich, um die digitalen Fähigkeiten im Kerngeschäft einer Organisation zu erweitern? Welche strategischen Instrumente eignen sich, um neben dem Kerngeschäft einen neuen strategischen Digitalkern aufzubauen?

Literatur

Andrews, Kenneth R. 1980. *The concept of corporate strategy*. London: Homewood R.D. Irwin.
Bauernhansl, Thomas. 2014. Die Vierte Industrielle Revolution Der Weg in ein wertschaffendes Produktionsparadigma. In *Industrie 4.0 in Produktion Automatisierung und Logistik*, Hrsg. Birgit Vogel Heuser, 1–31. Wiesbaden: Springer.
Bharadwaj, Anandhi, El Sawy, A. Omar, Paul A. Pavlou, und N. Venkatraman. 2013. Digital business strategy: Toward a next generation of insights. *MIS Quarterly* 37 (2): 471–482.

Brühl, Kirsten. 2018. Organisationen der Zukunft: Warum wir mehr Wir-Kultur brauchen. In *Identität in der modernen Arbeitswelt*, Hrsg. Olaf Geramanis, 147–158. Wiesbaden: Springer.

Clausewitz, Carl von und Werner Hahlweg. 1973. *Vom Kriege Hinterlassenes Werk des Generals Carl von Clausewitz*. Bonn: Dümmler.

Darwin, Charles, Julius Victor Carus, und Heinrich G. Bronn. 1867. *Über die Entstehung der Arten durch natürliche Zuchtwahl oder die Erhaltung der begünstigten Rassen im Kampfe um's Dasein*. Stuttgart: Schweizerbart.

Falck, Oliver, Nina Czernich, Thomas Fakler, und Anita Fichtl. 2017. *Auswirkungen der Digitalisierung auf den Arbeitsmarkt*. München: IHK für München und Oberbayern.

Fraunhofer Academy. 2019. Digitale Kompetenzen – Anspruch und Wirklichkeit. https://www.academy.fraunhofer.de/de/newsroom/blog/2019/02/digitale-Kompetenzen_Anspruch-und-Wirklichkeit.html. Zugegriffen: 29. Nov. 2019.

Freedman, Lawrence. 2015. *Strategy: A history*, 509. Oxford: Oxford University Press.

Friedlein, Ashley. 2019. Ashley Friedlein's marketing and digital trends for 2019. https://econsultancy.com/ashley-friedlein-marketing-digital-trends-2019/. Zugegriffen: 20. Sept. 2019.

Governance, C. 2019. Daimler & BMW: Neue Kooperation, alter Wettbewerb. Daimler Online. https://www.daimler.com/konzern/corporate-governance/vorstand/zetsche/linkedin/daimler-bmw-neue-kooperation-alter-wettbewerb.html. Zugegriffen: 30. Apr. 2019.

Hildebrand, Marc. 2018. Lagermanagement à la Würth: Möglichkeiten und individuelle Faktoren. Bestandsaufnahme. https://www.bm-online.de/produkte-und-tests/produkte/werkstattpraxis-fuhrpark-2/bestandsaufnahme/. Zugegriffen: 19. Sept. 2019.

Hodgson, Geoffrey Martin, und Thorbjørn Knudsen. 2010. *Darwin's Conjecture. The Search for General Principles of Social and Economic Evolution*. Chicago: The University of Chicago Press.

Hsu, Douglas. 2018. Sleeping Giants: A primer on corporate venture building. https://medium.com/datadriveninvestor/sleeping-giants-a-primer-on-corporate-venture-building-77494a8386e5. Zugegriffen: 22. Sept. 2019.

Jaeger, Lars. 2015. Darwins Evolutionstheorie und die erste Vollendung der Biologie. In *Die Naturwissenschaften: Eine Biographie*, Hrsg. Lars Jaeger, 185. Berlin: Springer.

Kiechel, Walter. 2009. *The lords of strategy: The secret intellectual history of the new corporate world*. Boston: Harvard Business Review Press.

Kreutzer, Ralf. 2017. Treiber und Hintergründe der digitalen Transformation. In *Digitale Transformation von Geschäftsmodellen*, Hrsg. Daniel Schallmo, 38. Wiesbaden: Springer.

Lammenett, Erwin. 2017. *Praxiswissen Online-Marketing: Affiliate-und E-Mail-Marketing, Suchmaschinenmarketing, Online-Werbung, Social Media, Facebook-Werbung*. Wiesbaden: Springer.

Matt, Christian, Thomas Hess, und Alexander Benlian. 2015. Digital transformation strategies. *Business and Information Systems Engineering* 57 (5): 342.

Menezes, Carol. 2018. Why corporate venture building is the best model for disruptive innovation. https://medium.com/byld/why-corporate-venture-building-is-the-best-model-for-disruptive-innovation-255906766dcf. Zugegriffen: 22. Sept. 2019.

Namaki, M.S.S. El. 2019. How companies are applying AI to the business strategy formulation. *Scholedge International Journal of Business Policy & Governance* 5 (8): 77. ISSN 2394-3351.

Peters, Thomas. 2008. *Das Mass Customization-KonzeptMass Customization als Wettbewerbsstrategie in der Finanzdienstleistungsbranche*. Wiesbaden: Springer.

Porter, Michael E. 2004. *The competitive advantage: Creating an sustaining superior performence*. New York: Free Press.

Tsu, Sun Sun. 2012. *Die Kunst des Krieges*. Frankfurt: Angkor.

Von Neumann, John, und Oskar Morgenstern. 2007. *Theory of games and economic behavior.* Oxford: Princeton University Press.

Weinberger, Matt. 2017. „There are only two rules" — Facebook explains how „hackathons," one of its oldest traditions, is also one of its most important. https://www.businessinsider.de/facebook-hackathons-2017. Zugegriffen: 20. Sept. 2019.

Witzel, Morgan. 2010. Darwin is more than survival of the fittest. https://www.ft.com/content/99d59478-e797-11df-8ade-00144feab49a. Zugegriffen: 19. Sept. 2019.

Digital Leadership – Organisationen in digitalen Zeiten kompetent führen

9

> **Zusammenfassung**
>
> Ein weiteres Gestaltungsfeld der Digitalisierung von Organisationen ist das der digitalen Führung. Digital kompetente Führungskräfte sind der Schlüssel zur Transformation zu digitalen Prozessen, Strukturen und einer Kultur geprägt von Flexibilität und Offenheit. Sie sind in der Lage, die komplexe Wirklichkeit einer VUCA-Welt zu verstehen, die wirtschaftlichen Chancen zu nutzen und neue Arbeitsmodelle umzusetzen. Zudem bieten sie Mitarbeitern, trotz hoher Unsicherheit und Komplexität, durch kompetente Entscheidungen das Gefühl von Stabilität. In diesem Kapitel wird beschrieben, was den neuen Führungsstil des ‚Digital Leadership Managements' prägt und mittels welcher Methoden dieser umsetzbar ist. Der Ansatz der digitalen Führungskräfteentwicklung liefert für den systematischen Kompetenzaufbau eine neue Grundlage. Auch der CDO – der Chief Digital Officer – als digitale Leitfigur neuer Organisationen wird diskutiert und aufgezeigt, welche Alternativen es zu dieser Rolle gibt.

In diesem Kapitel lernen Sie
- wieso eine Kultur der Risikoakzeptanz wichtig ist,
- was digitale Führung in modernen Organisationen bedeutet,
- warum digitaler Führung ein polytheistisches Verständnis zugrunde liegt,
- warum Temporalität mit digitaler Führung zusammenhängt,
- welche Paradoxien der digitalen Führung es gibt,
- warum wir von einer VUCA-Welt sprechen,
- was die Merkmale eines Chief Digital Officers (CDO) sind,
- wie digitale Führungskräfteentwicklung umsetzbar ist.

Themen des Kapitels
Risikoakzeptanz, Führungsverhalten, Führungsstil, Digital Leadership, Führung 4.0, digitale Führungskompetenz, Polytheismus, Temporalität, Paradoxie, kontinuierliche partielle Aufmerksamkeit (CPA), VUCA, transformationale Führung, demokratische Führung, Chief Digital Officer (CDO), Nudging, Führungskräfteentwicklung, digitales Kompetenzmodell

9.1 Eine neue Risikokultur

Funktions- und Abteilungsdenken, Angst vor Risiken, Mangel an Innovation. Alles dies sind Beschreibungen für die Defizite, die heute in vielen Organisationen beim Umgang mit dem Risiko der Digitalisierung vorherrschen (Goran et al. 2017). Diese Formen organisatorischen Fehlverhaltens sind ebenso Teil der digitalen Realität, wie zugleich auch die Chancen, die sich aus der digitalen Transformation ergeben. Die neue **risikobehaftete Umweltsituation** der Digitalisierung prägt jedoch mit zunehmendem Umweltdruck das Verhalten und die Denkweisen der Menschen einer Organisation. Nicht alle Menschen reagieren gleichermaßen auf die veränderten Umweltbedingungen und entwickeln gleichermaßen gut ein neues Handlungsverständnis: Ein Teil der Mitarbeiter reagiert mit Euphorie, Neugierde und Begeisterung auf die neuen Möglichkeiten. Ein anderer Teil mit Risikoaversion oder Ablehnung.

> **Übung 15**
> **Ist digitaler Analphabetismus ein Fehler des Systems?**
> Nicht alle Menschen benutzen Computer. Die meisten von ihnen sind aber nicht für die Internetsicherheit einer ganzen Nation verantwortlich. Der japanische Vize-Chef der Regierungsbehörde für Cybersicherheit, Yoshitaka Sakurada, aber ist es. Er verantwortet das Amt für Cyber-Sicherheit der Regierung. Während einer Parlamentsbefragung machte er deutlich, dass er noch nie einen Computer in seinem Leben benutzt hat – im O-Ton: „Seit ich 25 bin, habe ich meine Angestellten und Sekretäre angeleitet, ich selbst benutze keine Computer." Befragt zu der Thematik, ob in japanischen Nuklearanlagen USB-Sticks verwendet werden und ob dies eventuell ein enormes Sicherheitsrisiko darstelle, wirkte er ratlos. Viele Unternehmen verbieten heutzutage ihren Mitarbeitern, externe USB-Sticks an Firmenrechner anzuschließen. Bei aller Ernsthaftigkeit der Situation scherzte zumindest ein User auf Twitter: „Wenn ein Hacker auf Minister Sakurada abzielt, kann er keine Informationen stehlen. Damit könnte er in der Tat die stärkste Art von Sicherheit sein!"
>
> Was denken Sie? Müssen verantwortliche Top-Manager über digitale Kompetenzen verfügen? Heißt kompetent zu sein stets, die Dinge auch selbst tun zu können?

9.1 Eine neue Risikokultur

Je nach Ausprägung heißt dies aus Organisationssicht, dass in einem Teil der Organisation digitale Chancen verschleppt werden, Reaktionen auf wechselnde Kundenbedürfnisse und digitale Marktdynamiken zu spät erfolgen oder Fehler in der Digitalisierung verschleiert werden. Ein anderer Teil aber reagiert positiv, ist bereit zur Innovation und zum Aufbrechen alter Denkmuster. Der letztgenannte Bereich ist meist der, der im Fokus steht. Hier werden veränderungs- und risikofreudigen Mitarbeitern digitale Las und Strukturen zur Verfügung gestellt, Freiräume geschaffen und Innovations-Werkzeuge installiert. Sie werden bestmöglich gefördert und kommen in den Genuss neuer Handlungsfreiheiten in einer digitalen Welt. Doch die Frage bleibt offen, wie der kulturelle Wandel der gesamten Organisation erfolgen kann und welchen Maßnahmen es bedarf, um die gesamte Organisation digitaler zu machen?

Antworten darauf finden sich im Verständnis von Organisationskultur. Die Abb. 9.1 zeigt das **Modell der Organisationskultur** nach Edgar Schein (2004). Das Modell wird immer dann herangezogen, wenn es darum geht, die Stufen einer Organisationskultur beschreibbar zu machen. Zugleich gewährt es einen Einblick, auf welchen Ebenen sich die Risikoaversion gegenüber digitalen Einflüssen konstituieren kann und welche Möglichkeiten Organisationsentwickler haben, eine **Kultur der Risikoakzeptanz** zu entwickeln. Zwar wird innerhalb der Betriebswirtschaft die Möglichkeit der Veränderung und Instrumentalisierung von Unternehmenskultur kontrovers diskutiert (Bardmann 2011). Dennoch besteht zumindest Konsens darüber, dass es überhaupt operationalisierbare Einflussmöglichkeiten gibt, mit denen die Organisationskultur beeinflussbar wird. Sie ist keinesfalls als starres System zu verstehen, sondern als ein beeinflussbares System, das dynamischen Veränderungen unterliegt.

Die Kultur der Risikoakzeptanz beschreibt einen organisationskulturellen Zustand, in dem sich Menschen wohlfühlen, neue Dinge auszuprobieren, sie mit ihren Vorhaben

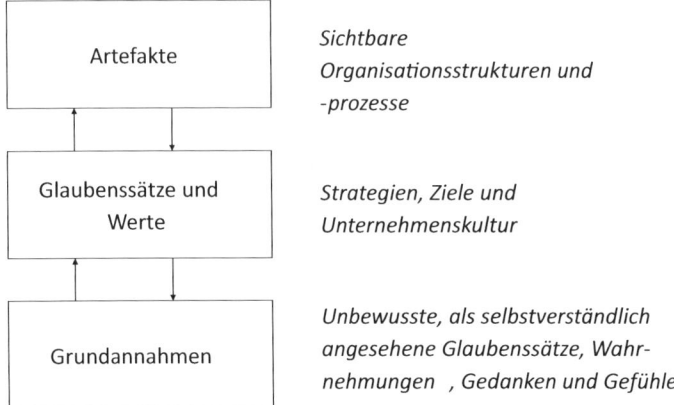

Abb. 9.1 Ebenen der Unternehmenskultur. (Quelle: Schein, Edgar (2004): Organizational Culture and Leadership, 3, San Francisco, John Wiley & Sons, Inc., 2004)

scheitern dürfen, ohne dafür ‚bestraft' zu werden sowie in dem sie laufend den Status Quo infrage stellen dürfen. Um diesen Zustand zu erreichen, genügen simple Kochrezepte, wie sie in der früheren Organisationsentwicklung in Form von Teamworkshops, Mitarbeiterumfragen oder Coachings Anwendung fanden, nicht mehr aus. Vielmehr sollen Mitarbeiter in der Lage sein, ihre Entscheidungen in einem Umfeld von Lernen und Innovation treffen zu dürfen – losgelöst von der bestehenden Hierarchie, bei umfassenden Freiheitsgraden zum eigenen Denken sowie der Akzeptanz, bewusste Störungen im Organisationssystem zu akzeptieren.

Erheblichen Einfluss auf diesen umfassenden Wandel hat das **Führungsverhalten.** Dieses prägt den Arbeitsalltag aller Mitarbeiter und beeinflusst die Art der Zusammenarbeit, die Wertesysteme sowie die Grundannahmen, die innerhalb der Organisation zur Digitalisierung vorherrschen. Die Entwicklung einer Risikokultur im Führungskader ist eine zentrale Voraussetzung, um ein Risikobewusstsein in der gesamten Organisation aufzubauen und risikoaffine Verhaltensmuster zu erzeugen. Es geht um sämtlichen Maßnahmen, die einen Beitrag zu einer veränderten Risikokultur leisten Punkt so muss die Führungskraft als Vorbild agieren und mit ihrem Verhalten dafür sorgen, dass neu definierte Werte im operativen Arbeitsalltag gelebt und gefestigt werden. Damit dies funktioniert, muss die Führungskraft ihr bisheriges Führungsverhalten an neue Erfordernisse anpassen und sicherstellen, dass ihr Verhalten der angestrebten Führungskultur entspricht. Dazu gehören beispielsweise die folgenden Verhaltensweisen:

- Risikoaffine Führung muss den Umgang mit Fehlern fördern, damit diese rechtzeitig erkannt und effektiv aus ihnen gelernt werden kann. Verfolgen Führungskräfte weiterhin einen altbewährten Führungsstil, droht die Gefahr, dass bestehende digitale Risiken nicht erkannt und infolgedessen nicht richtig eingeschätzt werden.
- Eine Führung, die den Mitarbeitern negative Konsequenzen als Antwort auf Innovation und Fehlerdenken in Aussicht stellt, wird es nicht schaffen, die Chancen der Digitalisierung zu nutzen.
- Eine risikoaffine Führung muss den unterschiedlichen Erwartungen der verschiedenen Generationen in der Belegschaft gerecht werden. Von zentraler Bedeutung ist, dass Mitarbeiter jeder Generation, die nicht zu den Digital Natives gehören, abgeholt und integriert werden.

▶ **Führungsverhalten** Beschreibt eine Reihe bewusster oder unbewusster Maßnahmen, die von einer Person in einer Leitungsfunktion ergriffen werden, um das Engagement einzelner Mitglieder der Organisation zu erhöhen und der gemeinschaftlichen Arbeit in der Organisation einen Sinn zu geben.

Alles dies prägt beim Aufbau digitaler Organisationen den „tone from the top", der sich auf das veränderte Verhalten der Geschäftsführung in einer digitalen Organisation bezieht. Die Verhaltensänderung betrifft nicht nur das Top-Management, sondern auch nachgelagerte Führungsebenen. Es geht um ein grundlegend neues Verständnis der

Verantwortung von Führungskräften, die mit der Bewältigung digitaler Risiken einhergehen. Dieses Ziel hängt eng mit der Auffassung zusammen, dass die Art und Weise der interpersonellen Verhaltensbeeinflussung sowie die unterschiedlichen Werkzeuge zur Gestaltung, Steuerung und Weiterentwicklung des Organisationssystems als **Führungsstil** beschrieben werden können. Durch den Vergleich unterschiedlicher Instrumente und ihre inhaltlichen Ziele können Rückschlüsse auf den in der Organisation etablierten Führungsstil gezogen werden.

Hintergrund
Wie Führungskräfte auf Veränderungen reagieren
Ben Renshaw
Die Bedeutung von Transparenz
Eine der großen Herausforderungen für Führungskräfte ist, wie sie die Transformation positionieren. Was ich in Unternehmen oft sehe, ist, dass die Transformation als Möglichkeit genutzt wird, Effizienzgewinne in Form von Kostensenkungen zu erzielen. Es ist wichtig, dass die Führungskräfte so transparent wie möglich sind. Mitarbeiter sind Erwachsene. Voll funktionsfähige Menschen kommen jeden Tag zur Arbeit. Es schmälert ihre Intelligenz, nicht ehrlich zu sein. Ich habe den CIO einer Organisation gecoacht, die sich in einer „Transformation" befindet. Tatsächlich reduzierte das Unternehmen die Mitarbeiterzahl um 25 %. Das Gerücht war da draußen, aber es gab keine klare Kommunikation darüber, wie viel und wann. Dieser Ansatz hatte einen großen Einfluss auf das Gewissen des CIOs. Sie trafen die Entscheidung, dass sie, ohne ihre gesetzliche Verpflichtung zu verletzen, so viel wie möglich mit ihrem Senior Leader Team über die Änderungen teilen würden. Das Team reagierte positiv. Sie waren dankbar für das in sie gesetzte Vertrauen und konnten sich so bestmöglich auf den Zeitpunkt der Veränderung vorbereiten.

Vertrauen aufbauen
Eine wichtige Erkenntnis aus der Global Study of Engagement 2019 des ADP Research Institute zeigte, dass das Vertrauen in Teamleiter die Grundlage für Engagement ist. Als sie die engagiertesten Teams untersuchten, fanden sie heraus, dass „bei weitem der beste Erklärer für das Engagement darin bestand, ob die Teammitglieder ihrem Teamleiter vertrauen oder nicht. Ein Arbeiter ist 12-mal häufiger voll engagiert, wenn er oder sie dem Teamleiter vertraut." Der Weg, um Vertrauen aufzubauen, ist das Qualitätsmanagement. Wenn ein Mitarbeiter das Gefühl hat und glaubt, dass er die Unterstützung seines Vorgesetzten hat, dann wird Vertrauen aufgebaut. Wenn man die Transformation leitet, bedeutet das, dass man die Menschen in die Lage versetzt, die Erwartungen an sie klar zu verstehen.

Entwicklung von Fähigkeiten
In Zeiten der Transformation höre ich oft, wie Führungskräfte den Teammitgliedern sagen, dass sie „aufsteigen" müssen. Dies ist eine gefährliche Aussage, denn sie ist bedeutungslos, es sei denn, die Menschen wissen, wie das Steigen aussieht. Es ist wichtig, Fähigkeiten rund um die Transformation aufzubauen, indem man Mentalitäten, Verhaltensweisen und Fähigkeiten verbessert. Die Menschen brauchen jedoch die richtige Unterstützung, um dies zu erreichen. Ich coache eine neue Führungskraft, die ein großes Transformationsprogramm leitet, bei dem 5000 Mitarbeiter ihre Rollen von Compliance auf Service aufgrund von Automatisierung wechseln müssen. Viele von ihnen sind schon seit langem im Einsatz und arbeiten in einem stark gewerkschaftlich organisierten

Umfeld. Der vorherige Führer hatte einen Richtlinienansatz gewählt, der den Menschen von der Transformation erzählt, mit der impliziten Erwartung, dass sie irgendwie einfach stattfinden würde. Dieser Führer schuf ein Gegenspiel des Widerstands und verlor in der Folge seinen Job. Die neue Führungskraft hat viel in das Zuhören der Mitarbeiter investiert, die versuchen, die Auswirkungen der Transformation zu verstehen und was sie für die Entwicklung der Fähigkeiten bedeutet. Sie setzen Entwicklungsoptionen ein, bei denen die Mitarbeiter ihre Fähigkeiten selbst einschätzen und ihre eigenen selbstgesteuerten Lernlösungen einführen können. Dadurch stärken sie das Engagement und die Fähigkeiten.

Der Kulturcode
Damit die Transformation stattfinden kann, müssen Führungskräfte die richtige Kultur schaffen. Patrick Cescau ist ehemaliger Vorstandsvorsitzender der Unilever-Gruppe. Seit 2013 ist er Vorsitzender der InterContinental Hotels Group. Er sprach bei einem Leadership-Programm, das ich für die IHG durchführte, und gab einen einprägsamen Kommentar ab: „Wenn Strategie und Kultur aufeinandertreffen, wird die Kultur immer gewinnen". Wenn du nicht die richtige Kultur für die Transformation hast, wirst du in Schwierigkeiten sein. Die beiden wichtigsten Zutaten für den Kulturwandel sind das Vorbild, was Sie sehen wollen, und die Stärkung der gewünschten Verhaltensweisen. Es gibt nichts Schlimmeres, als dass Führungskräfte, die aufstehen und über die beabsichtigte Kultur sprechen, nur damit die Mitarbeiter sie ansehen und sagen: „Das ist nicht das, was ich sehe". Sie untergräbt die Glaubwürdigkeit der Führung und wird jede Transformation behindern. Die Führungskräfte müssen Demut und Verletzlichkeit zeigen, wenn es darum geht, die Kultur zu verändern, weil niemand auf Anhieb das Richtige tut. Sie müssen bereit und willens sein, Beispiele dafür zu finden, wo die Menschen es richtigmachen. Nennen Sie diese Beispiele und feiern Sie sie, damit jeder weiß, wie gut sie aussehen.

9.2 Von traditioneller zu digitaler Führung

Die Fähigkeit von Unternehmen, die strategischen Chancen der Digitalisierung progressiv zu nutzen und diese zu kommerzialisieren, hängt maßgeblich von digital kompetenten Führungskräften ab. In der neueren Managementliteratur ist auch vom **Digital Leader oder Führung 4.0** die Rede. Ihnen werden besondere Fähigkeiten zugesprochen, Chancen als auch Risiken im digitalen Wettbewerb besser zu antizipieren, als Führungskräften, die über klassische Führungskompetenzen verfügen. In der wissenschaftlichen Literatur ist keine einheitliche Definition dazu zu finden. Eggers und Hollmann (2018) definieren digitale Führung beispielsweise als ein auf die digitale Transformation der organisationalen Wertschöpfungskette ausgerichteter Gestaltungs- und Steuerungsprozess, der auf einer netzwerkbasierten sowie orts- und zeitunabhängigen und somit skalierbaren Mitarbeiterführung beruht. Crummenerl und Kemmer (2015) verstehen die digitale Führungskraft als eine Person, die nicht nur die digitale Veränderung vorantreibt, sondern auch in der Lage ist, durch die Trends und Tools der digitalen Transformation zu navigieren und andere, sowohl Kollegen als auch Mitarbeiter, für das Thema zu gewinnen (Crummenerl und Kemmer 2015). Kurz gesagt, digitale Führungskräfte kümmern sich um die optimale Verknüpfung von Menschen, Prozesse und Strukturen im Kontext einer modernen digitalen Organisation. Sie verstehen sich als Leitfiguren für Innovation und zur Förderung von Kreativität in allen wertschöpfenden Bereichen. Sie geben keine konkreten Aufgaben vor, sondern moderieren und unterstützen bei der Lösungsfindung. Damit setzen sie einen Orientierungsrahmen für autonomes Handeln in der Organisation. Dies fördert die Partizipation und Selbststeuerung innerhalb der Strukturen einer Organisation und schafft die nötigen Voraussetzungen für Netzwerkbildung und übergreifende Zusammenarbeit. Die Führungskraft agiert also als eine Art digitaler Assistent, was spezifische Kompetenzen voraussetzt.

▶ **Digital Leadership/Führung 4.0** Gestaltungs- und Steuerungsansatz, der auf dem Ergreifen von Maßnahmen zur Transformation digitaler Wertschöpfungsketten und Strukturen beruht. Eingesetzt werden spezielle Maßnahmen der netzwerkbasierten sowie orts- und zeitunabhängigen Mitarbeiterführung.

Je nach Situation können sich die Kompetenzanforderungen an die Digital Leaders jedoch unterschiedlich zeigen, haben aber stets mit Themen der Digitalisierung einer Organisation zu tun. Beispielsweise sind das Situationen

- in denen ein Handelsunternehmen Kompetenzen für den Aufbau eines digitalen Multichannel-Managements braucht,
- in denen Technologie-Hersteller Erfahrungen in der digitalen Produktentwicklung und im Co-Design suchen,
- in denen Logistikunternehmen Führungskräfte zum Management digitaler Lieferketten suchen,
- in denen Führungskräfte für den Aufbau digitaler Startups benötigt werden,
- in denen Finanzmarktbehörden Erfahrungen im Design von Blockchain-Geschäftsmodellen und virtuellen Währungen suchen,
- usw.

Diese Beispiele für veränderte Situationen, in denen Manager mit neuen digitalen Rahmenbedingungen konfrontiert werden, ließen sich beliebig fortführen. Fest steht: Eine Führungskraft im digitalen Wandel muss in der Lage sein, ihr Führungsverhalten an die neue sowohl technische als auch soziale Risikosituation in der Organisation anzupassen. Die Digitalisierung verändert grundlegend die Art, wie Führungskräfte ihre Umgebung managen und die Arbeit der Teams, Abteilungen und Bereiche organisieren. Die technologische Expansion von neuen Verfahren, Plattformen, Prozessen oder Geschäftsmodelle bringt zwangsläufig die Notwendigkeit mit sich, dass Führungskräfte die Glaubensgrundsätze, die im industriellen Zeitalter noch erfolgversprechend waren, abzulegen und bereit sind, **digitale Führungskompetenzen** zu erwerben.

> **Praxisbeispiel**
>
> **Domino's – Vom Pizzalieferanten zum E-Commerce-Unternehmen**
>
> Kennen Sie eine Firma, die einen größeren Aktienkursanstieg als Google, Apple, Netflix oder Amazon verzeichnen kann? Eine dieser Firmen, die dies geschafft haben, ist Domino's Pizza. Noch im Jahr 2009 stand Domino's auf dem letzten Platz in industrieweiten Kundenumfragen. Der Aktienkurs bewegte sich zu dieser Zeit auf einem historischen Tiefstand. Fast zehn Jahre später ist aus Domino's eine der erfolgreichsten digitalen Organisationen der Welt geworden. 50 % der rund 800 Angestellten im Hauptquartier arbeiten heute bereits mit digitaler Analytics-Software, 60 % der Umsätze werden in digitalen Kanälen generiert – mehr als das Dreifache des Industriedurchschnitts von ungefähr 20 %. Für den bisherigen CEO von Domino, Patrick Doyle, geht die Einführung digitaler Innovationen Hand in Hand mit der Entwicklung der Menschen und Führungskräfte. Während die Mitarbeiter von Domino's viele technische Innovationen umsetzen, wie z. B. den Aufbau neuer digitaler Vertriebskanäle, die Einführung von Pizza- und GPS-Tracker-Technologie, Experimente mit der Pizza-Auslieferung durch Drohnen usw., wurde begleitend dazu das gesamte weltweite Franchise-Management auf die digitalen Entwicklungen vorbereitet und eine robuste digitale Leadership-Vision entwickelt.
>
> Das weltweite Franchise-System, zu dem knapp 95 % der 290.000 Mitarbeiter gehören, bildet für das Unternehmen die Grundlage für die weltweite Digitalisierung und die anhaltende Expansion. Domino's fördert innerhalb seines Franchisenehmer-Netzwerks systematisch die Entwicklung von Innovationen durch den Aufbau einer Kultur des Experimentierens. Lokale Organisationen sorgen dafür, dass die Franchise-Nehmer direkt an der Entwicklung neuer Ideen beteiligt werden, z. B. durch Hackathons und anderen Innovations-Formaten. Beispielsweise wurde von Domino's Australien ein internationales Innovationslabor mit dem Namen ‚DLAB' gegründet. Dieses Labor bietet einen Innovationsraum für neue digitale Ideen und vernetzt Kunden mit Domino-Mitarbeitern, Start-ups und Querdenkern. Aus diesem Lab heraus entstanden bereits neue Ideen, wie u. a. ein KI-basierter virtueller Assistent, der auf Basis natürlicher Sprachverarbeitung mit Kunden kommunizieren kann. Neben der Innovationskultur setzt das Unternehmen auf die gezielte Entwicklung und Schulung der weltweiten Franchisenehmer. Das Unternehmen betreibt eine eigene E-Learning-Plattform, die DPZ- University, auf der internes Trainings- und Beratungsmaterial für alle Franchisenehmer verfügbar gemacht wird. In den USA wurde u. a. eine spielbasierte Onlineumgebung zur Personalbeschaffung eingeführt. Das Spiel ‚Pizza Hero' soll dabei helfen, über Spielelemente, bei denen Pizzen hergestellt werden müssen, neue Kandidaten für das Unternehmen zu begeistern und zu rekrutieren. Die besten virtuellen Pizzaköche haben die Möglichkeit, sich bei ihrem lokalen Domino's Store zu bewerben. Mit der Kombination aus digitaler Innovation und digitaler Leadership-Entwicklung gehört die Firma damit seit 2016 zu den Top-10 der innovativsten Unternehmen im Food-Bereich.

Bewertet man die neue Führungswelt aus der Metaperspektive, so ist ein Übergang von einem tendenziell monotheistisch geprägten Führungsverständnis des Industriezeitalters, bei dem meist nur eine Wirklichkeit existierte (Hierarchie, Funktion, Unterstellung, Überstellung, Strategie usw.) zu einem **polytheistisch geprägten Verständnis** des digitalen Zeitalters zu beobachten.

▶ **Polytheismus** Der Polytheismus beschreibt eine aus der Theologie stammende kulturhistorische Weltanschauung, in der mehrere Götter nebeneinander friedlich koexistieren. Im Gegensatz zum mittelalterlich geprägten monotheistischen Weltbild, unterwirft sich der Mensch im Polytheismus nicht einem einzigen Gesetz, sondern gestaltet autonom seine Denkweise und Weltsicht (Muhs 1943).

Parallel koexistieren viele verschiedene unternehmerische, soziale und gesellschaftliche Realitäten (virtuell vs. physisch, analog vs. digital, zentral vs. dezentral, top-down vs. bottom-up usw.). Dies führt zu einer enormen **Instabilität einer Organisation** und überfordert zugleich zwangsläufig die Mitarbeiter als auch die Führungskräfte. Aber nicht nur bei der Anpassung der einzelnen Führungskraft gibt es Schwierigkeiten. Ebenso sind die Systeme, mit denen tagtäglich Manager agieren, von einem mechanistischen Führungsverständnis geprägt. Dazu zählen beispielsweise Management-Steuerungssysteme, -Motivationssysteme, -Dokumentationssysteme, -Anreizsysteme etc., die inflexibel und auf direkte Beziehungen hin ausgerichtet sind. Möglichkeiten, flexibles Handeln und experimentelles Lernen zu fördern, sind nicht vorgesehen. Diese eingeschränkte Systemwelt determiniert zu einem Großteil das Verhalten der Führung innerhalb einer Organisation. Viele Manager können trotz ihrer durchaus progressiven persönlichen Einstellung nicht ‚aus ihrer Haut' und sind gezwungen, ihr Verhalten der monotheistischen Welt, in der sie sich befinden, unterzuordnen: Hier gibt es für alle Themen nur eine einzige Wahrheit, der sie folgen müssen: Einen Vorgesetzten, eine Geschäftsstrategie (die zudem in zu engen Grenzen verläuft), eine Jobbeschreibung, eine Hauptaufgabe, einen Markt, etc.

Die Verhaltensmuster der Führungskräfte an eine polyzentrisch geprägte Welt anzupassen, ist der Schlüssel zur Gestaltung eines neuen Verständnisses von Führung: Grenzenlos denken, grenzenlos handeln. Das ist die **Maxime der digitalen Führung.** Dieses Credo zeigt sich anhand bestimmter Aspekte aus der Lebenswirklichkeit digitaler Führung:

- Keine Grenzen zwischen Organisation, Märkten und Konsumenten.
- Organisationen werden durchlässiger.
- Hierarchien sind nicht existent.
- Temporäre Allianzen ersetzen stabile Partnerschaften.
- Mitarbeiter übernehmen keine dauerhafte, sondern temporäre Verantwortung.
- Strukturen existieren nur für ein Projekt.
- Nichts ist auf Dauer angelegt.

Durch das reale Erleben dieser Werte in digitalen Organisationen ändert sich das Werteverständnis einer gesamten Generation von Führungskräften. Aus der Organisationstheorie ist die Sichtweise auf sich stets verändernde Systemzustände als Ansatz der **Temporalität** bekannt (Elbe und Peters 2016). Die Temporalität bezieht sich auf die Zeitspanne, die etwas bestimmtes in der Organisation anhält bzw. überdauert. Der Begriff veranschaulicht die zeitliche Begrenzung bestimmter Aspekte, Vorstellungen, Annahmen oder Werte, auf Basis derer eine temporär gebildete Organisation konstituiert wurde. So merken Najam et al. (2018) an, dass die Temporalität in Institutionen ein oftmals übersehenes Phänomen ist, welches jedoch in engem Zusammenhang mit der Etablierung bestimmter Elemente der Institution steht (Najam et al. 2018). Dazu zählen auch Führungskräfte als Individuen oder die von ihnen geführten Teams, die bestimmte Aufgaben erfüllen oder Projekte liefern. Die damit verbundene Zeit steht in einem engen Zusammenhang zur Geschwindigkeit, der der temporären Struktur einprogrammiert ist. Die Dynamik und Geschwindigkeit, mit der die Digitalisierung verläuft, ist der Grund für die zeitliche sowie inhaltliche Begrenzung der Führungsaufgaben und wird zum Merkmal digitaler Führung.

Die Macht und der Status der Führungskräfte sind nicht mehr dauerhaft bzw. durch eine (einzige) hierarchische Struktur und Informationspolitik bestimmt. Macht und Informationen sind vielmehr vernetzt und durch viele verschiedene Informationssymmetrien zwischen den Akteuren geprägt (Pulley und Sessa 2001). Diese Strukturform ist beispielsweise bei zeitlich befristeter **Projektarbeit** zu finden (Elbe und Peters 2016). Die Prozesse, Abläufe, Verantwortlichkeiten, Kooperationen, Kommunikation und Führungsaufgaben sind auf zeitlich begrenzte Dauer angelegt, was zu einem neuen Verständnis in den Beziehungen zwischen Führungskräften und den Mitarbeitern führt. Strukturen werden nicht mehr dauerhaft durch eine Führungskraft gestaltet, sondern passen sich flexibel an die Aspekte der Digitalisierung an. Dies macht es möglich, dass die Entwicklung von Strategien oder die Umsetzung neuer Themen effizienter verläuft, schnelle Ergebnisse gesichert werden aber auch deren Strukturen genauso schnell wieder abgebaut werden. Die **temporäre Sichtweise** liefert aus organisationstheoretischer Sicht die ideale Grundlage zur Ausgestaltung einer veränderten Auffassung von Führung im digitalen Zeitalter, da sie den höchsten Flexibilisierungsgrad liefert. Praktisch werden in den zeitlich begrenzten Strukturen alle Aufgaben einer normalen Organisation erfüllt: Umsätze werden erwirtschaftet, Entscheidungen über Personalabbau werden getroffen, neue Kooperationen werden verhandelt und etabliert, Vertriebsprogramme werden ausgerollt usw. Kein Element klassischer Führungsarbeit ist ausgenommen – jedoch stets mit dem Unterschied, dass die Gestaltungsaspekte temporär sind. Die Temporalität im Führungsverständnis betrifft z. B.

- Kompetenzentwicklung der Führungskräfte,
- Instrumente und Verfahren zur Kollaboration und Teamarbeit
- digitale und dezentral verteilte Steuerungstools,
- digitale Strategien und Business-Prozesse,
- Teamstrukturen etc.

▶ **Temporalität** Bezieht sich auf die zeitliche Begrenzung bestimmter Aspekte, Vorstellungen, Annahmen oder Werte, in dem jeweiligen Organisationsmodell zugrunde liegen. Grundlage insbesondere der Ausgestaltung digitaler Führungsansätze.

Die Transformation vom traditionellen zum digitalen Führungsverständnis führt zwangsläufig zur Weiterentwicklung der **Annahmen über Führung** – im Sinne von Werteinstellungen, Glaubensgrundsätzen und Perspektiven. Gefragt ist nicht mehr der hierarchisch konditionierte Manager mit Durchsetzungsvermögen, Machtanspruch und Einzelkämpfer-Mentalität. Vielmehr geht es beim Digital Leader um Führungskräfte, die mit Komplexität, Unsicherheit und Geschwindigkeit umgehen können (Reinhardt und Lueken 2018). Infolgedessen steht aktuell ein Großteil aller Führungskräfte vor der Herausforderung, dass ihre Erfahrungen, Denkweisen oder Führungsansätze nicht mehr auf digitale-induzierte Herausforderungen anwendbar sind. Sie sind konfrontiert mit einer völlig neuen Führungswelt. Digitale Werkzeuge, Prozesse und neue Wertesysteme müssen zügig in den Führungsalltag integriert werden, bevor die digitale Wirklichkeit sie einholt. Damit steigt der Anpassungsdruck von Führungskräften enorm. Dieser wirkt sich direkt auf die Transformationsfähigkeit von Unternehmen aus, wie Forschungen belegen: So dominieren Ängste, der neuen Welt nicht gewachsen zu sein. Die Bedenken führen zu Demotivation und Abwehr. Die Bereitschaft, die Herausforderungen progressiv anzugehen, sinkt. Auch fast 30 Jahre nach der Kommerzialisierung des Internets (NSF 2003) sind viele Menschen (noch) nicht bereit, sich auf die Digitalisierung einzulassen und dieses ‚Neuland' für sich zu entdecken (Bundespresseamt 2013).

Hintergrund
Angela Merkel und der Fauxpas mit dem Neuland
Bei einer Rede auf einer gemeinsamen Bundespressekonferenz mit US-Präsident Barack Obama äußert sich Angela Merkel am 19. Juni 2013 auf die Frage eines Journalisten nach dem Überwachungsprogramm Prism: „Das Internet ist für uns alle Neuland, und es ermöglicht auch Feinden und Gegnern unserer demokratischen Grundordnung natürlich, mit völlig neuen Möglichkeiten und völlig neuen Herangehensweisen unsere Art zu leben in Gefahr zu bringen." Kurz darauf wird der Begriff ‚Neuland' besonders in den sozialen Netzwerken aufgegriffen und löst eine kontroverse Debatte über die Unterschiede zwischen den so genannten digital Natives und digital Immigrants aus. Der Hashtag #neuland wird in kürzester Zeit zu einem der meistverbreiteten Memes in Deutschland (Kruse 2013).

9.3 Paradoxien der digitalen Führung

Obwohl weltweit die Politik und Wirtschaftsverbände konsequent an der digitalen Transformationsagenda arbeiten (BMWI 2018), schätzen Sozialwissenschaftler die Transformationsbereitschaft der Führungskräfte kritisch ein (Vogel und Hultin 2018; Thomson et al. 2018). Die starken Veränderungen erzeugen auf personeller Ebene das **Gefühl von**

Machtverlust und lösen Veränderungsresistenzen aus. Beispielsweise stellt die Digitalisierung für Top-Manager, die heute mit viel Macht und Verantwortung ausgestattet sind, einen Angriff auf deren Machtrefugium dar: Einfluss, Autorität und Status werden in Routinen und Regeln der Organisationen festgehalten, z. B. Organigramme, Budgetrichtlinien, Prokura, Prozesse etc., die festlegen, wer über welche Ressourcen verfügen darf.

Verändert die Digitalisierung diese Machtstrukturen und macht sie fluider und temporärer, beispielsweise durch durchlässigere Organisationsstrukturen, mehr Verantwortung in Projektstrukturen, Verantwortungstransfer in operative Bereiche usw., so wird dies als Einschnitt der eigenen Macht wahrgenommen. Im schlimmsten Fall verweigert die Führungskraft sich gegenüber der Digitalisierung (Reinhardt und Lueken 2018). So sinnvoll aus ökonomischer Sicht die Digitalisierung sein mag, so irrational sind die Reaktionen der Führungskräfte darauf, wenn es um den Machtanspruch geht. In digitalen Zeiten sind aber nur veränderungsbereite Führungskräfte in der Lage, digitale Potenziale zu heben. Die Digital Leader folgen neuen Prinzipien, akzeptieren veränderte Strukturen und sind in der Lage, eine digitale Organisation zu gestalten und darin die veränderten Verhaltensweisen vorzuleben. Eine Gegenüberstellung der **Prinzipien digitaler Führung** im Vergleich zu Führungsleitbildern aus der Phase der zweiten und dritten industriellen Revolution sind in Abb. 9.2 dargestellt.

Die Polarität zwischen individueller und organisationaler Ebene, die sich einerseits in Form von Ängsten und Abwehrreaktionen zeigt, und andererseits im fast existenziellen Anpassungsdruck zum Ausdruck kommt, ist aus die eigentliche **Paradoxie der digitalen Transformation.** Trotz, dass wichtige Entscheider sich im eigenen Interesse als Teil des

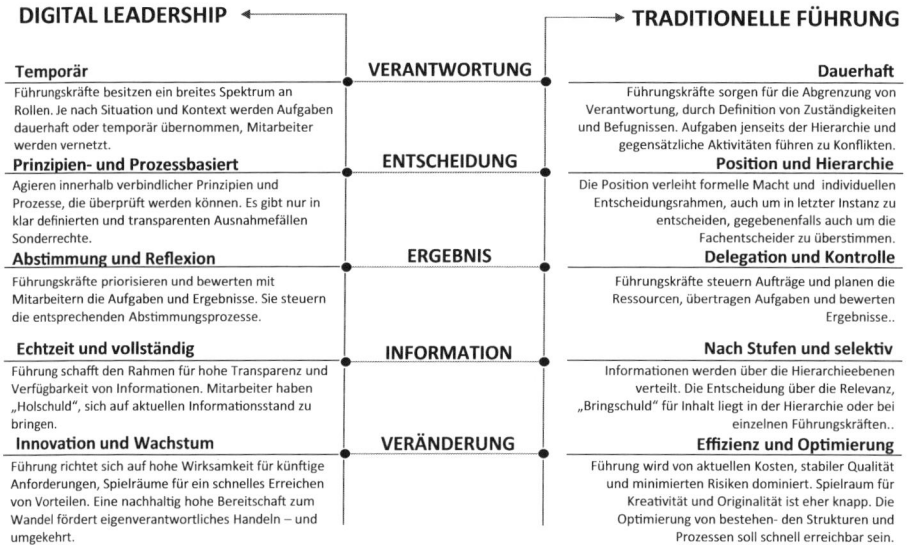

Abb. 9.2 Unterschiede zwischen traditioneller Führung und Digital Leadership. (Quelle: in Anlehnung an van Dick et al. (2016): Digital Leadership, Frankfurt am Main, S. 22)

9.3 Paradoxien der digitalen Führung

Wandels begreifen sollten, lehnen sie diesen ab. Umso wichtiger erscheint der Aufbau spezifischer Fähigkeiten zum Meistern dieser paradoxen Situation. In der Organisationsentwicklung und dem Personalmanagement rücken die Fragen rund um diese Thematik in den Mittelpunkt.

▶ **Paradoxie** Etymologisch ist das Wort parádoxos ein Begriff, der sich aus den Worten para (wider) und dóxa (Meinung oder Erwartung) zusammensetzt und bedeutet in etwa ‚wider Erwarten', ‚wider der gewöhnlichen Meinung oder Ansicht'; daher: ‚unerwartet', ‚unglaublich', ‚sonderbar', ‚wunderbar'. Ein Paradoxon ist als Befund über eine Situation zu verstehen, die der allgemeinen Meinung auf unerwartete Weise zuwiderläuft oder bei dem das Verständnis eines bestimmten Aspektes zu einem Widerspruch führt (Schilder 1933).

Im Führungsalltag digitaler Organisationen finden sich unzählige Paradoxien, die bewältigt und austariert werden sollten. Zu den Fähigkeiten der Digital Leader zählt insbesondere die Fähigkeit, im Alltag die paradoxen Erwartungen der unterschiedlichen Akteure zu bewältigen (Rothmann 2018). Leicht sind die diese paradoxen Situationen aber nicht zu erkennen, da sie viele Gesichter haben und entsprechend unscharf von Wissenschaftlern wie auch Praktikern beschrieben werden, u. a. mit den Begriffen der Flexibilität, Ambidextrie, Ambiguität, Agilität, Improvisation usw. Nach unserem Forschungsstand lassen sich fünf unterschiedliche **Paradoxien der digitalen Führung** abgegrenzt werden (Pulley und Sessa 2001):

Paradox 1 – Geschwindigkeit gegen Achtsamkeit Die digitale Transformation erfordert schnelle Entscheidungen. Aber gerade dabei fallen Führungskräfte oft in Gewohnheitsmuster zurück und versuchen, Entscheidungen mit Bedacht zu treffen. Dies erzeugt einen kontinuierlichen Zwiespalt zwischen Schnelligkeit und der Notwendigkeit zur fundierten Entscheidung. Damit befinden sie sich im Modus der **kontinuierlichen partiellen Aufmerksamkeit.** Unter kontinuierlicher partieller Aufmerksamkeit (Continous Partial Attention) wird das Phänomen der oft oberflächlichen Aufmerksamkeit verstanden, das bei der Bewältigung unterschiedlicher Informationsquellen auftritt. Der Begriff geht auf Stone (Stone n. d.) zurück, die CPA als eine Art Aufmerksamkeitsschwäche beschreibt, die auf die Informationsflut im digitalen Zeitalter zurückzuführen ist. Stone grenzt jedoch CPA von **Multitasking** ab: Wo Multitasking genutzt wird, um produktiv und effizient zu sein, läuft CPA als automatischer Prozess ab, mit dem Ziel, mit dem digitalen Netzwerk verbunden zu bleiben. Nichts darf verpasst, keine Information ignoriert werden. Im Vergleich zum Multitasking ist deshalb keine volle Aufmerksamkeit erforderlich (daher partiell). Der Prozess ist eher episodisch (daher kontinuierlich) zu verstehen und ist nicht durch Produktivität, sondern durch Konnektivität motiviert.

> **Übung 16**
>
> **Auswege aus dem ganz normalen Führungsalltag**
> Während Franziska Hübner eine wichtige E-Mail beantwortet, kommen gleichzeitig unzählige neue E-Mails mit Präsentationen, Memos, Protokollen oder Krisenfällen bei ihr an. Parallel dazu berät sie sich gerade mit einer Mitarbeiterin zur Finanzierung eines wichtigen Projektes. Doch sie weiß, dass sie in 30 min schon zwei Videoanrufe mit anderen Standorten geplant hat. Ein ganz normaler Führungsalltag (Stone n. d.). Franziska ist nicht nur geistig erschöpft, sondern merkt, dass ihre Entscheidungen auch nicht mehr ganz so bewusst ausfallen, wie früher, weil sie sich keine Zeit nimmt, in Ruhe nachzudenken.
>
> Ihre Aufgabe ist es Franziska in dieser Situation zu beraten. Entwickeln Sie einen Vorschlag, wie Franziska dieses Dilemma überwinden kann und in ihrem digitalen Alltag Zeit für Ideen und Innovationen findet. Sprechen Sie z. B. in Ihrem Umfeld mit Mitarbeitern und Führungskräften oder suchen Sie sich Interviewpartner aus Unternehmen, um praxiserprobte Wege zur Überwindung von CPA ausfindig zu machen.

Paradox 2 – Autonomie gegenüber Isolation: Die digitale Technologie liefert neue Werkzeuge, die dem Einzelnen ein hohes Maß an Autonomie geben. Viele dieser Technologien, wie z. B. E-Mail, WhatsApp oder SMS, werden vorwiegend zum transaktionalen Austausch von Informationen genutzt: Man versendet eine E-Mail mit einem Anhang und tauscht komprimierte Informationen zu einem Sachverhalt aus. Dieser Austausch ist von kurzer Zeitdauer und eher sachlich und formell. Die Hauptgründe für viele Mitarbeiter, in einer Organisation tätig zu sein, sind jedoch **sozialer Natur.** Die Arbeit mit anderen, der Plausch mit Kollegen, die gemeinsame Teamarbeit etc. Die Interaktion mit anderen und der damit verbundene Erfahrungsaustausch sind wichtige Performance-Treiber in einer Organisation und haben aus individueller Sicht eine höhere Priorität, als der formelle Informationsaustausch. In diesem Dilemma stecken aber heutige Führungskräfte: Wie finden sie Wege, Teil der Gemeinschaft zu sein, ohne sich durch die digitale Kommunikation zu isolieren?

Paradox 3 – Kontrolle gegenüber Zusammenarbeit: Viele Unternehmen sind hierarchisch aufgebaut: An der Spitze steht das Topmanagement und trifft Entscheidungen. Unterhalb der Vorstandsebene werden formale Strukturen geschaffen, die die einzelnen Aufgabenfelder voneinander abgrenzen. Die Bearbeitung von Problemstellungen ist dagegen davon getrennt und erfolgt meist auf der Arbeitsebene. Experten im Unternehmen sorgen dafür, dass die Probleme verstanden, kommuniziert und bewältigt werden. Das Paradoxe an der digitalen Transformation ist jedoch, dass die Definition nicht mehr von der Lösung der Probleme getrennt werden kann. Konstruktive Lösungen erfordern eine hohe Expertise, was bedeutet, dass auch die Steuerung und das Management auf tiefere Expertenstufen wandern müsste. Die Herausforderung in der

Digitalisierung ist es, dass die Personen, die heute an der Spitze des Unternehmens stehen, nicht diejenigen sind, die die Expertise besitzen, um Antworten zu geben. Mehr denn je werden deshalb digitale Technologien dazu eingesetzt, **Entscheidungen kollaborativ und dezentral** zu treffen und Experten in- und außerhalb der Organisation einzubinden. Das Dilemma, dass dieser Polarität innewohnt, besteht darin, zu entscheiden, wie viel Kontrolle notwendig ist, um die kollaborativen Entscheidungen, die an der Basis der Unternehmen getroffen werden, weiter zu verbessern.

Paradox 4 – Detailblick gegenüber Big-picture Die Menge an Informationen, die Führungskräfte verarbeiten, sind immens. Eine enorme Datenmenge ist jeden Tag zu verarbeiten, zu sondieren und daraus Entscheidungen und Prioritäten abzuleiten. Informationsverarbeitung war noch niemals so anspruchsvoll wie heute. Um wettbewerbsfähig zu bleiben, müssen Führungskräfte aber in der Lage sein, Informationen selektiv und effektiv zu bearbeiten und sie miteinander in einen Kontext zu setzen, um daraus Muster zu erkennen. Den Fokus rein auf die Details der Informationen zu setzen, ist heute nicht mehr zielführend. Es geht vielmehr um das Gesamtbild, das für den Erfolg einer Führungskraft ausschlaggebend ist. Das Dilemma dieser Polarität ist, wie riesige **Datenmengen verarbeitet** und daraus sinnvolle Entscheidungen getroffen werden können.

Paradox 5 – Flexibilität gegenüber Stabilität Durch digitale Technologien verändern sich die wirtschaftlichen Bedingungen. Führungskräfte müssen in der Lage sein, Bedürfnisse und Chancen zu erkennen, sich anzupassen und zu improvisieren. Laufende Fusionen, Übernahmen, Allianzen und Verkleinerungen führen im Unternehmen dazu, dass Mitarbeiter häufig mit ständig wechselnden Kollegen arbeiten. Gleichzeitig müssen sie ein gewisses Maß an Richtungskontinuität bewahren. Dieses Pendeln zwischen neuen Konstellationen und einer stabilen Führung mit konsequenter Ausrichtung führt zum Dilemma inmitten eines kontinuierlichen Wandels eine gemeinsame Richtung und Zielsetzung zu realisieren.

> **Übung 17**
>
> **Toolbox für den digitalen Manager**
> Die Bewältigung von Paradoxien ist eine wichtige Aufgabe der Organisationsentwicklung in digitalen Zeiten. Recherchieren Sie für jede der genannten Paradoxien (Tab. 9.1) praxiserprobte Instrumente und Werkzeuge der Organisations- und Personalentwicklung, die sich zur Bewältigung eignen. Erstellen Sie anhand der unten abgebildeten Tabelle einen Überblick über die Instrumente. Bewerten Sie gemeinsam mit einer Gruppe, welche organisatorische Wirkung die einzelnen Instrumente haben können und wie sich deren zeitliche Implementierungsdauer zeigt. Entwickeln Sie daraus eine gemeinsame Empfehlung und stellen Sie Ihre Ergebnisse in einer größeren Gruppe vor.

Tab. 9.1 Digitale Paradoxien

Digitale Paradoxie	Name des Instruments, Methode, Werkzeug	Organisatorische Wirkung (Individuum, Team, gesamt)	Dauer und Aufwand der Einführung
Geschwindigkeit gegen Achtsamkeit			
Autonomie gegen Isolation			
Kontrolle gegen Zusammenarbeit			
Details gegen Big-picture			
Flexibilität gegen Stabilität			

9.4 Digital Leadership Management als neuer Führungsstil

Diese komplexen und paradoxen Rahmenbedingungen, die Führungskräfte bewältigen, sind typisch für eine von Volatilität, Unsicherheit, Komplexität und Ambiguität geprägte Führungsrealität – **die VUCA-Welt.** Das Akronym „VUCA" geht auf das US-amerikanische Militär zurück und steht für die Charakteristika der neuen vernetzten und durch digitale Technologien dominierten Umwelt: Volatilität, Unsicherheit, Komplexität und Mehrdeutigkeit (Petry 2018). Jede der vier Komponenten von VUCA stellt für digitale Führungskräfte eine besondere Herausforderung dar:

- **Volatilität:** Da die Welt immer stärker verflochten wird, werden die Auswirkungen der globalen Verflechtung immer unvorhersehbarer und wirken auf Mitarbeiter und Führungskräfte beunruhigend. Der Schlüssel zur Vorbereitung auf Volatilität besteht darin, vorauszusehen, wo die kritischen Veränderungen stattfinden werden – vorherzusagen, wie sie sich auswirken und Szenarien für diese Fälle zu entwickeln. Ebenso wichtig ist es, bei Volatilität zu wissen, was man nicht tun sollte und impulsive und unkoordinierte Reaktionen zu vermeiden.
- **Unsicherheit:** Die moderne Führungskraft sieht sich mit Unsicherheiten auf einem beispiellosen Niveau konfrontiert. Die Herausforderung ist, dass die mentalen

Modelle und Paradigmen, die die Führungskraft der Beurteilung der Bedrohungen zugrunde legt, oft viel zu einfach und unzureichend sind. Aufgrund überholter mentaler Modelle werden neue, unerwartete Herausforderungen mit vergangenen Risiken verglichen, unter der Annahme, dass die Erfahrungen von damals helfen, die neuen Hindernisse zu überwinden. Die tief verwurzelten Überzeugungen führen dazu, dass falsche Annahmen gemacht werden und dass unzureichende Lösungen entwickelt werden, die zwar in der Vergangenheit funktionierten, aber nicht in der Zukunft funktionieren werden. Hier gilt es, die mentalen Modelle zu ergründen und zu ändern.

- **Komplexität:** Quantitative Analysen, Informationsmodelle, exponentielles Wachstum: All dies sind nur einige Beispiele für die vielen externen Faktoren, die die Komplexität im heutigen Geschäftsumfeld prägen. Jeder Aspekt davon erhöht die Komplexität im sozialen, wirtschaftlichen und technologischen Umfeld. Führungskräfte müssen in der Lage sein, die Umwelt als interaktiven Veränderungsraum zu verstehen und das neue, anspruchsvollere Geschäftsumfeld zu verstehen.
- **Ambiguität:** Während sich die Branche zusehends verändert, müssen Führungskräfte in der Lage sein, sowohl Chancen als auch Risiken aus verschiedenen Perspektiven zu betrachten, ohne dabei ihren eigenen Denkfehlern zu unterliegen. Oft sind gerade im Kontext der Beurteilung von strategischen Situationen die Daten widersprüchlich und zweideutig. Die menschliche Reaktion darauf, Unklarheiten durch inkrementelle Lösungen zu klären, ist hierbei nicht mehr angebracht. Diese Faktoren haben entscheidenden Einfluss auf die Kompetenzen und Fähigkeiten, die Führungskräfte haben sollten.

▶ **VUCA-Welt** Das VUCA-Konzept wurde ursprünglich während militärischer Aktionen des US-Militärs in Afghanistan und im Irak als Reaktion auf die Zunahme der „irregulären Kriegsführung" eingeführt: Die Feinde, die es zu bekämpfen gilt, sind nicht mehr physisch, sondern präsentieren sich als global organisierte Netzwerke (Rötzer 2008). Diese neue Situation erforderte neue Taktiken und Methoden im Umgang mit den unsicheren und virtualisierten Bedingungen vor Ort. Herkömmliche Strategien und Ansätze im Umgang mit militärischem Personal wurde diesen unsicheren Herausforderungen nicht mehr gerecht. Das VUCA-Konzept wird heute zunehmend in anderen Zusammenhängen angewendet, bei denen es um sich ständig verändernde Herausforderungen geht, u. a. in Politik, Wirtschaft, Gesellschaft und Technologie.

Digital kompetente Führungskräfte sollten in der Lage sein, die Paradoxien der digitalen Transformation zu verstehen und in den ambivalenten Situationen kompetent mit unterschiedlichen Optionen zu hantieren sowie gleichzeitig entschieden zu handeln. Pragmatismus, schnelles Lernen und Experimentieren sowie spezifische Fähigkeiten zur Datenanalyse und strategische Planung sind dabei konkrete Anforderungen an die digitale Führungskraft. Das Wissen der Führungskräfte, wie in der veränderten VUCA-Welt zu agieren ist, wie Situationen neu zu bewerten und Entscheidungen zu treffen sind, ist Voraussetzung dafür, dass sich Unternehmen dem digitalen Wandel stellen. Taleb

(2012) spricht in diesem Zusammenhang auch vom **antifragilen Unternehmen.** Seiner Auffassung nach sind fragile Unternehmen, die an der steten Veränderung schlicht zerbrechen. Robuste Unternehmen zerbrechen zwar nicht, versäumen aber die Anpassung – sie sind robust, aber starr. Ultimativ würden auch sie zerbrechen, es dauert nur länger. Antifragilität hat die einzigartige Eigenschaft, dass die Akteure, die damit konfrontiert sind, lernen, mit dem Unbekannten umzugehen und sich im richtigen Maße wandeln, ohne zu zerbrechen und gelegentlich sogar Wandel verarbeiten, ohne ihn komplett zu verstehen (Taleb 2012). Beim Aufbau einer digitalen Organisation spielen diese spezifischen Führungsfähigkeiten eine wichtige Rolle. Immer dann, wenn Menschen mit paradoxen und unsicheren Situationen konfrontiert werden, geht es um die Weiterentwicklung ihrer Fähigkeiten im Umgang mit diesen Situationen (Pulley und Sessa 2001).

Die Voraussetzung für den gezielten Aufbau neuer Führungskompetenzen liefert ein verändertes Führungsbild. Entwickelt hat sich in der Praxis in den letzten Jahren der Ansatz der so genannten **Digital Leadership** – ein Führungsansatz, der spezielle Führungskompetenzen zur Bewältigung der mit der digitalen Transformation verbundenen Paradoxien liefert. Das traditionelle Führungsverständnis, das in der Wissenschaft u. a. auch transaktionale Führung bezeichnet wird, wird diesem Anspruch nicht mehr gerecht (Becker 2013). Transaktionale Führung ist ein traditionelles Führungsmodell, das seine Wurzeln im Industriezeitalter hat (Bolden et al. 2003). Dieses Führungsverständnis basiert auf dem Gedanken, dass Mitarbeiter gegen Belohnung (Vergütung, Prämien, Statussymbole, Boni etc.) ihrerseits motiviert arbeiten und loyal gegenüber der Führungskraft agieren. Zwischen Führungskräften und ihren Mitarbeitern finden im übertragenen Sinne Transaktionen statt. Noch ist dieses Führungsverständnis weit verbreitet und findet sich vor allem in traditionellen, hierarchischen Organisationen. Angesichts der komplexen Herausforderungen, vor denen Führungskräfte im digitalen Zeitalter jedoch stehen, wird es immer schwieriger, mit diesem individualistischen Ansatz effektiv zu sein.

Auch das als **transformationale Führung** (Montuori und Donnelly 2018; Becker 2013) bekannte Führungskonzept weist Schwächen auf, wenn es um die Bewältigung der Paradoxien der digitalen Transformation geht. Die transformationale Führung ist eine Erweiterung des traditionellen Führungsverständnisses und setzt stärker auf die Führung durch Wissen und Informationen. Führungskräfte kommunizieren wechselseitig mit ihren Mitarbeitern und tauschen Informationen aus. Der Vorteil der transformationalen Führung liegt darin, dass sich die gestiegenen Anforderungen an die Mitarbeiter auch in komplexen Situationen kommunizieren lassen, bei gleichzeitiger Aufrechterhaltung des Engagements der Mitarbeiter. Nachteilig in Bezug auf die Bewältigung der Paradoxien zeigt sich auch hier, dass die Führungskraft die Mitarbeiter mehr beeinflusst, als die Mitarbeiter die Führungskraft. Die isolatorische Position der Führungskraft bleibt somit vom Grunde her erhalten. Nach diesem Führungsbild wird heute häufig in Startup-Unternehmen oder anderen innovationsgetriebenen Strukturen geführt, wie z. B. Innovation Hubs,

Venture Labs großer Konzerne oder in E-Commerce-Unternehmen. Einzelpersonen ohne formale Autorität haben dabei oft hohen Einfluss auf die Mitarbeiter.

▶ **Transformationale Führung** Erweiterung des traditionellen Führungsverständnisses. Setzt auf die Führung durch Wissen und Informationen, indem Führungskräfte bewusst wechselseitig mit ihren Mitarbeitern kommunizieren und Informationen austauschen.

Die **digitale Führung** stellt die dritte und damit evolutorisch am weitesten entwickelte Form der Führung dar. Führung wird nicht mehr zwangsläufig als eine an eine einzelne Person gebundene Aufgabe verstanden. Anstatt dessen eröffnen sich zur Ausübung wichtiger Führungsaufgaben, wie Richtungsentscheide, Bewältigung der paradoxen Herausforderungen oder der Motivation der Mitarbeiter, eine Vielzahl von Optionen, wie z. B.

- die Ausübung durch eine einzelne Führungskraft,
- die Ausübung durch eine Führungskraft, deren Entscheidung von anderen beeinflusst wird,
- die Ausübung durch eine Gruppe von Menschen oder ein Netzwerk von Menschen mit gleichen Interessen (Community of Practice).

Führung kann in diesem **Führungsverständnis** mehr als eine Person übernehmen. Wer die Verantwortung übernimmt, ist nicht zwangsläufig an die Hierarchie gebunden, sondern basiert auf der Handlungskompetenz zur Bewältigung. Der ‚Kitt', der die Führungsverantwortlichen miteinander verbindet, ist das kollektive Verständnis der digitalen Ziele der Organisation und dem Wissen, wie digitaler Erfolg erzielt werden kann. Führung ist als ein ausdifferenzierter und spezialisierter sozialer Prozess zu verstehen, der auf mehrere Personen verteilt ist. Gleichwohl werden die Führungsaufgaben stärker in die **sozialen Organisationsstrukturen** integriert und sind nicht mehr nur auf die Spitze fokussiert. Damit wird sichergestellt, dass durch Verteilung und Delegation der Führung die Kontrolle nicht auseinanderdriftet und aus Sicht der Mitarbeiter diffus wird. In der Forschung wird dieses Konzept auch als distributive oder verteilte Führung (Bolden 2011), konfluente Führung (DAPF 2009) oder resonante Führung (McKee und Massimilian 2006) bezeichnet. Das wesentliche Merkmal ist der Perspektivenwechsel von personifizierten Attributen und Verhaltensweisen einzelner Führungskräfte (wie sie bei traditionellen verhaltensbasierten Theorien der Führung eine Rolle spielen) hin zu einer **systemischen und sozialen Perspektive.** Führung wird zum kollektiven Prozess, die durch Interaktion mehrerer Akteure entsteht. Dieses neue Führungsverständnis geht weit über das bisherige verhaltensbasierte Verständnis von Führung hinaus. Es umfasst sowohl die selbstorganisierte Kompetenzentwicklung als auch die selbstgesteuerte Führung, jenseits zentraler Vorgaben und Hierarchien. Damit wird es zum Sinnbild und ‚postheroischen Leitbild' (Peters 2016) einer neuen Führungsgeneration.

▶ **Digital Leadership** Digital Leadership wird als ein neuer und erweiterter Führungsstil der transformativen Führung verstanden, bei dem sich eine Gruppe von Personen gemeinschaftlich laufend neue Fähigkeiten aneignet, den Kompetenzaufbau selbstorganisiert überprüft und aussteuert und ihre kollektiven Fähigkeiten in einem verteilten Führungssystem zur Bewältigung der digitalen Herausforderungen einsetzt.

Die digitale Führung grenzt sich jedoch von den populären Prinzipien der **demokratischen Führung** ab (auch: Führung von unten, Führung ohne Führung) (Rose 2015; Zaugg und Arbeitswelt 2018). Während die Prinzipien der Demokratisierung auf Verantwortungsumkehr bzw. -eliminierung beruhen, steht bei der digitalen Führung das kollektive Erzielen wirtschaftlicher Erfolge im Vordergrund. Wichtige Entscheidungen über Rahmenbedingungen, Organisationsstrukturen oder Budgetentscheidungen etc. werden nicht allein den Mitarbeitern überlassen. Vielmehr übernimmt ein verteiltes Netzwerk die Verantwortung für die Führung. Unternehmerische Erfolge werden über eine hochspezialisierte Struktur zur Zielerreichung erlangt. Insofern stellt diese Art der Führung zwar einen Autonomiezuwachs für alle dar. Jedoch geht es nicht zwangsläufig um eine Umkehr der hierarchischen Verhältnisse zwischen unterstellten Personen und Führungskräften, sondern um gänzlich neue Prinzipien und Spielregeln einer vernetzten Führung.

Übung 18
Holokratische Spielregeln für die Digitale Führung
Seit einiger Zeit wird das Thema des organisationalen Selbstmanagements in den Organisationswissenschaften verstärkt diskutiert. Im Praxiskontext hat dabei die Umsetzung sogenannter holokratische Organisationen an Popularität gewonnen. Weltweit arbeiten viele Unternehmen an der Umsetzung der Prinzipien holokratischer Organisationen mit dem Ziel, die Führungsverantwortung verstärkt auf das Netzwerk zu verteilen, um so das Top-down-Führungsprinzip zu entschärfen. Beispielsweise haben Firmen, wie Zappos, die Umstellung ihrer Organisation auf holokratische Prinzipien umfassend dokumentiert. Im Idealfall können Organisationen sich vollständig selbst organisieren. Im optimalen Fall fallen jegliche Hierarchien- und Führungsebenen weg (Rosin 2017). Entwickelt wurde das Holokratie-System ursprünglich vom US-amerikanischen Software-Unternehmen Ternary Software, das mit demokratischen Führungsformen experimentierte. Der Gründer Brian Robertson fasste die besten Praktiken der selbstorganisierten Führung unter einem Organisationssystem zusammen, das er als ‚Holacracy' bezeichnete. Robertson entwickelte später daraus die ‚Holacracy Constitution', in der die Grundprinzipien der Holokratie festgelegt sind (Holacracy 2018). Diese finden sich unter: https://www.holacracy.org/constitution.

9.4 Digital Leadership Management als neuer Führungsstil

- Beschäftigen Sie sich (einzeln oder in Kleingruppen) intensiv mit den holokratischen Spielregeln.
- Entwickeln Sie für ein selbstgewähltes Szenario, beispielsweise eine Marketingabteilung, einen Produktionsbereich, für das Personalmanagement usw. den fiktiven Fall der Anwendung der Prinzipien der Holokratie.
- Bewerten Sie, wie sich das Führungsbild vor und nach der Einführung der holokratischen Prinzipien zeigt. Wie verändern sich die Rollen? Wie verändern sich die Entscheidungsprozesse? Wie ist die Macht neu verteilt? Stellen Sie die Ergebnisse vor und diskutieren Sie diese mit anderen.

Als Leitfigur der digitalen Führung wird derzeit (oft auch kontrovers) die Rolle eines **Chief Digital Officers (CDO)** diskutiert. Darunter wird eine isolierte Management-Rolle verstanden, die die Verantwortung für die Digitalisierung in einem Unternehmen bündelt – der CDO übernimmt im Top-Management die Funktion des institutionellen Digital-Unternehmers (Garud et al. 2002). Die Hauptaufgabe besteht darin, die Potenziale der Digitalisierung aus institutioneller Organisationssicht abzusichern. CDOs werden üblicherweise aus zwei Gründen in Organisationen eingesetzt:

- Zum einen aus einer **Defizitsicht** heraus, da nicht klar ist, in welche Richtung die Digitalisierungsstrategie entwickelt werden soll. Der CDO ist in der Verantwortung, die Geschäftsstrategie des Unternehmens zu verstehen und erste Entwicklungen in Richtung einer Digitalstrategie voranzutreiben.
- Zum anderen als **Komplementärsicht,** nämlich dann, wenn die Geschäftsführung oder der CEO feststellt, dass die bisherigen Versuche und Ansätze der Digitalisierung nicht funktionieren und die digitale Transformation versandet. In diesem Falle werden CDOs eingesetzt, um die digitale Transformation weiterzuentwickeln.

Der CDO kann in beiden Fällen als eine Art „Chef-Transformator" angesehen werden, der mit der Koordination und Verwaltung der digitalen Änderungen exklusiv betraut wird. Unternehmen, die einen CDO einsetzen, gehen davon aus, dass diese Rolle zu mehr digitaler Stärke führt. Es ist nicht verwunderlich, dass die Anzahl der CDOs in den letzten Jahren massiv zugenommen hat, da oft im Top-Management keine ausreichenden Digital-Kompetenzen vorhanden sind. Kommen neue Technologien in einer Branche auf, muss schnell gehandelt werden. Da die neue Rolle noch im Entstehen begriffen ist, existiert bislang kein eindeutiges Profil. Teilweise gibt es Überschneidungen zwischen der Rolle des CDO und anderen Führungsrollen, wie dem CIO oder dem CEO.

> **Übung 19**
> **Stellenprofil für den zukünftigen CDO**
> Versetzen Sie sich in die folgende fiktive Situation: Die Geschäftsführerin von Alpha Corporate, in der Sie arbeiten, kommt auf Sie als HR-Managerin zu und bittet Sie, einen neuen Chief Digital Officer zu suchen. Das Top-Management ist überzeugt, dass die digitalen Umsetzungsprojekte neuen Wind brauchen. Von befreundeten Kollegen aus anderen Unternehmen wissen Sie, dass dort bereits erfolgreiche digitale Transformationen mithilfe eines CDO angestoßen wurden. In diesem Meeting bitten Sie andere Beteiligte, ihre Erwartungen an den zukünftigen CDO zu formulieren. Einige Notizen haben sie sich schon vor dem Meeting gemacht. Auf Ihrem Notizzettel finden sich die folgenden Hinweise:
>
> - Strategische Kompetenzen
> - Visionäre, kreative Qualitäten
> - Technologie-, Prozess- und Projektmanagement-Know-how
> - ein „IT-Grundverständnis", das eher auf Marketing und Change-Management aufbaut oder eher ein tiefergehendes IT-Verständnis für unsere digitalen Produkte und Services?
> - IT-Architekturverständnis, um den Aufwand technischer Implementierungen abschätzen und gegebenenfalls einfachere Lösungen identifizieren zu können
> - Soft Skills wie Empathie, Wissensneugier, Eigenmotivation und Konsequenz in der Durchsetzung von Themen
> - Belastungsfähigkeit, Begeisterungsfähigkeit, Überzeugungskraft und Kommunikationsstärke
>
> Diskutieren Sie in der Gruppe die Erwartungen an einen CDO. Entwickeln Sie ein vollständiges Stellenprofil, in dem die Erwartungen, Aufgaben und Verantwortungsbereiche beschrieben sind. Stellen Sie Ihre fiktive Stellenausschreibung vor.

Der Schlüssel für den Erfolg eines CDO liegt im systematischen Transfer und Aufbau spezieller Digitalkompetenzen. Ein erfolgreicher CDO betreibt ein gezieltes und auf Digitalisierung ausgerichtetes Kompetenzmanagement, mit dem die Organisation fit für die Digitalisierung gemacht werden soll. Dazu agiert der CDO auf zwei unterschiedlichen Kompetenzebenen:

- Zum einen geht es um neue digitale Werkzeuge und Methoden in der Führungsarbeit, z. B. Nudging, Nutzung sozialer Medien, neue Lernformen, agiles Projektmanagement etc. (Dick et al. 2016)
- Zum anderen geht es um die Weiterentwicklung der Sozial- und Persönlichkeitskompetenzen in der Organisation (Westerman und Bonnet 2015). Beide Kompetenzbereiche zu adressieren führt zu einer neuen Qualität der Führung – der Digital Leadership Excellence.

Hintergrund
Mit Nudging die Irrationalitäten der digitalen Führung bewältigen

Eine neue Methode der digitalen Führung hält Einzug in vielen Unternehmen – das Nudge Management. Darunter wird ein Managementansatz der digitalen Führung verstanden, bei dem Erkenntnisse aus der Verhaltenswissenschaft auf die Gestaltung neuer organisatorischer Kontexte angewendet werden, um schnelles Denken und unbewusstes Verhalten der Mitarbeiter in Einklang mit den Zielen des Unternehmens zu bringen (Ebert und Freibichler 2017). Während die traditionelle Wirtschaftstheorie auf der Annahme beruht, dass menschliches Verhalten rein rational ist, gehen die Verhaltenswissenschaften davon aus, dass ein ‚Anstupsen' von Menschen zu Veränderungen ihres Verhaltens führen kann. Die Grundidee ist, dass der Mensch zwei Denksysteme hat:

- Das sogenannte System 1, das stärker automatisierte System, das einen Großteil des intuitiven und affektiven Denkens ausmacht sowie
- das System 2, in dem reflektierendes und logisches Denken abläuft.

Die meisten konventionellen Führungsstile konzentrieren sich hauptsächlich auf die logisch-reflektierende Seite des Denkens. Nudge-Management ersetzt nicht die rationale Führung, sondern ergänzt diesen Bereich. Durch Verwendung kleiner Anstöße (engl. = nudges) werden die Leistungsressourcen von Personen im automatisierten Denksystem aktiviert, was in der Regel zuverlässiges und schnelles Entscheiden fördert. Schon früh wurde in der psychologischen Forschung diskutiert, dass Menschen aufgrund ihrer kognitiven Einschränkungen nur begrenzt rational handeln (Simon 1952) und verschiedene Heuristiken im Sinne von Werturteilen, Einstellungen usw. diese Entscheidungen verzerren (Tversky und Kahneman 1974).

▶ **Nudging** Verhaltensbasierter Managementansatz, bei dem das ‚Anstupsen' von Menschen zu Veränderungen ihres Verhaltens führen soll. Unterschieden werden zwei kognitive Systeme: System 1 zum intuitiven und affektiven Denken, System 2 zum reflektierenden und logischen Denken.

Heuristiken sind zwar bei einfachen, wiederkehrenden Entscheidungen hilfreich, da sie eine große Menge der zu verarbeitenden Informationen reduzieren. Andererseits kann heuristisches Denken zu kognitiven Verzerrungen und systematischen Fehlern bei komplexen Urteilen oder Entscheidungen führen (Weinmann et al. 2016). In diesen Situationen können Nudges helfen, den Heuristiken entgegenzuwirken oder sie zu fördern, indem sie bei Personen, die angestupst werden, die Auswahloptionen verändern – und haben dabei unmittelbare Auswirkungen auf das Verhalten der Menschen. Die folgende Tab. 9.2 liefert einige Anwendungsbeispiele.

Führungskräfte können dieses Konzept einsetzen, um den Zusammenhang zwischen der Denkweise und dem Verhalten von Mitarbeitern zu erfassen und zu justieren. Der digitale Wandel bringt oftmals ambivalente Situationen mit sich. Führungskräfte müssen in scheinbar unlösbaren Situationen die Denk- und Handlungsweisen der Mitarbeiter ausbalancieren. In diesem Fall können zum Beispiel Nudges eingesetzt werden, um unbewusste Vorurteile und Instinkte der Mitarbeiter zu verändern. Dadurch ist es möglich, das Verhalten von Menschen zu verändern, ohne deren Potenzial einzuschränken.

Tab. 9.2 Anwendungsfelder des Nudging

Anwendungsbeispiel	Nudging/Verhaltensänderung	Auswirkungen auf organisatorischer Ebene
Geschäftsprozess-Management	Strukturierung der Informationsverteilung an Mitarbeiter	Informationsverarbeitung und Kommunikation zwischen den Mitarbeitern
Vertriebs- und Marketingprozess	Anzeige eines begrenzten Kontingents während eines Online-Kaufs	Impulskäufe bei Kunden steigen, Veränderungen im Bestellprozess und Logistik
E-Learning	Erinnerung an die Lernenden, sich mit dem Kursinhalt zu beschäftigen	Konsum von Lerninhalten verändert sich und Mitarbeiter lernen mehr
Social Media	Anreize zum Teilen oder für andere Aktivitäten geben	Kollaboration zwischen den Beteiligten im Social Network steigt
Normen	Etablieren bestimmter Werte- und Normstrukturen	Gemeinschaft wird stabiler und es kommt zur Wertkonformität

Verschiedene Experimente bestätigen die Wirkungsweise von Nudging: Beispielsweise wurde im Rahmen einer Führungskräftekonferenz ein Experiment durchgeführt, bei dem der Moderator die Konferenzteilnehmer bat, sich in zwei Gruppen aufzuteilen, um an der Weiterentwicklung des Führungsprogramms zu arbeiten. Doch die Rahmenbedingungen zur Bearbeitung der Aufgabe waren zwischen den Gruppen unterschiedlich: während die erste Gruppe mit viel Herzlichkeit und warmen Worten auf die Übung eingestimmt wurde (Hallo! Wir brauchen eure Hilfe. Danke.), dazu warmer Tee oder Kaffee gereicht und die Ideen mit Farbstiften auf bunten Post-It Klebezettel notiert wurden, wurde in der zweiten Gruppe ein formelles und kühles Klima geschaffen. Diesen Führungskräften wurden weiß linierte Blätter ausgehändigt, mit der Anweisung, ihre Ideen ‚klar aufzulisten und durchzunummerieren'. Ihnen wurde kaltes Wasser serviert. Die Ergebnisse: Die positiv gestimmte Gruppe entwickelte doppelt so viele Ideen mit deutlich höherem Innovationsgehalt. Die Empfehlungen der zweiten Gruppe fielen deutlich vorsichtiger aus. Durch gezieltes Nudging wurden spürbare Unterschiede zwischen den Gruppen erreicht (Dillon 2018).

In der Forschung wird kontrovers diskutiert, ob die Rolle des CDO tatsächlich notwendig ist und ob die Kompetenzen, die ein CDO hat, nicht besser auf das gesamte Führungsteam verteilt werden. In einer hochfunktionalen, digital spezialisierten Unternehmung braucht es, so die Argumentation, keinen einzelnen CDO, sondern unterschiedliche Führungskräfte, die spezialisierte Aufgaben der Digitalisierung übernehmen. Dieser Argumentation zufolge müssen digitale Kompetenzen im **gesamten Führungsteam** verankert werden.

9.5 Führungskräfteentwicklung in der Digitalisierung

Ein Schlüssel zur Umsetzung eines umfassenden Digital-Leadership-Ansatzes ist eine gezielte und systematische **digitale Führungskräfteentwicklung.** Ziel dessen ist, die Führungskräfte der Organisation aus ihren traditionellen Führungsrollen zu lösen und zu digitalen Führungskräften weiterzuentwickeln. Diese neuen Fähigkeiten sind der Nährboden, damit Mitarbeiter den Nutzen der digitalen und verteilten Führung erkennen. Es geht um den gezielten Aufbau neuer Fähigkeiten auf individueller und organisatorischer Ebene. Durch ein digitales Entwicklungsprogramm können Führungskräfte gezielt befähigt werden, die paradoxen und komplexen Situationen der Digitalisierung zu bewältigen und kompetent zu handeln.

Während für einige Führungskräfte die Entwicklung zur digitalen Führungskraft unbewusst und ungeplant verläuft, da sie z. B. wichtige digitale Kompetenzen on-the-job in modernen digitalen Unternehmen entwickeln, bleibt für den Großteil der Führungskräfte dieser Weg verschlossen. Denn bislang gibt es nur in einem Bruchteil aller Unternehmen speziell auf die Digitalisierung ausgerichtete Führungskräfteentwicklungen. Zwischen der systematischen Entwicklung digitaler Kompetenz und dem wirtschaftlichen Erfolg gibt es nachweisbar einen Zusammenhang. Unternehmen, in denen die Entwicklungsstrukturen gut entwickelt sind, sind besser als ihre Wettbewerber in der Lage, digitale Chancen zu nutzen und diese zu kommerzialisieren (Harvard Business Review 2014). Werden also digitale Kompetenzen systematisch entwickelt, profitiert die Organisation vom digitalen Wandel, denn nur Führungskräfte, die auch die digitale Dynamik verstehen, können Wachstumschancen erkennen und fördern.

▶ **Führungskräfteentwicklung** Die Führungskräfteentwicklung ist ein Teilbereich der Personalentwicklung und verfolgt das Ziel, den Bedarf an qualifizierten Führungskräften zu decken. Die auch als Führungsbildung benannte Disziplin umfasst alle Maßnahmen der individuellen, beruflichen Entwicklung von Führungskräften und Führungsnachwuchskräften, die von einer Person oder Organisation zielbezogen und systematisch durchgeführt und evaluiert werden (Quelle: in Anlehnung an: Becker 2013).

Die konzeptionellen Grundlagen für die digitale Führungskräfteentwicklung zu schaffen, ist eine wesentliche Voraussetzung auf dem Weg zur digitalen Organisation. In vielen Unternehmen erfolgt die Entwicklung von Führungskräften heute über **formelle Karrierepfade,** in denen Fähigkeitserwartungen verankert sind. Dieser Ansatz eignet sich jedoch nur bedingt zur Entwicklung digitaler Führungskräfte, da sie meist weder inhaltlich noch strukturell den Anforderungen an die digitale Wirklichkeit entsprechen. Zum einen weisen standardisierte Rollendefinitionen inhaltliche Schwächen in puncto Digitalisierung auf. Führungskräfte kommen heute nicht umhin, sich mit neuen digitalen Technologien und Methoden auseinanderzusetzen und diese in ihren Arbeitsalltag zu integrieren. Jedoch finden sich Stichworte wie 3D-Druck, Scrum, Robotik, Kanban, Lean Business Model, Venturing oder künstliche Intelligenz in den wenigsten Führungsprogrammen wieder. Auch bauen die normierten Karrierepfade oft auf einem veralteten Führungsverständnis auf. Ergänzend zu den digitalen Inhalten besteht die Herausforderung darin, die Werteeinstellungen zu verändern. Führungskräfte, die über Jahre einen konservativen und risikoaversen Führungsstil gewohnt waren, stoßen in der digitalen Welt an ihre Grenzen. Diesen Führungskräften sollte über den Weg der

Führungskräfteausbildung ein neues Wertebild vermittelt werden, das teilweise aber dem Führungsverständnis entgegensteht. Notwendig werden dynamische Ansätze der Entwicklung digitaler Führungskompetenzen, die sich an der digitalen Veränderungsgeschwindigkeit orientieren.

Übung 20
Digital Capability Checkup – Analyse eines Praxisunternehmens
Um ein Verständnis für die Anforderungen an Führungskräfte in der digitalen Transformation in einem Unternehmen zu bekommen, ist es von Bedeutung, sich mit der digitalen Infrastruktur zu beschäftigen. Die digitale Struktur muss vor Beginn der Entwicklung spezifischer Kompetenzmodelle nach Mustern bewertet werden. Ihre Aufgabe ist es, sich ein Unternehmen in Ihrem Umfeld zu suchen und dort einen leitenden Manager, wie z. B. den CEO (Chief Executive Officer oder Geschäftsführer), CIO (Chief Information Officer oder Leiter IT), den CDO (Chief Digital Officer) oder einen anderen leitenden IT- Experten zu interviewen. Gehen Sie wie folgt vor:

- Planen Sie ein Interview von ca. 30 bis 40 min und briefen Sie Ihren Interviewpartner.
- Ergründen Sie im Interview, welche digitalen Strukturen das Unternehmen hat und welche spezifischen digitalen Herausforderungen das Unternehmen in den nächsten Jahren zu bewältigen hat. Nutzen Sie den Fragenkatalog und ergänzen Sie eigene Fragestellungen.
- Fragen Sie nach bestimmten Kompetenzen, die von den Führungskräften erwartet werden.
- Fassen Sie die wichtigsten Erkenntnisse zusammen und stellen Sie die Ergebnisse in einer Gruppe vor bzw. präsentieren Sie die Ergebnisse vor einem Auditorium mit anschließender Diskussion.

Die folgende Tab. 9.3 hilft Ihnen dabei, das Interview inhaltlich vorzubereiten.

Obwohl es kein Patentrezept zum Aufbau digitaler Kompetenzen gibt, zeigen sich in der Forschung übereinstimmend Schwerpunkte, die in erfolgreichen digitalen Entwicklungsprogrammen verankert sind (Harvard Business Review 2014; EY 2014). Das Zusammenspiel unterschiedlicher **Kompetenzfelder der digitalen Führung** fördert den gruppenweiten Ausbau der digitalen Kompetenz. Zu den wichtigsten Kompetenzbereichen der digitalen Führung zählen u. a.:

- **Digitale Zusammenarbeit und Kollaboration:** Das Verständnis über die Möglichkeiten der Kollaboration und Zusammenarbeit über digitale und IT-gestützte Plattformen zwischen Führungskräften und anderen Interessengruppen im Unternehmen

9.5 Führungskräfteentwicklung in der Digitalisierung

Tab. 9.3 Anregungen für einen Interview-Leitfaden beim Digital Capability Checkup

Interviewteil und Ziel	Mögliche Fragen an den Interviewpartner
Auswirkungen der IT auf die Wettbewerbsbedingungen in der Branche	• Wer sind die aufstrebenden digitalen Wettbewerber in Ihrer Branche? • Hilft die heutige technologische Basis, sich gegen neue Wettbewerber durchzusetzen? • Welche Rolle kann Technologie bei der Erschließung neuer Märkte spielen? • …
Erforderliche Technologien zur Erfüllung der Erwartungen Ihrer Kunden in der digitalen Welt	• Welche Rolle spielt Technologie beim Kundenerlebnis im Vergleich zum führenden Wettbewerber? • Wie können Sie Kunden mithilfe digitaler Technologie begeistern? • Haben Sie Pläne, wie dies umgesetzt wird? • …
Stand der Geschäftsplanungen in puncto Digital-Potenzial	• Wurden Chancen und Risiken der Digitalisierung in der P&L quantifiziert? • Sind die strategischen Planungen voll und ganz auf die digitalen Chancen angepasst? • Welcher Zeithorizont wurde bei der Finanzprognose der IT berücksichtigt? • …
Digitale Fähigkeiten in der Organisation heute	• Verfügen Sie über die notwendigen Fähigkeiten, um den vollen Nutzen aus den digitalen Systemen zu ziehen? • In welchen Kompetenzfeldern haben Sie Schwächen? • Haben wir genügend digital-affine Fachkräfte und Manager? • …

ist ein entscheidender Faktor, um den Digitalisierungsgrad im Unternehmen zu erhöhen.

- **Kompetenz im Management digitaler Ökosysteme:** Um in sich schnell verändernden digitalen Umgebungen wettbewerbsfähig zu sein, müssen digitale Führungskräfte fundierte Entscheidungen darüber treffen, wann IT-Lösungen selbst entwickelt, hinzugekauft oder mit Partnern gemeinsam entwickelt werden. Hierzu sind Kenntnisse über das Management von digitalen Ökosystemen ein entscheidender Erfolgsfaktor. Manager sollten über Kompetenzen verfügen, damit sie das Zusammenspiel zwischen internen Abteilungen und externen Partnern orchestrieren. Von der Führungskraft wird verlangt, richtige Entscheidungen zur Einbindung des Unternehmens in die globale IT-Welt zu treffen, anstatt eigene Legacy-Systeme aufzubauen. Führungskräfte, die sich für eine Partnerschaft mit dem richtigen Technologieanbieter entscheiden, können Vorteile bei der Verkürzung der Time-to-Market erreichen, z. B. weniger Risikos und geringere Kosten bei der Produktentwicklung.

Das Management der Partnerschaften kann auch bei der Gewinnung von digitalen Talenten beitragen, um Projekte schneller zu realisieren (EY 2014).

- **Innovation und strategische Neuausrichtung:** Ein schrittweiser Übergang von Unternehmen zur Digitaltechnologie ist der Schlüssel für den Erfolg im digitalen Zeitalter. Dazu gehört im Kern das digitale Wachstum außerhalb des Kerngeschäfts zu fördern als auch bestehende Produkte und Dienstleistung digital weiterzuentwickeln. Da die digitale Zukunft unvorhersehbar ist, liegt es in der Hand der Top-Führungskräfte, die Möglichkeiten zur Neupositionierung und Diversifizierung der Wachstumsphase zu innovieren. Führende Unternehmen maximieren ihre Erfolgsaussichten, indem Sie aktiv ihre Organisation zu einer digital-fokussierten und agilen Organisation umbauen und damit lernen, sich wie Start-ups zu verhalten.
- **Kompetenz in der digitalen Risikobewertung:** Digitale Führungskräfte sollten zudem in der Lage sein, die strategischen, operativen und Reputationsrisiken in der digitalen Transformation zu managen. Damit zählt die Risikobereitschaft zu den Kernkompetenzen der digitalen Führung. Wenn die überwiegende Mehrzahl der Führungskräfte nicht bereit ist, größere Risiken einzugehen und sich digital zu engagieren, drohen Einbußen bei Wachstum und Innovationskraft. Wenn Führungskräfte lernen, sich agil zu verhalten und mit agilen Methoden zur arbeiten, fördert das die Geschwindigkeit in schnelllebigen digitalen Märkten zu wachsen. Risikomanagement in der digitalen Welt bedeutet für Führungskräfte, sich opportunistisch zu verhalten und auf Veränderung der Zielgruppen und Technologietrends zu reagieren. Selbst Manager in rein digitalen Unternehmen müssen laufend in der Lage sein, ihr digitales Geschäftsmodell an die veränderten Rahmenbedingungen anzupassen. So nehmen im Zeitalter von künstlicher Intelligenz beispielsweise die Risiken im Bereich der Cybersicherheit, Netzwerksicherheit, Verschlüsselung und anderer digitaler Gefahrenlagen an Bedeutung zu. Führungskräften müssen für diese neuen Themen ein Verständnis aufzubauen, was digitale Bedrohung bedeutet und wie diese im Kontext von Geschäftspolitik und Produktportfolio bekämpft und vermieden werden kann (EY 2014).
- **Kompetenz in der digitalen Datenanalyse und Modellierung:** Mobile-, Social- und Big Data-Analytics-Technologien ermöglichen Unternehmen heute, schneller auf Veränderungen im Kundenverhalten und Markttrends zu reagieren. Damit gewinnt der Fähigkeitsaufbau zu Datenanalyse und Big Data an Wichtigkeit. Die Fähigkeit, mit großen Datenmengen umzugehen und Datenanalysen durchzuführen, eröffnet Managern die Möglichkeit, neue Wachstumschancen zu erkennen und mit Hilfe von Datenmodellen bei der Einschätzung der strategischen Wachstumschancen eine größere Sicherheit zu erzielen. Präferenzen der Kunden und Zielgruppen können besser analysiert, Muster bei der Marktdynamik erkannt oder Produkte digital erweitert werden. Um schnell auf Marktänderungen reagieren zu können, nutzen führende digitale Unternehmen unterschiedliche Plattform, um Daten zu analysieren und Informationen über Abteilungs- und Kanalgrenzen hinweg zu konsolidieren und zu bewerten.

9.5 Führungskräfteentwicklung in der Digitalisierung

Dabei stellt sich die Frage, inwieweit sich diese Kompetenzen systematisch vermitteln lassen. Je technischer und komplexer die Kompetenzanforderungen werden, desto stärker verändern sich die Rollen und die damit verbundenen Schlüsselkompetenzen, die den Erfolg der digitalen Führung ausmachen. Eine Lösung zur systematischen Vermittlung digitaler Kompetenzen bieten in der Regel sogenannte **dynamisierte Kompetenzmodelle.** Die zu vermittelten Kompetenzen werden in einem systematisierten Ansatz beschrieben und in die klassischen Elemente der Führungskräfteentwicklung integriert. Damit stehen die Kompetenzanforderungen nicht alleine, sondern sind mit den Elementen der Unternehmensstrategie, den Unternehmenswerten, der digitalen Vision und der Personalstrategie verzahnt.

Die Integration digitaler Kompetenzmodelle in die Unternehmenswelt eröffnet die Möglichkeit zudem die Methoden und Formate der Führungskräfteentwicklung zu überdenken, mit denen Führungskräfte letztendlich ihre neuen Fähigkeiten entwickeln. Dabei zeigt sich, dass viele klassische **Formate der Kompetenzvermittlung** zwar weiterhin aktuell bleiben, aber sich die Vermittlungsintensität und die Wahl der Instrumente zum Kompetenzaufbau verändert, vgl. auch Abb. 9.3. So zeigten aktuelle Studien, dass sich der Aufbau digitaler Kompetenzen grundlegend verändert: Während 93 % aller traditionellen Unternehmen, die vor dem Jahr 2000 gegründet wurden, Kompetenzen noch gern formal beschreiben, dokumentieren und strategisch top-down planen, setzen jüngere und digitale Unternehmen stärker auf selbstgesteuerte Kompetenzentwicklung. Viele junge Unternehmen haben bereits die passende organisatorische Architektur etabliert. Lediglich 66 % der jungen Unternehmen investieren in die Beschreibung ihrer Kompetenzen. Sie stecken ihre Energie alternativ in den Aufbau von Instrumenten und Strukturen zur spontanen und selbstorganisierten Vernetzung der Mitarbeiter. Auch bei den für Kompetenzaufbau und -vernetzung eingesetzten Instrumenten und Tools zeigen sich Unterschiede: Während reife Unternehmen vorwiegend auf klassische Dokumentations-Tools, wie technische Handbücher, Intranet, Laufwerke oder Datenbanken

Wie es heute oft noch ist ...   ... wie es in Zukunft sein sollte

Klassischer Kompetenzaufbau à la carte
- Übertragung von explizitem Wissen auf individueller Ebene
- Wenig Berücksichtigung der strategischen Erfordernisse
- Standardisierte Prozesse und begrenztes Lerninstrumentarium

Digitaler Kompetenzaufbau durch Selbststeuerung
- Intuitive und nicht-standardisierte Kompetenzentwicklung
- „Spotify for Learning"
- Berücksichtigung des persönlichem Anspruchs
- Berücksichtigung der Strategie

Abb. 9.3 Evolution in der Kompetenzvermittlung

zurückgreifen, nutzen über die Hälfte der jungen Firmen digitale Vernetzungstools. Dazu zählen Tools und Plattformen, wie Confluence, Dropbox, Slack, Basecamp. Aber auch der gute alte persönliche Austausch wird gefördert. Verschiedene Meeting-Formen werden hier zum spontanen Austausch mit anderen Kollegen bewusst eingesetzt. Damit katalysieren junge Unternehmen ihre Kompetenzentwicklung vorwiegend auf dem digitalen Weg und durch schnelle Kollaboration.

In der Praxis und Wissenschaft haben sich mittlerweile zahlreiche **digitale Kompetenzmodelle** etabliert. Allen Kompetenzmodellen ist gemeinsam, dass darin in der Regel die Kompetenzanforderungen aufgeführt sind, die eine Führungskraft beherrschen sollte. Es wird detailliert beschrieben, welche Fähigkeiten des Digital Leaders zur Umsetzung der digitalen Strategie notwendig sind. Jedes Unternehmen muss auf Grundlage der eigenen digitalen Vision entscheiden, welche Kompetenzen in einem Kompetenzmodell gebündelt werden. Neben den klassischen Führungskompetenzen sind dies beispielsweise digitale Kompetenzen, etwa der Umgang mit Tools und Plattformen zur Kollaboration. Auch können Kompetenzmodelle bestimmte Anforderungen zum digitalen Verhalten machen – etwa das Verhalten der Führungskräfte auf digitalen und sozialen Plattformen. Wie bereits erwähnt spielt die Persönlichkeit der Führungskraft eine wichtige Rolle. Passt die Einstellung einer Führungskraft nicht, wird die Führung auf Dauer nicht erfolgreich sein können. Diese persönlichen Merkmale sind ebenfalls Teil eines digitalen Kompetenzmodells.

Exemplarisch sollen an dieser Stelle zwei unterschiedliche Kompetenzmodelle vorgestellt werden:

Das **Kompetenzmodell nach Brett** der „Digital Situational Leadership" (Brett 2019) liefert einen Ansatz zum Aufbau digitaler Führungskompetenzen differenziert nach deren Anwendungskontext in der Führung. Damit kann dieses Modell dem Bereich der situativen Kompetenzmodelle zugeordnet werden, da es sich stark an der Lebenswirklichkeit der laufenden Veränderung im digitalen Zeitalter orientiert. Diesem Modell zufolge muss die digitale Führungskraft gleichzeitig in vier unterschiedlichen Kompetenzbereichen agieren können, die als Leadership-Zonen deklariert werden. Die Zonen ergeben sich aus der jeweiligen Handlung in der eine Führungskraft eingebunden ist.

Je nach Situation sind diesem Modell zufolge unterschiedliche Kompetenzen zur Bewältigung bestimmter Situationen gefragt. Die Differenzierung ergibt sich aus den beiden Fragen:

- **Ist die Handlungssituation taktisch oder strategisch?** Hierbei geht es darum, ob in einer Situation eher taktisch-technologisch oder strategisch gehandelt werden sollte. Technisch versierte Führungskräfte handeln in dieser Situation eher taktisch und treffen kluge Entscheidungen im Zusammenhang mit der Wahl von Technologien oder dem Erkennen von Technologietrends. Um aber das gesamte Potenzial als digitale Führungskraft auszuschöpfen, müssen sie auch in die Lage versetzt werden, ihre technischen Entscheidungen in einem strategischen Gesamtzusammenhang im Kontext des Geschäftsmodells zu erkennen. Je stärker sie über strategische Kompetenzen verfügen desto besser sind Sie in der Lage, zwischen der taktischen und strategischen Handlung zu differenzieren.

- **Ist die Situation eher aktivistisch und kurzfristig zu lösen oder sind kulturelle Entscheidungen zu treffen?** Hierbei geht es darum, Kompetenzen bei einer Führungskraft aufzubauen, die sie in die Lage versetzen je nach Situation kurzfristige oder langfristige Entscheidungen zu treffen. Im Managementalltag erfordern viele Situationen eine schnelle und aktionistische Entscheidung. Diese schnellen Entscheidungen zahlen meist auf die Leistungskraft der Organisation ein, da Umsetzungen beschleunigt sind. Hingegen müssen Führungskräfte in der Digitalisierung auch langfristige, und vor allem kulturelle Entscheidungen treffen, die den Nachteil haben, dass die Umsetzung langfristiger Natur ist und oft die Umsetzungsgeschwindigkeit darunter leidet. Ziel ist es, Führungskräften die Kompetenzen zu vermitteln, die sie in die Lage versetzen, eine positive, nachhaltige Kultur zu etablieren bei gleichzeitiger Aufrechterhaltung ihrer schnellen Umsetzungskompetenz.

Erfolgt die situative Einordnung, entstehen daraus **vier Kompetenzanwendungsbereiche,** wie in Abb. 9.4 zu sehen ist. In jedem Bereich werden spezifische Fähigkeiten

Abb. 9.4 Digitales Kompetenzmodell nach Brett, Digital Situational Leadership (vgl. Brett 2019)

aufgebaut, um kompetent handeln zu können. Im Modus unten links geht es um Kompetenzen für kurzfristige und schnelle Umsetzung. Dieser Modus ist stark technologisch orientiert. Die Weiterentwicklung zum ‚kompetenten Futuristen' im unteren rechten Bereich erfolgt durch die Vermittlung von Fähigkeiten im Bereich der Entwicklung von Zukunftsstrategien, Roadmaps, Trendanalysen und Planung. Oben links sind hingegen Kompetenzen für die kurzfristige Ausrichtung der Kultur notwendig. Dabei geht es um Fähigkeiten zur Motivation und dem Engagement von Mitarbeitern. Diese Kompetenzen befähigen dazu, dringende kulturelle Probleme schnell zu lösen. Der anspruchsvollste Bereich findet sich oben rechts. Hier geht es um Kompetenzen zur zukünftigen kulturellen Ausrichtung des Unternehmens bei gleichzeitiger Aufrechterhaltung der Geschwindigkeit. Dazu ist der Aufbau von Kompetenzen der Zukunftsfähigkeit und nachhaltigen Leistungsfähigkeit notwendig. In allen vier Kompetenzanwendungsbereichen sollte eine digitale Führungskraft handlungsfähig sein. Sich nur in einem Bereich zu bewegen wäre zu riskant. Je nach Situation muss die digitale Führungskraft in der Lage sein, die Kompetenzen zu wechseln. In einem bestimmten Treffen mit Stakeholdern kann es nötig sein, sich innerhalb einer Stunde in allen vier Feldern zu bewegen während z. B. in einem Einzelgespräch mit Technologen nur ein Kompetenzbereich eine Rolle spielt. Der Schwerpunkt liegt insofern in der **Synchronität der unterschiedlichen Kompetenzbereiche.** Fehler oder Einschränkungen beschränken die Chancen auf Erfolg in der digitalen Führung.

Eine alternative dazu liefern Reinhardt und Lueken mit dem **Kompetenzmodell für Digital Leadership Excellence** (Tab. 9.4) (Reinhardt und Lueken 2018). Dieses Modell ist ein dispositives Kompetenzmodell, dass die Kompetenzbereiche der digitalen Führung nach der Disposition der Führung differenziert. Dabei geht es um den Aufbau individueller Dispositionen, die sich positiv auf die Digitalisierung der Organisation auswirken. Die Kompetenzfelder wurden empirisch in einer breit abgestützten Erhebung unter Führungskräften validiert. Das digitale Kompetenzmodell stellt eine Ergänzung zu konventionellen Kompetenzmodellen dar, da die Kompetenztypisierung ähnlich der in konventionellen Kompetenzmodellen gewählt wurde. Unterschieden werden darin drei handlungsleitende Kompetenzfelder der Digitalisierung: Digitale Technologie und digitale Ökosysteme kuratieren, Menschen zu Agilität und Selbstreflexion befähigen, Smarte und agile Organisationen designen.

Diese Fähigkeitsbündel bilden die Grundlage für kompetentes Handeln von Führungskräften in Situationen, in denen digitales Know-how gefragt ist. Durch Erwerb dieser Kompetenzen handeln Manager nicht mehr (unbewusst) als Störer und bremsen digitale Innovation aus. Sie werden in die Lage versetzt, die Transformation des Unternehmens zu begleiten und die digitalen Rahmenbedingungen aktiv zu gestalten. Verfügen Manager und Managerinnen über diese Kompetenzen, sind sie in der Lage, Machtstrukturen aktiv zu verändern, u. a. durch **demokratische Entscheidungsstrukturen.** In puncto Herrschaftsverteilung handeln sie nicht mehr als Einzelkämpfer, sondern im Kollektiv. Nicht das zentralisierte und dokumentierte Wissen ist ihnen wichtig, sondern die kollektive Intelligenz. Digitale Kommunikationsinstrumente helfen ihnen dabei, Mitarbeitern Freiräume zu verschaffen und personengebundenes Wissen gezielter zu vernetzen. Auch

9.5 Führungskräfteentwicklung in der Digitalisierung

Tab. 9.4 Auszug aus dem Kompetenzmodell für Digital Leadership Exzellenz

Kompetenzbereich	Kompetenz	Erläuterung
Digitale Ökosysteme managen	IT-Kompetenz	Fachkenntnisse im Bereich Informationstechnik sowie die Fähigkeit, IT-Systeme einzusetzen
	Umgang mit Komplexität und Unsicherheit	Umgang mit komplexen Prozessen in einem komplexen Umfeld
	Akzeptanz für digitale Prozesse schaffen	Positive Einstellung gegenüber digitaler Prozesse im Rahmen der digitalen Transformation bei Mitarbeitern schaffen
	…	…
Menschen zu Agilität und Selbstreflexion befähigen	Umgang mit offenen Innovationen	Agile Arbeitsweisen kennen und einsetzen können, z. B. Design Thinking und Scrum
	Agilität	Fähigkeit, flexibel, proaktiv, initiativ und antizipativ zu handeln, um Veränderungen herbeizuführen
	Selbstmanagement	Eigene Leistung eigenverantwortlich steuern und erhalten; eigene Stärken und Schwächen erkennen, persönliche Ziele setzen und die zur Verfügung stehende Zeit managen
	Mitarbeiter zur Selbstständigkeit befähigen	Autonomie und Eigenverantwortung der Mitarbeiter fördern
	…	…
Agile und smarte Organisationen designen	Veränderungsbereitschaft	Fähigkeit, Veränderungsprozesse inhaltlich und emotional zu steuern
	Kommunikationsfähigkeit	Fähigkeit, mit anderen zu kommunizieren, sowie verbal als auch nonverbal
	Entscheidungsfähigkeit	Entscheidet aktiv zwischen unterschiedlichen Handlungsmöglichkeiten
	…	…

werden neue überfachliche Kompetenzen entwickelt, u. a. emotionale Intelligenz, ethisches Urteilsvermögen und die Fähigkeit, Kreativitätspotenziale zu identifizieren. Dieses Kompetenzmodell macht die systematische Entwicklung einer digitalen Unternehmensführung. Um das digitale Kompetenzmodell auf allen Unternehmens- und Führungsebenen zu verankern, sollte konsequenterweise auch über Lerninhalte gesprochen werden. Eine Auswahl wichtiger Inhalte, die dabei eine Rolle spielen, sind u. a.:

- Change-/Transformationsmanagement
- Führung auf Distanz (virtuell)
- Agile Organisation und Umgang mit agilen Arbeitsweisen

- Selbstreflexion
- Diversity Management
- Wertevielfalt/-orientierung
- Strategisches Management
- Health Management
- Allgemeine Sozialkompetenzen
- Wissensmanagement
- Persönlichkeitsentwicklung
- Fachkräftemangel
- IT-Fachwissen und Digitalisierungs-Knowhow
- Kommunikation
- Komplexität und Unsicherheit
- Selbstmanagement
- Entscheidungsfähigkeit
- Mitarbeiter zur Selbstständigkeit befähigen

> **Praxisbeispiel**
>
> **DigitalLifeTour bei der Daimler AG**
>
> In Zusammenarbeit mit der IT- und der HR-Abteilung, digitalisiert Daimler zusehends die Kommunikation zwischen sowie innerhalb der Belegschaft und den Führungskräften. Dazu wird sich verschiedener Prozesse und Tools bedient. Ein wichtiges Instrument dabei ist die sogenannte ‚DigitalLifeTour'. In Kooperation mit den beteiligten Fachbereichen werden alle Werke und Standorte besucht. Diese Tour hat drei Hauptziele:
>
> - Awarness: Die Mitarbeiter werden vor Ort an die Thematik Digitalisierung herangeführt. Dadurch soll ein Bewusstsein geschaffen werden, bis hin zur eigenen Ideenentwicklung.
> - Xperience: Die digitalen Initiativen und Projekte der Fachbereiche werden veranschaulicht und durch eigene Anwendung soll die Digitalisierung greifbar gemacht werden.
> - Enabling: Die neu erlernten sowie vorgestellten Technologien werden in den Arbeitsalltag integriert und der digitale Austausch- und Informationsfluss mit der HR-Abteilung und anderen Bereichen gewährleistet.
>
> Neben der Schaffung von Bewusstsein für die Digitalisierung, bietet Daimler durch „DaimlerConnect" den direkten Austausch zwischen den Vorgesetzten und der Belegschaft. Die verschiedenen, zweckgebunden internen Communities und Gruppen, informieren die Belegschaft zu den für sie personalrelevanten Veränderungen und Prozessen und bieten die Möglichkeit der direkten Rückmeldung. Diese Initiativen

9.5 Führungskräfteentwicklung in der Digitalisierung

sollen weiter ausgebaut werden. Bisher getrennte Anwendungen werden miteinander verknüpft, die interne Kommunikation verbessert und neue Module hinzugefügt. Maßgeblich ist, dass dies auch mobil genutzt werden kann, damit der Mitarbeiter in ständiger Kommunikation mit den Führungskräften stehen kann, sollte dies gewünscht werden (Ourabi et al. 2018).

Zur Digitalisierung der Führungslandschaft eignen sich unterschiedliche analoge wie auch **digitale Lernkanäle,** die Inhalte bedarfsgerecht und arbeitsintegriert vermitteln. In den nächsten Jahren wird es zu einer Symbiose zwischen digitalen Lernformaten und klassischen Präsenzformaten kommen. Klassische Präsenzformate werden nicht verdrängt, sondern nur digital ergänzt. Zur technischen Lerninfrastruktur lässt sich resümieren, dass bessere branchenspezifische Standards eingesetzt werden als auf Standardlösungen mit unspezifischen Lerninhalten zu setzen. Auch sollten Lernsysteme internationaler sein und mehrsprachige Angebote bieten. Ebenso sollten Lernformen verfügbar sein, mit denen Führungskräfte „on the job" Kompetenzen entwickeln und diese nicht nur curricular ausgebildet werden.

Testen Sie Ihr Wissen
a) Erläutern Sie die verschiedenen Stufen einer Organisationskultur, die Edgar Schein definiert hat.
b) Was versteht man unter der Kultur der Risikoakzeptanz?
c) Was versteht man unter digitaler Führung?
d) Traditionelle Führungsleitbilder sind geprägt von einem monotheistischen Verständnis. In der digitalen Zeit sollten Führungsleitbilder einem polytheistischen Verständnis folgen. Erläutern Sie die Unterschiede und beziehen Sie sich auf die digitale Transformation.
e) Welche Maxime der digitalen Führung kennen Sie?
f) Was versteht man im Kontext digitaler Führung unter dem Begriff der Temporalität?
g) Vergleichen Sie bitte Prinzipien traditioneller Führung mit den Prinzipien digitaler Führung.
h) Erläutern Sie die wichtigsten Paradoxien der Führungsarbeit in einer digitalen Organisation. Nennen Sie jeweils Beispiele.
i) Welche Charakteristiken der digitalen Umwelt werden mit der Abkürzung VUCA beschrieben?
j) Was versteht Taleb unter dem antifragilen Unternehmen?
k) Was verstehen Sie unter transaktionaler, transformationaler und digitaler Führung? Können diese Führungsprinzipien in einer einzigen Organisation koexistieren?
l) Wie definieren Sie den Ansatz der digitalen Führung und wie grenzt sich diese zur demokratischen Führung ab?
m) Was sind Gründe, warum Unternehmen sich für die Einstellung eines CDO entscheiden?
n) Wird Ihrer Ansicht nach eine Organisation digitaler, wenn ein CDO eingestellt wird?

o) Erläutern Sie die Methode des Nudgings im Kontext der digitalen Führung.
p) Was verstehen Sie unter der digitalen Führungskräfteentwicklung und wie unterscheidet sich diese von konventioneller Führungskräfteentwicklung?
q) Welche Kompetenzfelder spielen bei der digitalen Führung eine besondere Rolle?
r) Erläutern Sie den Aufbau des Kompetenzmodells nach Brett.
s) Im Digital Leadership Excellence-Modell werden verschiedene Kompetenzfelder benannt. Welche? Und welche Fähigkeitsbereiche fallen jeweils darunter?

Literatur

Bardmann, Manfred. 2011. *Grundlagen der Allgemeinen Betriebswirtschaftslehre*, 449. Wiesbaden: Springer Fachmedien Wiesbaden GmbH.
Becker, Manfred. 2013. *Personalentwicklung : Bildung, Förderung und Organisationsentwicklung in Theorie und Praxis*. Stuttgart: Schäffer-Poeschel.
BMWI. 2018. Den digitalen Wandel gestalten. https://www.bmwi.de/Redaktion/DE/Dossier/digitalisierung.html? Zugegriffen: 15. Apr. 2018.
Bolden, Richard. 2011. Distributed leadership in organizations: A review of theory and research. *International Journal of Management Reviews* 13 (3): 251–269.
Bolden, Richard, Jonathan Gosling, A. Marturano, und P. Dennison. 2003. A review of leadership theory and competency frameworks In: Centre for Leadership studies, S. 15.
Brett, James. 2019. *Evolving digital leadership*. New York: Springer Science + Business Media.
Bundespresseamt. 2013. Pressekonferenz von Bundeskanzlerin Merkel und US-Präsident Obama. https://www.bundesregierung.de/ContentArchiv/DE/Archiv17/Mitschrift/Pressekonferenzen/2013/06/2013-06-19-pk-merkel-obama.html. Zugegriffen: 15. Apr. 2018.
Crummenerl, Claudia, und Kilian Kemmer. 2015. *Digital Leadership – Führungskräfteentwicklung im digitalen Zeitalter Inhalt*. Berlin: Capgemini Consulting.
DAPF. 2009. *Konfluente Leitung: Führung aufteilen, Co-Management praktizieren und mit Steuergruppen arbeiten – Zum Leitungsverständnis der DAPF*. Dortmund: Dortmunder Akademie für pädagogische Führungskräfte.
Dillon, Roland, Julia Sperling, und Jennifer Tietz. 2018. A small nudge to create stunning team results. mckinsey.com/business-functions/organization/our-insights/the-organization-blog/a-small-nudge-to-create-stunning-%0Ateam-results. Zugegriffen: 15. Nov. 2018.
Ebert, Philip, und Wolfgang Freibichler. 2017. Nudge management … knowledge worker productivity. *Journal of Organization Design* 6 (1): 1–6.
Eggers, Bernd, und Sebastian Hollmann. 2018. Digital Leadership – Anforderungen, Aufgaben und Skills von Führungskräften in der „Arbeitswelt 4.0" In *Disruption und Transformation Management*, 43–68, Hrsg. F. Keuper. Wiesbaden: Springer Fachmedien.
Elbe, Martin, und Sibylle Peters. 2016. *Die temporäre Organisation Grundlagen der Kooperation, Gestaltung und Beratung*. Wiesbaden: Springer Gabler.
EY. 2014. Sustaining digital leadership! Agile technology strategies for growth, business models and customer engagement.
Garud, Raghu, Sanjay Jain, und Arun Kumaraswamy. 2002. Institutional Entrepreneurship in the sponsorship of common technological standards: The case of Sun Microsystems and Java. *Academy of Management Journal* 45(1): 196–214.
Goran, Julie, Laura LaBerge, und Ramesh Srinivasan. 2017. Culture for a digital age. *McKinsey Quarterly* 2017 (3): 56.

Harvard Business Review. 2014. The leadership edge in digital transformation. *Harvard Business Review*.
Holacracy.org. 2018. Holacracy backstory. https://www.holacracy.org/backstory. Zugegriffen: 16. Dez. 2018.
Kruse, Jürn. 2013. Kommentar zu Merkels Internet: Hihi, sie hat „Neuland" gesagt. http://www.taz.de/!5064945/. Zugegriffen: 18. Dez. 2018.
McKee, Annie, und Dick Massimilian. 2006. Resonant leadership: A new kind of leadership for the digital age. *Journal of Business Strategy* 27(5): 45–49.
Montuori, A., und G. Donnelly. 2018. Transformative leadership. In *Handbook of personal and organizational transformation*, Hrsg. J. Neal, Bd. 1–2, 1–1234. New York: Springer International Publishing.
Muhs, Karl. 1943. Zur weltanschaulichen Deutung der Kultur- und Wirtschaftsstile. *Zeitschrift Für Nationalökonomie* 10(3–4): 410.
Najam, Usama, Aneeq Inam, Hayat Muhammad Awan, und Muhammad Abbas. 2018. The interactive role of temporal team leadership in the telecom sector of Pakistan: Utilizing temporal diversity for sustainable knowledge sharing In *Sustainability (Switzerland)*, Bd. 10, 5. Aufl. Basel: MDPI.
NSF. 2003. A brief history of NSF and the internet. https://www.nsf.gov/news/news_summ.jsp?cntn_id=103050. Zugegriffen: 15. Apr. 2018.
Ourabi, Jassem, Katarina Raspe, Leonie Marie-Florianne Kahl, Ria-Friederike Luhde, und Saskia Glimm. 2018. *Risikobereitschaft und digitale Affinität im Human Resource Management*, 25. Berlin (nicht veröffentlicht).
Peters, F. 2016. We Don't Need Another Hero. M&O.
Petry, T. 2018. Digital leadership pdf.pdf. In *knowledge management in digital change*. Wiesbaden: Springer International Publishing AG.
Pulley, Mary Lynn, und Valerie I. Sessa. 2001. E-leadership: Tackling complex challenges. *Industrial and Commercial Training* 33 (6): 225–230.
Reinhardt, Kai, und Saskia Lueken. 2018. Digital Leadership Exzellenz – Kompetenzmodell für erfolgreiche Führung im digitalen Zeitalter. In *Digitale Innovationen für Berliner Unternehmen. Erkenntnisse des HTW-Forschungsprojekts „Digital Value"*, Hrsg. M. Hartmann. Berlin: BWV Berliner Wissenschafts-Verlag.
Rose, Nico. 2015. Demokratisierung von Unternehmensleitung: Führung auf Zeit, Führung von unten, Führung ohne Führung. In *Arbeitskultur 2020*, Hrsg. W. Widuckel. Wiesbaden: Springer Fachmedien.
Rosin, A.F. 2017. Netzwerkperspektiven – Made in Berlin! Auf der Suche nach wirksamer Koordination. In *Netzwerkperspektiven – Made in Berlin! Auf der Suche nach wirksamer Koordination*, Bd. 1, Hrsg. M. Schmidt und M. Tomenendal. München: Hampp.
Rothmann, Wasko, und Matthias Wenzel. 2018. *Paradoxien entfalten. Zeitschrift für Führung und Organisation*, 39–44. Stuttgart.
Rötzer, Florian. 2008. Vom traditionellen Krieg ins Chaos. https://www.heise.de/tp/features/Vom-traditionellen-Krieg-ins-Chaos-3418091.html. Zugegriffen: 14. Dez. 2018.
Schein, Edgar. 2004. *Organizational Culture and Leadership* (3. Aufl.). San Francisco: John Wiley & Sons, Inc.
Schilder, Klaas. 1933. Zur Begriffsgeschichte des ‚Paradoxon'. Mit besonderer Berücksichtigung Calvins und des nach-kierkegaardschen ‚Paradoxon'.
Simon, Herbert A. 1952. A behavioral model of rational choice. *Quarterly Journal of Economics* 69 (1): 99–118.
Stone, Linda. n. d. Continuous partial attention. https://lindastone.net/qa/continuous-partial-attention/. Zugegriffen: 15. Dez. 2018.

Taleb, Nassim Nicholas. 2012. *Antifragile: Things that gain from disorder*, Bd. 3. Random House Incorporated.

Thomson, Peter, Mike Johnson, und J.Michael Devlin, Hrsg. 2018. *Conquering digital overload*. Cham: Springer International Publishing.

Tversky, Amos, und Daniel Kahneman. 1974. *Judgment under Uncertainty: Heuristics and Biases*. New York: Science.

van Dick, Rolf, Kai Helfritz, Erwin Stickling, Michael Gross, und Fabian Holz. 2016. *Digital Leadership. Studie der Zeitschrift Personalwirtschaft*. Wolters Kluwers Verlag: Frankfurt am Main.

Vogel, Peter, und Göran Hultin. 2018. Digitalization and why leaders need to take It seriously. In *Conquering digital overload*, 1–8, Hrsg. P. Thomson, M. Johnson, und J. Devlin. Cham: Springer International Publishing.

Weinmann, Markus, Christoph Schneider, und Jan vom Brocke. 2016. Digital nudging. *Business & Information Systems Engineering* 58 (6): 433–436.

Westerman, George und Didier Bonnet. 2015. Revamping your business through digital transformation. *MIT Sloan Management Review* 56 (3): 10.

Zaugg, R. J. 2017. Bottom-up-Führung. Zeitschrift für Führung und Organisation, 86, 208–213. Stuttgart.

Digitale Innovation: Strategische Erneuerung digital beschleunigen

10

Zusammenfassung

Ein wichtiges Gestaltungsfeld der digitalen Organisation ist das des digitalen Innovationsmanagements. Davon auszugehen, dass die digitale Wirtschaft lediglich auf technologischen Innovationen aufbaut, wäre zu kurz gegriffen. Beim Aufbau einer digitalen Organisation spielen verschiedene Innovationsaspekte eine Rolle, beispielsweise kundenzentrierte, organisatorische oder prozessuale Innovationen. Alle diese Formen gründen auf einer neuen Art und Weise, wie digitale Technologie den Alltag in der Organisation beeinflusst. In diesem Kapitel wird geklärt, wie die digitale Innovationsfähigkeit aufgebaut und verankert werden kann. Es geht um die unterschiedlichen Formen von Innovation, deren Merkmale sowie Anwendungsformen im Rahmen eines digitalen Innovationssystems.

In diesem Kapitel erfahren Sie
- was unter digitaler Innovation verstanden wird,
- wie sich das Verständnis von Innovation und Innovationsfähigkeit verändert,
- welche Beispiele es für digitale Unternehmensinnovationen gibt
- welche Merkmale digitale Innovationen haben,
- was der Unterschied zwischen inkrementeller und radikaler Innovation ist,
- was digitale Ökosysteme sind,
- in welchen Phasen der digitale Innovationsprozess verläuft,
- welche Methoden es zur Förderung und Umsetzung digitaler Innovationen gibt.

Themen des Kapitels
Innovationsdiffusion, Customer Intimacy, Operational Excellence, Product Leadership, disruptive Innovation, Anwendungsinnovation, Produktinnovation, Plattform-Innovation,

Value-Engineering-Innovation, Integrationsinnovation, Prozessinnovation, Value-Migration-Innovation, Linienerweiterungs-Innovation, Verbesserungsinnovation, Marketing-Innovation, Erfahrungs-Innovation, Organische Innovation, Akquisitions-Innovation, Progressivismus, Innovationsmanagement, inkrementelle Innovation, radikale Innovation, geschlossene Innovation, offene Innovation, digitales Ökosystem, Ecosystemizer, MVP, MBP.

10.1 Erneuerung als Normalzustand

Jedes Unternehmen ist, ob bewusst oder unbewusst, von den Einflüssen neuer Technologien betroffen. Gerade die Informations- und Kommunikationstechnologien werden heute als zentraler Innovationstreiber zur Erneuerung von Organisationen angesehen Korztzfleisch. Es spielt also weniger eine Rolle, welche Branche eine Organisation angehört oder wie groß eine Firma ist. Ausschlaggebend ist letztendlich der Grad der Einflüsse neuer Technologien sowie die **Innovationsfähigkeit der Organisation,** verstanden als Antwort darauf, den technologischen Veränderungen in der Umwelt mit neuen Ideen und Lösungen entgegenzutreten.

Hintergrund
Ein Exkurs zu wichtigen Modellansätzen des Innovationsmanagements

Veränderungszyklen nach Schumpeter
Joseph Alois Schumpeter, ein österreichischer Nationalökonom und Politiker, entwickelt in einem seiner berühmten Werke eine Theorie der wirtschaftlichen Entwicklung und versucht damit, die Entwicklung des Kapitalismus erklärbar zu machen (Kurz 2005). In diesem und auch in späteren Werken entwickelt Schumpeter umfangreiche Konzepte und Ansätze zum Erneuerungsbegriff. Dazu gehört, dass er die Innovation als Prozess versteht, den er in drei Phasen unterteilt: Invention (bloße Erfindung), Innovation (Kombination aus Neuerung und Umsetzung) und Diffusion (Verbreitung). Inventionen sind Ideen oder Prototypen, die erfunden werden. Bei Innovationen kommen weitere Elemente hinzu, z. B. die Vermarktungsfähigkeit. Die Diffusion ist schlussendlich die verbreitete Anwendung der Innovation, benötigt also konkrete Anwendungsbeispiele und die Akzeptanz von Kunden oder Anwendern. Neben diesem grundlegenden Ansatz Innovation in Zyklen zu teilen, zeigt Schumpeter ebenso auf, dass es neben gewöhnlichen Innovationen, die jeden Tag entstehen können, noch grundlegende technische Umwälzungen gibt, die maßgeblich die wirtschaftliche Konjunktur beeinflussen. Schumpeter prägt die Auffassung mit, dass große technologische Innovationen sich nicht plötzlich entwickeln, sondern diese in Zyklen von 40 bis 60 sich wellenförmig in einer Gesellschaft ausbreiten (Croitoru 2017). Abb. 10.1 zeigt schematisch die zeitliche Abfolge dieser Zyklen und nennt die zugrundeliegenden innovativen, technischen Umwälzungen des jeweiligen Zyklus. Wie am aktuellen Zyklus ersichtlich, lässt sich eine derzeitige Beschleunigung dieser Zyklen vermuten.

Innovationsdiffusion nach Rogers
Später greift Rogers (1983) diese Gedanken auf und erweitert das Modell der zyklischen Innovation um die Nutzersichtweise und differenziert dabei verschiedene entscheidungsbasierte Phasen. In der ersten Phase (Wissensphase) entsteht Wissen darüber, dass eine Innovation überhaupt existiert.

10.1 Erneuerung als Normalzustand

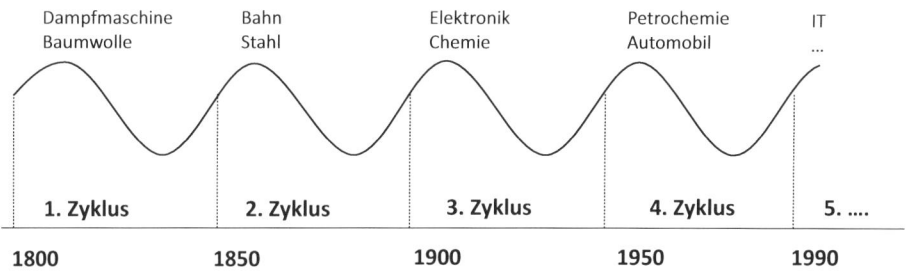

Abb. 10.1 Zyklen nach Schumpeter

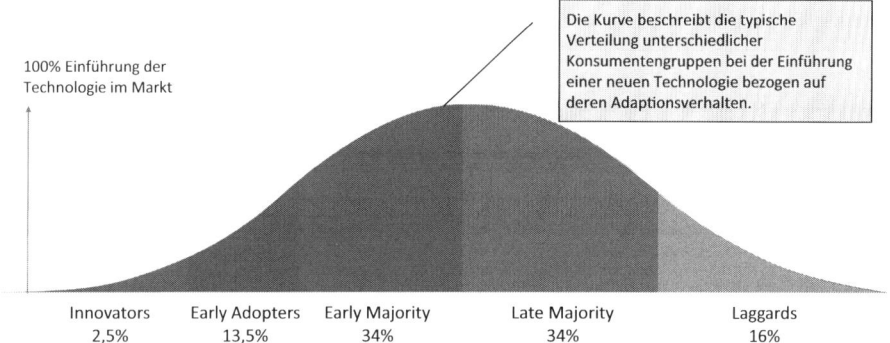

Abb. 10.2 Fünf Phasen der Technologie-Adaption nach Rogers. (Quelle: angelehnt an Rogers 1983)

In der zweiten Phase (Überzeugungsphase) geht es darum, die Einstellungen von Personen gegenüber der Neuerung zu ändern. Dies kann positiv oder negativ sein. In der dritten Phase (Entscheidungsphase) wird die Entscheidung getroffen, die Innovation zu übernehmen oder abzulehnen. In der Umsetzungsphase (Implementierungs-Phase) wird erstmals die Innovation tatsächlich eingesetzt. In der letzten Phase (Bestätigungsphase), werden Entscheidungen getroffen, ob die mit der Innovation gemachten Erfahrungen positiv waren und der Einsatz rückgängig gemacht werden muss. In dieser Phase wird die Innovation aktiv genutzt. Aufgrund dieser Sichtweise zur Adaption unterscheidet Rogers unterschiedliche Typen von Change Agents, die jeweils unterschiedliche Rollen bei der Verbreitung von Innovation einnehmen: Innovatoren (innovators), frühe Übernehmer (early adopters, frühe Mehrheit (early majority), späte Mehrheit (late majority) und Nachzügler (laggards) (Rogers 1983). Wie in Abb. 10.2 zu sehen, folgen die fünf Typen aufeinander beginnend mit den Innovatoren und endend mit den Laggards. Diese Klassifikation repräsentiert ein Maß an Innovationsfähigkeit bezogen auf die Anwendung und Verbreitung von Innovationen.

Innovatoren sind in diesem Modell Personen, die neuen Ideen oder Produkten offen gegenüberstehen. Early Adopters sind, wie der Name schon sagt, die ersten Nachahmer.

Typisierung der Corporate Innovation nach Moore

Mit Verweis auf Darwin und dessen Kampf den Stärkeren (der, wie wir wissen, in Bezug auf Innovation und Erneuerung oft falsch interpretiert wird, vgl. Kap. 8), schlägt Moore unterschiedliche Innovationsstrategien für Unternehmen vor, die zu einem Wettbewerbsvorteil führen. Bei seiner Klassifizierung beruft er sich auf die von Wiersema und Treacy (1993) entwickelten Wettbewerbsstrategien, durch die ein Unternehmen einen herausragenden Kundennutzen aufbauen kann, wenn es seine Stärken in der Wertschöpfung auf den Kunden abstimmt: operative Exzellenz (operational excellence), Kundennähe (customer intimacy) oder Produktführerschaft (product leadership). Für jede der drei Wettbewerbsstrategien schlägt er unterschiedliche Innovationsstrategien vor, wie Abb. 10.3 im Überblick zeigt. Die einzelnen Strategien werden weiter unten kurz beschrieben.

Product Leadership-Strategie: In den ersten beiden Phasen des Markt-Lebenszyklus (Emerging & Growth), meist charakterisiert durch schnelles Wachstum, liegt der Innovationsfokus auf der Produktführerschaft. Die in dieser Phase dominierenden Gruppen der Innovatoren und Early Adopters sind anspruchsvoll und erwarten die Produktführerschaft bei ihrer Produktwahl. Laut Moore gibt es gibt vier Arten der Innovation, um Produktführerschaft zu erlangen – diese sind oft teuer und riskant, haben jedoch, wenn erfolgreich umgesetzt, den größten Einfluss auf Marktführerschaft:

1. Die **disruptive Innovation** schafft neue Marktsegmente durch die Einführung neuer Business Modelle oder Technologien. Diese Art der Innovation kreiert komplett neue Märkte und ersetzt bestehende oft vollständig. Das Internet ist eine der bekanntesten disruptiven Innovationen.
2. Die **Anwendungsinnovation** zeigt sich in der Erschließung neuer Märkte oder Anwendungsfunktionen bereits existierender Produkte. Existierende Wertschöpfungsketten werden neu definiert und neue Kunden und Produktanwendungen gefunden. Ein typisches Beispiel ist die Anwendung der Flughafen-Gepäckband Logik in „All you can eat" Sushi-Restaurants.
3. Die Neuentwicklung von Produkteigenschaften oder -funktionen bereits existierender Produkte in vorhandenen Märkten wird als **Produkt-Innovation** bezeichnet. Erfolg wird hier oft durch Patentanmeldungen oder eine besonders schnelle Markteinführung definiert.
4. Die Neu-Positionierung existierender Produkte im Markt definiert Moore als **Plattforminnovation.** Drittparteien können beispielsweise auf Basis einer existierenden Plattform neuen Wert schaffen.

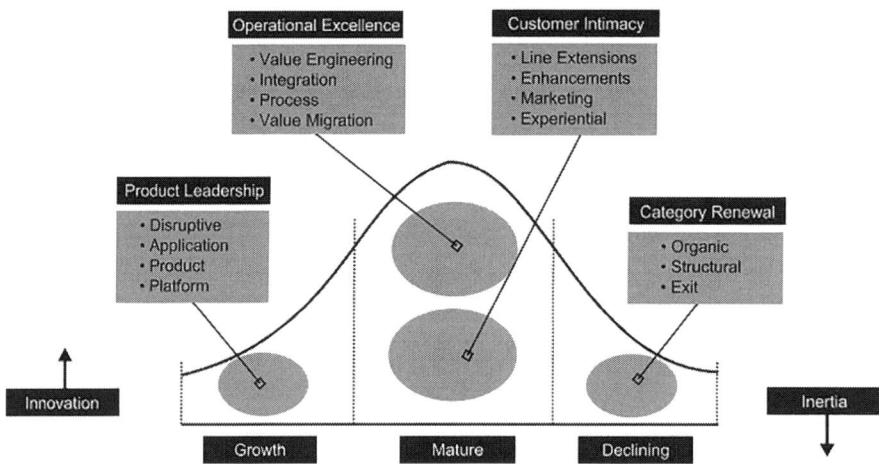

Abb. 10.3 Innovationsmethoden und deren Anwendung in Abhängigkeit vom Innovationsansatz und Innovationsphase

Operative Excellence-Strategie: Innovationen in der Maturity Phase können neben erhöhter Kundennähe auch zusätzlichen Wert durch Effizienz- und Kosteneinsparungen schaffen. Ähnlich wie Innovationen, die sich auf die Erhöhung der Kundennähe fokussieren, sind diese weniger riskant und von inkrementeller Natur. Moore fasst diese Innovationen in der Gruppe Operative Excellence zusammen.

5. Das Kosten-Nutzen-Verhältnis eines Produkts durch Senkung der Produktionskosten oder Erhöhung der Funktionalität zu geringem Preis zu optimieren und somit den Gesamtmehrwert, für den Endnutzer zu erhöhen, ohne die Produktkomposition im Wesentlichen zu verändern bezeichnet Moore als **Value-Engineering-Innovation.**
6. Mit der **Integrationsinnovation** beschreibt Moore die Zusammenführung einzelner Produktelemente in ein neues, integriertes Angebot, um so eine bessere und einfachere Nutzung für den Endkunden zu ermöglichen. Der Thermomix ist ein typisches Ergebnis der Integrationsinnovation.
7. **Prozessinnovation** ist die Verbesserung des Produkterstellungs-Prozesses. Ziel ist es, diese Prozesse so effizient und schlank wie möglich zu gestalten, um so unnötige Kosten zu eliminieren. In der Umsetzung könnte dies beispielsweise ein verbessertes Qualitäts- oder Bestandsmanagement bedeuten.
8. In der **Value-Migration-Innovation** fokussiert sich der Unternehmer darauf, stets den Teil der Wertschöpfungskette zu kontrollieren, der am meisten Wert bzw. die höchste Marge generiert. Ziel ist es daher, das Business Model kontinuierlich auf den vielversprechendsten Abschnitt der Wertschöpfungskette auszurichten. So haben viele Druckerhersteller ihren Produktionsfokus, margenbedingt, auf Druckerpatronen verlegt.
9. **Customer Intimacy-Strategie:** In reiferen Märkten konzentrieren sich Innovationsmethoden typischerweise darauf, eine größere Nähe zum Kunden zu schaffen. Ziel ist es, durch effizientere oder effektivere Ressourcenallokation einen Mehrwert zu generieren. Durch den Fokus auf die Verbesserung des Status-Quo sind Innovationstypen in dieser Wertschöpfungskategorie weniger riskant, dafür aber auch weniger disruptiv und neuartig.
10. Bei der **Linien-Erweiterungs-Innovation** werden neue Sub-Produktkategorien/-gruppen für bereits existierende Produktlinien eingeführt. Dies geschieht oft in Form von neuen Produktelementen oder Verpackungsanpassungen – die darunterliegende Wertschöpfungskette bleibt jedoch größtenteils bestehen. Das Ziel ist, neue Kunden zu erreichen oder bereits existierende Kundensegmente zu reanimieren.
11. **Verbesserungsinnovation** beschreibt die Verbesserung bzw. Modifikation eines bestimmten Produktbestandteils, um Bestandskunden eines Produktes neu zu aktivieren. Ein Beispiel ist die Neubeschichtung einer Pfanne (existierendes Produkt) mit Teflon (neue Modifikation).
12. **Marketinginnovation** wird durch die Nutzung neuer, beispielsweise viraler, Marketingmethoden definiert, um so neue Kundensegmente zu erreichen und auch die Interaktion mit Bestandskunden zu verbessern. Ziel ist es, sich über innovative Marketingkampagnen vom Wettbewerb zu differenzieren.
13. **Erfahrungsinnovation** bezieht sich auf die Bereitstellung eines zusätzlichen Service in Verbundenheit mit einem existierenden Produkt. Die Nutzererfahrung wird verbessert, während die Grundfunktionalitäten des Produktes bestehen bleiben. Ein Beispiel dafür ist ein Restaurant, das sein Ambiente durch warmes Licht verbessert – das Essen (Kernprodukt) bleibt unverändert, aber die Nutzererfahrung verbessert sich.
14. **Category Renewal-Strategie:** Die finale Gruppe der Innovation wird in stagnierenden Märkten angewandt. Ziel ist es, dem negativen Wachstumstrend durch Re-positionierung oder vorteilhafte Akquisitionen entgegenzuwirken oder in einen anderen, wachsenden Markt zu wechseln.

15. **Organische Innovation** bedeutet, dass Unternehmen mit internen Ressourcen Innovation betreiben um sich so in einem anderem Wachstumsmarkt zu re-positionieren. Dies kann in Form einer eigenen Ausgründung oder auch eines Strategiewechsels realisiert werden.
16. Im Gegensatz zur organischen Innovation nutzen Firmen bei der **Akquisitions-Innovation** externe Ressourcen, um sich neu zu positionieren. Hier gibt es zwei Optionen: Unternehmen können entweder einen Anteil in einem Wachstumsmarkt akquirieren oder sie verkaufen ihr existierendes Angebot an einen neuen Spieler, der dieses dann in einen neuen Wachstumsmarkt integriert.

Innovation ist nicht gleich Innovation. Wie an diesen Erläuterungen zu erkennen ist, gibt es unterschiedliche Vorgehensweisen, Typisierungen und Erklärungsansätze für Erneuerung. Grundlegende technische Innovationen werden in Zyklen betrachtet, während kleinste Neuerungen an einem Prozess lediglich Teil der Umsetzung eines bestimmten Wettbewerbsvorteils sein können. Alle Erklärungsansätze haben ihre Daseinsberechtigung und sind hilfreich, bestimmte Perspektiven von Innovation beschreibbar zu machen. Innovation jedoch mit rein technologisch bedingter Digitalisierung gleichzusetzen (wie es heute uns in den Medien inflationär versucht wird, bewusst zu machen) wird der Innovationsperspektive nicht gerecht. Denn Innovationsbestrebungen gab es bereits lange vor der Digitalisierung und es wird sie höchstwahrscheinlich auch in zukünftigen Organisationsformen noch geben. Innovation ist mehr als nur ein rein organisationales Konzept zur Erneuerung. Sie entfalten ihre Wirkung auch auf die Gesellschaft als Ganzes. Unabhängig davon, wie groß die gesellschaftlichen Herausforderungen sind – ob wirtschaftlich, ökologisch oder politischer Natur – der Fortschritt der Gesellschaft gründet sich schon seit langer Zeit auf dem Glauben an die Kraft der Erneuerung. Nugent (2019) beschreibt dies als Philosophie des **Progressivismus,** ein Begriff, der auf eine frühe intellektuelle Bewegung aus dem 18. Jahrhundert zurückgeht. Beim Progressivismus wird das Ziel verfolgt, die Bedingungen in einem Staat durch Erneuerung zum Wohl aller Menschen gerecht und sozial weiterzuentwickeln (Nugent 2010). Letztlich folgt diese Philosophie der Auffassung, dass Innovation schon alles richten wird (Blättel-Mink 2015).

▶ **Progressivismus** Begriff für eine frühe intellektuelle Bewegung aus dem 18. Jahrhundert, bei der das Ziel verfolgt wird, die Bedingungen in einem Staat durch Erneuerung zum Wohl aller Menschen gerecht und sozial weiterzuentwickeln. Bildet die intellektuelle Grundlage für den Fortschrittsgedanken.

Dieses Verständnis herrscht heute noch vor, wenn es um Digitalisierung geht. **Innovationsmanagement** bezieht sich weniger auf die reine Erneuerung von Technologie, sondern auf viele Innovationsfelder, beispielsweise Richtlinien, Prozesse, Methoden, Führung und das Verständnis von Management und Mensch usw. Es beschreibt vielfältige Ansätze zur Steuerung und Kontrolle von Innovationen in unterschiedlichen Organisationsformen. Die Anwendungsfelder reichen von der Entwicklung einer Idee, der Förderung von Kreativität bis zur Marktreife von neuen und innovativen Produkten. Dieses Verständnis zieht sich wie ein roter Faden durch die mannigfaltige Literatur zum

Thema. Die Reduktion auf ein rein technologisch ausgerichtetes Erneuern ist angesichts dessen nicht angebracht. Der implizite Erneuerungsgedanke führt dazu, dass der Begriff der Innovation heute vorwiegend positiv besetzt ist. In der Managementliteratur wie auch wissenschaftlichen Publikationen wird der Begriff geradezu inflationär verwendet. So beschreibt beispielsweise Unternehmerlegende Peter Thiel (Meratus Center 2015) Innovation als Rettung unserer Gesellschaft und Bundeskanzlerin Angela Merkel fordert mehr Innovation in Deutschland, um die soziale Marktwirtschaft nicht zu gefährden (Merkel 2018). Speziell in der Ökonomie fand der Innovations- und Erneuerungsgedanke frühzeitig Einzug. Das Verständnis Schumpeter's prägt bis heute die Auffassung darüber (vgl. auch Abschn. 4.5).

Übung 21

Haben Sie das Mindset von Star-Investor Peter Thiel?

Eines der Geheimnisse der digitalen Wirtschaft sind die bahnbrechenden Entscheidungen, die von wenigen Menschen getroffen werden, frühzeitig in neue Technologien oder Start-ups mit radikalen Ideen zu investieren. Peter Thiel gehört zu dieser Gruppe von Personen, die sich früh trauten, in neue digitale Technologien zu investieren. Durch seinen Erfolg als Investor in der digitalen Start-up Branche stieg der 1967 in Frankfurt am Main geborene Thiel zu einem der erfolgreichsten Investoren weltweit auf. Unter anderem investierte er frühzeitig in Facebook und konnte so später Milliardengewinne realisieren. In einem spannenden Interview zum Thema Innovation und Stagnation äußert sich Peter Thiel skeptisch über die Innovationskraft in der heutigen Gesellschaft. Seiner Ansicht nach hat unsere Gesellschaft ein Konformitätsproblem, das sogar noch akuter ausgeprägt ist, als in den 1950er oder 1960er Jahren. Es sieht darin die Gefahr, dass das gesellschaftliche System nicht mehr in der Lage ist, eigenwilligen Menschen hervorzubringen, die wirklich starke Überzeugungen haben und im Laufe der Zeit in der Lage sind, andere Menschen von neuen und fortschrittlichen Ideen zu überzeugen. Lesen Sie das vollständige Interview mit Peter Thiel hier: http://bit.ly/peterthiel_innovation.

Identifizieren Sie im Interview seine wichtigsten Standpunkte bezogen auf die Bedingungen, die es gesellschaftlichen und ökonomischen Strukturen zur Hervorbringung von Innovationen geben sollte. Stimmen Sie all seinen Argumenten zu? Diskutieren Sie Ihre Meinung in der Gruppe. Gern auch kontrovers.

10.2 Merkmale und Wirkung digitaler Innovationen

(Wagner 2017) versteht insbesondere das digitale Innovationsmanagement als eine neue Form des Problemlösungsverständnisses für digitale Geschäftspotenziale und erweitert damit die traditionelle Perspektive. Damit richtet sich der Blick auf das Phänomen der neuen Qualität an Erneuerungsfähigkeit einer Organisation im digitalen Zeitalter. Dies macht es notwendig, dass sich dem Thema phänomenologisch genähert wird. Geprägt ist der aktuelle **Diskurs zur digitalen Innovation** durch zwei zentrale Themen, die näher beleuchtet werden sollen:

- Der gestiegenen Bedeutung der Innovationsfähigkeit im digitalen Zeitalter, verstanden als den **digitalen Innovationsgrad** sowie
- die Öffnung und **Durchlässigkeit von Organisationen** für neue Innovationen.

Für den digitalen Innovationsgrad gibt es in der Praxis wie auch in der wissenschaftlichen Literatur unzählige Klassifikationen. Besonders von Bedeutung sind in diesem Zusammenhang die häufig verwendete Unterscheidung zwischen inkrementeller und radikaler Innovation. Bei den **inkrementellen Innovationen** werden lediglich kleinere Veränderungen zur Weiterentwicklung bestehender Produkte, Geschäftsmodelle und Prozesse vorgenommen. Wissen wird zur Anpassung bestehender Strukturen aufgebaut, was für einen niedrigen Innovationsgrad spricht. Zu den inkrementellen Innovationen zählen beispielsweise die Prozessdigitalisierung oder die Einführung neuer Plattformen als Teil einer digitalen Infrastruktur. Oftmals verfolgen Unternehmen mit inkrementellen Innovationen insbesondere Effizienzvorteile, wie Kostenreduktion, Geschwindigkeitseffekte etc. Auch kann der Kundennutzen, eine Neupositionierung oder die Anpassung an veränderten Wettbewerb im Vordergrund stehen (Norman und Verganti 2013).

Im Gegensatz dazu handelt es sich bei **radikalen Innovationen** um grundsätzlich neue Themen, die für eine Branche, Industrie oder ein Anwendungsfeld revolutionär sind. Es geht um Entwicklungen, die einen sehr hohen Innovationsgrad aufweisen. Das Wissen, das bei einer radikalen Innovation aufgebaut wird, ist wesentlich höher und nachhaltiger, als dies bei inkrementellen Innovationen der Fall ist. Wie eine bestimmte technische Entwicklung zu bewerten ist, wird unterschiedlich angesehen und liegt oftmals im Auge des Betrachters. Während Steve Jobs zum einen als Innovator und radikaler Neuerfinder gesamten Branche gilt, sehen ihn andere als bloßer Reformator einer neuen Generation von Handys. Normann und Verganti (2013) sehen den Unterschied darin, dass es bei inkrementeller Innovation zur kontinuierlichen Veränderung der zuvor akzeptierten Praktiken kommt, während bei der radikalen Innovation alles gänzlich neu, einzigartig und diskontinuierlich ist. Ihrer Ansicht nach lässt sich eine Abgrenzung anhand von drei Kriterien bestimmen: (Norman und Verganti 2013)

- Kriterium 1: Die Erfindung muss neu sein: Sie muss sich von früheren Erfindungen unterscheiden.
- Kriterium 2: Die Erfindung muss einzigartig sein: Sie muss sich von den heutigen Erfindungen unterscheiden.
- Kriterium 3: Die Erfindung muss übernommen werden: Sie muss den Inhalt zukünftiger Erfindungen beeinflussen.

▶ **Radikale Innovation** Grundsätzlich neue Entwicklung in einer Branche, Industrie oder in einem Anwendungsfeld. Der Innovationsgrad ist dabei sehr hoch.

Sie beschreiben die Anwendung der drei Kriterien so, dass die ersten beiden Kriterien die Radikalität definieren, während Kriterium 3 die Erfolgsaussichten beschreibt. Kriterium 1 und 2 können jederzeit auftreten. Kriterium 3 nur dann, wenn die soziologischen, marktwirtschaftlichen und kulturellen Kräfte einen angemessenen Rahmen bieten. Sprich: Die richtige Idee zur falschen Zeit wird scheitern. Beispiele dafür gibt es in der Vergangenheit zur Genüge und diese Regel gilt ebenso für das digitale Zeitalter.

Die **Durchlässigkeit für Innovationen** wird anhand der Unterscheidung zwischen geschlossener und offener Innovationsumgebung getroffen. Klassischerweise entstehen Innovationen innerhalb einer Organisation, also in geschlossener Umgebung, lediglich durch die Nutzung interner Ressourcen entlang eines vordefinierten, meist ausführlich beschriebenen Innovationsprozesses. Diese Art von Innovationsmanagement kann als **geschlossene Innovation** (englisch: closed Innovation) bezeichnet werden. Alle Ideen entstehen innerhalb der eigenen Organisationsgrenzen, werden von Akteuren der eigenen Organisation beurteilt und ausgewählt. Oftmals ist die Forschungs- und Entwicklungsabteilung eines Unternehmens diejenige, die die zentrale Hoheit über den Prozess hat. Unternehmen, die den Ansatz der closed Innovation verfolgen, gehen von der Annahme aus, dass das Know-how eines Unternehmens ein schützenswerter Asset ist. Der größte Nachteil einer geschlossenen Innovationsumgebung ist es, dass man sich lediglich auf Mitarbeiter im eigenen Unternehmen berufen kann. Wissen von außerhalb ist nur schwer zugänglich.

Das Gegenstück dazu stellt der Bereich der **offenen Innovation** dar. Chesbrough (2003) verwendet erstmalig im Jahre 2003 den Terminus des offenen Innovationsprozesses, auch open innovation genannt. Im Gegensatz zur geschlossenen Innovation gibt es bis heute aber keine eindeutige und gefestigte Definition in Wissenschaft und Praxis. Einigkeit besteht darüber, dass beim offenen Innovationsansatz das Wissen, die Fachexpertise oder das geistige Eigentum externer Akteure strategisch mit den internen Ressourcen kombiniert werden. es geht um das bewusste Hereinholen und Herausgeben von Wissen und nicht, wie oftmals falsch vermutet, dass sich die Grenzen des Unternehmens soweit öffnen, dass jeder Zugriff auf alle Informationen hat. Das heißt, die Wertschöpfungskette wird durchlässiger. Die wesentlichen Vorteile einer offenen Innovationskultur bestehen darin, dass sich die Kosten und die Zeit zur Realisierung bestimmter Innovationsvorhaben reduzieren. Zudem werden Maßnahmen getroffen, um die Organisation bewusster durchlässiger für Wissensaustausch zu machen. Neben einem Commitment des Managements zur offenen Innovation ist vor allem die Reformierung bestehender Innovationsprozesse ein wichtiger Erfolgsfaktor. Meist werden externe Akteure in Form von Wissenschaftlern, Studierenden oder auch Konsumenten mit in den Entwicklungsprozess einbezogen. Die Transformation aber von einem geschlossenen zu einem offenen Innovationsprozess erfordert von allen Beteiligten den Aufbau neuer Fähigkeiten.

Praxis

6Aika – Durch Zusammenarbeit zur Smart City

Die sechs größten Städte Finnlands machen 30 % der finnischen Bevölkerung aus, weshalb ihre zukünftige Entwicklung von nationaler Bedeutung für das Land ist. Aus diesem Grund wurde ein Projekt ins Leben gerufen, welches die Entwicklung dieser Städte unter gemeinsamer Mitarbeit von Unternehmen, Bürgern, Kunden und akademische Einrichtungen ermöglichen und fördern soll. Kernziele des Projektes sind es, neue Unternehmen und Arbeitsplätze zu schaffen und Know-How zu entwickeln (www.6aika.fi). Die Bürger Finnlands werden dabei zu aktiven Mitgestaltern und Treibern des Projektes, da Innovationen auf ihre Bedürfnisse hin entwickelt und sie in Tests und Experimenten miteinbezogen werden. Projekte, die realisiert werden, finden beispielsweise in den Bereichen ‚smart mobility', in der Gamingindustrie oder im Bildungssektor statt. Welche maßgebliche Rolle die Digitalisierung in der Transformation der Innovation spielt, wird durch die Initialzündung von 6Aika deutlich: Um zu Beginn eine Basis und einen ersten Rahmen für das gemeinsame Arbeiten in und zwischen den Städten zu geben, wurden drei große Startprojekte implementiert: Open Innovation Plattformen, Open Data and Interfaces und Open Participation and Customership. Diese Projekte schaffen die angestrebte kollektive Innovationsarbeit durch einen hohen Grad an digitaler Vernetzung zwischen allen Mitwirkenden. Ziel dieser Projekte war es, ein Umdenken für zukünftige innovative Zusammenarbeit zu schaffen und zu fördern. Laut 6Aika wurde dieses Umdenken auch erreicht. Im Rahmen des Projektes „Open innovation platforms" werden Produkte und Services der mitwirkenden Unternehmen auf frei zugänglichen Plattformen beispielsweise in Schulen, Shoppingcentern und Nachbarschaften von den Bürgern getestet, bewertet und entwickelt. Das Projekt endete im Juli 2018 und erreichte 800 teilnehmende Unternehmen. Die sechs mitwirkenden Städte haben im Rahmen des Projekts „Open Data and Interfaces" über 500 Datensätze über sich veröffentlicht. Hintergrund war die Förderung der innovativen Zusammenarbeit mit den teilnehmenden Unternehmen, welche Produkte und Services für die Städte erstellten. Auch Unternehmen öffneten ihre Daten gegenüber Städten. Durch den offeneren Zugang zu diesen Informationen war es wesentlich leichter, passende Lösungen zu erstellen, die in allen Städten anwendbar und nützlich sind und für alle Beteiligten einen gemeinsamen Nutzen stiften können. Das Projekt „Open Participation and Customership" bezog die Kunden von Produkten und Lösungen über die bereits beschriebenen Plattformen aktiv in den Innovationsprozess mit ein. Konzepte und Experimente mit den Plattformen und zentralisierten Services konnten durchgeführt werden. Durch co-creation und Analyse von Kundendaten konnten Kundenbedürfnisse optimal identifiziert werden. Die Projekte profitieren innerhalb ihrer Umsetzung insbesondere von riesigen Ressourcen, welche sich durch die Miteinbeziehung der Stakeholder der Produkte, also den Bürgern, akademischen Einrichtungen und Kunden ergibt. Der gestiftete Nutzen betrifft alle

10.2 Merkmale und Wirkung digitaler Innovationen

Städte, mitwirkenden Unternehmen und die nationale Situation. 6Aika zeigt auf, dass für eine erfolgreiche Umsetzung integrativen Innovationsmanagements eine digitalisierte, hochgradig vernetzte und offene IT-Infrastruktur essenziell ist. Durch die drei Basisprojekte, welche diese Grundlage boten, war es möglich einen nachhaltig erfolgreichen Austausch und Innovationserfolg zu erreichen.

Fest steht, dass im Rahmen der Öffnung von Unternehmen der Einsatz digitaler Werkzeuge eine außerordentlich wichtige Rolle spielt. Messina (2018) geht sogar so weit und macht den Einsatz von digitalen Werkzeugen zur Bedingung für den Aufbau eines **digitalen Ökosystems.** Seiner Ansicht nach haben Unternehmen keine Chance, zu innovieren und sich der Umwelt zu öffnen, wenn sie sich nicht selbst als digitale Innovationsplattform neu erfinden. Der Plattformgedanke ist aber nicht zwangsläufig allein mit dem Einsatz von IT-Tools erklärbar, dem Daten ausgetauscht werden, sondern als offene Plattform zur Wertgenerierung. Der Einsatz von IT macht es jedoch überhaupt möglich, unterschiedliche Akteure im digitalen Ökosystem miteinander zu vernetzen, die nicht Teil der Organisation sind. So werden Konsumenten im digitalen Ökosystem zu Produzenten. Sie liefern Feedbacks, eigene Inhalte, Bilder, Texte, Ideen, Routen, Empfehlungen in das digitale Ökosystem. Ebenso verhält es sich mit Dienstleistern, die im Ökosystem selbstständig agieren.

Hintergrund
Die neue Wirklichkeit digitaler Ökosysteme
Julian Kawohl
Ökosysteme sind in aller Munde. Sie stehen für neue Wachstumschancen und Innovationen durch starke Partnerschaften, in denen ein gemeinsames Wertversprechen (Value Proposition) für den Kunden angeboten und dabei neben Start-ups und Dienstleistern auch mal mit Wettbewerbern kooperiert wird. In der öffentlichen Diskussion werden in diesem Zuge immer wieder amerikanische Unternehmen wie Amazon, Apple, Facebook, Microsoft sowie Alibaba und Tencent in China als Ökosystem-Giganten und höchstbewertete Unternehmen der Welt herausgestellt. Ihre Strategie zielt auf das Aufbrechen der klassischen Branchengrenzen und die Fokussierung auf Kundenbedürfnisse. Die dadurch entstehenden Produkte und Dienstleistungen lassen keine klaren Trennlinien zwischen den einzelnen Anbietern in einem Ökosystem mehr erkennen. Prof. Dr. Kawohl hat mit Forscherkollegen auf Basis von Gesprächen mit über 500 Praktikern (zumeist Geschäftsführer, Vorstände, Digitalverantwortliche, Investoren und Gründer) herausgearbeitet, welche Möglichkeiten Unternehmen haben, sich im Ökosystemkontext erfolgreich aufzustellen. Mit dem Tool des **„Ecosystemizers"** hat er einen Ansatz entwickelt, der es ermöglicht, dass Unternehmen klare Leitplanken und Strategieoptionen für die Ökosystem-Positionierung entwickeln können. Kerngegenstand des Konzepts ist die Einordnung der Positionierung von Unternehmen in so genannte ‚Life Areas', bei denen Unternehmen verschiedene Rollen einnehmen können.

Wie in Abb. 10.4 zu sehen ist, konnten insgesamt zehn Life Areas identifiziert und in einer Struktur zusammengebracht werden. Diese Life Areas beschreiben die wesentlichen Themenfelder des Alltagslebens eines Menschen bzw. Kunden. Je nach Positionierung und Angeboten für den Kunden haben Unternehmen die Möglichkeit, sich funktional als

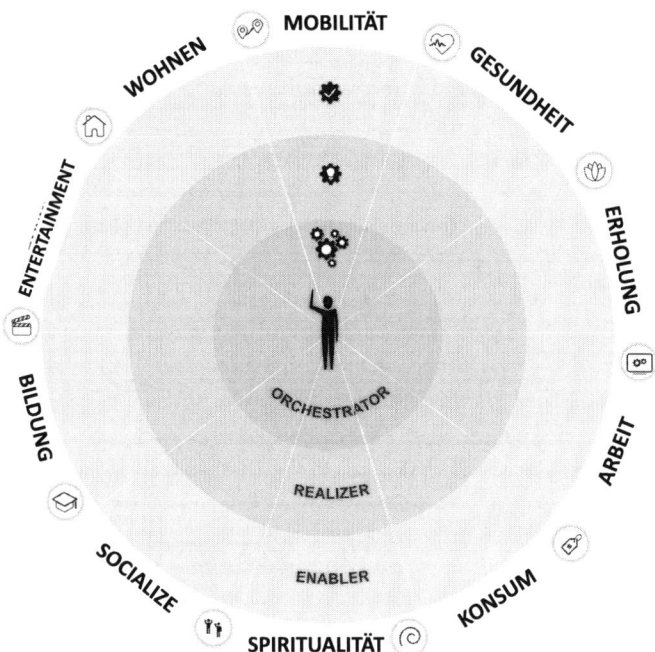

Abb. 10.4 Life Areas und Positionierungsoptionen im Ökosystem. (Ecosystem Strategy Map, Quelle: Kawohl, Krechting 2019)

- Orchestrator (Mittelsmann von Produkten und Diensten mittels einer Plattform für den Endkunden),
- Realizer (Anbieter von Inhalten, Produkten und Services) oder als
- Enabler (Unterstützer der Realizer und Orchestrator durch Lieferung von Technologien, Inhalten, Produkten und Services) zu positionieren.

So entstehen aus einem Verbund aus Produkten, Services und Diensten konkrete Leistungen für Kundenbedürfnisse in den Life Areas. Essenziell ist hierbei, für sich herauszuarbeiten, welche Rolle mit welchem Angebot übernommen werden soll. Die in der Abbildung skizzierte Ecosystem-Strategy-Map kann als ‚Ökosystem-GPS' für Unternehmen genutzt werden, um Positionierungsmöglichkeiten und Leistungen für sich klar zu strukturieren und blinde Flecken und ‚Sweet Spots' zu identifizieren.

Digitales Innovationssystem ist demzufolge heute sehr stark mit dem Begriff der Offenheit besetzt. Offenheit aber suggeriert bei etablierten Unternehmen oft Risiken, verbunden mit Angreifbarkeit. Dies erzeugt wiederum die Angst vor Öffnung, woraus sich ein Paradoxon der digitalen Welt ergibt. Im Kontext eines digitalen Ökosystems ist Offenheit nicht als vollständige Offenlegung aller geschäftlichen Geheimnisse zu verstehen. Im Gegensatz dazu ist Sicherheit auch kein Synonym für Einschränkungen oder Abschottung des Unternehmens. Eine Offenheit kann ein auf digitalem Wege über sogenannte APIs realisiert werden. Diese ermöglichen, bestimmte Funktionalitäten zwischen Akteuren im

Ökosystem zu teilen. Die Vermischung der organisationalen Grenzen ist dabei Hauptergebnis der Etablierung eines digitalen Innovationssystems. Es gibt keine konzeptionelle Unterscheidung mehr zwischen geschäftlichen und technologischen Interessen. Das bisherige Konzept, dass die IT nur der Hebel für neue Geschäftsprozesse und Automatisierung war, hat keine Gültigkeit mehr. IT und Business-Interessen verschmelzen zu einem offenen und innovativen Systemzustand.

Dieser Paradigmenwechsel führt zu dramatischen Verschiebungen beim Umgang mit digitalen Technologien und IT-Infrastrukturen (siehe Tab. 10.1).

Es stellt sich die Frage, wie diese neuen Merkmale speziell der digitalen Innovation in der Innovationspraxis zeigen und welche Rolle der Einfluss digitaler Technologien spielt. Anhand der zuvor erläuterten Innovationstypologie nach Moore wird der Einfluss der Digitalisierung anhand einer unterschiedlicher Kurzbeispiele eindrücklich belegt.

Innovationsbeispiele für Product Leadership
Digitale Disruptiv-Innovation: Ein berühmtes Beispiel für eine durch die Digitalisierung ermöglichte disruptive Innovation ist **Wikipedia.** Ein Markt der ursprünglich offline, in Form von tausenden Enzyklopädie-Bänden bestand, wurde als solcher durch eine einzige Webseite ersetzt und für alle Texte frei zugänglich gemacht. Tatsächlich hat Wikipedia dabei Offline-Enzyklopädien nahezu vollständig ersetzt.

Digitale Anwendungs-Innovation: Das iDrive-System von **BMW** ist ein perfektes Beispiel für eine Application-Innovation. Es wurde von der Konsolenbedienung der Videospielindustrie inspiriert. Es ist eine intuitive Lösung, um die relativ komplexen Infotainment-Systeme Navigation im Auto auf einfache Weise zu bedienen – und dabei den Blick auf die Straße zu behalten. Durch die digitale Integration der Konsolenbedienung im Auto wurde die Nutzererfahrung – und Sicherheit erheblich verbessert.

Tab. 10.1 Vergleich der IT-Perspektiven zwischen konventioneller und digitaler Organisation

IT-Perspektive einer konventionellen Organisation	IT-Perspektive einer digitalen Organisation
Zentrale Kontrolle für alle IT-Systeme, meist in einer IT-Zentrale, komplette Kontrolle über Releases, Budgets, Infrastrukturen, Funktionen	Dezentrale Verantwortung, wandert in arbeitsbezogene Domänen oder Projekte, Kontrolle befindet sich außerhalb zentraler Strukturen
Aufbau fester Server-Infrastrukturen zur Gewährleistung von Performance und Sicherheit	Unendliche, frei skalierbare Rechenleistung aus der Cloud ohne zusätzliche Investitionen in IT-Strukturen
Offline-Zeiten für die Wartung von Internet-Infrastrukturen, führt zu Nichterreichbarkeit von Systemen oder Funktionen	Dauerhafte Verfügbarkeit von Computerlösungen, Null-Toleranz für Ausfälle und Nichterreichbarkeit, maximale Leistung
IT-Silos, meist aufgrund dominierender Infrastruktur-Anbieter mit Enterprise-Systemen, hoher Lock-in, kompliziertes und langwieriges Customizing	Flexibles und API- basiertes IT-Solution Design mit hoher Agilität bei Weiterentwicklung, kurzfristige Entwicklungszyklen und schnelle Anpassung an Bedürfnisse

Digitale Produkt-Innovation: Smart Lights sind ein perfektes Beispiel für Produktneuerungen, die erst durch Digitalisierung ermöglicht wurden. Die herkömmliche Glühbirne, mittlerweile ersetzt durch moderne LEDs, wird durch die Erweiterung um Steuersoftware zum Smart Light. Die Software ermöglicht automatisierte An- und Ausschaltzeiten oder die Fernsteuerung und Farbwechsel per App.

Digitale Plattform-Innovation: Mit der Digitalisierung entstehen zunehmen digitale Plattformen. Ein neues Geschäftsmodell, das Menschen, Organisationen und Ressourcen in einem interaktiven Ökosystem verbindet, in dem viel Wert geschaffen und ausgetauscht werden kann. Ein Beispiel eines solches wertschöpfenden Ökosystems ist Apple und das iOS Betriebssystem: Entwickler können auf dieser Plattform digitale Produkte (-Apps) bauen und so neue Innovation innerhalb einer Plattform schaffen.

> **Praxis**
> **Human Machine Interfaces bei BMW**
> 2001 suchte BMW nach neuen Möglichkeiten digitale Dienste, wie das GPS oder die Freisprechanlage, möglichst nutzerfreundlich in ihren Fahrzeugen zu integrieren und somit die traditionellen Human-Machine-Interfaces zu revolutionieren. Ziel war es dem Fahrzeugführer bis zu 700 Funktionen konsolidiert und mit geringer Komplexität zur Verfügung zu stellen, sodass dieser sich voll und ganz auf das Fahren konzentrieren kann. Die BMW Entwickler orientierten sich an anderen Industrien und analysierten deren Lösungen zu komplexen Bediensystemen. In der Videospielindustrie wurde man schließlich fündig. Konsolen, die ebenfalls hunderte Funktionen vereinten, wurden so konzipiert, dass sogar Kinder sie nutzen können. Das iDrive-Projektteam nutzte seine Kontakte im Silicon Valley um mit der Videospiel-Community in Kontakt zu treten und mehr über Konsolendesign zu erfahren. Gemeinsam mit Joystick-Designern entwickelte das Team daraufhin iDrive, eine einfache und intuitive Fahrzeugkonsole. Durch die Verwendung der ‚Force-Feedback-Reaktion', also die Reaktion des Bediensystems auf unterschiedlich starke Krafteinwirkung, eine bekannte Technologie aus der Videospiel-Industrie, wird es Fahrern ermöglicht alle Funktionen des Fahrzeugs zu bedienen, ohne dabei den Blick auf die Straße zu verlieren. Dies ist nur eine der vielen genutzten „cross industry innovations" der Videospiel und Automobilindustrie (Meige und Schmitt 2015).

Innovationsbeispiele für Customer Intimacy
Digitalisierung hilft Unternehmen auch näher an den Kunden zu rücken. So lassen sich auch in allen Bereichen der Customer Intimacy gute digitale Beispiele finden.

- **Digitale Line-Extension-Innovation:** Heute ist die Erweiterung bzw. Innovation der Original-Produktlinie meist durch digitale Technologien bereits der Normalfall: Uhren werden als sogenannte ‚Smartwatches' angeboten – das Originalprodukt entspricht

weiter dem Funktionsumfang einer Quarzuhr, die Messung körperbezogener Daten und der Versand dieser Daten auf das Smartphone ist eine digitale Line-Extension-Innovation.
- **Digitale Erweiterungs-Innovation:** Die fortschreitende Digitalisierung sorgt für eine kontinuierliche Verbesserung existierender Produkte, also Enhancement Innovation. Ein Beispiel hierfür ist die stetige Verbesserung der Kameraauflösung bei neuen Smartphones oder die schnellere Prozessorleistung in neuen Notebooks.
- **Digitale Marketing-Innovation:** Digitale Technologien ermöglichen auch neue Ansätze Produkte wahrzunehmen und erhöhen mit dieser Form des Marketings die Kaufbereitschaft beim Endkunden. Ein Beispiel für eine solche Marketing Innovation ist IKEA. IKEA baute eine Katalog-App, die Nutzern nicht nur Zugang zum Bestand des Unternehmens ermöglichte, sondern ihnen über Augmented Reality auch erlaubte, zu sehen, wie Gegenstände in ihren Wohnräumen aussehen würden.
- **Digitale Experiential Innovation:** Ein Beispiel für durch digitale Innovation verbesserte Erfahrung von Produkten ist der Smart Miorror von Phizzard. Kunden müssen dank dieser Technologie nicht mehr alle Kleidungsstücke anprobieren, sondern können sich durch die verschiedenen Varianten mit einfachen Klicks bewegen und sehen, wie ihnen das Kleidungsstück steht.

Innovationsbeispiele für Operative Excellence
Digitalisierung ermöglicht keineswegs ausschließlich Innovationen von Produkten und Ihrer Wahrnehmung beim Kunden. Sie hat längst Einzug in den Produktionsprozess erhalten.

- **Digitale Value-Engineering-Innovation:** Besonders in der Automobilindustrie lassen sich Beispiele von Value Engineering finden mit denen Kosten eingespart werden sollen. Renault, Nissan und Volkswagen nutzen beispielsweise digitale Simulations-Technologien, um kostengünstig Lösungen virtuell auszutesten.
- **Digitale Integration-Innovation:** Die größte Integration Innovation der letzten Jahrzehnte ist zweifellos das Smartphone. Die Digitalisierung des Terminkalenders (Palmreader), die Digitalisierung der Telefonie und der Fotografie wurden hier in einem Gerät verbunden und um einen Internetzugang erweitert.
- **Digitale Prozess-Innovation:** Digitale Tools können auch nicht wertschöpfende Aktivitäten aus vielen Prozessen und Funktionen eliminieren, indem sie Schritte kombinieren, Teilnehmer konsolidieren und die Notwendigkeit von Interaktionen eliminieren. Uber zum Beispiel verwaltet mehr als 1 Mio. Fahrer auf der ganzen Welt mit einer Software, die die Arbeit zuweist und Feedback darüber gibt, wie die Arbeit ausgeführt wurde, während Taxiunternehmen die Disposition oft immer noch telefonisch erledigen.
- **Digitale Value-Migration:** Ein aktuelles Beispiel für Value-Migration ist der steigende Fokus einiger großer Software- und Handelsunternehmen auf Cloudspeicherentwicklung. Als Beispiele sind hier Microsoft, SAP und Amazon zu nennen, die sich traditionell zuvor auf andere Bereiche der Wertschöpfung fokussiert haben.

Innovationsbeispiele für Category Renewal
Digitalisierung verlangt von Unternehmen aber auch ihre Marktposition und ihr gesamtes Angebot neu zu denken.

- **Digitale Organic Innovation:** So hat IBM über die Jahre die Kunst der Organic Innovation im digitalen Bereich gemeistert. Ursprünglich wuchs sie mit Lochkartenmaschinen an, wechselte dann aber fast nahtlos zu digitalen Computern, als sie die frühere Technologie ersetzte. Durch organische Innovation hat IBM sich stets in neu wachsenden Märkten repositioniert. Dies haben sie auch in den vergangenen Jahren geschafft: Die Verlagerung der Firmenkunden von vor Ort installierten Lösungen zu günstigeren Cloud-Angeboten hat das Hard- und Softwaregeschäft von IBM zuletzt hart getroffen.
- Digitale Acquisition-Innovation: Vielfältige Beispiele für Acquisition Innovation lassen sich besonders in der Biotechnologie finden. Die meisten traditionellen Hersteller von Forschungsmaterialien und -hardware wie Qiagen, Thermo-Fisher oder Illumina akquirieren derzeit eine Großzahl an Softwareunternehmen, deren Produkte Laborauswertungen automatisieren oder simulieren. Die Unternehmen selbst waren nicht in der Lage ausreichend Entwickler und vor Allem Manager mit entsprechender Erfahrung einzustellen, oder haben diesen Trend schlicht verschlafen.

Ein zusätzlicher, aber sehr entscheidender Faktor ist, dass Digitalisierung die Eintrittsbarrieren zur Innovation massiv senkt. Waren in der Vergangenheit teures Equipment und entsprechende Investments nötig um innovativ tätig sein, ist das heute nicht mehr der Fall. Wollte man neue petrochemische Produkte erfinden, so benötigte man ein Labor und entsprechende Zulassungen für Tests. Heute reichen ein Laptop und Internetzugang, um ein neues Produkt zu entwickeln und am Markt zu testen. Gemeinsam mit dem immer einfacheren Medienzugang durch Informationstechnologie sorgt dies, zumindest theoretisch, zu einer starken Zunahme und Beschleunigung von Innovation.

10.3 Phasen der digitalen Innovation

In der Praxis finden sich unterschiedlichste Modelle und Prozesse mit denen digitale Innovationen in Unternehmen gefördert werden. Alle beginnen mit der Generierung von Ideen und fordern irgendeine Form von Validierung, bevor die Innovation letztlich umgesetzt wird. Eine Besonderheit digitaler Innovationsmodelle ist es, dass oftmals eine frühzeitige **Einbindung von Kunden** erfolgt, um bereits in der Entwicklungsphase Kundenfeedback zu einem Produkt einzuholen. Eine praxisbewährte Methode, um dies umzusetzen, ist die Entwicklung des sogenannten MVPs, dem **Minimum Viable Product.** Ein MVP stellt die erste funktionsfähige Version eines Produktes dar. Ziel ist es, mit minimalem Aufwand ein frühzeitiges Maximum an Kundenfeedback zu ermöglichen. Das MVP beispielsweise eines Webshops kann eine simple Internetseite sein, die

10.3 Phasen der digitalen Innovation

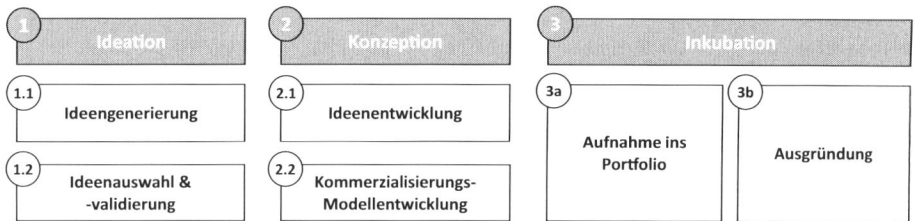

Abb. 10.5 Der digitale Innovationsprozess

lediglich das Konzept beschreibt und Kunden bei Interesse bittet, ihre E-Mail-Adresse zu hinterlassen, um die Reaktion auf die Website messbar zu machen. Praktisch folgt der Ansatz den in der Abb. 10.5 dargestellten drei Phasen zur Entwicklung digitaler Innovationen: Ideation, Konzeption und Inkubation.

Ideation und Konzeption teilen sich in je zwei aufeinanderfolgende Phasen auf, während es in der Inkubation zwei parallele Phasen gibt. In der Subphase der **Ideengenerierung** werden mithilfe verschiedenster Techniken Innovationsideen produziert. In der folgenden Subphase **Ideenauswahl und -validierung** werden diese Ideen geprüft und treten in eine Art Wettbewerb zueinander. Nur die besten Ideen werden, nach ausführlicher Prüfung hinsichtlich ihrer Machbarkeit und des Zielmarktes, ausgewählt und in die Konzeption überführt. In diesen frühen Phasen der Ideengenerierung unterscheiden sich digitale Innovationen nicht wesentlich von herkömmlichen Innovationsprozessen. Tools und Techniken sind nahezu identisch. Die Dauer dieser Phasen richtet sich nicht nach der Frage, ob eine digitale oder herkömmliche Innovation vorliegt, sondern nach dem Grad des Innovationshorizontes: Je weitreichender die Folgen der Innovation, desto mehr Zeit wird für Ideengenerierung und -validierung benötigt. Die ausgewählten Ideen werden in der Konzeption zunächst weiterentwickelt (Ideenentwicklung). Es werden Prototypen generiert, die dann mit potenziellen Kunden ausführlich getestet werden. Ziel ist es, so schnell wie möglich Feedback einzuholen. Prototypen haben deswegen meist einen stark beschränkten Funktionsumfang. Oft wird auch versucht ohne einen Prototypen Kundenfeedback mithilfe von reinen Deskriptionen zu generieren.

> **Praxis**
> **Wie starte in ein MVP?**
> Stellen wir uns als Innovation eine App vor, mit der Kunden ihre Rechnungen und andere Dokumente einfach abfotografieren können, um dann automatisiert und ohne weitere Arbeit daraus ihre Steuererklärung generieren und übermitteln können. In diesem Fall würde es für ein erstes Feedback ausreichen mithilfe einer Google-Adwords-Kampagne (Search Engine Advertising, also Anzeigen, die bei Eingabe eines bestimmten Suchbegriffs erscheinen) potenzielle Kunden auf eine Landingpage zu locken, auf der dieser Service und die damit entstehenden Kosten lediglich

beschrieben werden. Zusätzlich fügt man noch eine Anmeldefunktion hinzu, bei der Kunden Ihre E-Mail-Adresse hinterlassen, um zukünftig über die Verfügbarkeit der App informiert zu werden. Auf diese Art generiert man bereits einen hohen Grad an Kundenfeedback. Die Klicks auf die Anzeige selbst signalisieren, wie groß das Interesse an der Idee ist. Die Anmeldungen geben Auskunft über die Zahlungsbereitschaft und das Nutzerverhalten auf der Seite, das mithilfe verschiedener Tools messbar ist. Dies gibt Hinweise darauf, welche Informationen Kunden benötigen, um die App und ihre Leistungen zu verstehen.

Die Phase der **Ideenentwicklung** unterscheidet sich bei digitalen Innovationen deutlich vom herkömmlichen Innovations-Prozess. Fragt man Gründer von digitalen Geschäftsmodellen nach Erfolgsfaktoren in dieser Phase, hört man oft, dass Geschwindigkeit wichtiger sei als alles andere. Scheitern, so sagen die meisten Gründer, sei kein Problem, solange man frühzeitig scheitere. Digitale Innovationen werden daher so früh wie möglich mit dem geringstmöglichen Aufwand unter möglichst realistischen Bedingungen immer wieder verprobt. Abgeschlossen wird die Konzeptionsphase durch die Entwicklung eines **Kommerzialisierungsmodells.** Wie im obigen Beispiel erwähnt, wird die Idee der Kommerzialisierung ebenfalls so früh wie möglich getestet. Digitale Innovatoren versuchen nicht nur frühzeitig zum MVP zu gelangen, sondern auch das MVP schnellstmöglich zum MBP (**Minimum Billable Product**) zu entwickeln. Das MBP ist die erste Version eines Produktes, für das Kunden bereit sind zu zahlen. Im Gegensatz zum MVP muss das MBP also über ein Mindestmaß an tatsächlicher Funktionalität verfügen. So entwickeln sich digitale Innovationen auch in der Phase der Entwicklung des Kommerzialisierungsmodells idealerweise schneller als herkömmliche Innovationen.

Während die Generierung von Innovation, also die Phase der **Ideenfindung,** ein gewisses Maß an Freiheit verlangt und somit nur schwer in klassischen Konzernstrukturen umgesetzt werden kann, ist dies in den anschließenden Phasen nicht unbedingt der Fall. Ist eine Innovation inhaltlich nahe an der strategischen Schlagrichtung des Unternehmens orientiert und reichen die internen Ressourcen und Fähigkeiten aus, um sie weiterzuentwickeln, so kann es in jeder Folgephase Sinn machen, die Entwicklung in der Linie, also innerhalb bestehender Unternehmensabteilungen, weiterzuführen. Dies kann von Phase zu Phase entschieden werden. Vor der letzten Phase, der **Inkubation,** ist diese Entscheidung dann allerdings zwingend notwendig. Daher wird hier in zwei parallele Phasen unterschieden. Entweder wird die Innovation in das Produktportfolio des Unternehmens aufgenommen oder das Unternehmen ist nicht in der Lage diese spezielle Innovation umzusetzen und gründet ein neues Unternehmen. Gründe für eine Ausgründung können dabei unterschiedlich sein. Oft ist die Entwicklungsgeschwindigkeit in kleinen Unternehmen größer als bei großen, da Mitarbeiter mehr Freiheitsgrade genießen. Abhängig von der Art der benötigten Mitarbeiter kann ein Startup auch attraktiver als Arbeitgeber sein als ein großer Konzern. Einige Innovation sind auch so radikal, dass Unternehmen Angst haben bestehende Kunden zu verschrecken und sich daher entschließen unter einer nicht zurück verfolgbaren neuen Marke zu agieren. Ein ebenfalls nicht zu unterschätzender Grund ist die mit einer Gründung einhergehende Existenzangst der Mitarbeiter, die sie veranlasst besonders kreativ und agil zu agieren. Während digitale Innovation oft sehr eng verknüpft mit Startup gesehen werden, bei denen dieser Entwicklungsprozess vollständig losgelöst von allen Unternehmensstrukturen läuft, ist digitale Innovation also keineswegs nur hier anzutreffen. Eine stetig wachsende Zahl etablierter Industrieunternehmen folgen in den letzten Jahren Entwicklungsweg, um langfristig kompetitiv zu bleiben.

10.4 Methoden zur Verankerung digitaler Innovationen

Fragt man Gründer nach Methoden, die bei der Findung oder Umsetzung ihrer innovativen Idee nützlich waren, wird oftmals eine große Anzahl operativer Tools genannt. Die Zahl, der in den letzten Jahren entwickelten Methoden ist groß und oft spielt die persönliche Präferenz bei der Auswahl eine große Rolle. Dennoch lassen sich diese Methoden unterschiedlich gut in den verschiedenen Phasen der digitalen Innovation anwenden. Die Abb. 10.6 gibt einen Überblick über die wichtigsten Methoden. Die Methodenübersicht ist exemplarisch zu verstehen und keinesfalls erschöpfend. Auch sind einige von diesen Methoden besonders für die Anwendung innerhalb und andere besonders für die Anwendung außerhalb von etablierten Unternehmensstrukturen geeignet. Im Folgenden werden alle genannten Methoden und Tools kurz vorgestellt. Dem interessierten Leser wird aber empfohlen sich in tiefergehend mit der Anwendung vertraut zu machen.

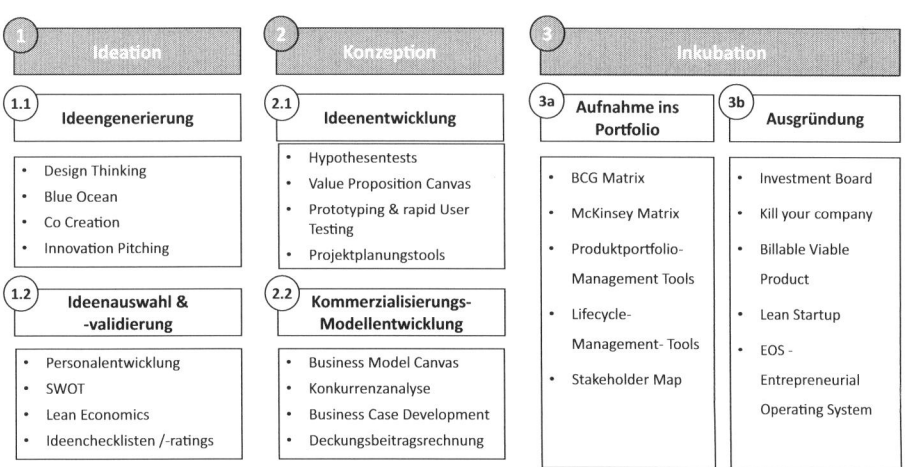

Abb. 10.6 Methoden und Tools zur Förderungen und Umsetzung digitaler Innovation

Methoden in der Phasen Ideengenerierung

Methoden in der Phase der Ideengenerierung zeichnen sich meist dadurch aus, Teilnehmer denkerische Freiheitsgrade zu liefern, die sie im Alltag nicht haben. Das Herausbrechen aus dem Gewohnten und das einreißen von mentalen Barrieren steht dabei im Vordergrund.

- **Design Thinking** ist ein methodischer Ansatz für Innovation und Management, der eine Synthese zwischen analytischem und intuitivem Denken darstellt. Es ist Teil eines globaleren Ansatzes, der als kollaboratives Design bezeichnet wird. Design Thinking folgt dabei einem mehrstufigen Lernprozess, welcher sich in fünf iterative Phasen unterteilt, der ursprünglich von Faste und Roth (1993) umrissen wurde.
- In bestehenden Märkten sind besonders disruptive Innovationen, die viel Wachstum ermöglichen, durch mögliche Konflikte mit bestehenden Lieferanten und Kunden schwierig durchzusetzen. Diesen Red Oceans stehen die **Blue Oceans,** also Innovationen in völlig neuen Märkten ohne diese Grenzen gegenüber, wie in Abb. 10.7 dargestellt ist. Die blauen Ozeane bestehen dagegen aus allen Aktivitäten, die derzeit nicht existieren. Diese stellen daher einen unbekannten Markt dar, der vom Wettbewerb nicht berührt wird. Die Blue Ocean Methodik ermöglicht es so völlig neue Ideen zu schaffen, losgelöst von allen Beschränkungen existierender Märkte oder Unternehmensvorschriften (Kim und Mauborgne 2004).
- **Co-Creation** ist die Einbindung von Kunden oder Partner in den Innovationsprozess. Unternehmen oder Startups öffnen sich hier bereits vor der Generierung eines Prototyps, um versteckte Kundenwünsche offenzulegen, die ohne Austausch mit Kunden nicht zugänglich sind. Co-Creation bietet sich somit eher für Innovationen aus dem Bereich Customer Intimacy an (Prahalad und Ramaswamy 2004).

Red Ocean Strategie	Blue Ocean Strategie
Konkurrieren auf bestehenden Märkten	Entwicklung eines unangefochten Marktes
Die Konkurrenz besiegen	Die Konkurrenz irrelevant machen
Ausnutzung der vorhandenen Nachfrage.	Erschaffen und Einfangen neuer Bedarfe.
Ausrichtung des gesamten Systems der Aktivitäten eines Unternehmens auf die strategische Wahl der Differenzierung oder der niedrigen Kosten.	Ausrichtung des gesamten Systems der Aktivitäten eines Unternehmens im Hinblick auf Differenzierung und niedrige Kosten.

Abb. 10.7 Unterschiede zwischen Red und Blue-Ocean Strategien. (Quelle: angelehnt an Kim und Mauborgne 2004, S. 4)

- Beim **Innovation-Pitching** werden die Mitglieder des Innovationsteams gebeten eigene Ideen zu entwickeln und diese in kurzer Form dem Team vorzutragen. Die Innovation muss definiert und das Wertversprechen an den Kunden klar herausgearbeitet werden. Dieses Tool lässt sich besonders gut in bestehende Organisation integrieren, in denen der Wunsch besteht Mitarbeiter außerhalb von Forschung und Entwicklung zu motivieren ihre Ideen in den Innovationsprozess zu integrieren.

Methoden in der Phase Ideenvalidierung
Nachdem in der Ideengenerierung Grenzen und Barrieren eingerissen wurden gilt es nun die so entstandenen Ideen mit der Realität zu verproben. Die genannten Tools helfen dabei die entscheidenden Dimensionen mit ausreichender Gründlichkeit abzudecken.

- Eine **Persona** ist eine fiktive Person mit sozialen und psychologischen Merkmalen. Die Idee dieser Technik ist es verschiedene Zielgruppen durch verschiedene Personae zu repräsentieren und dadurch erlebbarer zu machen. Mit diesen erlebbaren Eigenschaften erstellen die Innovationsteams Szenarien für die Verwendung eines Produkts oder einer Dienstleistung, während die Verkaufsteams eine Strategie für die Positionierung, Werbung oder den Vertrieb desselben Produkts oder Dienstes definieren können (Cooper 2004).
- Die **SWOT-Analyse** wurde bereits in den 1960er Jahren an der Stanford Universität durch ein Team um Albert Humphrey entwickelt. Die SWOT-Analyse ist ein Rahmen, mit dem die Wettbewerbsposition eines Unternehmens oder einer Innovation anhand seiner Stärken, Schwächen, Chancen und Bedrohungen bewertet wird. Bei der SWOT-Analyse handelt es sich zwar insbesondere um ein grundlegendes Bewertungsmodell, das misst, was eine Organisation tun kann und was nicht, und welche potenziellen Chancen und Bedrohungen es gibt, es lässt sich aber ebenfalls sehr gut bei der Ideenvalidierung einsetzen. (vgl. Kap. 7)
- Jede Innovation in wirtschaftlichem Sinne hat das Ziel Umsatz und schlussendlich Profit zu erzielen. Aus diesem Grund sollte frühzeitig geprüft werden ob das Kosten-Umsatz-Verhältnis einer Innovation stimmt. Hier kommt der **Lean-Economics-Ansatz** zum Zuge. Mögliche Herstellungs- oder Bezugskosten einer Innovation werden auf Ihre Einzeleinheit heruntergebrochen und dann mit den minimal zu erwartenden Einnahmen verglichen. Oft werden Preise vergleichbarer Produkte, die durch die Innovation verdrängt werden sollen, als Maßstab herangezogen.
- **Checklisten** sind eine Reihe einfacher Fragen, die einzeln oder in Gruppen verwendet werden können. Sie sollen eine systematische Entwicklung von Konzepten fördern. Es ist daher entscheidend einen möglichst gleichbleibenden Pool an Fragen zu entwickeln mit dem die unterschiedlichste Innovation geprüft werden sollen. Erst bei Beantwortung der immer gleichen Fragen kann eine Vergleichbarkeit der Innovationen untereinander sichergestellt werden.

Methoden in der Phase Ideenentwicklung
Aus einer Idee eine Innovation mit echtem Produkt oder gar eigenem Business Model zu machen ist ein komplexes Unterfangen, das mitunter Unternehmer und Mitarbeiter vor einen Berg schier unlösbarer Aufgaben stellt. Eine Reihe von Methoden versucht diese Aufgaben zu strukturieren und vereinfachen.

- Eine Hypothese basiert auf Annahmen, sie ist etwas, von dem man glaubt, dass es wahr ist. Eine Hypothese hilft, die Annahme zu beweisen oder zu widerlegen. Sie werden entweder durch Forschung und Experimente nachgewiesen oder widerlegt. Dank der Möglichkeit mit wenig Aufwand viel Kundenfeedback zu erhalten erfreuen sich **Hypothesentests** in immer früheren Phasen des digitalen Innovationsprozesses immer größerer Beliebtheit. Ihre verbreitetste Anwendung finden sie aber in der Phase der Ideenentwicklung (Fisher 1935).
- Das **Value Proposition Canvas** hilft das Profil des Kunden anhand seines Umfeldes, seiner Anliegen und seiner Ziele zu verstehen. Mit dem Value Proposition Canvas werden die Werteversprechen einer Idee herausgearbeitet und so die Idee auf ihre Kundenpotenzial überprüft. Dadurch ist das Value Proposition Canvas auch ein weiterer Schritt sich Gedanken über die Kommerzialisierung der Innovation Gedanken zu machen.
- Ein **Prototyp** ist eine frühe Probe, ein Modell oder eine Veröffentlichung eines Produkts, mit dem ein Konzept als etwas getestet werden soll, das später repliziert werden kann. Dieses bereits sehr alte Konzept aus der Zeit der Industrialisierung und Massenfertigung findet im Prozess der digitalen Innovation eine neue Dimension. Digitale Innovatoren sind wahre Test- und Prototypfanatiker. Mit dem MVP-Ansatz werden immer früher und schneller Prototypen entwickelt, die dann mit potenziellen Nutzern getestet werden. Um die detaillierten Ausprägungen eines Produkts, wie z. B. die Klickabläufe in einer App, zu ermitteln, ist diese Methode besonders geeignet.
- Wird in der Ideenvalidierung deutlich, dass die Innovation so nah an bestehenden Produkten eines Unternehmens aufgestellt ist, dass sie durch eine Fachabteilung weitergeführt werden sollte, bietet sich der Einsatz eines **Projektplanungstools** an. In Fachabteilungen arbeiten Mitarbeiter oft parallel an mehreren Projekten und übernehmen gleichzeitig noch andere Funktionen. Die Arbeit an der neuen Innovation ist hier nicht nur für den einzelnen Mitarbeiter komplexer, sondern auch für das ganze Team. Um die Menge an Arbeit, die sonst ein kleines Team in Vollzeit erbracht hätte, werden nun entsprechend mehr Mitarbeiter benötigt. Es existiert eine Vielzahl an Software mit denen dieser Prozess vereinfacht werden kann. Projektplanungstools lassen sich aber auch im Startup- und freien Innovationsumfeld gewinnbringend einsetzen, ihr Einsatz ist keineswegs auf große Unternehmen beschränkt.

Hintergrund
Einblicke in die Welt der Software-Planungstools
Das Projektmanagement in digitalen Projekten ist ein komplexes Thema. Für das erfolgreiche Planen, Steuern und Koordinieren eines Projektes ist ein Überblick über Termine, Aufgaben Kommunikation und Dokumente unerlässlich. Zum Einsatz kommen heute moderne Software-Tools, die bereits umfangreiche Funktionen mitbringen, um digitale Projekte zu planen und Teams miteinander optimal zu vernetzen. Zwei Tools sind dabei besonders im digitalen Umfeld sehr beliebt und haben ihren Mehrwert bereits vielfach unter Beweis gestellt:

- Monday.com: Dieses Programm ermöglicht die Zentralisierung der Informationen für dasselbe Projekt und bezieht das gesamte Team in den Erstellungsprozess ein. Monday.com arbeitet mit Aufgabenverteilung und Gantt-Charts.
- Trello: Trello ermöglicht es, den Fortschritt jedes einzelnen Teammitglieds auf einfache und intuitive Weise zu verfolgen. Der Projektfortschritt wird über den Fortschritt der Subthemen gemessen, die sich durch ein Kanban Board bewegen.

Methoden in der Phase Kommerzialisierungs-Modellentwicklung

Ähnlich wie in der vorangegangenen Phase verhält es sich mit den Tools und Methoden zur Entwicklung von Kommerzialisierungsmodellen. Es gilt durch strukturierte Ansätze die schier endlose Liste an Aufgaben zu strukturieren und dadurch bewältigbar zu machen.

- Das **Business Model Canvas** ist ein Werkzeug zur Analyse des Potenzials eines mit einer Innovation verbundenen Geschäftsmodells. Es bringt dabei neun verschiedene Dimensionen in einem großen Schaubild zusammen: Wertversprechen, Kundensegmentierung, Vertriebskanäle, Kundenbeziehungen, Einnahmequellen, Wichtigste Ressourcen, Wichtigste Partner, Hauptaktivitäten und Kostenstruktur. Das Besondere ist die Anordnung dieser Dimensionen, die den Kunden ins Zentrum rückt und einen einzigartigen Überblick über die Gründung ermöglicht (Osterwalder und Pigneur 2002).
- Jede Innovation hat irgendeine Form von Konkurrenz, gegen die sie sich durchsetzen muss. Beginnt man die Kommerzialisierung einer Innovation zu erarbeiten, ist es entscheidend, sich mittels einer **Konkurrenzanalyse** einen Überblick zu verschaffen. Die Konkurrenten müssen anhand der eigenen Fähigkeiten und ihrer Dimensionen analysiert werden. Dies kann durch Desktop-Recherche oder Produkttests erfolgen. In Kombination mit dem zuvor erstellten Value Proposition Canvas kann auf Basis der Konkurrenzanalyse dann oft der USP (Unique Selling Proposition) definiert werden.

▶ **Unique Selling Proposition** Der USP, Unique Selling Proposition, wird im deutschen oft mit dem komparativen Produktvorteil gleichgesetzt. Der USP beschränkt sich dabei keineswegs auf das tatsächliche Produkt, sondern auf alle vom Kunden wahrgenommenen Eigenschaften. Wahrgenommen ist dabei das entscheidende Wort. Wenn ein Produkt aufgrund seiner Inhalte lediglich von durchschnittlicher Qualität ist, aber durch Werbung oder Verpackung als hochwertig wahrgenommen wird, ist die hochwertige Qualität Teil des USPs.

- Während in den frühen Phasen der Innovation ein Lean Business Case ausreichend war, müssen nun genauere Prognosen erstellt werden. Für den Fall, dass die Innovation in ein eigenständiges Geschäftsmodell münden soll, ist der **Business Case** der nächste Schritt. Ein Business Case prognostiziert alle zu erwartenden Einnahmen- und Kostenströme auf Basis von Annahmen und Erfahrungswerten aus Hypothesentests oder anderen bekannten Geschäftsmodellen. Entscheidend ist, dass hier nun auch nicht Produktbezogene Kosten wie z. B. Vertrieb und Marketing Berücksichtigung finden.
- Wird der Entschluss getroffen die Innovation nun weiter innerhalb bestehender Strukturen zu entwickeln und zu vertreiben, wird statt eines Business Cases eine **Deckungsbeitragsrechnung** vorgenommen. Die Details zu einer solchen Rechnung werden dabei vom Controlling des jeweiligen Unternehmens vorgeschrieben. Im Wesentlichen werden aber Einnahmen mit Produktionskosten und Anteiligen Umlagekosten aus anderen Bereichen wie Vertrieb, Marketing und Personal verglichen (Kilger et al. 2012).

Methoden in der Phase Aufnahme ins Portfolio
Bei der Aufnahme ins Portfolio eines bestehenden Unternehmens stellen sich besonders Fragen zum Produktportfoliomanagement. Verschiedene Produkte und Produktreihen müssen in Einklang gebracht werden und sich ideal beim Kunden und besonders in der Kundenwahrnehmung ergänzen. Es gibt verschiedene Tools, die im Produktportfoliomanagement Anwendung finden. Die hier vorgestellten Tools sind also weniger für Ausgründungen geeignet.

▶ **Produktportfoliomanagement** Produktportfoliomanagement ist die Planung, Realisation und Kontrolle eines Produktportfolios. Portfoliomanagement ist notwendig, um die Zusammensetzung eines in einer gewissen Zeitspanne zu erwartenden Ertrags zu prognostizieren. Ziel ist es ein möglichst ausgewogenes Portfolio an Produkten in unterschiedlichen Phasen ihres Lebenszyklus zu haben, um die zukünftigen Erträge möglichst stabil halten zu können.

- Die **BCG-Matrix** ist ein gängiges Tool in Strategischen Entscheidungsfindungen. Sie verbindet zwei unterschiedliche Dimensionen in einem Koordinatensystem und teilt den positiven Bereich in vier Subbereiche auf. Hier werden die unterschiedlichen Möglichkeiten über die zu entscheiden ist, eingeordnet und miteinander verglichen. In seiner ursprünglichen Version sind die beiden Dimensionen Marktwachstum und Marktanteil. Die vier Bereiche werden hier Cash Cows, Stars, Question Marks und Poor Dogs genannt. In diese vier Bereiche lässt sich das Produktportfolio eines jeden Unternehmens einteilen. Für neue zu integrierende Innovation lässt sich so sehr gut bestimmen in welchen Teil des Portfolios sie am besten passen.
- Die **McKinsey-Matrix** stellt eine Weiterentwicklung der BCG-Matrix dar. Statt in vier wird in neun Subbereiche aufgeteilt. Zusätzlich werden Handlungsempfehlungen

an Produktlinien entsprechend ihrer Position in der Matrix geknüpft. Beide Tools sind gleichermaßen geeignet, um die richtige Entscheidung zu treffen, wo die Innovation zukünftig geführt werden sollte.
- Das **Produktportfoliomanagement** kann schnell so komplex werden, dass der strategische Ansatz, Produkte oder Innovationen über Tools wie die BCG- oder McKinsey-Matrix zu managen, nicht mehr ausreicht. Zu diesem Zweck wurde leistungsfähige Software entwickelt, die diese Aufgabe erleichtert. Es gibt auch hier eine breite Fülle an Tools und Anbietern und die Entscheidung für oder gegen ein Tool richtet sich nicht zuletzt an persönliche Vorlieben.
- Es gibt unterschiedlichste Tools, mit denen sich Produkte hinsichtlich ihres **Lebenszyklus** managen lassen. Zu diesem Zweck werden Produkte mit ihren Eigenschaften in Software eingepflegt, die dann Wertströme und Kundenfeedback misst. Darauf basierend kann abgeleitet werden in welchem Stadium seines Lebenszyklus sich ein Produkt befindet. Auch neue Innovationen sollten hier frühzeitig eingepflegt werden, um sie in das Gesamtportfolio optimal integrieren zu können.
- Nicht nur die Frage nach anderen Produkten und die Harmonisierung des Produktportfolios spielt bei der Aufnahme ins Portfolio eine Rolle. Auch die verschiedenen Mitarbeiter auf Managementebene haben großen Einfluss auf den Erfolg einzelner Produktlinien oder Innovationen. Will man also eine Innovation in das Portfolio aufnehmen, lohnt sich eine Analyse der verschiedenen Stakeholder. Stakeholder sind Personen oder Abteilung, die ein berechtigtes Interesse an einem Projekt oder Innovation haben oder davon beeinflusst werden. In einer **Stakeholder-Map** werden alle Stakeholder aufgeführt und anhand relevanter Dimensionen analysiert. Ziel ist es alle Einflussfaktoren auf die Innovation oder das Projekt zu identifizieren und entsprechend zu berücksichtigen.

Methoden in der Phase Ausgründung

In der Phase der Ausgründung gilt es das Unternehmen, das die Innovation vermarkten soll, auf eigene Beine zu stellen. Neben harter Arbeit gibt es aber auch Tools, die in dieser Phase den Weg zum Erfolg unterstützen können.

- Das **Investment-Board** kann durchaus als Organisationsform verstanden werden, hier ist es aber als Tool zu verstehen. Als Gründer gibt es eine Vielzahl von Themen die zu beachten sind. Oft sind diese finanzieller, steuerlicher oder legaler Natur und nicht intuitiv in den Arbeitsalltag zu integrieren. Aber auch die Fertigstellung und Vermarktung der Innovation ist als Gründer sehr herausfordernd, wenn alle Prozesse und Organisationen dafür neu aufgebaut werden müssen. Es gilt Prozesse und Funktionen zu etablieren, die immer wieder prüfen, ob das Startup auf dem richtigen Weg ist. Eine Möglichkeit ist ein virtuelles Investment Board ins Leben zu rufen, das regelmäßig kritische Fragen stellt und punktuell dabei prüfend in sehr operative Details geht. So kann sichergestellt werden keine Aspekte der Gründung zu vergessen.

- **Kill the Company** identifiziert genau, wo und wie ein Unternehmen anfällig ist. Ist die Entscheidung zur Gründung getroffen kann es sinnvoll sein aktiv zu überlegen, wie man andere oder das frühere eigene Unternehmen aus dem Wettbewerb drängt. Während dieses Tool auch in anderen Phasen der digitalen Innovation und auch in der strategischen Unternehmensführung eingesetzt werden kann, bietet es hier noch einmal die Möglichkeit die Gründung oder Ausgründung von existierenden Unternehmen abzugrenzen. Während Konkurrenzanalysen oft ein besonderes Augenmerk auf die Erfolgsfaktoren von Unternehmen legen geht es bei Kill the Company explizit um das Aufdecken von Schwächen und der Frage wie diese ausgenutzt werden können.
- Wie bereits erwähnt, ist ein **Minimum Billable Product** die kleinste und einfachste Form der Innovation, für die ein Kunde bereit ist zu bezahlen. Unternehmen, die diesem Ansatz konsequent folgen, sichern sich so konstante Sprünge in ihren Einnahmen. Gerade als Startup ist die schnelle Kommerzialisierung von Ideen entscheidend, weshalb das MBP hier ein zweites Mal erwähnt wird.
- Wie die Übersetzung schon vermuten lässt, stellt **Lean-Startup** eine Sammlung von Tools und Managementkonzepten dar, mit dem sich ein Unternehmen besonders schlank gründen lässt. Die Schlankheit kann sich dabei sowohl auf das Investment als auch den Zeitaufwand beziehen. Der Fokus liegt auf Learning-by-Doing Ansätzen und zielt, wie auch schon andere vorgestellte Konzepte, auf eine frühzeitige Vermarktung von Produkten ab. Hervorzuheben sind dabei der iterative Produktlaunch, kurze Entwicklungszyklen und besonders die ständige Einbindung des Kundenfeedbacks. Ähnlichkeiten zum MVP Ansatz sind offensichtlich, allerdings bietet Lean Startup weiterführende Ansätze, die Gründer zumindest erwägen sollten.
- Das **Entrepreneurial Operating System (EOS)** bedient sich verschiedenster Tools und Methoden. Der interessante Ansatz ist die aggregierte Visualisierung in die sechs Schlüsselkomponenten Vision, Menschen, Daten, Probleme, Verarbeiten und Zugkraft. Dieses System hilft besonders über die Innovation und deren Vermarktung hinaus nachhaltig erfolgreiche Firma aufzubauen.

Testen Sie Ihr Wissen
a) Erläutern Sie die fünf Stufen der Innovationsdiffusion, die Rogers in seinem Modell definiert.
b) Welche drei innovationsförderlichen Wettbewerbsstrategien lassen sich Moore zufolge unterscheiden? Erläutern Sie die drei Strategieansätze und benennen Sie jeweils mindestens zwei angewandte Innovationsformen.
c) Welche philosophische Auffassung liegt dem heutigen Innovationsverständnis und dem Glauben an Fortschritt zugrunde? Was waren die ursprünglichen Ausgangsbedingungen, als diese Philosophie entstand?
d) Wie unterscheiden sich in einem digitalen Geschäftsmodell inkrementelle und radikale Innovationen? Nennen Sie jeweils ein typisches Beispiel aus der digitalen Welt.
e) Was sind typische Bedingungen, die Sie in einer Organisation schaffen müssen, wenn Sie eine auf Offenheit angelegte Innovationsstruktur etablieren wollen?

f) Analysieren und erläutern Sie anhand der Anwendung der Methode des Ecosystemizers ein digitales Ökosystem eines Unternehmens Ihrer Wahl. Belegen Sie Ihre Analyse.
g) In der Digitalisierung spielt der Einsatz von IT-Technologien bei der Erzeugung neuer Innovationen eine große Rolle. Ziehen Sie einen Vergleich zwischen dem Verständnis des Einsatzes von Informationstechnologie in einer konventionellen und einer digitalen Organisation.
h) Erläutern Sie jeweils aus der digitalen Praxis ein typisches Beispiel Ihrer Wahl für die vier verschiedenen Innovationsstrategien der Produktführerschaft, der Kundennähe, der operativen Exzellenz und der Erneuerung der Marktposition.
i) Erläutern Sie die unterschiedlichen Phasen des digitalen Innovationsprozesses.
j) Was verstehen Sie jeweils unter der Abkürzung MVP und MBP?
k) Beschreiben Sie die Anwendung einer typischen Innovations-Methode in der Phase der digitalen Ideengenerierung anhand eines selbstgewählten Beispiels aus der aktuellen Praxis.
l) Beschreiben Sie die Anwendung einer typischen Innovations-Methode in der Phase der digitalen Ideenvalidierung anhand eines selbstgewählten Beispiels aus der aktuellen Praxis.
m) Beschreiben Sie die Anwendung einer typischen Innovations-Methode in der Phase der digitalen Ideenentwicklung anhand eines selbstgewählten Beispiels aus der aktuellen Praxis.
n) Beschreiben Sie die Anwendung einer typischen Innovations-Methode in der Phase der digitalen Kommerzialisierungs-Modellentwicklung anhand eines selbstgewählten Beispiels aus der aktuellen Praxis.
o) Beschreiben Sie die Anwendung einer typischen Innovations-Methode in der Phase der Aufnahme in das Portfolio anhand eines selbstgewählten Beispiels aus der aktuellen Praxis.
p) Beschreiben Sie die Anwendung einer typischen Innovations-Methode in der Phase der Ausgründung anhand eines selbstgewählten Beispiels aus der aktuellen Praxis.

Literatur

Meige, Albert und Jacques Schmitt. 2015. *Innovation intelligence: Commoditization, digitalization, acceleration, major pressure on innovation drivers*, 54. Absans Publishing

Osterwalder, Alexander und Yves Pigneur. 2002. Business models and their elements. *Management* 10:4. Lausanne, Switzerland: International Workshop on Business Models.

Blättel-Mink, Birgit, und Raphael Menez, 2015. *Kompendium der Innovationsforschung*, 22. Wiesbaden: Springer VS.

Chesbrough, Henry William. 2003. Open innovation The new imperative for creating and profiting from technology xerox parc the achievements and limits of closed innovation. *Harvard Business School Press*.

Cooper, Alan. 2004. *The inmates are running the asylum*, 123. Indianapolis: Pearson.

Croitoru, Alin. 2017. Schumpeter, Joseph Alois, 1939, Business cycles: A theoretical, historical, and statistical analysis of the capitalist process. *Journal of Comparative Research in Anthropology and Sociology* 8 (1): 70.

Faste, Rolf, und Roth Bernard. 1993. *Integrating creativity into the mechanical engineering curriculum*. Stanford: Stanford University.

Fisher, Sir Ronald A. 1966. *The design of experiments*, 8. Aufl., 163. Hafner Publishing Company (Erstveröffentlichung 1935).

Kawohl, Julian, Denis, Krechting, und Peter, Borchers. 2019. So entwickelst du erfolgreiche Ökosystem-Strategien, T3N, abgerufen von: https://t3n.de/news/entwickelst-erfolgreiche-1203168/

Kilger, Wolfgang, Jochen R. Pampel, und Kurt Vikas, 2012. *Flexible Plankostenrechnung und Deckungsbeitragsrechnung*, 49. Wiesbaden: Springer Gabler.

Kim, Chan W., und Renée Mauborgne. 2004. *Blue ocean strategy*, 3. Cambridge: Harvard Business Review.

Kurz, Heinz D. 2005. *Joseph A. Schumpeter. Ein Sozialökonom zwischen Marx und Walras*, 13. Marburg: Metropolis Verlag.

Meratus Center. 2015. Peter Thiel on stagnation, innovation, and what not to call your company. https://medium.com/conversations-with-tyler/peter-thiel-on-the-future-of-innovation-77628a43c0dd. Zugegriffen: 25. Sept. 2019.

Merkel, Angela. 2018. Rede von Bundeskanzlerin Merkel zur Festveranstaltung „70 Jahre Soziale Marktwirtschaft" am 15. Juni 2018. https://www.bundeskanzlerin.de/bkin-de/aktuelles/rede-von-bundeskanzlerin-merkel-zur-festveranstaltung-70-jahre-soziale-marktwirtschaft-am-15-juni-2018-1141992. Zugegriffen: 25. Sept. 2019.

Messina, Massimo. 2018. Designing the new digital innovation environment. In *CIOs and the Digital Transformation*, Hrsg. Giorgio Bongiorno und Daniele Rizzo, 148.

Norman, Donald A., und Roberto Verganti, 2013. Incremental and radical innovation: Design research vs. technology and meaning change. *Design Issues* 29 (4): 82.

Nugent, Walter T.K. 2010. *Progressivism: A very short introduction*. Oxford: Oxford University Press.

Prahalad, C.K., und Venkat Ramaswamy. 2004. Co-creating unique value with customers. *Strategy & Leadership* 32 (3), 5: 4–9.

Rogers, Everett M. 1983. *Diffusion of innovations*, 3. Aufl, 163. London: The Free Press.

von Kortzfleisch, Harald, Björn Höber, and Dorothée Zerwas. 2018. Innovationsmanagement. In *Handbuch Entrepreneurship*, 303–318, Hrsg. G. Faltin. Wiesbaden: Springer Fachmedien Wiesbaden GmbH.

Wagner, Burkhard. 2017. *Digitales Innovationsmanagement*. Working Paper. München: Advyce GmbH.

Wiersema, Fred, und Michael Treacy. 1993. Customer intimacy and other value disciplines. *Harvard business review* 71 (1): 84.

Digital Computing – Einsatz smarter Technologien in der digitalen Organisation

11

Zusammenfassung

Die digitale Organisation ist nicht ohne Technologie denkbar. Ganz gleich, ob eine digitale Organisation neu entsteht oder im Rahmen einer Transformation überführt wird, das Beherrschen digitaler Technologien ist ein entscheidender Gestaltungsbereich digitaler Organisationen. Erfolgreiche Unternehmen im digitalen Zeitalter sind in der Lage, sowohl für Produkte und Dienstleistungen als auch für die eigene Verwaltung passgenaue technische Lösungen einzusetzen und in Kundenwert bzw. eine höhere Effizienz zu übersetzen. In diesem Kapitel wird abschließend ein kurzer Überblick über die wichtigsten technologischen Bereiche digitaler Organisation gegeben. Zudem wird kurz aufgezeigt, warum es eine logische Verbindung zwischen technologischem Fortschritt und Wohlstand gibt.

In diesem Kapitel lernen Sie
- warum der technologische Fortschritt Einfluss auf Digitalisierung hat,
- welche Rolle die Befürworter des technologischen Wandels haben,
- was Merkmale der digitalen Schlüsseltechnologien des Cloud-Computings, Internet-of-Things, Blockchain sowie Big Data und künstlicher Intelligenz sind,
- was Verwertungspotenziale und Anwendungsbeispiele digitaler Technologien sind,
- welche Reifegrade es für digitale Technologien gibt.

Themen des Kapitels
Bruttoinlandsprodukt, BIP-B, Wohlstandsbegriff, Crowd-Finanzierung, digitale Anwendung, digitale Infrastruktur, Verwertungspotenzial, Cloud Computing, Internet-of-Things (IoT), Interoperabilität

11.1 Digitale Technologien – Warum eigentlich?

Die gängige Betrachtung von Ökonomen ist es, dass Wirtschaftswachstum eng mit technologischem Fortschritt gekoppelt ist. Spätestens seit dem Start der industriellen Revolution im frühen 18. Jahrhundert wurde dieser Zusammenhang umfassend debattiert (vgl. Abschn. 2.1). Zugleich bestätigen zahlreiche Studien, dass **wirtschaftlicher Wohlstand** einer Gesellschaft ein wichtiger Faktor für Zufriedenheit und Gesundheit ist (Mokyr 2005). Mit dem Wohlstand ist eng ein weiterer Begriff verbunden: der Nutzenbegriff. Wohlstand entsteht somit aus dem konsumtorischen Nutzen, den Güter und Dienstleistung den Konsumenten innerhalb einer Volkswirtschaft stiften. Es wird davon ausgegangen, dass der individuelle Nutzen immer nur relativ messbar ist. Ob der individuell wahrgenommene Nutzen eines Einzelnen durch wirtschaftliche Maßnahmen steigt oder nicht, kann nur am beobachtbaren Verhalten im Vergleich zu anderen Mitmenschen abgeleitet werden (Dieter 1980).

▶ **Wohlstand** Begriff aus der Wissenschaft der Wohlfahrtsökonomie. Beschreibt den messbaren Nutzen eines Individuums, der durch den Konsum von Gütern und Dienstleistungen gestiftet wird. Dabei ist der individuelle Nutzen nur relativ im Vergleich zum beobachtbaren Verhalten anderer Mitmenschen messbar.

Feststeht: Technologie ist in unserer heutigen Konsumgesellschaft angekommen und immer mehr Menschen profitieren persönlichen vom Zugang zum Internet.

- So haben sich die weltweiten Internetnutzer seit 2005 verdreifacht. Mit ca. 3,2 Mrd. Nutzern in den Entwicklungsländern haben heute mehr Menschen Zugang zu digitaler Technologie als Zugang zu Schulen oder sauberem Wasser.
- Auf ökonomischer Seite heizt die Digitalisierung die globalen Handels- und Finanzmärkte an. Überdurchschnittlich sind in Deutschland unter anderem die wissensintensiven Dienstleister, die Finanz und Versicherungsindustrie sowie der Handel digitalisiert.
- Unternehmen nutzen internetbasierte digitale Technologien zur Forschung und Entwicklung, Produktion und Logistik von Waren und Dienstleistung oder zur Vermarktung und dem Vertrieb von Gütern. Fast jedes zweite gewerbliche Unternehmen in Deutschland nutzt Industrie 4.0-Anwendungen und jedes dritte Unternehmen profitiert schon von datenanalytischen Lösungen (BMWi 2017).
- Digitale Fundraising-Plattformen, wie z. B. Kickstarter, schaffen neue Möglichkeiten zur **Crowd-Finanzierung.** Dies ist ein neuer Finanzierungsansatz, bei dem Social Media Technologien genutzt werden, um Unternehmensfinanzierungen für Start-ups ohne den Einbezug klassischer Banken zu ermöglichen.

11.1 Digitale Technologien – Warum eigentlich?

- Mit Blockchain-Technologien werden traditionelle Finanzierungsformen infrage gestellt und zudem neue, grenzüberschreitende Finanzierungsmöglichkeiten ermöglicht, die schneller, billiger und sicherer sind, als klassische Finanzierungsformen (Elkjaer und Damgaard 2018).

▶ **Crowd-Funding** Neuer Finanzierungsansatz, bei dem Social Media Technologien genutzt werden, um Unternehmensfinanzierungen für Start-ups ohne den Einbezug klassischer Banken zu ermöglichen.

Alle diese beispielhaften Einflüsse des Internets führen dazu, dass in der Volkswirtschaft potenziell der Wohlstand steigt und sich auf der ganzen Welt neue globalisierte und grenzenlose Wertschöpfungsformen sowie neue Formen analytischer und intellektueller Arbeit herausbilden. Grundsätzlich zeigt sich daran ein gewisser Digitalisierungsoptimismus, der den technologischen Fortschritt in den Vordergrund stellt und es demzufolge durch stetiges digitales Wachstum weiter zum Anstieg im Einkommens- und Wohlstandsniveau kommt. Ob dies tatsächlich so eintritt, wird aktuell in politischen und volkswirtschaftlichen Kreisen kritisch diskutiert. Neben Wohlstandsgewinnen sehen Kritiker der weltweiten Digitalisierung auch die Gefahr, dass z. B. massenhaft Jobs abgebaut werden können, da Maschinen und Computer sowie künstliche Intelligenz simple Routinetätigkeiten übernehmen, die damit zur Digitalisierungsfalle für prekäre Beschäftigungsverhältnisse werden.

Hintergrund
Das Bruttoinlandprodukt und die Krux der Digitalisierung
Seit Jahrzehnten versuchen Ökonomen bessere Methoden zur Messung der volkswirtschaftlichen Leistung zu finden. Die heute in der Volkswirtschaft verwendete Messgröße des **Bruttoinlandsprodukts** (BIP) gerät in Zeiten der Digitalisierung zunehmend in die Kritik. Das BIP misst den realen Wert der Käufe aller Endprodukte durch Haushalte, Unternehmen und den Staat. Das BIP ist das am weitesten verbreitete Maß für die wirtschaftliche Aktivität und beeinflusst die politischen Entscheidungsträger maßgeblich bei der Festlegung wirtschaftlicher Ziele und der Durchführung von Maßnahmen (Brynjolfsson et al. 2019). Das Beispiel des Anstiegs von weltweiten Fotografien durch Smartphones macht dies deutlich: 2000 machten die Menschen weltweit ca. 80 Mrd. Fotos. Da jedes Foto 50 Cent pro Ausdruck kostete, sorgte dies für ca. 40 Mrd. Umsatz bzw. Wertbeitrag in der ökonomischen Gesamtrechnung. 15 Jahre später machen die Menschen bereits 1,5 Billionen Fotos jährlich. Der Wert der Wertschöpfung ist volkswirtschaftlich aber rückläufig, da Fotos heute über Smartphones gemacht und deshalb nicht mehr ausgedruckt werden. Deshalb zahlt kein Mensch mehr für den Ausdruck von Fotos. Der digitale Wert aber wird nirgendwo festgehalten bzw. taucht in keiner ökonomischen Leistungsbilanz auf. Vielmehr führte die Verdrängung der klassischen Fotokamera durch die Smartphones zu einem Rückgang des Bruttoinlandsproduktes. Gleiches gilt für die Suche nach Daten über Suchplattformen, wie Google; ebenso werden die sozialen Interaktionen über Facebook nirgends erfasst, genauso wenig wie die Wissensverteilung über Wikipedia. Dies zeigt, dass es bei der Wohlstandsmessung durch klassische ökonomische Kennzahlen aufgrund der Digitalisierung eine starke Verzerrung gibt. Die in den 1930er Jahren entwickelte Statistik, die der Berechnung des BIP zugrunde liegt, spiegelt nur

noch teilweise die digitale Lebenswirklichkeit der Menschen wieder, da es frei gehandelte Güter und Dienstleistungen vernachlässigt. Eine Gruppe von Ökonomen, u. a. unter Mitwirkung von Erik Brynjolfsson, Avinash Collis, W. Erwin Diewert, Felix Eggers und Kevin J. Fox haben die neue Kennzahl des **BIP-B** entwickelt. Das BIP-B soll um solche Werte ergänzt werden, die durch digitale und nicht-geldlich gehandelte Leistungen entstehen. Es wurde entwickelt, um den Zahlenwert der Dinge zu erfassen, für die heute nicht bezahlt wird, die aber dennoch einen hohen Wert haben, wie z. B. Navigationskarten, Fotos die mit dem Smartphone aufgenommen worden, Wikipedia oder soziale Medien (Nelson 2019). So weisen sie in verhaltenswissenschaftlichen Auswahlexperimenten (Discrete-Choice-Experimente) nach, dass der Wohlfahrtsgewinn von Facebook seit 2004 zwischen 0,05 und 0,11 Prozentpunkten pro Jahr zum BIP der USA beigetragen hätte. Den Berechnungen der Ökonomen zufolge müsste jeder durchschnittliche Nutzer 48 Dollar zahlen, um Facebook für einen Monat aufzugeben. Bewertet man die geldliche Kompensation für viele Arten digitaler Güter, so ist dieser Wertbeitrag relativ hoch. In einem Laborexperiment mit Studenten aus den Niederlanden wurde die Bewertung für verschiedene kostenlose digitale Güter vorgenommen. Sie fanden heraus, dass die Entschädigung, die für den Verlust für einen Monat Nutzung gezahlt werden müsste (Brynjolfsson et al. 2019)

- 536,97 € für WhatsApp
- 97 € für Facebook
- 59 € digitale Navigationskarten
- 6,79 € für Instagram
- 2,17 € für Snapchat
- 1,52 € für LinkedIn
- 0,18 € für Skype
- 0,00 € für Twitter

hoch war. In einem zweiten Schritt soll nun entschieden werden, welche digitalen Werte dem BIP-B hinzugerechnet werden sollten, um den Produktivitätsfortschritt, der durch die Digitalisierung entsteht, ermitteln zu können.

▶ **BIP-B** Alternativer Vorschlag zur Berechnung des Bruttoinlandsproduktes. Die klassische Metrik wird um solche Werte ergänzt, die durch digitale und nicht-geldlich gehandelte Leistungen entstehen. Es wurde entwickelt, um den Zahlenwert der Dinge zu erfassen, für die heute nicht bezahlt wird, die aber dennoch einen hohen Wert haben, wie z. B. Navigationskarten, Fotos die mit dem Smartphone, Wikipedia oder soziale Medien.

An der Neudefinition des Wohlstands allein ist zu erkennen, welche Bedeutung die Nutzung **digitaler Technologien** für uns alle hat. Entsprechend gibt es eine lebhafte Debatte zur Bedeutung des Einflusses der jeweils neuen Zeitgeist-Technologien. Die große Frage bleibt, wie ‚inklusiv' das technologische Wachstum ist. Die Angst des 20. Jahrhunderts vor Massenarbeitslosigkeit ist in puncto digitaler Technologien stets präsent. Kaum eine Woche vergeht ohne Zeitungsüberschriften á la „Ist der neue Kollege ein Roboter?" (Herzog 2019). Doch diese Angst vor vollständiger Übernahme aller Jobs durch Automaten, Roboter und KI stellt sich aktuellen Forschungen zufolge als unbegründet dar (Reinhardt 2019). Erste Studien bescheinigen der Digitalisierung einen positiven Beitrag zum integrativen Wachstum gerade mit Fokus auf bis dato benachteiligte Minderheiten. Diese Gruppen haben durch den einfachen Zugang zu digitaler Technologie an Macht gewonnen. Gewürdigt wird, dass digitalisierte Märkte bei der Bewältigung von Matching, Vertrauen und Durchsetzungsproblemen eher Vorteile als Nachteile bringen. Digitale Plattformen machen Märkte effizienter, ziehen mehr Teilnehmer an und bieten mehr Produktvielfalt (Chen 2019).

Doch es gibt zu den Auswirkungen der digitalen Technologien auch düstere Prognosen. Über 4500 Forscher und Wissenschaftler unterschrieben beispielsweise in Sorge über die Auswirkungen digitaler Technologien einen offenen Brief zur Begrenzung der Forschung an der KI-Schlüsseltechnologie auf ‚vorteilhafte' Bereiche (Future of Life Institute 2015). In ihrer Erklärung argumentieren die Experten, dass die Forschung zur künstlichen Intelligenz auf friedliche Felder begrenzt werden sollte, um ein KI-Wettrüsten und den Missbrauch zu vermeiden.

> **Übung 22**
>
> **Maschinen, die denken: Sind sie gut oder böse?**
>
> In einem berühmten TED-Talk beschreibt Dr. James Canton, Zukunftswissenschaftler und Soziologe, dass die Anwendung von künstlicher Intelligenz in unserem Alltag nicht nur die Lösung für wichtige globale Probleme der Menschheit sein kann. Er mahnt auch, dass Menschen bewusst und bedacht mit den Entwicklungen der künstlichen Intelligenz umgehen sollen, um in Zukunft die Kontrolle über das zu behalten, was sie erschaffen. Was wäre, wenn die künstliche Intelligenz sich gegen die Menschen richten würde? Schauen Sie sich das Video unter dem folgenden Link an: http://bit.ly/jamescanton.
>
> Diskutieren Sie in einer Gruppe die Konsequenzen des Einflusses künstlicher Intelligenz sowohl aus positiver als auch aus negativer Sicht. Bewerten Sie, inwieweit die künstliche Intelligenz unter Berücksichtigung dieser Kritik für Organisationen nützlich sein kann bzw. welche Risiken sich für Organisationen daraus ergeben und wie damit umzugehen ist.

11.2 Technologien und ihre Rolle in der digitalen Transformation

Für ein besseres Verständnis zur Rolle digitaler Technologien bedarf es eines Bewusstseins, was digitale Technologisierung ist und welche Schlüsseltechnologien dabei eine Rolle spielen. Kofler beispielsweise beschreibt die Technologisierung der Organisation als ein Wechselspiel der Beziehungen zwischen Akteuren und Einflussfaktoren der digitalen Transformation (Kofler 2018). Die **Befürworter der Technologisierung** können Menschen, Staaten, Unternehmen oder die Forschung sein, die wiederum neue Technologien verwenden, entwickeln und fördern. Die Rolle der Befürworter ist jedoch differenziert zu sehen:

- Der **Staat** hat einen regulatorischen Einfluss auf die Entwicklung und Implementierung digitaler Technologien und gestaltet die Rahmenbedingungen für die anderen Akteure der Wirtschaft und Gesellschaft.
- Aus Sicht der **Unternehmen** spielt der Konsum der Menschen die treibende Kraft dar, warum digitale Technologien adaptiert und in den wirtschaftlichen Prozess eingebunden werden.
- Für die **Wissenschaft,** welche neben Unternehmen an der Entwicklung digitaler Technologien beteiligt ist, eröffnen sich neue Möglichkeiten für Forschung und anwendungsbezogene Lehre.
- Für den einzelnen **Mensch** in einer Gesellschaft bedeutet der digitale Wandel eine Veränderung der Lebensweise. Es entstehen neue Erwartungshaltungen gegenüber dem Staat, regulatorische Prozesse anzupassen und die Verwertung und Entwicklung der digitalen Technologien zu fördern.

Diese Befürworter und Förderer entscheiden sich für den Einsatz spezifischer digitaler Technologien aufgrund ihrer Erwartung an die Verwertung und den Nutzen einer Technologie in der organisationalen Wertschöpfung – dem sogenannten **technologischen Verwertungspotenzial.**

▶ **Verwertungspotenzial** Verwertungspotenziale sind als wirtschaftliche Potenziale zu sehen, die sich aus der Vermarktung ergeben. Je höher das zu erwartende Verwertungspotenzial ist, desto schneller und beschleunigter verläuft der Prozess der Veränderung organisationaler Strukturen durch den Einsatz digitaler Technologien.

Die erwarteten Auswirkungen der digitalen Technologie auf Unternehmen, Individuen, Wissenschaftsinstitutionen oder auf den Staat bilden letztendlich die Grundlage für den jeweiligen Wert, den diese Akteure im Rahmen ihrer Einschätzung der Verwertungspotenziale annehmen. Für Unternehmen wird in Zukunft entscheidend sein, die Verwertungspotenziale richtig einzuschätzen und ebenfalls Aussagen dazu zu treffen, welche Technologie einen nachhaltigen Kundenwert schaffen kann. Dies erfordert Fähigkeiten zur schnellen und agilen Anpassung von Software und Organisationsstrukturen (Cole 2015).

Die schnelle Entwicklung digitaler Technologien liefert ebenfalls die Grundlage zur Beschleunigung der Digitalisierung in Organisationen. Diese lassen sich differenzieren nach digitaler Infrastruktur und digitalen Anwendungen. Als **digitale Infrastruktur** werden die Informations- und Kommunikationstechnologien bezeichnet, die das Verbreiten und den Betrieb digitaler Anwendungen ermöglichen. Dabei werden zwei Arten von digitalen Infrastrukturen unterschieden: hybride und dedizierte digitale Infrastrukturen. **Hybride Infrastrukturen** sind traditionelle physische Infrastrukturen, die zusätzliche digitale Komponenten beinhalten können. Ein Beispiel dafür wäre die Erweiterung traditioneller Wasserleitungen um Sensoren, mit denen durch digitale Messverfahren Leckagen erkannt werden können. Damit wird die traditionelle Infrastruktur durch Hinzufügen digitaler Komponenten zum hybriden System. In Ergänzung dazu ist die digitale Infrastruktur diejenige, die gänzlich aus digitalen Komponenten besteht. Dies können z. B. digitale Rechenzentren, Backbones oder andere technische Anlagen sein, die zur Anbindung von Regionen und Städten an das Internet wichtig sind (Ezell 2016).

▶ **Digitale Infrastruktur** Bezeichnung für Informations- und Kommunikationstechnologien, die das Verbreiten und den Betrieb digitaler Anwendungen ermöglichen. Unterschieden werden die zwei Arten von digitaler Infrastruktur: hybride und dedizierte digitale Infrastruktur.

In Abgrenzung zur digitalen Infrastruktur sind **digitale Anwendungen** rein digitale Softwareprogramme, die beispielsweise von einem Computer, einer mobilen Vorrichtung, einem Tablet oder einem Produktionssystem verwendet werden, um bestimmte nützliche Aufgaben auszuführen. Ein Teil jeder Software kann eine solche Software-Anwendung sein. Diese werden alternativ auch als Anwendungsprogramm, Anwendung, Applikation oder kurz als App bezeichnet. Diese digitalen Anwendungen unterscheiden sich grundlegend von System-Softwaren, deren Aufgabe es ist, die Rechenverfahren eines Computers zu verwalten und dessen Betrieb sicherzustellen. Bei digitalen Anwendungen geht es um den spezifischen Anwendungskontext, in dem die Software einen Mehrwert liefert. Aufgrund ihrer Natur sind digitale Anwendungen unendlich multiplizierbar, was es ermöglicht, ihre Anwendung zu skalieren. Derzeitige technologische Entwicklungen weisen darauf hin, dass es zu einer **Konvergenz zwischen digitaler Infrastruktur und digitalen Anwendungen** kommt. So verschwimmen schon aktuell die Grenzen zwischen Differenzierungsformen. Beispielsweise werden virtuelle Sensoren (Anwendung) aus den Daten von Messgeräten (Infrastruktur) erzeugt – können aber auch selbst als digitale Infrastruktur verstanden werden. In Zukunft wird die Abgrenzung der beiden Begriffe nicht mehr trennscharf möglich sein.

▶ **Digitale Anwendung** Bezeichnung für digitale Softwareprogramme, die beispielsweise von einem Computer, einer mobilen Vorrichtung, einem Tablet oder einem Produktionssystem verwendet werden, um bestimmte nützliche Aufgaben auszuführen.

Geht es um Technologie, stellt sich schnell die Frage, wie lang die Halbwertszeit einer gerade heute diskutierten einzelnen Technologie ist. Zu schnell und zu rasant wechseln technologische Innovationen, als dass die Ergebnisse einer Zeitpunktbetrachtung zum Einfluss einer Technologie über längere Zeit Bestand haben könnten. In der Praxis hat sich alternativ zur Zeitpunktbetrachtung die **technologische Reifegradbetrachtung** durchgesetzt. Technische Entscheider, Investoren und Manager orientieren ihre Entscheidung zum Einsatz digitaler Technologien oftmals an technologischen Einschätzungen. Diese dienen primär dem Zweck, die Unsicherheit in der Entscheidungsfindung durch technologische Vorhersagen zu reduzieren und die Organisation für die Einführung einer bestimmten Technologie zu sensibilisieren. Diese

Aufgabe gehört seit langem zu einer der wichtigsten Führungsaktivitäten bei der Entwicklung digitaler Strategien und Programme. Der Prozess der Auseinandersetzung mit den zukünftigen Entwicklungen hängt stark vom Wissensaufbau im Unternehmen über dessen Zukunft ab. Dies ist auch in Abb. 11.1 dargestellt. E Entscheider in einer Organisation extrapolieren ihre Erwartungen an das Wachstum im Sinne künftiger Umsätze, Gewinne oder anderer Leistungsindikatoren aufgrund ihrer historischen Erfahrungswerte (Ansoff 2012). Nicht berücksichtigt ist bei dieser Vorhersage entweder eine **technologische Gefahr** oder eine **technologische Chance.** Technologische Entwicklungen stellen insofern aus strategischer Organisationssicht eine Diskontinuität im Unternehmensverlauf dar. Ist genügend technologisches Wissen über neue Digitaltechnologien in der Organisation vorhanden, ist die Firma besser in der Lage, schwache Signale zu neuen technologischen Entwicklungen in der Umwelt frühzeitig zu verstehen und diese zu interpretieren. Somit können Gefahren vermieden oder Chancen genutzt werden.

Typischerweise ist an dem Punkt, wo die Gefahr oder die Chance erkannt wird, das Wissen zu den Möglichkeiten, wie damit umgegangen wird, nicht umfassend vorhanden. Aufgrund des mangelnden Wissens werden die Folgen einer Technologie nicht richtig eingeschätzt – so werden Technologien entweder unter- oder überschätzt, was in strategischer Ignoranz oder Fehlinvestitionen mündet. Ansoff bezeichnet diesen Vorgang als **strategische Überraschung:** Plötzliche, dringende und unbekannte Veränderungen können dann zu einer Bedrohung für Gewinnprognosen oder im schlimmsten Fall für die eigene Marktstellung werden. Für eine Organisation ergeben sich aus dieser Konstellation heraus zwei unterschiedliche Möglichkeiten, um auf diese strategische Überraschung zu reagieren:

- Die Entwicklung eines Krisenmanagements kann helfen, Auswirkungen einer bestimmten Technologie zu begrenzen. Dies zeigt aber nur Wirkung, wenn die Technologie bereits ihre Wirkung entfaltet.

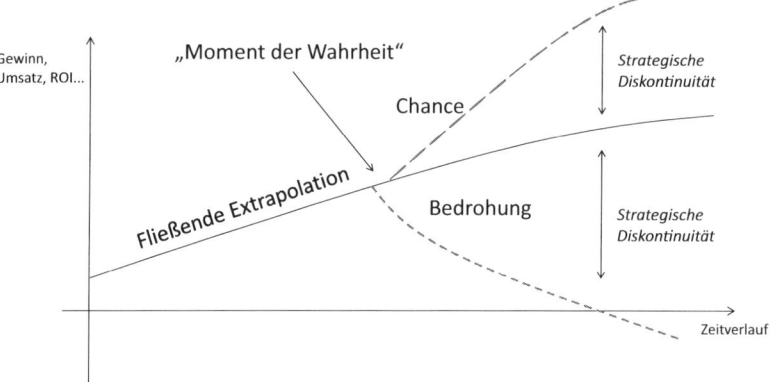

Abb. 11.1 Technologische Risikobewertung – Eine Frage der Perspektive. (Angelehnt an Ansoff 2012, S. 22)

- Besser ist es, die Wahrscheinlichkeit des Eintritts der strategischen Überraschung frühzeitig durch eine höhere Sensibilität der Organisation zu reduzieren, um Diskontinuitäten frühzeitig wahrzunehmen.

Optimalerweise erkennen Firmen bereits in einer sehr frühen Phase die strategische Chance oder Gefahr, auch wenn das Wissen darüber und deren konkrete Folgen noch nicht ausreichend abschätzbar sind. So schlägt Ansoff vor, dass Firmen sich vor allem auf die Prävention und Sensibilisierung konzentrieren und organisatorische Strukturen schaffen, um sich vor allem frühzeitig mit den Folgen auseinanderzusetzen und präventiv Handlungen aus diesem Wissen ableiten. Die daraus resultierenden strategischen Entscheidungen können nach deren Wirkungsrichtung unterschieden werden:

- Reaktionen, die die Beziehung zwischen der Firma und der Umwelt verändern, und
- Reaktionen, die die interne Dynamik und die Strukturen in der Firma verändern.

Jede dieser Reaktionen führt dazu, dass die Firma ihr Verständnis im Umgang mit den technischen Herausforderungen verbessert, Strukturen zum flexiblen Umgang damit aufbaut und konkrete Handlungsstrategien umsetzt, um den Gefahren und Chancen zu begegnen. Häufig konzentrieren sich Firmen heute vor allem auf die Beziehung zwischen dem Unternehmen und ihrer Umwelt. Ob Technologieforen, wissenschaftliche Beiräte, technisches Monitoring, Innovationsmanagement oder andere Instrumente der technischen Sensibilisierung: Firmen setzen vor allem auf Strategien, die sie für technologische Veränderungen sensibilisieren. Handlungsstrategien aufzubauen, die die interne Dynamik und die Struktur der Firma verändern, sind ebenso entscheidend. So sollte das Wissen bei Entscheidern über digitale Technologien aufgebaut werden, Entwicklungsstrukturen für Prototypenbau oder Produktweiterentwicklung flexibilisiert werden oder die Kommunikation zwischen den Beteiligten beschleunigt werden. Jede dieser Handlungsstrategien unterscheidet sich in ihrer zeitlichen Implementierung und im Aufwand. Jedoch trägt die Koordination aller Maßnahmen zur Wahrnehmung zum Aufbau neuer organisatorischer Fähigkeiten im Umgang mit strategischen Diskontinuitäten der digitalen Technologisierung bei (Tapinos und Pyper 2018).

Bei der Sensibilisierung wird gern das **Hype-Cycle-Modell** des amerikanischen Forschungs- und Beratungsunternehmens Gartner als ein wichtiges technologisches Reifegradmodell genutzt, das Auskunft über die Entwicklung neuer technologischer Segmente sowie deren Marktreife liefert. Zwar impliziert der Begriff Hype-Zyklus, dass die Technologien sich zyklisch verhalten und wieder zu einem späteren Zeitpunkt auftauchen. Das Modell aber ist nicht zyklisch und bezeichnet eher einen technologischen Kurvenverlauf, der in fünf technologische Phasen unterteilt ist (Tab. 11.1) (Gartner Group 2019a).

Um ein Bewusstsein für wichtige Technologien zu schaffen, die momentan im Aufkommen sind, werden im Folgenden vier Technologien vorgestellt. Jede dieser Technologien verfügt über ein sehr hohes Verwertungspotenzial für die Wirtschaft und hat

Tab. 11.1 Überblick über die Phasen des Hype-Cycles nach Gartner

Phase im Hype-Cycle	Erläuterung
Technologische Trigger	Technologie kann zu einem Durchbruch führen. Es gibt einige wenige Applikationen. Oftmals ist diese Phase mit hoher öffentlicher Aufmerksamkeit verbunden. Industriereife Produkte oder wirtschaftliche Verwertung ist nicht vorhanden
Höhepunkt der überzogenen Erwartung	Frühe Öffentlichkeitswirkung führt zu einer Reihe von Erfolgsgeschichten – oft begleitet von zahlreichen Misserfolgen
Ernüchterung	Es stellt sich eine erste Ernüchterung ein, da erste Implementierung nicht erfolgreich war. Einige Technologieanbieter scheitern. Investition werden erst dann in diese Technologie fortgesetzt, wenn die Technologie weiter zur Marktreife geführt wird
Aufklärung	Erste erfolgreiche Technologieadaption besteht. Es entstehen Produkte der zweiten oder dritten Generation. Neue Technologieanbieter stoßen auf den Markt. Mehr Unternehmen finanzieren Pilotprojekte, konservative Unternehmen bleiben aber weiterhin zurückhaltend
Produktivität	Die Einführung der Technologie im Massenmarkt beginnt. Es existieren klare Kriterien für die Beurteilung erfolgreicher Implementierungen

zudem weitreichende Folgen für den Umbau von Organisationen. Im Fokus der Diskussion stehen die digitalen Technologien:

- Cloud-Computing,
- Internet-of-things/Industrie 4.0,
- Blockchain und
- künstliche Intelligenz.

Jede der Technologien kann teilweise als digitale Infrastruktur oder als digitale Anwendung verstanden werden. Um eine konzeptionelle Einordnung zu erlauben, ist in Abb. 11.2 für jede Technologie der Reifegrad anhand verschiedener Phasen öffentlicher Aufmerksamkeit diskutiert. Dabei wird die Erwartungshaltung der Konsumenten gegenüber dem Einsatz der jeweiligen Technologie als Indikator zugrunde gelegt, um die Chance zu beurteilen, dass diese Technologie eine dominante Stellung in der Digitalisierung einnehmen wird.

11.3 Cloud-Computing

Die Technologie, die derzeit unabhängig vom Geschäftsmodell am intensivsten diskutiert wird und von der das höchste Produktivitätspotenzial erwartet wird, ist die des **Cloud-Computing.** Der Begriff steht für ein informationstechnologisches

11.3 Cloud-Computing

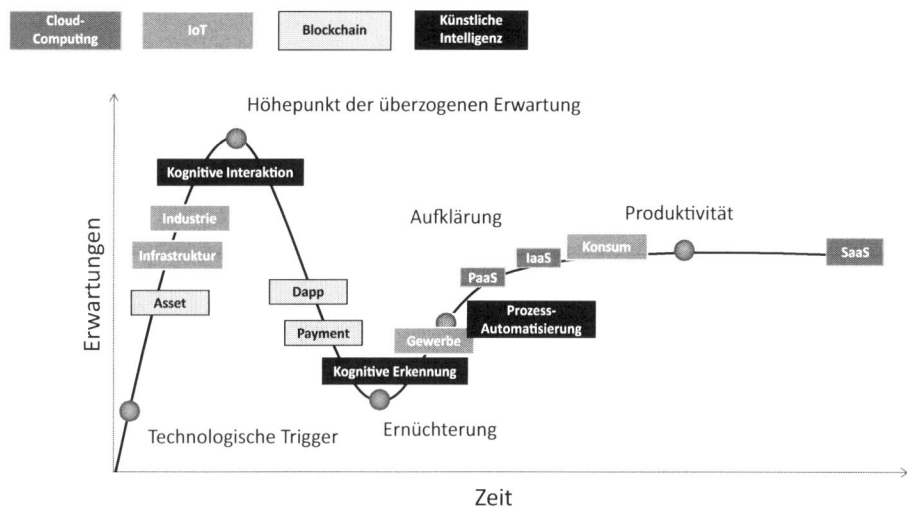

Abb. 11.2 Einordnung vier digitaler Schlüsseltechnologien in das Reifegradmodell nach Gartner

Servicemodell, bei dem bestimmte IT-Infrastrukturen und Software dafür genutzt werden, den Datenabruf aus dem Internet durch die Nutzer unabhängig vom Gerät und vom Ort über ein ‚Selbstbedienungs-Netzwerk' zu steuern. Geprägt wurde der Begriff des Cloud Computing, was zu Deutsch in etwa Rechner- oder Datenwolke bedeutet, durch große Internetportale und E-Commerce-Firmen. Diese nutzten das Cloud-Computing als Technologie, um die mit ihrem rapiden Wachstum in Verbindung stehende Probleme der hohen Volatilität der Nutzerzahlen und der damit verbundenen Spitzenlastzeiten zu lösen. Beispielsweise haben E-Commerce-Firmen regelmäßig das Problem, dass sich bei Sonderaktion oder im Weihnachtsgeschäfte die Grundlast auf der Webseite um das 10-fache in einem kurzen Zeitraum erhöht. Um dafür nicht eigene Rechenzentren aufzubauen, nutzen diese Firmen vorwiegend Cloud-Computing, um ihre Performance-Probleme zu beheben. Sobald beispielsweise webbasierte E-Mail Systeme genutzt, soziale Netzwerk-Seiten wie Facebook, LinkedIn oder Twitter aufgerufen, Netflix-Videos oder Online-TV angeschaut, Speichersysteme, wie Google Drive, Dropbox oder Onedrive genutzt oder Videos, Fotos oder Dokumente online mit einem Team geteilt werden, kommen Cloud Computing-Technologien zum Einsatz. Besonders häufig wird Cloud Computing in geschäftlichen Anwendungen im E-Commerce oder anderen datenintensiven geschäftlichen Diensten eingesetzt (Mozumder et al. 2017).

Hintergrund
Erfindung von Cloud-Computing
Bereits 1993 orakelte der spätere CEO von Google, Eric Schmidt: „In dem Moment, wo die Bandbreite für Computer kein Nadelöhr mehr darstellt, sondern zu einem veritablen Einfallstor

für Datenströme aller Art wird, wird sich der Computer über das Netzwerk verteilen." (Rodenhäuser 2008) Mit dieser Behauptung sollte er Recht behalten. 1995 wurde von der Gesellschaft für Mathematik und Datenverarbeitung (GMD), die heute zur Fraunhofer-Gesellschaft gehört, das erste Cloud-System vorgestellt, das ab 1996 dann durch das Fraunhofer Spin-Off OrbiTeam kommerzialisiert wurde. Das Netzwerk erlaubte es Nutzern, Dokumente webbasiert hochzuladen und diese mit anderen im Netzwerk zu teilen. Eine Breitenwirkung erfuhr die Cloud-Technologie ab ca. 2004 durch das Aufkommen sozialer Netzwerke, wie Facebook, AOL oder Yahoo. Diese erlaubten es ihren Mitgliedern, über die Website Fotos, Videos und andere Inhalte zu speichern und mit anderen Nutzern zu teilen. Amazon, die ursprünglich die Cloud-Infrastruktur für sich selbst entwickelten, um E-Commerce-Spitzenlasten auszubalancieren, entwickeln daraus ein eigenes Geschäftsmodell: Amazon Web Services (AWS). Amazon zählt, wie in Abb. 11.3 zu sehen ist, im Enterprise-Umfeld heute zu den weltweit größten Anbietern für Cloud Computing-Lösungen. Zahlreiche Startups, wie Slack, Airbnb, Hulu oder Yelp, aber auch Firmen, wie GE, Siemens, Novartis oder Vodafone setzen in ihrer digitalen Infrastruktur auf Amazon.

Heute nutzen viele normale Unternehmen Cloud-Computing, um den Aufbau eines eigenen Rechenzentrums zu vermeiden. Während die Rechenleistung und die Performance von Mikrochips immer weiter steigt, fallen die Preise rapide. Die ständige Erneuerung und Wartung eines eigenen Rechenzentrums macht in diesem schnellen Umfeld für viele Unternehmen wenig Sinn, sondern das flexible Anmieten bietet für Organisationen die Möglichkeit, Rechenleistung flexibel zu beanspruchen (Marston et al. 2014a). Gerade deswegen erlebt das Cloud-Computing ein rapides Wachstum. Immer mehr Unternehmen beginnen, On-Demand-Services zu nutzen, um eigene Investitionskosten für IT-Infrastruktur zu vermeiden.

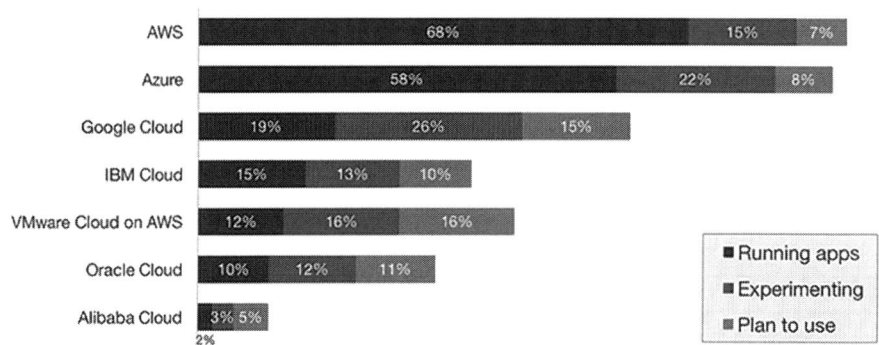

Abb. 11.3 Cloud-Nutzung im Enterprise Umfeld. (Quelle: Dignan, Larry 2018: Top cloud providers 2018: How AWS, Microsoft, Google, IBM, Oracle, Alibaba stack up, 2018, abgerufen am 29.09.2019, https://www.zdnet.com/article/top-cloud-providers-2018-how-aws-microsoft-google-ibm-oracle-alibaba-stack-up/)

> **Praxisbeispiel**
> **Cloud-Computing bei Snapchat**
> Das Unternehmen Snap Inc. ist Betreiber der populären Kommunikations-App Snapchat. Das von Evan Spiegel gegründete Unternehmen bietet einen kostenlosen Messaging Dienst, der besonders auf informelle Video- und Bildnachrichten setzt, die für den Empfänger nach kurzer Zeit nicht mehr sichtbar sind. Die von Snapchat erstmals vorgestellten „Stories" – 24 h sichtbare Updates von Nutzern für ihre Kontakte – wurden als erfolgreiches Feature sozialer Medien von vielen Wettbewerbern adaptiert und kopiert. Über 180 Mio. Menschen nutzen den Dienst täglich. Die Haupteinnahmequelle sind Werbeeinnahmen durch Stories & Beiträgen von Marken. Das gesamte Geschäftsmodell von Snap beruht auf einer hoch performanten mobilen App mit einem gutem User Interface. Nur bei einfacher Nutzung und schneller Handhabung wird die App in den Alltag der Nutzer eingebunden. Dies wird ermöglicht durch den Betrieb der gesamten Software auf der Cloud-Infrastruktur der Firma Google (IaaS & PaaS) (Lawler 2017). Hierbei wird sowohl das eigentliche Hosting auf Servern von Google flexibel umgesetzt als auch die Software auf einer Plattform von Google (AppEngine) entwickelt und betrieben. Gleichzeitig werden weitere Tools der Plattform eingesetzt, um Werbebeiträge passgenau einzuspielen. Nach öffentlichen Informationen zahlt Snap pro Jahr einen Betrag von mindestens 400 Mio. US$ an Google. Dies entspricht bis zu 20 % der Gesamtkosten. Gleichzeitig verzichtet das Unternehmen auf einen teuren Betrieb eigener Serverinfrastruktur. Im Prospekt zum Börsengang schrieb Snap, dass die Abhängigkeit von der Stabilität und Leistungsfähigkeit der Google Cloud so hoch sei, dass jegliche Einschränkung „dem Unternehmen ernsthaften Schaden zufügen" würde (Townsend 2017).

Die hohe Akzeptanz von Cloud-Services liegt hauptsächlich darin begründet, dass Cloud Computing gleich zwei große Trends der Informationstechnologie abdeckt:

- Die IT-Effizienz: Durch hoch skalierbare Hardware und Software Ressourcen wird der Einsatz von Rechenleistung effizienter.
- Die Agilität des Geschäftsmodells: IT kann durch schnelle Bereitstellung, parallele Verarbeitung von Datensätzen, die Nutzung rechenintensiver Business Analyse Tools und interaktiver mobiler Anwendungen ein wettbewerbsfähiges Produkt liefern, welches in Echtzeit auf Kundenbedürfnisse reagiert.

Der Trend der IT-Effizienz ist nicht nur in wirtschaftlicher Hinsicht relevant, sondern auch in ökologischer (Green Computing). Die Cloud macht einerseits die Datenverarbeitung in Unternehmen effizienter, zusätzlich können sich Rechner physisch in geographischen Gebieten mit günstigen Strompreisen befinden, während sich ihre Rechenleistung über lange Distanzen hinweg nutzen lässt. Jedoch geht es bei der Cloud Nutzung nicht nur um günstige Rechenleistung, sondern wie das Wort Agilität schon impliziert, um die Nutzung von Anwendungen die schnell implementiert und flexibel skaliert werden können (Marston et al. 2014b).

Neben den großen Chancen kann die Cloud mit ihren Schwächen auch Gefahren bergen. Firmen verlieren die physische Kontrolle über die in der Cloud gespeicherten Ressourcen. Zusätzlich wird Verantwortung für Zuverlässigkeit und Sicherheit der Infrastruktur abgegeben. Die Uptime-Prozentzahl von Amazon Web Services beträgt beispielsweise 99,95 %. Für kleine und mittelgroße Firmen mag dies einen befriedigender Grad an Zuverlässigkeit implizieren, für größere Unternehmen kann diese nicht 100-prozentige Gewährleistung der Funktionen missionskritisch werden. Sicherheitslücken in der Cloud können in jedem Anwendungsbereich große Schäden verursachen, weshalb es wichtig ist, geeignete Sicherheitsmaßnahmen durch den Provider in die Cloud implementieren zu lassen. Mit dem Aufbau einer Cloud-Infrastruktur entsteht also eine vielschichtige Abhängigkeit vom jeweiligen Provider, aus der das Unternehmen nur schwer wieder herauskommt. Der Umstellungsaufwand zu einem neuen Provider ist hoch. Deshalb sollte dessen Wahl und der Anwendungsbereich in der Digitalisierungsstrategie gründlich durchdacht werden.

Insgesamt hat der Reifegrad von Cloud Computing inzwischen ein hohes Level erreicht. Diese Annahme belegt eine Bitkom Research Umfrage, bei der im Jahre 2017 insgesamt 557 Unternehmen verschiedener Größe nach der Implementierung von Cloud-Services befragt wurden. Zwei Drittel gaben an, Cloud Computing bereits in ihrem Unternehmen zu nutzen (Bitkom e. V. 2018). An diesem Trend ist zu erkennen, dass sich drei Formen von **Cloud-Service-Modellen** am Markt durchgesetzt haben. Diese definieren die Art und Weise, wie IT-Services entwickelt, eingesetzt, skaliert, aktualisiert, gewartet und bezahlt werden, völlig neu. Die Tab. 11.2 gibt einen Überblick über die drei wichtigsten Cloud-Servicemodelle (Mell und Grance 2011).

Tab. 11.2 Wichtige Cloud-Service-Modelle im Überblick

Servicemodell	Definition	Beispiel
IaaS (Infrastructure as a Service)	Eine IT-Infrastruktur, wie z. B. Speicherkomponenten, wird über das Internet zur Verfügung gestellt	Amazon Web Services
PaaS (Platform as a Service)	Ein Framework für Anwendungen wird im Internet bereitgestellt. Anwendungen können vom Kunden angepasst und erweitert werden. Die dazu nötigen Tools stellt die Plattform zur Verfügung	Microsoft Azure, Google Web Engine, Siemens Mindsphere
SaaS (Software as a Service)	Eine vollwertige Anwendung, die der Kunde im Internet „on demand" nutzen kann	Salesforce, SAP

Die digitalen Anwendungen im Bereich **Software-as-a-Service** (SaaS) verschieben sich zunehmend in Richtung Cloud. Die Vorteile von SaaS werden allgemein anerkannt und akzeptiert, obwohl sich durch das immer breiter werdende Angebot an SaaS-Lösungen die Komplexität derer Integration erhöht (Matheny und Skowron 2019). Der SaaS-Markt ist unter den Cloud-Servicemodellen mit Abstand der größte (Gartner Group 2019b).

Auch das Servicemodell **Infrastruktur-as-a-Service** (IaaS) ist ein bereits etabliertes Anwendungsfeld für Cloud in der Wirtschaft. Weltweit schrumpfen die Angebote von IaaS zunehmend auf immer weniger Service-Provider zusammen und konzentrieren sich auf einige wichtige weltweit agierende Anbieter (Strohmaier 2015). Dies impliziert, dass sich zusätzlich zu den Vorteilen ein klares Verständnis für die Grenzen dieser Technologie entwickelt hat. Gleichzeitig ist die Wachstumsrate des IaaS-Marktes zusammen mit der des Paas-Marktes verglichen mit der von SaaS sehr hoch.

Befeuert wird das Cloud-Wachstum durch das Zusammenwachsen von IaaS mit **Platform-as-a-Service** (PaaS) (Velten 2014). Die hohe Verfügbarkeit beider Servicemodelle hat dazu geführt, dass große Unternehmen und Mittelständler einen vergleichbaren günstigen Zugang zu virtuellen IT-Ressourcen haben. Bislang standen Rechenkapazität und Softwarelösungen kleinen und mittleren Unternehmen nur in begrenztem Umfang zur Verfügung, dieses Feld öffnet sich nun immer mehr Unternehmen (Lacher 2019). PaaS und IaaS ermöglichen es Unternehmen die Komplexität von Softwarelösungen zu senken und Infrastruktur nach Bedarf zu nutzen. Der PaaS-Markt hat jedoch nach wie vor wenig mit Standardisierung, etablierten Praktiken und nachhaltiger Führung zu tun. Darum hadern hauptsächlich risikoaverse Unternehmen mit der Einführung von PaaS-Lösungen (Ross 2019). Die Vorteile der Technologie sind noch nicht in vollem Maße anerkannt und akzeptiert.

11.4 Internet of Things

Ein Thema mit enormen Auswirkungen für den Industriestandort Deutschland ist das sogenannte **Internet-of-Things (IoT),** das Internet der Dinge. Studien zufolge zählt diese Technologie zu den einflussreichsten technologischen Enablern der nächsten Jahre (KPMG 2018). IoT beschreibt ein Netzwerk von dedizierten (fest zugeordneten) physischen Objekten, die eine eingebettete Technologie enthalten, um ihren internen Zustand oder die externe Umgebung zu erfassen oder zu beeinflussen. Konzeptionell geht es um die technische Vision, physische Objekte und Dinge jeder Art in ein universelles, digitales Netz zu integrieren.

▶ **Internet-of-Things (IoT); auch: Internet der Dinge** IT-technologischer Begriff, der ein Netzwerk von dedizierten (fest zugeordneten) physischen Objekten beschreibt, die eine eingebettete Technologie enthalten, um ihren internen Zustand oder die externe Umgebung zu erfassen und diese Daten weiterzugeben oder zu beeinflussen.

Hintergrund
Wer hat Internet der Dinge erfunden?
Historisch geht die Entwicklung auf eine selbstentwickelte Technologie von Informatikern der Carnegie Mellon University in Pittsburgh im Jahr 1982 zurück, die einen Getränkeautomaten intelligent vernetzen, um so sicherzustellen, dass jederzeit kalte Getränke verfügbar sind. Seitdem hat sich die Technologie rasant weiterentwickelt. Heute steht das Internet der Dinge für eine zukünftige digitale Vision, bei der digitales Computing nicht mehr auf Smartphones, Laptops und Computer beschränkt ist. Beim Einsatz dieser Technologie ist ein enormes Wachstum zu verzeichnen. Studien zufolge gehen täglich mehr als fünf Millionen neue Geräte online. Bereits im Jahr 2025 werden Schätzungen zufolge mehr als 75 bis 80 Mrd. Geräte an das Netz der Dinge angeschlossen sein (Statista 2019). Technologisch gesehen verbinden unterschiedliche Basistechnologien die Objekte mit dem Datennetz. Dazu gehören unter anderem drahtlose persönliche Netzwerke (WPAN), lokale Netzwerke (WLAN), kabelgebundene Verbindungen, zellulare Netzwerktechnologien von 2G, 3G, 4G bis 5G oder auch andere offene Netzwerk-Standards, wie RFID, Mesh oder WNAN (Lueth 2018). Die heute immer deutlicher in den Vordergrund tretenden Probleme sind das komplizierte Datenmanagement, die steigende Analysekomplexität und wachsende Sicherheitsbedenken.

Diese Technologie wird zum Bindeglied zwischen physischen Produkten, traditionellen Dienstleistungen unter Wertschöpfungsketten und damit zum neuen Paradigma für die herstellende Industrie: Die Konnektivität zwischen virtueller und realer Welt nimmt an Bedeutung zu. Durch den Einsatz von Sensoren an alltäglichen physischen Objekten in der Umwelt können von diesen Dingen unterschiedliche Daten erzeugt werden, bzw. Standort,- Qualitäts-, Wärme-, Bewegungs-, Höhen- oder Robustheitsdaten usw. Aus dieser Erfassbarkeit der physischen Objekte heraus werden enormen Datenmengen produziert, die anschließend in Informations- und Kommunikationssystemen gespeichert, verarbeitet und letztendlich in verschiedenen softwarebasierten Anwendungssystemen in verständlicher und analytischer Form präsentiert werden. Für viele Unternehmen wird das IoT damit einen deutlichen Wandel vom Verkauf von Produkten hin zur Erbringung von Dienstleistungen bewirken. Die neuen Geschäftsmodelle führen zu vielen neuen IoT-Datenströmen in Echtzeit, was zu einer optimierten Entscheidungsfindung in vielen Organisationen führt.

Im **IoT-Endkunden-Bereich** haben viele neue Anwendungen bereits Einzug gehalten: Smart Home, Wearables, Gaming und Entertainment Produkte sind bereits auf dem Markt akzeptiert, wobei noch immer Entwicklungspotenzial besteht. Die vollkommene Akzeptanz am Markt ist noch nicht gegeben, da allen voran die mangelhafte Interoperabilität und Sicherheitsbedenken Endkunden abschrecken. Speziell Sicherheitsbedenken wirken sich auf das Konsumverhalten aus, z. B. im Bereich Smart Health, Connected Building und Connected Car. Derzeit fehlt es noch an Standards zur Interoperabilität vieler Systeme, was die Akzeptanz bei den Endkunden für einen bestimmten Standard verringert. Anders als im **IoT-Gewerbebereich.** Hier befinden sich die Erwartungen rund um Themen, wie Smart Supply Chain und Smart Agriculture auf einem Höhenflug. Aktuelle Prognosen gehen davon aus, dass Fortschritte in den Bereichen Sensorik, 5G-Konnektivität, Edge Computing und Edge Analytics den Einsatz von IoT in der Industrie in den kommenden Jahren noch erheblich beflügeln werden (Sertin 2019).

Praxis

Sonos im Internet der Dinge

Das Unternehmen Sonos ist ein Hersteller von Smart Home Audio-Technik im Bereich der Konsumgüter. Das Unternehmen wurde im Jahr 2002 mit der Vision gegründet „Musik-Liebhabern zu helfen, jeden Song überall in ihrem Zuhause abzuspielen." (Sonos Team 2019). Der Aufstieg und Fall von Napster hatte für zusätzliche Unsicherheit gesorgt. Trotz dieser Unsicherheit entschieden sich die Gründer ein benutzerfreundliches drahtloses Multiroom-Home-Audiosystem zu bauen. „Großartige Multiroom-Musik bedeutete, eine Methode zu erfinden, um Audio sofort und drahtlos zu mehreren Lautsprechern zu übertragen, ohne dass die Zuhörer jemals irgendwelche Lücken bemerken." Die notwendige Technologie steckte zu diesem Zeitpunkt noch in den Kinderschuhen. Eine vollständig neue Systemarchitektur musste geschaffen werden. Schlüssel hierbei war der Gedanke der dezentralen Intelligenz, der heute unter dem Stichwort Edge-Computing Kernbestandteil vieler IoT-Systeme ist. Ein einzelner Sonos-Lautsprecher sollte einzeln steuerbar sein und das bis dato übliche System einer zentralen Audio Anlage zur Ansteuerung einzelner Lautsprecher ablösen. Das Unternehmen entwarf daher ein vollständiges neues Konzept einer Musikanlage, die auf ein Netzwerk einzelner vollwertiger Lautsprecher setzte, die über ein heimisches WLAN miteinander verbunden waren und selbstständig Musik aus verschiedenen Quellen abrufen konnte. Auf dem Weg wurden die Grundlagen vieler heute üblicher Standards im Bereich Protokolle, Treiber und Komponenten heute gängiger IoT-Systeme gelegt. Es dauerte jedoch bis zum Jahr 2009 bis der Durchbruch für Sonos zu echter Marktrelevanz gelang. Die Einführung des kostengünstigeren Play:5 Systems gekoppelt mit dem Wachstum von Smartphones als optimales Interface zu dem neuen Audio-Systems etablierte Sonos und seinen technischen Ansatz als einen führenden Wettbewerber im Bereich der Audio-Systeme. Das Ergebnis dieses Paradigmenwechsels steht heute in einer Vielzahl von Wohnungen und Büros: WLAN Lautsprecher, die als einzelnes oder koppelbares System direkt aus dem Internet Musik streamen, ohne weitere Steuerungselemente zu benötigen, sind heute zum Industriestandard geworden. Namhafte Hersteller von Audio Technik wie Bose oder Bang & Olufsen wurden gezwungen dem Trend zum dezentralen IoT System zu folgen und ähnliche Multi-Room Systeme zu entwickeln (Van Camp 2018).

Zu den anfänglichen Herausforderungen von IoT gehörten die wenigen gemeinsamen Standards, wie eine gemeinsame Infrastruktur, sowie die schwache Batterieleistung der Endprodukte. Heute sinkt der Stellenwert dieser Probleme, wodurch umfangreiche Anwendungsbereiche für das Internet der Dinge erschlossen werden konnten (Tab. 11.3).

Tab. 11.3 Anwendungsbereiche für das Internet der Dinge

Anwendungsbereich	Beispiel
Konsum	Smart Home, Wearables, Gaming, Entertainment
Gewerbe	Smart Health, Connected Building, Connected Car
Industrie (auch IIoT genannt)	Smart Supply Chain, Smart Agriculture
Infrastruktur	Smart City, Smart Energy, Smart Water

Angewendet werden kann dies beispielsweise im geschäftlichen Umfeld für die smarte Analyse von Sendungen in der Warenlogistik oder auch der automatisierten Überwachung von Servicezyklen bei Maschinen, Geräten oder Anlagen. Die Einbettung intelligenter Geräte und Technologien kann ebenso in der Lebens- und Arbeitswelt von Nutzen sein. Beispielsweise können Hausbesitzer ihre Heizung über das Smartphone regeln, Jalousien per Sprachbefehl schließen oder eine Liste der Bestände im Kühlschrank abrufen. Ein Fußball mit Sensoren ermöglicht ist, die Technik eines Fußballers zu analysieren und Vorschläge zur Verbesserung seines Spielers zu machen. Sensoren an einer Kuh alarmieren den Landwirt, wenn das Fieber beim Tier steigt oder es Wehen bekommt. Weitere Anwendungsgebiete sind beispielsweise im Gesundheitsbereich zu finden. Sensoren erkennen, wenn beispielsweise eine ältere Person stürzt und der Krankenwagen gerufen werden muss. Mobile Geräte, die die Lebenszeichen einer Person überwachen, können erste Anzeichen einer Krankheit erkennen und zusätzliche medizinische Tests überflüssig machen. Smarttags auf Medikamenten können das Problem gefälschter Arzneimittel reduzieren und Patienten helfen, Medikamente nach vorgeschriebener Dosierung einzunehmen (Ornes 2016). Neben der Optimierung des bestehenden Geschäftsmodells durch zum Beispiel prädiktive Wartung, bessere Anlagenauslastung und eine gesteigerte Produktivität, kann IoT auch die Schaffung neuer Geschäftsmodelle ermöglichen. Das Remote Monitoring ist beispielsweise heute ein Standard, um mit netzwerkfähigen Geräten Daten erheben, speichern und abrufen zu können. Die flächendeckende Implementierung des Remote Monitoring in digitale Endgeräte läutete beispielsweise die Geburtsstunde des „Everything as a Service" (SaaS, IaaS und PaaS) ein und eröffnete damit den Markt für zahllose neue digitale Geschäftsmodelle (Streuer et al. 2016).

Damit IoT sein größtmögliches Potenzial entfalten kann, müssen bestimmte Bedingungen erfüllt sein und weitere Hindernisse überwunden werden. Neben Hindernissen auf technischer Ebene, ergeben sich hauptsächlich Hindernisse auf verbraucher- und unternehmensinterner Seite. Verbraucher müssen beispielsweise auf die Sicherheit der IoT-basierten Plattformen vertrauen. Unternehmen müssen den datengetriebenen Ansatz zur Entscheidungsfindung nutzen, den IoT ihnen ermöglicht.

Um das volle Potenzial von IoT auf technischer Ebene ausschöpfen zu können, ist die **Interoperabilität** entscheidend, welche die systemübergreifende Zusammenarbeit von IoT definiert. Aktuellen Studien zufolge können ohne Interoperabilität mindestens 40 % der potenziellen Vorteile von IoT nicht genutzt werden. Interoperabilität kann einerseits durch die Einführung offener Standards erreicht werden, andererseits über die

Implementierung von Plattformen, die eine systemübergreifende Kommunikation von IoT ermöglichen (Manyika et al. 2015). Das bedeutendste Hindernis auf Verbraucherseite sind Sicherheitsbedenken über die Privatsphäre von Einzelpersonen, welche wiederum IoT-Unternehmen zwingen die Vertraulichkeit und Integrität ihrer Daten zu sichern. Anbieter von IoT Produkten und Dienstleistungen müssen Transparenz über die Erhebung und Nutzung ihrer Daten schaffen sowie eine adäquate Sicherung derselbigen gewährleisten.

▶ **Interoperabilität** Bezeichnet die Fähigkeit zur Zusammenarbeit von verschiedenen technologischen Systemen. Die Grundlage dafür ist die Einhaltung gemeinsamer technologischer Standards. Dies ist Voraussetzung für eine nahtlose Übertragung von Daten zwischen den Systemen und Endgeräten.

Die fortschreitende Erweiterung von IoT Systemen um neue Geräte erhöht exponentiell das Risiko von **Sicherheitslücken** im System, weshalb auch die Strategien zur Datensicherung mitwachsen. Der erhebliche Bedarf nach steigender Interoperabilität der Plattformen und steigende Sicherheitsbedenken bremsen den Wachstum noch in einigen Bereichen. In den letzten Jahren hat sich das Angebot von IoT-Lösungen stärker denn je an die steigenden Kundenerwartungen angepasst. IoT-Anbieter haben ihre Angebote durch die Nutzung von Cloud-Technologien von der einfachen Konnektivität hin zu vollwertigen Plattformen entwickelt. Da die Anwendungsbereiche von IoT sich laufend erweitern, sind Unternehmen immer neuen Herausforderungen dem Schutz der Daten vor unbefugtem Zugriff ausgesetzt. IoT-Infrastruktur Systeme können im Kontext von Smart City beispielsweise für die Kontrolle von Wasseraufbereitungsanlagen verwendet werden. Die Folgen von Sicherheitslücken würden weit über die unbefugte Weitergabe von Daten hinausgehen. Das physische Wohl von vielen Menschen wäre direkt bedroht. Auf juristischer Seite ergeben sich weitere Fallstricke: Alle Beteiligten der IoT-Wertschöpfungskette benötigen ein gemeinsames Verständnis bezüglich der Eigentumsrechte an den erhobenen Daten. Wer hat zum Beispiel die Rechte an den Daten bei einem implantierten Medizinprodukt? Der Patient, der Hersteller oder der Arzt, der das Gerät implementiert hat und regelmäßig kontrolliert? Neben Unklarheiten bezüglich des geistigen Eigentums, kann die Implementierung mancher IoT-Anwendungen nicht ohne behördliche Genehmigung stattfinden. Wo dürfen beispielsweise selbstfahrende Autos eingesetzt werden? Und wer haftet bei potenziellen Unfällen? (Manyika et al. 2015).

11.5 Blockchain

Die **Blockchain-Technologie** bietet ein neues Paradigma für den transaktionalen Bereich der Wirtschaft. Die Blockchain ist eine Art dezentrales Netzwerk-Protokoll, das dafür sorgt, dass bei Transaktionen zwischen Parteien keine dritte Partei mehr nötig ist, die die Vertragsbeziehung ‚beglaubigt'. Die Technologie macht es möglich, dass jede

Veränderung der vertraglichen Vereinbarungen zwischen verschiedenen Parteien transparent in einer Blockchain erfasst wird (Klotz 2016). Die große Innovation im Vergleich zu klassischen Konzepten der Vertrags- und Datenspeicherung besteht darin, dass die Blockchain ein sogenannter ‚öffentlicher Ledger' ist, bei dem jede einzelne Transaktion sichtbar gemacht wird. Zwar bleiben die vertragsschließenden Parteien, z. B. Partei A und Partei B, weiterhin anonym, aber deren Vertragsbeziehung und die Transaktionen werden sichtbar. Um einen sogenannten Block zu bilden, wird jeder Partei ein verschlüsselter mathematischer Code zugewiesen. Sobald sich die Daten darin ändern, wird der Code die Blockchain solange unterbrechen, bis die Vertragsbeziehung wiederhergestellt ist.

Blockchain als disruptive Technologie hat in den letzten Jahren viel Faszination ausgelöst. Seit dem ersten Auftreten der Technologie haben Unternehmen viel Zeit damit verbracht, ihr Potenzial zu erforschen. Das wahrgenommene Potenzial scheint groß: Im Jahr 2017 überstieg die Venture-Capital-Finanzierung von Blockchain-Startups die 1 Mrd. US$ (Higginson et al. 2019). Auch bekannte Unternehmen wie IBM und Google investieren in die Erforschung der Technologie. Aufgrund der vielfältigen Arten der Technologie und ihrer Implementierungsmöglichkeiten können ihre Potenziale stark variieren. Gemeinsam lassen sich allerdings grundlegende Potenziale identifizieren. Ursprünglich geht diese Technologie auf das 2008 von Satoshi Nakamoto erstmals beschriebene Konzept des **Bitcoins** zurück. Seitdem hat sich Blockchain zu einem Sammelbegriff von Technologien entwickelt, die ähnliche Mechanismen nutzen, um Wertschöpfungsbeziehungen transparent zu machen. Bei der Kryptowährung Bitcoin wird die Blockchain als Protokoll von kryptographisch signierten, unwiderruflichen Transaktionsaufzeichnungen bezeichnet, die von allen Teilnehmern in einem Netzwerk gemeinsam genutzt werden. Transaktionen werden in sogenannten Datenblöcken zusammengefasst prozessiert. Jeder Datenblock enthält einen Zeitstempel und Verweise auf frühere Transaktionen. Mit diesen Informationen kann jede Person mit Zugriffsrecht jederzeit ein Transaktionsereignis zurückverfolgen.

Die transparente, aber kryptographisch verschlüsselte Dokumentation aller Transaktionen und Informationen auf Blockchain-Systemen ist nicht notwendigerweise an eine Identität geknüpft (Jerry und Andrea 2016) und gewährt daher eine gewisse Anonymität unter den Parteien. Da ein Informationsblock der Blockchain einen Zeitstempel und einen eindeutigen Verweis auf den direkten Vorgänger-Block und Nachfolger-Block enthält, ist zudem die Integrität der Blockchain und aller Netzwerk-Prozesse sowie die in ihr gespeicherten Informationen gewährleistet. Die technisch skalierbare Bereitstellung von Vertrauen zwischen fremden Akteuren gilt daher als eines der vielversprechendsten Potenziale (Needham & Company 2015). Die Dezentralität einer Blockchain ermöglicht ebenso vielfältige Chancen. Aufgrund der dezentralen Architektur des Blockchain-Netzwerks, in der die Blockchain selbst als auch ihre Mechanismen und unter allen Netzwerkteilnehmern reproduziert wird, besteht innerhalb des Netzwerk kein sogenannter „Single Point of Failure", sodass das Netz als besonders ausfallsicher gilt und gerade in Bereichen, die eine sichere und beständige

Datenverfügbarkeit erfordern, von Vorteil ist. Die bereits erwähnte Obsoleszenz von dritten Parteien bietet in vielen digitalen Anwendungsbereichen großes Potenzial, Kosten zu verringern und Vertrauen unter den einzelnen Parteien zu stärken.

> **Praxisbeispiel**
> **Gamification mit Crypto-Kitties**
> CryptoKitties ist eines der ersten digitalen Spiele, die auf der Blockchain-Technologie aufbauen (www.cryptokitties.com). CryptoKitties sind virtuelle Katzen mit einzigartigen Phäno- und Genotypen, die man wie traditionelle Sammlerstücke kaufen, verkaufen, sammeln oder tauschen kann. Außerdem ist die Züchtung neuer Katzen durch Fortpflanzung möglich, die nach einer bestimmten Brutzeit als neues Eigentum auf den Initiator übertragen werden. Als „Decentralised Application", oder auch Dapp genannt, läuft das Crypto-Game auf einem Netzwerk von Computern anstatt auf einem einzelnen Computer und wird so von keiner einzelnen Entität mit einer zentralen Datenbank kontrolliert. Mit dem Kauf eines CryptoKitty als sogenanntes Cryptocollectible erwirbt man NFTs – non-fungible tokens –, also einzigartige, nicht austauschbare Token auf der Ethereum-Blockchain, welche als Wertmarken in dem Ökosystem des Spiels fungieren (CryptoKitties Team 2019). Das Besondere an solchen blockchainbasierten Cryptocollectibles ist, dass durch den Erwerb das Eigentum absolut und unveränderlich auf den Käufer übertragen und als Transaktion auf dem Blockchain-Protokoll dokumentiert wird. Bereits einige Tage nach dem Start des Spiels im März 2017 wurden schon umgerechnet 1,3 Mio. US$ in die Katzen investiert und die Höchstsumme von umgerechnet 113.000 US$ für die allererste „Genesis"-Katze gezahlt (Tepper 2017).

Die Berechnung der Blockchain erfolgt dabei vollständig dezentral auf den Computern der Benutzer, die an die Blockchain angeschlossen sind. Wann immer eine Transaktion durchgeführt wird, wird diese Transaktion auf alle angeschlossenen Rechner im Netzwerk übertragen und von diesen validiert. Die verschiedenen Prozess-Mechanismen innerhalb eines Netzwerks können sich je nach Blockchain unterscheiden. So können beispielsweise auf der Blockchain der Kryptowährung Ethereum nicht nur Transaktionen, sondern ganze Computercodes gespeichert werden, die je nach Ereignis im Netzwerk als Applikation ausgeführt werden können (Marr 2018). In der Tab. 11.4 sind die Eigenschaften einer Blockchain kurz zusammengefasst (Manyika et al. 2015).

Die Blockchain-Technologie findet generell in Bereichen Anwendung, die traditionell auf eine dritte Partei zur Validierung und Sicherung (digitaler) Information vertrauen. Die Anwendungsbereiche der Blockchain-Technologie sind daher endlos: Neben dem bekanntesten Fall Bitcoin als sogenannte Kryptowährung im Zahlungsverkehr finden Kryptowährungen auch beispielsweise in der Versicherungswirtschaft, Industrie, im Logistikbereich, öffentlichen System oder in der Energiewirtschaft Anwendung. Drei konkrete Anwendungsbeispiele in den Bereichen humanitäre Hilfe,

Tab. 11.4 Eigenschaften einer Blockchain

Eigenschaft	Erläuterung
Dezentral	Das Protokoll liegt nicht auf einem zentralen Server, sondern ist über viele Computer verteilt (siehe Cloud)
Transaktion	Jede Art von Information
Partei	Teilnehmer, die an einer auf Blockchain basierenden Lösung teilnehmen und den Regeln der Blockchain folgen
Transparent	So genannte „Miner" stellen sicher, dass Informationen in jedem **Datenblock** verifiziert und im Netzwerk geteilt werden. Dadurch kann jede Transaktion innerhalb der Blockchain nachvollzogen werden

Gaming und Eigenkapitalinvestment sollen zeigen, wie vielfältig und unterschiedlich die Anwendungsbereiche von Blockchain sein können.

Der Einsatz einer Blockchain führt zu mehr Effizienz und Zeit, da die Überprüfung und Verifizierung der Daten zwischen den Parteien sehr schnell verläuft und z. B. Überprüfungen der einzelnen Parteien überflüssig macht. Die Dezentralität und Anonymität verhindern zudem jede Diskriminierung bei der Transaktion. Da die Überprüfung der Vertragsbeziehung sich nur darauf bezieht, ob die Transparenz und Verantwortlichkeit für die Transaktion gegeben ist, spielen andere beeinflussende Faktoren bei der Vertragsgestaltung keine Rolle mehr. Deshalb wird diese Technologieinnovation als transformative Technologie beschrieben, die das Potenzial hat, die Gesellschaft zu verändern.

> **Praxisbeispiel**
> **Humanitäre Unterstützung mit Blockchain**
> Das Building Blocks Projekt des UN World Food Programme (WFP) nutzt Blockchain-Technologie, um Hilfe in zwei syrischen Flüchtlingscamps in Azraq und Tazweed in Jordanien anzubieten (World Food Programme 2017). Bei der Bereitstellung von Geldtransfers an die Notdürftigen sind mehrere Banken und Finanzintermediäre involviert, was zu Kostenerhöhungen, Verzögerungen sowie finanziellen und Datensicherheitsrisiken führt. Gerade in regierungsschwachen Regionen, oft durch ein hohes Maß von Korruption gekennzeichnet, sind die Optionen zur Geldausgabe auf die wenigen lokalen Institutionen limitiert, welche oft signifikante Gebühren erheben. Die Implementierung einer eigenen Blockchain ermöglicht eine Authentifizierung und Registrierung von direkten, schnellen und sicheren Transaktionen zwischen den Begünstigten und dem WFP, ohne dass ein Finanzintermediär wie eine Bank die beiden Parteien verbinden muss und reduziert so Transaktions- und administrative Kosten. Darüber hinaus hat das System dazu beigetragen, blockchainbasierte, unveränderliche Identitäten für Flüchtlinge zu schaffen. Eine dauerhafte digitale Identität

hilft Flüchtlingen, auch andere Hilfen und Einrichtungen zu beantragen und zu erhalten. Die Integration der bereits bestehenden biometrischen Iris-Scan-Authentifizierungstechnologie der UN ermöglicht die bestehenden Prozesse innerhalb des Lagers aufrechtzuerhalten, ohne dass Änderungen erforderlich sind. Den 100.000 Menschen in den Flüchtlingslagern schafft dies Kontrolle über ihre Identität und ihre eigene Geldverwaltung in den Lebensmittelausgaben und sorgt so für mehr Sicherheit und Privatsphäre der syrischen Flüchtlinge. So konnten im Jahr 2018 über 480.000 US$ der insgesamt über 1,6 Mrd. US$ an Transaktionskosten eingespart werden (Dhameja 2019). Entwickelt wurde die WFP Building Blocks Blockchain von Parity Technologies und Datarella (Reuter 2017), zwei IT-Unternehmen spezialisiert auf Blockchain Core Infrastruktur.

Obwohl weltweit Technologieführer von den Kapazitäten der Blockchain-Technologie fasziniert sind, ist noch unklar, welchen Auswirkungen diese im Unternehmenskontext hat. Bisher brachte Blockchain noch sehr wenige erfolgreiche Unternehmenslösungen hervor. Dabei spielt die Skalierbarkeit der Technologie zur Anwendung als Industriestandard eine große Rolle (McKinsey & Company 2018). Um aktuelle Systeme erfolgreich ersetzen zu können, müssen die Blockchain-Systeme einen weitaus größeren Datendurchsatz abwickeln können als sie bisher beweisen konnten. Ebenso sind hohe Anforderungen bezüglich Sicherheit, Robustheit und Leistung zu erfüllen, die aufgrund der Unreife der Technologie noch nicht substanziell erforscht und bestätigt sein können (Wyman 2016). Auch das schnell wachsende Interesse an der Technologie ließ regulatorische Fragen ungeklärt. Die rechtliche Umgebung der Technologie ist bisher noch nicht festgelegt. Das Fehlen von regulatorischen Standards und Rahmenbedingungen ist eine wesentliche Einschränkung der Weiterentwicklung von Blockchain. Als technologische Innovation muss Blockchain weiterhin stabilisiert und besser verstanden werden, um in Zukunft wettbewerbsfähig und weitgehend nutzbar zu sein und sein volles transformatives Potenzial ausschöpfen zu können.

Mit knapp über zehn Jahren Entwicklungszeit seit Aufkommen der ersten Anwendung ist Blockchain als Technologie vergleichsweise noch in den Kinderschuhen. Aktuellen Studien zufolge bewerten nur 5 % der befragten CIOs die Blockchain-Technologie aktuell als Game-Changer für ihre Organisation, weit hinter beispielsweise Cloud-Lösungen, künstlicher Intelligenz oder Data-Analytics (Pemberton Levy 2018). Obwohl bereits einzelne erfolgreiche Anwendungsfälle existieren, welche das aufkommende Potenzial der Technologie zeigt und Investitionen in Blockchain-Projekte allein durch Initial Coin Offerings (ICOs) bereits 2017 die 2 Mrd. US$ überstiegen, (CBInsights 2017) befinden sich die Projekte noch in der experimentellen Phase. Die initiale Euphorie gegenüber der Blockchain wurde durch mangelnde Skalierbarkeit, ungenügender tatsächlicher Erfahrung mit den technologischen Spezifikationen und legaler sowie regulatorischer Barrieren eingedämmt.

> **Praxis**
>
> **Equity Tokenization mit Neufund**
> Das 2016 in Berlin gegründete Projekt Neufund ist eine blockchainbasierte Plattform für Anlagenverwaltung und Eigenkapitalinvestments (www.neufund.org). Neufund schafft eine rechtlich durchsetzbare Verbindung zwischen einem Token auf der Ethereum Blockchain und realem Eigenkapital (Loritz 2018). Über diese sogenannten Equity Token ermöglicht Neufund erstmals den Zugang zu Investmentmöglichkeiten von fraktionierter Eigentümerschaft für die breite Öffentlichkeit ohne die notwendige Akkreditierung oder hohe Einstiegsbarrieren. Im Gegensatz zum traditionellen System, bei dem Anteile in einer zentralen Datenbank erfasst und mit einem Papierzertifikat kommen, werden Anteile über die Neufund Plattform auf eine Vielzahl von Equity Tokens aufgeteilt und in der Blockchain erfasst (Stimoloa 2019). Mit der Blockchain-Technologie werden Intermediäre eliminiert und so direkte und unmittelbare Übertragbarkeit von Vermögenswerten und Kontrolle über die eigene Eigentümerschaft geschaffen. Diese Anlagemöglichkeit stellt gerade in der Start-Up-Szene eine Alternative zur klassischen Finanzierung dar und bietet privaten Unternehmen Kapital von prinzipiell jedem Investor zu beschaffen. Ende 2018 hat Neufund mit ihrem ersten öffentlichen Equity Token Offering insgesamt 3,4 Mio. € Investment erhalten (Neufund Team 2018).

Bei der Einordnung von Blockchain in den Gartner Hype Cycle muss eine Unterscheidung zwischen Kryptowährungen, allen voran Bitcoin im Zahlungsverkehr, und der Blockchain als Technologie getroffen werden. Während Kryptowährungen als Innovationsauslöser bereits im Tal der Ernüchterung einzuordnen sind, ist die Blockchain als solche und die damit verbundenen komplexen Technologien noch in der Erwartungsphase (Panetta 2019). Die Wende von reinem ‚Blockchain-Tourismus' zu tiefergehenden Forschungsinitiativen und tatsächlicher Entwicklung findet jedoch zunehmend statt. Die Verbesserung und Weiterentwicklung der verschiedenen Konzepte über einen Proof-of-Concept hinaus hin zu echten Use Cases sowie weitere Diversifizierung von potenziellen Blockchain-Anwendungsfällen und Reduzierung regulatorischer und marktseitiger Unsicherheiten erhöht die Adoption und Relevanz der Technologie. Fraglich ist jedoch, in welchem Zeitraum eine solche Adoption erreicht werden kann. Eine tatsächliche Wirkung der anfänglichen Verprobungen auf die geschäftliche Effizienz ist daher erst in etlichen drei Jahren zu erwarten (KPMG 2019).

11.6 Big Data und künstliche Intelligenz

Mitte der 2000er Jahre führte die flächendeckende Anwendung des mobilen Internets und der Aufstieg der sozialen Medien zu einem unvergleichbaren Anstieg an generierten Datenvolumen. Dies war die Geburtsstunde des Begriffes „Big Data" (zu Deutsch: große

11.6 Big Data und künstliche Intelligenz

Daten), wie wir ihn heute kennen. Big Data bezeichnet Daten, die sowohl in strukturierter als auch unstrukturierter Form existieren und zu umfangreich sind, sodass Menschen mit herkömmlichen Analysemethoden Trends und Muster innerhalb dieser Daten erkennen können (Saleem Sumbal et al. 2015). Bei Daten handelt es sich um eine potenziell wertvolle Ressource. Die Auswertung und Mustererkennung innerhalb von Datensätzen, kann beispielsweise zu einer Prozessoptimierung innerhalb des Unternehmens, sowie zu einer Steigerung der Servicequalität für den Kunden verwendet werden. Folglich eröffnet sich durch Big Data-Technologien ein neuer Anwendungsbereich mit enormem kommerziellem Potenzial. Dies führte zu einer neuen Welle der automatisierten Datenverarbeitung mit einer neuen Generation von Technologien – insbesondere die der sogenannten Künstlichen Intelligenz. Lämmel und Cleve zufolge ist die künstliche Intelligenz ein Teilgebiet der Informatik, das versucht, menschliche Vorgehensweisen der Problemlösung effizienter auf Computern nachzubilden (Lämmel und Cleve 2008). Dabei handelt es sich also um eine Simulation menschlicher Intelligenz durch Anwendung verschiedener Technologien. Dabei ist das KI-System jedoch nur scheinbar intelligenter. Vielmehr basiert es auf komplexen Regelsystemen, mit denen versucht wird, die Erfahrungen, Fakten, Modelle, Regeln, Aktionen, Reaktionen, Äußerungen, Interpretationen und so weiter von Menschen oder Interaktionen so abzubilden, dass die Maschine diese schneller auf eine Problemlösung anwenden kann, als ein Mensch (Hecker et al. 2018).

Die Abb. 11.4 gibt einen Überblick über die Fortschritte auf dem Gebiet der künstlichen Intelligenz in den letzten ca. 30 Jahren. Waren die Anfänge noch von sogenannten wissensbasierten Expertensystemen geprägt, bei denen eine repräsentative Wissensbasis, beispielsweise das Wissen eines bestimmten Experten, noch manuell nachgebildet werden musste, entstanden bereits in den 1990er Jahren erste Formen des sogenannten maschinellen Lernens, bei dem Software-Systeme nach dem Vorbild neuronaler Netze entwickelt wurden. Die Schichten innerhalb eines neuronalen Systems übernehmen verschiedene Rechenaufgaben, Interpretationsaufgaben als quasi simulierte kognitive Leistungen. Während das maschinelle Lernen der 1990er Jahre lediglich auf die gelernte Zuordnung von zuvor manuell markierten Merkmalen beschränkt war, entwickelte sich Anfang der 2000er das Repräsentationslernen, welches die KI befähigte, durch die Verwertung unterschiedlicher Darstellungsarten neue Merkmale zu lernen. Die Entwicklung dieses neuen Verfahrens des maschinellen Lernens wurde nun eingesetzt, um aus großen Mengen historischer Daten Muster zu extrahieren. Diese Modelle erlauben die Interpretation von Daten, aus der sich Empfehlungen, Warnungen oder Entscheidungen generieren lassen.

Die zunehmende Rechenleistung von Grafikprozessoren ermöglichte zudem die Schaffung neuer Dimensionen (Neuronenschichten) des **Deep Learning.** Das Deep Learning ist ein Teilbereich des maschinellen Lernens und orientiert sich dabei an der Funktionsweise des menschlichen Gehirns. Es befähigt künstliche Intelligenz abstrakte menschliche Denkmuster, wie Bild- und Spracherkennung zu lernen, sowie eigene Prognosen und Entscheidungen zu treffen. Durch das **Repräsentationslernen** der abstrakten

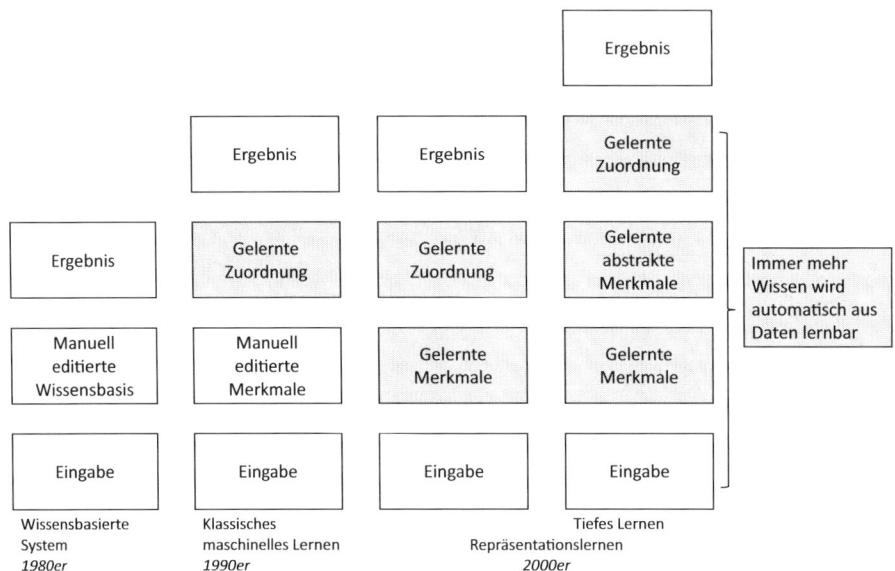

Abb. 11.4 Kerntechnologien der KI. (Quelle: in Anlehnung an Hecker et al. 2018, S. 10; Goodfellow, Ian; Bengio, Yoshua; Courville, Aaron 2016: Deep Learning, MIT Press, https://www.deeplearningbook.org/)

menschlichen Sprache, konnte beispielsweise die Fehlerrate der Google-Spracherkennung um 25 % reduziert werden (Dormehl 2017; Hecke et al. 2017). Aus der kognitiven Erkennung konnte sich dadurch die kognitive Interaktion herausbilden. Die KI ist heute zunehmend fähig mit Menschen auf Grundlage selbsterlernter abstrakter Merkmale zu kommunizieren, beispielsweise mit KI-basierten Chatbots (vgl. auch Kap. 7). Die zunehmende automatisierte Massenindividualisierung ist ein weiteres Merkmal dieser neuen Generation von KI. Durch das Lernen abstrakter Muster auf Basis von Nutzerdaten, werden beispielsweise Kaufvorschläge (Amazon), Filmvorschläge (Netflix) und Musikvorschläge (Spotify) generiert. Im Fall von Amazon führen die stets intelligenter werdenden Kaufvorschläge zu höheren Verkaufszahlen. Netflix und Spotify nutzen diese Technologie, um dem bestehenden Service ein neues Feature hinzuzufügen, welches die Servicequalität für den Kunden durch Individualisierung erhöht.

Während die Künstliche Intelligenz in den Bereichen kognitive Erkennung sowie Interaktion meist auf komplexe Prozesse des kognitiven Lernens beruhen, werden bei der Prozessautomatisierung hauptsächlich klassische Methoden des maschinellen Lernens angewandt. Da es sich bei der Prozessautomatisierung um die Ausführung von repetitiven Aufgaben handelt, stellt die manuelle Editierung von Merkmalen ein einmaliges Unterfangen dar, weshalb Merkmale von der KI nicht gelernt werden müssen. **Software-Roboter** (oder auch **RPA:** Robotic Process Automation) sind Softwarelösungen, die ohne Eingriff in die bestehende IT-Landschaft eingesetzt werden

Tab. 11.5 Unterschiede zwischen unterschiedlichen Technologien

Prozessautomatisierung	Software Roboter (auch RPA: Robotic Process Automation): Automatisierung von digitalen und physischen repetitiven Aufgaben. Nachahmung von menschlichem Verhalten
Kognitive Erkennung	Mustererkennung und Interpretation von Datensätzen durch maschinelles Lernen • Datenanalyse für Zukunftsprognosen • Bild- und Spracherkennung • Programmatische Werbung
Kognitive Interaktion	Mitarbeiter- und Kundeninteraktion durch intelligente Helfer wie Chatbots durch maschinelles Lernen

können. Dort können sie verschiedene Tools und Anwendungen schnell und fehlerfrei fernsteuern (Davenport und Ronanki 2018; Hecke et al. 2017). Die Unterschiede zwischen den unterschiedlichen Technologien sind in Tab. 11.5 kurz zusammengefasst.

Die Anwendungsbereiche der Prozessautomatisierung, kognitiven Erkennung sowie kognitive Interaktion bieten Unternehmen zahlreiche Verwertungspotenziale zur Optimierung interner und externer Prozesse. Beispielsweise birgt aber auch der Einsatz von Technologien zur Prozessautomatisierung das Potenzial, menschliche Ressourcen einzusparen. Menschliche Arbeitskraft kann gerade in repetitiven Prozessen und Vorgängen durch künstliche Intelligenz ersetzt werden.

Hintergrund
Wie die künstliche Intelligenz Gewinner und Verlierer produziert
Das Tempo des digitalen technologischen Fortschritts nimmt weiterhin zu. Immer neue digitale Technologien halten Einzug in den Unternehmensalltag und verändern diesen radikal. Aktuelle Statistiken zeigen, dass Unternehmen, die in ihrer Branche führend in der Anwendung digitaler Technologien sind, ein schnelleres Umsatzwachstum und eine höhere Produktivität verzeichnen als ihre weniger digitalisierten Mitbewerber. Sie sind in der Lage, durch den Technologieeinsatz eine dreimal so hohe Marge zu generieren und im Durchschnitt schneller Innovationen zu entwickeln als andere. Aktuell rollt bereits die nächste große Innovationswelle in Form fortgeschrittener Anwendungen zur Automatisierung durch künstliche Intelligenz über die Industrie hinweg. Einzug halten in den Unternehmensalltag nun algorithmische Fähigkeiten, Möglichkeiten zur Analyse großer Datenbestände und des Machine Learning, die eine neue Generation von Innovationen auf organisatorische Ebene hervorbringen. Maschinen übertreffen mithilfe der KI schon heute menschliche kognitive Leistungen in vielen Anwendungsfeldern, wie beispielsweise der Bilderkennung, Objekterkennung, Gesichtserkennung, Stimmanalyse oder anderen Fähigkeiten zur Mustererkennung, wie dem medizinischen oder diagnostischen Bereich. Während diese Technologien noch am Anfang stehen, sind schon heute massive Produktivitätssteigerungen durch KI sichtbar. Beispielsweise gibt es KI-Anwendungsfälle in Funktionen wie dem Vertrieb, Marketing, Supply Chain Management, Logistik, Service und im Corporate Finance. Aktuelle Statistiken zeigen, dass die KI die Grundlage dafür bildet, die nächsten großen Disruptionen hervorzubringen. Dadurch wird sich die Kluft zwischen den Unternehmen, die viel in KI-Anwendungen investieren, und denen, die ansonsten undigitalisiert bleiben, weiter vergrößern. Derzeit sind beispielsweise in China und den USA die meisten KI-bezogenen Forschungs- und Industrieaktivitäten sowie

Investitionen zu beobachten. Analysen zeigen, dass in diesen Ländern die Volkswirtschaften von der Nutzung dieser neuen digitalen Fähigkeiten profitieren werden, da dort viele neue Geschäftsmodelle basierend auf künstlicher Intelligenz entstehen werden. Wirtschaftlich gesehen hat die KI-Automatisierung damit auch disruptive Auswirkungen auf den Arbeitsmarkt. So sprechen einige Szenarien dafür, dass durch die KI-Automatisierung bis ca. 2030 etwa 15 % aller weltweiten Arbeitsplätze, was ca. 400 Mio. Arbeitsplätzen entspricht, verlagert oder zerstört werden könnten. Gleichzeitig aber gibt es Szenarien, in denen vom Aufbau von 500 bis 900 Mio. neuer Arbeitsplätze durch Produktivitätssteigerungen, Innovationen und anderen KI-Formen gesprochen wird.

Quelle: McKinsey & Company. Navigating a World of Disruption. McKinsey & Company, 2019

Ähnlich verhält es sich beim Einsatz von Technologien zur kognitiven Erkennung. Sie wird derzeit hauptsächlich in Bereichen eingesetzt, in denen schnelle Entscheidungen getroffen werden sollen. Diese Analyse und Entscheidungsgeschwindigkeit kann kein Mensch leisten, weshalb auch hier keine Arbeitsplätze direkt bedroht werden. Technologien der kognitiven Erkennung können eingesetzt werden, um die Leistungsfähigkeit von Produkten und Services zu verbessern. Empfehlungsalgorithmen sind dafür ein Beispiel. Bei der Datenanalyse wird künstliche Intelligenz verwendet, um möglichst gute Prognosen zu erhalten und damit bessere Entscheidungen treffen zu können. Die Anwendung von KI ist im Umgang mit Big Data mittlerweile unerlässlich. Neben der Erkennung von Mustern in Datensätzen wird die Bild- und Spracherkennung zunehmend genutzt, um beispielsweise mit Kunden oder Mitarbeitern zu kommunizieren.

Beispiel

Programmatische Werbung und deren Einfluss auf die Mediaindustrie
Die programmatische Steuerung digitaler Werbung hat in den vergangenen Jahren für viel Aufregung gesorgt und ist aus technologischer Sicht der Standard bei der Vermarktung von Online-Werbung. Zum Einsatz kommen Technologien der Prozessautomatisierung. Innerhalb von Millisekunden werden unterschiedliche Systeme an unterschiedlichen Orten auf dieser Welt vollautomatisiert in einen Einkaufs- und Verkaufsprozess von Werbeflächen im Internet einbezogen. Viele der Systeme arbeiten auf Basis von künstlicher Intelligenz und berechnen auf Grundlage vorliegender Nutzerdaten die Nutzerrelevanz für eine bestimmte Werbeanzeige und gleichen diese Daten mit den verfügbaren Daten über Inhalte und Kampagnen von Werbetreibenden ab. Der Höchstbietende in diesem Prozess darf das Werbebanner auf seiner Internetseite aussteuern und kann damit den Kunden mit individualisierter Werbung ansprechen. Dieser Auktionsprozess wird innerhalb weniger Millisekunden abgewickelt. Aktuellen Schätzungen zufolge werden mittlerweile bereits 40–50 % aller gebuchten Display- und Video-Umsätze über Programmatic Advertising realisiert, was einem Marktanteil von ungefähr acht Milliarden Euro an Werbegeldern entspricht (IAB Europe 2017). Oftmals nicht im Blick der Technologen sind die Effekte auch auf den Arbeitsmarkt, die durch den Einsatz von Programmatic Advertising

entstehen. War die Aushandlung von Werbeverträgen bislang ein stark beziehungsorientiertes Geschäft in der Werbeindustrie, so kommen nun Plattformen zum Einsatz, die in der Wertschöpfung der nun die Arbeit des Beziehungsaufbaus übernehmen. Dieser Beziehungsaufbau erfolgt aber nicht mehr zwischen Menschen, sondern zwischen zwei oder mehr verschiedenen Plattformen. Dieser Prozess produziert einen exponentiellen Anstieg an Anzeigen im Internet, erfordert aber immer weniger Menschen oder zumindest weniger traditionelle Werbejobs, aber mehr technische Experten (Thompson 2018).

Um die extremen Verwertungspotenziale von KI freizusetzen, bedarf es jedoch auch der Überwindung von Hindernissen.

- Künstliche Intelligenz mit bestehenden Prozessen und Systemen zu verknüpfen ist oftmals ein sehr komplexes Unterfangen. Um die KI kompatibel zu machen, bedarf es häufig hoher **Investitionen** in Technologiekomponenten, aber auch in geeignete Expertise. Immer schneller verbessern sich sowohl die Systeme und gleichzeitig fallen die Preise. Während die Worterkennung bereits eine fortgeschrittene Technologie ist (Übersetzungsprogramme), ist die Erkennung von Bild und Sprache oft noch sehr fehleranfällig und daher kostenintensiv.
- Neben dem hohen Preis ist fachkundiges **Personal** mit anwendungsbezogenem Wissen zur KI am Arbeitsmarkt derzeit (noch) Mangelware. Bestehende Mitarbeiter sind aufgrund der Komplexität dieser Technologie häufig nicht in der Lage diese einzusetzen, weil sie nicht im nötigen Umfang verstanden wird. Die hohe Nachfrage nach Fachpersonal mit KI-Wissen führte zu einer dahingehenden Erweiterung der Ausbildungs- und Fortbildungsmöglichkeiten. In den letzten Jahren näherte sich das Angebot von Fachpersonal immer mehr der Nachfrage an.
- Auch stellt die **Interoperabilität** zwischen bestehender Technologie und künstlicher Intelligenz ein Problem dar. Diese wird sich aber in Zukunft durch die zunehmende Verknüpfung von Maschinen und Rechenleistung (Cloud) verändern.
- Die Sicherstellung einer für den jeweiligen Anwendungsbereich zureichenden **Datenqualität** ist ebenso kritisch. Die Nutzung von Smart Data anstelle von Big Data rückt deshalb immer mehr in den Vordergrund. Smart Data bezeichnet für den jeweiligen Verwendungszweck sinnvoll aus Big Data extrahierte Datenmengen durch einen Algorithmus. Durch die Nutzung von Smart Data kann die Datenqualität und damit auch die Entscheidungsqualität erhöht werden. Durch ein geringes Fehlerrisiko kann sich die künstliche Intelligenz damit für neue Anwendungsgebiete qualifizieren (Davenport und Ronanki 2018).

Alles dies sind Gründe, warum sich die KI heute hauptsächlich in den wirtschaftlichen Anwendungsbereichen etabliert, in denen sie schnelle Lösungen für bekannte Probleme verspricht, Stichworte sind beispielsweise programmatische Werbung oder Prozessautomatisierung. Aktuelle Untersuchungen (Davenport 2019) zeigen, dass die meisten KI-Projekte heute im Bereich der Prozessautomatisierung verortbar sind. Dies verwundert nicht, da die Automatisierung von repetitiven Aufgaben den Anwendungsbereich mit der vergleichsweisen geringsten Komplexität darstellt. Die geringe Komplexität liegt darin begründet, dass diese Programme nicht, oder nur in geringem Maße, lernfähig sind. Lösungen der intelligenten Prozessautomatisierung sind deshalb die günstig und leicht zu implementieren. Da die Technologien mit einer hohen Investitionsrentabilität einhergehen, sind sie für Unternehmen nur mit einem geringen Risiko verbunden.

Testen Sie Ihr Wissen
a) Diskutieren Sie, ob die Nutzung des Internets aus volkswirtschaftlicher Sicht heraus zur Steigerung des wirtschaftlichen Wohlstands führt. Woran könnten Sie das messbar machen?
b) Diskutieren Sie, ob das Bruttoinlandsprodukt einen Maßstab dafür darstellt, um in Zeiten der Digitalisierung den Wohlstand einer Gesellschaft auszudrücken.
c) Was verstehen Sie unter dem BIP-B?
d) Nennen und erläutern Sie drei wichtige Schlüsseltechnologien der Digitalisierung.
e) Was ist unter digitalem Verwertungspotenzial zu verstehen?
f) Was ist der Unterschied zwischen der hybriden und der dezidierten Infrastruktur?
g) Welche Phasen werden im Hype-Cycle-Modell unterschieden?
h) Erläutern Sie die Anwendung von Cloud-Computing aus Sicht der digitalen Organisationsentwicklung.
i) Welche Cloud-Servicemodelle kennen Sie? Nennen Sie zu jedem ein Beispiel aus der Praxis.
j) Was versteht man unter IoT? Was sind typische Anwendungsfelder?
k) Warum sollten Organisationen bei Digitalisierungsvorhaben insbesondere das Thema der Interoperabilität beachten?
l) Erläutern Sie kurz das technische Prinzip von Blockchain.
m) Was ist Deep Learning?

Abschluss

Die Digitalisierung hat einen wirtschaftlich virtuosen Zyklus der Veränderung in allen Organisationen in Gang gesetzt. Kleine Leistungssteigerungen in den digitalen Technologien haben erhebliche wirtschaftliche Effekte auf Organisationen und Unternehmen. Über diese fortschreitende Entwicklung wurde in den letzten Kapiteln viel reflektiert und Details für die Auswirkungen auf allen organisationalen Stufen geliefert. Während Konsens zu den potenziellen Vorteilen herrscht, gibt es zu den langfristigen Auswirkungen von Datenanalytik, künstlicher Intelligenz oder sozialen Vernetzungsformen auf die Menschen und die Gesellschaft noch wenig Klarheit. Die steigende Erwartungshaltung der Endkunden und der damit verbundene Wettbewerbsdruck zwingt Unternehmen immer weiter, über den Einsatz von Technologie in der

Wertschöpfung nachzudenken. Viele der in diesem Buch diskutierten Ansätze der digitalen Organisation versetzen Unternehmen in die Lage, die dynamischen Entwicklungen digitaler Technologien zu integrieren und die Potenziale zu nutzen. Denn erst die Nutzung und Kommerzialisierung und Verwertung innerhalb der Dynamik des digitalen Wandels ermöglicht eine erfolgreiche Etablierung und das fortlaufende Verteidigen und Erweitern der Marktposition der Organisation in einer digitalen Zeit.

Der Autor wünscht Ihnen, den Leserinnen und Lesern, viel Erfolg bei der Umsetzung und eine für alle Beteiligten zufriedenstellende Lösung. Wenn Sie mögen, schauen Sie auf der Website www.kaireinhardt.de vorbei und abonnieren Sie dort meinen Newsletter. Damit erhalten Sie regelmäßig weitere Updates zum Buch und Anregungen zur Ausgestaltung der digitalen Organisation. Über Hinweise über Methoden und Praxisbeispiele aus Ihrem oder anderen Unternehmen freue ich mich.

Literatur

Ansoff, H.Igor. 2012. Managing strategic surprise by response to weak signals. *California Management Review* 18 (2): 21–33.
Bitkom e. V. 2018. Zwei von drei Unternehmen nutzen Cloud Computing. https://www.bitkom.org/Presse/Presseinformation/Zwei-von-drei-Unternehmen-nutzen-Cloud-Computing.html. Zugegriffen: 6. Juni 2019.
BMWi. 2017. Monitoring-Report Wirtschaft DIGITAL 2017, Berlin.
Brynjolfsson, Erik, Avinash Collis, und Felix Eggers. 2019. Using massive online choice experiments to measure changes in well-being. *PNAS* 116 (15): 7250–7255.
CBInsights. 2017. Blockchain investment trends in review. https://www.cbinsights.com/research/report/blockchain-trends-opportunities/. Zugegriffen: 8. Juli 2019.
Chen, Long. 2019. Digital technology and inclusive growth. Lohan Academy Report.
Cole, Tim. 2015. *Digitale Transformation: Warum die deutsche Wirtschaft gerade die digitale Zukunft verschläft und was jetzt getan werden muss!* München: Vahlen.
CryptoKitties Team. 2019. What can I do with my CryptoKitty? – CryptoKitties Blog. https://www.cryptokitties.co/blog/post/when-you-purchase-a-cryptokitty-you-get-both-the-kitty-and-its-art/. Zugegriffen: 5. Juni 2019.
Davenport, Thomas H. 2019. *The AI advantage*. Cambridge: MIT Press.
Davenport, Thomas, und Rajeev Ronanki. 2018. Artificial intelligence for the real world. *Harvard Business Review*, erschienen in der Januar–Februar 2018 Ausgabe.
Dhameja, Gautam. 2019. UN World Food Programme uses Parity Ethereum to aid 100,000 refugees. https://www.parity.io/un-world-food-programme-uses-parity-ethereum-to-aid-100-000-refugees/. Zugegriffen: 5. Juni 2019.
Dieter, Blohm. 1980. *Wohlfahrtsökonomik*, 8. Wiesbaden: Gabler.
Dormehl, Luke. 2017. *Thinking machines: The quest for artificial intelligence–And where it's taking us next*. New York: TarcherPerigee.
Elkjaer, Thomas, und Jannick Damgaard. 2018. How Digitalization and globalization have remapped the global FDI network.
Ezell, Stephen. 2016. A policymaker's guide to smart manufacturing.
Future of Life Institute. 2015. Autonome Waffen: Ein offener Brief von KI & Robotik-Forschern. https://futureoflife.org/open-letter-on-autonomous-weapons-german/. Zugegriffen: 4. Juni. 2019.

& Russell, Stuart, Daniel Dewey, und Max Tegmark. 2015. Research priorities for robust and beneficial artificial intelligence. *AI Magazine*, 105–114.

Gartner Group. 2019a. Hype cycle research methodology. https://www.gartner.com/en/research/methodologies/gartner-hype-cycle. Zugegriffen: 6. Juni 2019.

Gartner Group. 2019b. Gartner forecasts worldwide public cloud revenue to grow 17.3 percent in 2019. https://www.gartner.com/en/newsroom/press-releases/2018-09-12-gartner-forecasts-worldwide-public-cloud-revenue-to-grow-17-percent-in-2019. Zugegriffen: 6. Juni 2019.

Hecke, Dirk, Inga Döbel, Ulrike Petersen, André Rauschert, Velia Schmitz, und Angelika Voss. 2017. Zukunftsmarkt Künstliche Intelligenz Potenziale und Anwendungen. https://www.bigdata.fraunhofer.de/content/dam/bigdata/de/documents/Publikationen/KI-Potenzialanalyse_2017.pdf. Zugegriffen: 5. Juni 2019.

Hecker, Dirk, et al. 2018. Zukunftsmarkt Künstliche Intelligenz – Potenziale und Anwendungen. *Fraunhofer-Allianz Big Data*, 30.

Herzog, Lisa. 2019. Arbeit 4.0: Ist der neue Kollege ein Roboter? https://www.zeit.de/arbeit/2019-04/arbeit-4-0-digitalisierung-kollegenschaft-mensch-maschine. Zugegriffen: 4. Juni 2019.

Higginson, Matt, Marie-Claude Nadeau, und Rajgopal Kausik. 2019. Blockchain's Occam problem. https://www.mckinsey.com/~/media/McKinsey/Industries/Financial%20Services/Our%20Insights/Blockchains%20Occam%20problem/Blockchains-Occam-problem.ashx. Zugegriffen: 30. Mai 2019.

IAB Europe. 2017. IAB Europe Press Release: Half of European display ad revenue is now traded programmatically, latest IAB Europe report shows – IAB Europe. https://iabeurope.eu/all-news/iab-europe-press-release-half-of-european-display-ad-revenue-is-now-traded-programmatically-latest-iab-europe-report-shows/. Zugegriffen: 29. Sept 2019.

Jerry, Brito, und O'Suvillan Andrea. 2016. *Bitcoin: A primer for policymakers*. Arlington: Mercatus Center at George Mason University.

Klotz, Maik. 2016. Gar kein Mysterium: Blockchain verständlich erklärt. https://www.it-finanzmagazin.de/gar-kein-mysterium-blockchain-verstaendlich-erklaert-27960/. Zugegriffen: 5. Juni 2019.

Kofler, Thomas. 2018. *Das digitale Unternehmen*. Berlin: Springer Vieweg.

KPMG. 2018. The changing landscape of disruptive technologies. https://assets.kpmg/content/dam/kpmg/pl/pdf/2018/06/pl-The-Changing-Landscape-of-Disruptive-Technologies-2018.pdf. Zugegriffen: 6. Juni 2019.

KPMG. 2019. KPMG technology, industry innovation, survey: Blockchain. https://assets.kpmg/content/dam/kpmg/us/pdf/2019/02/blockchain-tech-survey-2019-infographic.pdf.Zugegriffen: 8. Juli 2019.

Lacher, Stefan. 2019. Betrieb verliert an Bedeutung: PaaS ändert die Spielregeln in der IT. https://www.computerwoche.de/a/paas-aendert-die-spielregeln-in-der-it,3546986. Zugegriffen: 6. Juni 2019.

Lämmel, Uwe, und Jürgen Cleve. 2008. *Künstliche Intelligenz*, 3. Aufl. München: Hanser.

Lawler, Ryan. 2017. Snap commits $2 billion over 5 years for Google Cloud infrastructure. https://techcrunch.com/2017/02/02/snap-commits-2-billion-over-5-years-for-google-cloud-infrastructure/?guce_referrer_us=aHR0cHM6Ly93d3cuZ29vZ2xlLmNvbS8&guce_referrer_cs=Yjgr6v-Ktu0ZIf5mqY36nWQ&guccounter=2. Zugegriffen: 4. Juni 2019.

Loritz, Mary. 2018. Blockchain equity platform Neufund has raised €3 million so far in its Equity Token Offering. https://www.eu-startups.com/2018/12/neufund-raises-funding/. Zugegriffen: 5. Juni 2019.

Lueth, Knud Lasse. 2018. State of the IoT 2018: Number of IoT devices now at 7B – Market accelerating. https://iot-analytics.com/state-of-the-iot-update-q1-q2-2018-number-of-iot-devices-now-7b/. Zugegriffen: 5. Juni 2019.

Manyika, James, Michael Chui, Peter Bisson, Jonathan Woetzel, Richard Dobbs, Jacques Bughin, und Dan Aharon. 2015. The internet of things: Mapping the value beyond the hype. McKinsey Global Institute, Ausgabe June 2015, 144.

Marr, Bernhard. 2018. What is the difference between Bitcoin and Ethereum? https://www.forbes.com/sites/bernardmarr/2018/02/05/what-is-the-difference-between-bitcoin-and-ethereum/#306261fa7c70. Zugegriffen: 5. Juni 2019.

Marston, Sean, Zhi Li, Subhajyoti Bandyopadhyay, Juheng Zhang, und Anand Ghalsasi. 2014a. Cloud computing — The business perspective. *Decision Support Systems* 51 (1): 177.

Marston, Sean, Zhi Li, Subhajyoti Bandyopadhyay, Juheng Zhang, und Anand Ghalsasi. 2014b. Cloud computing — The business perspective. *Decision Support Systems* 51 (1): 176–189.

Matheny, Kevin, und Jeffery Skowron. 2019. Comparing integration options for cloud-hosted, SaaS and on-premises applications. https://www.gartner.com/en/documents/3902300. Zugegriffen: 6. Juni 2019.

McKinsey & Company. 2018. Blockchain beyond the hype: What is the strategic business value? https://www.mckinsey.com. Zugegriffen: 30. Mai 2019.

Mell, Peter, und Timothy Grance. 2011. The NIST definition of cloud computing. Recommendations of the National Institute of Standards and Technology.

Mokyr, Joel. 2005. Chapter 17 Long-term economic growth and the history of technology. In *Handbook of economic growth*, Bd. 1, Hrsg. P. Aghion und S.N. Durlauf, 1113–1180. Amsterdam: Elsevier.

Mozumder, Deba Prasead, und Julkar Nayeen Mahi. 2017. Cloud computing security breaches and threats analysis. *International Journal of Scientific & Engineering Research*, 8(1): 1287–1297

Needham & Company. 2015. The Blockchain report: Welcome to the internet of value. http://www.bluematrix.com. Zugegriffen: 30. Mai 2019.

Nelson, Eshe. 2019. MIT's Erik Brynjolfsson is redesigning GDP for the 21st century. https://qz.com/1582202/mits-erik-brynjolfsson-is-redesigning-gdp-for-the-21st-century/. Zugegriffen: 4. Juni 2019.

Neufund Team. 2018. Successful ETO & thank you to our community. https://blog.neufund.org/successful-eto-thank-you-to-our-community-ae8d97ea6c95. Zugegriffen: 5. Juni 2019.

Ornes, Stephen. 2016. Core concept: The internet of things and the explosion of interconnectivity. *Proceedings of the National Academy of Sciences* 113 (40): 11059–11060.

Panetta, Kasey. 2019. The 4 phases of the Gartner Blockchain Spectrum. https://www.gartner.com/smarterwithgartner/the-4-phases-of-the-gartner-blockchain-spectrum/. Zugegriffen: 8. Juli 2019.

Pemberton Levy, Heather. 2018. The reality of Blockchain. https://www.gartner.com/smarterwithgartner/the-reality-of-blockchain/. Zugegriffen: 8. Juli 2019.

Reinhardt, Kai. 2019. Super-Skills – Wie in Zukunft menschliche und künstliche Kompetenzen im Corporate Finance verschmelzen. *Handelsblatt Rethinking Finance* 1 (1): 53–58.

Reuter, Michael. 2017. Building Blocks – How the World Food Programme is harnessing Blockchain technology to deliver humanitarian assistance. https://datarella.com/building-blocks-how-the-world-food-programme-harnesses-blockchain-technology-ro-deliver-aid/. Zugegriffen: 5. Juni 2019.

Rodenhäuser, Ben. 2008. Cloud Computing: Damit Sie nicht aus allen Wolken fallen. https://www.manager-magazin.de/digitales/it/a-582750.html. Zugegriffen: 4. Juni 2019.

Ross, Andrew. 2019. Gartner: Key trends in PaaS technology and platform architecture for 2019. https://www.information-age.com/paas-technology-platform-architecture-gartner-123482068/. Zugegriffen: 30. Sept. 2019.

Saleem Sumbal, Muhammad, Tsui Eric, und W.B. Lee. 2015. Exploring the relevance and correlation between big data and knowledge management. In 4th Hong Kong international conference on engineering and applied sciences, Hong Kong.

Schnauffer, H.-G. et al. 2004. ‚Die Hypertext-Organisation – Ansatz und Gestaltungsmöglichkeiten'. In Schnauffer, H.-G. (Hrsg.) *Wissen vernetzen – Wissensmanagement in der Produktentwicklung*. Springer.

Sertin, Carla. 2019. Strong outlook for IIOT despite trouble implementing early solutions. https://www.oilandgasmiddleeast.com/products-services/34056-strong-outlook-for-iiot-despite-trouble-implementing-early-solutions. Zugegriffen: 6. Juni 2019.

Sonos Team. 2019. Wie es anfing. https://www.sonos.com/de-de/how-it-started. Zugegriffen: 5. Juni 2019.

Statista. 2019. IoT: Number of connected devices worldwide 2012–2025. https://www.statista.com/statistics/471264/iot-number-of-connected-devices-worldwide/. Zugegriffen: 5. Juni 2019.

Stimoloa, Stefania. 2019. Token classification: The differences between crypto, stable coin, security, utility and equity. https://cryptonomist.ch/en/2018/12/01/token-classification/. Zugegriffen: 5. Juni 2019.

Streuer, Monika, Jan F. Tesch, Doris Grammer, Marco Lang, und Lutz M. Kolbe. 2016. Profit driving patterns for digital business models. In Proceedings of ISPIM conferences, Ausgabe June 2017, 1–14.

Strohmaier, Florian. 2015. Marktforschung: IaaS in der Cloud erzielt hohe Wachstumsraten. https://www.mittelstandswiki.de/2015/06/marktforschung-iaas-in-der-cloud-erzielt-hohe-wachstumsraten/. Zugegriffen: 6. Juni 2019.

Tapinos, E., und N. Pyper. 2018. Forward looking analysis: Investigating how individuals ‚do' foresight and make sense of the future. *Technological Forecasting and Social Change* 126 (October): 292–302.

Tepper, Fitz. 2017. People have spent over $1M buying virtual cats on the Ethereum Blockchain. https://techcrunch.com/2017/12/03/people-have-spent-over-1m-buying-virtual-cats-on-the-ethereum-blockchain/. Zugegriffen: 5. Juni 2019.

Thompson, Derek. 2018. Where did all the advertising jobs go? https://www.theatlantic.com/business/archive/2018/02/advertising-jobs-programmatic-tech/552629/. Zugegriffen: 29. Sept. 2019.

Townsend, Tess. 2017. This is what Snap is paying Google $2 billion for. https://www.vox.com/2017/3/1/14661126/snap-snapchat-ipo-spending-2-billion-google-cloud. Zugegriffen: 4. Juni 2019.

Van Camp, Jeffrey. 2018. How Sonos is building the audio internet. https://www.wired.com/story/sonos-nick-millington-exclusive-interview/. Zugegriffen: 30. Sept. 2019.

Velten, Carlo. 2014. PaaS 2014 – Ankunft in der Enterprise IT? https://www.crisp-research.com/paas-2014-ankunft-der-enterprise-it-sich-mit-den-neuen-paas-plattformen-erreichen-lasst/#more-1128. Zugegriffen: 6. Juni 2019.

World Food Programme. 2017. Blockchain against hunger: Harnessing technology in support of syrian refugees. https://innovation.wfp.org/blog/blockchain-against-hunger-harnessing-technology-support-syrian-refugees. Zugegriffen: 5. Juni 2019.

Wyman, Oliver. 2016. Blockchain in capital markets: The prize and the journey. https://www.oliverwyman.com/content/dam/oliver-wyman/global/en/2016/feb/BlockChain-In-Capital-Markets.pdf. Zugegriffen: 29. Mai 2019.

Anhang

Digitale Reifegrad-Analyse mit dem DIGROW-Reifegradmodell

Das von Prof. Klaus North et al. entwickelte „Digitale Wachstumsrad", das in Abb. A.1 zu sehen ist, ermöglicht es Ihnen, den Digitalisierungsgrad Ihrer eigenen Organisation anhand der Einschätzung der Reifestufen verschiedener Aspekte der Digitalisierung zu bestimmen. Anhand der Selbsteinschätzung wird es für Sie im Ergebnis möglich

1. dass sich Eigentümer, Manager und Mitarbeiter über die erforderlichen Maßnahmen bewusstwerden und lernen, ihre Fähigkeiten richtig einzuschätzen sowie Chancen und Bedrohungen zu bewerten;
2. ein gemeinsames Verständnis dafür zu schaffen, was „digital ermöglichtes Wachstum" für das Unternehmen bedeutet;
3. die digitale Strategie zu entwickeln und zu kommunizieren;
4. Pilotinitiativen zu einem Gesamtbild der Digitalisierung zu verankern; und
5. Lernziele zu definieren, z. B. Was müssen wir lernen, um von Stufe 2 zu Stufe 3 zu kommen?

Dieses Framework ist weniger formalisiert als Reifegradmodelle größerer Unternehmen und ermöglicht somit vor allem auch eine Anwendung für KMU. Anhand der verschiedenen Bereiche wird das aktuelle und das gewünschte Niveau der Fähigkeiten beschrieben und in Form gängiger Praktiken in leicht verständlicher Form bewertbar. Darüber hinaus dient das „Rad" als eine umsetzungsorientierte Visualisierung und trägt dazu bei, ein Gesamtverständnis dessen zu vermitteln, was digital ermöglichtes Wachstum bedeutet. Das DIGROW-Framework wurde in Kooperation der Wiesbaden Business School mit der spanischen Deusto Business School entwickelt, bereits zur Selbstanalyse von mehreren hundert KMU genutzt und kann kostenlos eingesetzt werden.

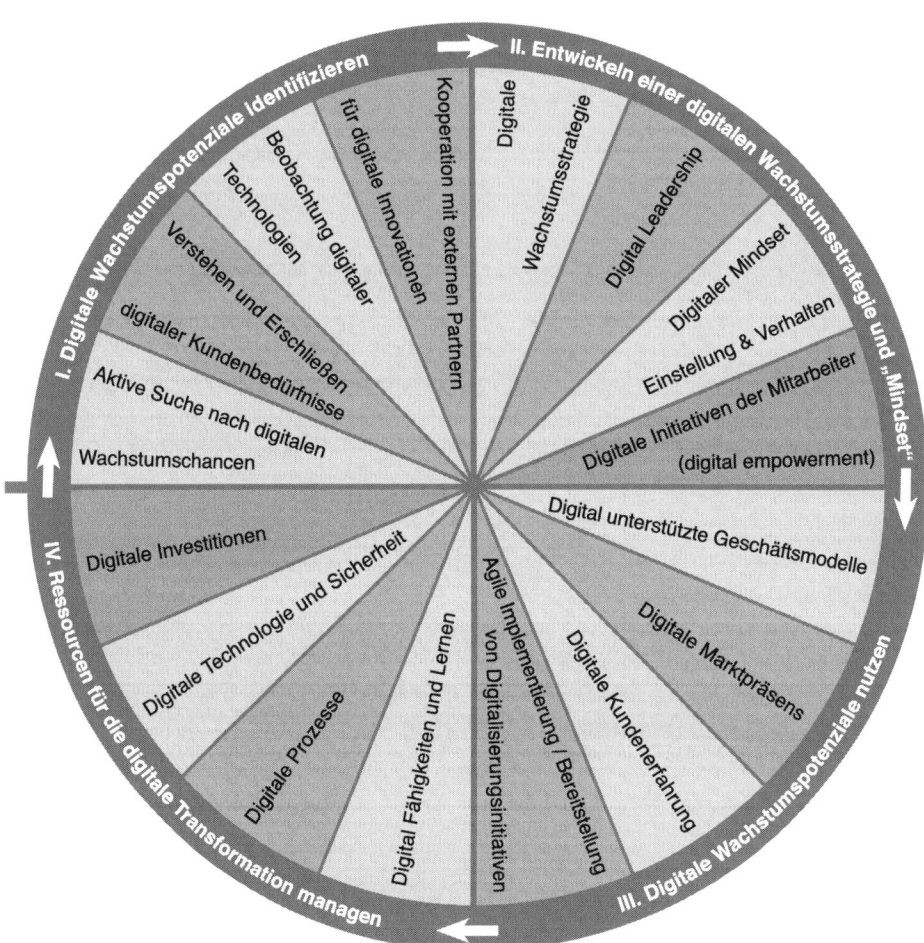

Abb. A.1 Digitales Wachstumsrad

I. Digitale Wachstumspotenziale identifizieren

Dimension	Stufe 0	Stufe 1	Stufe 2	Stufe 3	Stufe 4	Stufe 5
Aktive Suche nach digitalen Wachstumschancen	Digitalisierung ist eher eine Bedrohung als eine Chance für uns	Wir planen Chancen zu ermitteln	Wir haben begonnen nach digitalen Wachstumschancen zu suchen	Wir haben einige Chancen erkannt	Wir identifizieren digitale Wachstumschancen, aber nicht systematisch	Unser Unternehmen ermittelt systematisch digitale Wachstumschancen
Verstehen und Erschließen digitaler Kundenbedürfnisse	Bisher keine Initiative unternommen	Wir planen mit Kunden zu reden und digitale Bedürfnisse zu analysieren	Wir haben mit einigen Kunden über Digitalisierung geredet	Wir haben einige Kundensegmente analysiert	Wir haben ein klares Verständnis davon, wie sich unsere wichtigsten Kundensegmente in einem digitalen Umfeld ändern und was ihre Bedürfnisse sind	Es gibt ein ernsthaftes, systematisches Verständnis davon, wie sich jedes einzelne unserer Kundensegmente im digitalen Umfeld ändert, was deren Bedürfnisse sind und wie diese angesprochen werden sollten
Beobachtung digitaler Technologien	Keine Beobachtung der Entwicklung digitaler Technologien	Wir reagieren auf die Anwendung digitaler Technologien durch Wettbewerber	Wir beobachten digitale Technologien/Anwendungen und wie sie uns dienen könnten	Wir beherrschen einige für uns relevante digitale Technologien, Applikationen	Wir analysieren wie einige digitale Technologien Nutzen für spezifische Kundensegmente schaffen	Unser Unternehmen hat eine systematische und proaktive Herangehensweise zur technologiegetriebenen Produkt- und Serviceinnovation im digitalen Umfeld
Kooperation mit externen Partnern (potenzielle Kunden, Universitäten, Forschungszentren, die „Crowd", Partner im „Ökosystem") für digitale Innovationen	Keinerlei Kooperation mit externen Partnern	Wir planen Ideen von Kunden und anderen Stakeholdern zu sammeln	Wir arbeiten gelegentlich mit externen Partnern zur Digitalisierung zusammen.	Kooperationen haben dazu beigetragen Innovationsmöglichkeiten zu identifizieren	Wir arbeiten regelmäßig mit einigen externen Partnern zusammen, um digitale Wachstumsmöglichkeiten zu suchen und zu entwickeln	Wir praktizieren einen systematischen und proaktiven Open-Innovation Ansatz unter Nutzung digitaler Plattformen und vielfältiger Partner

II. Entwickeln einer digitalen Wachstumsstrategie und „Mindset"

Dimension	Stufe 0	Stufe 1	Stufe 2	Stufe 3	Stufe 4	Stufe 5
Digitale Wachstumsstrategie	Keine digitale Wachstumsstrategie	Wir reagieren auf sich ändernde Strategien von Wettbewerbern	Es besteht ein gewisses Verständnis, wie digitale Lösungen uns dabei helfen, die Unternehmens-ziele zu erreichen	Wir haben begonnen, unsere Strategie in Bezug auf digitales Wachstum zu überprüfen.	Wir haben unsere Strategie in Bezug auf einige Aspekte des digitalen Wachstums aktualisiert	Wir verfolgen eine konsequente, digitale Innovations- und Wachstumsstrategie, die auf unsere Ressourcen abgestimmt ist
Digital Leadership	digitales Wachstum ist kein Thema für unsere Führung	Reaktive Führung. Wir bevorzugen zuerst zu sehen, was Wettbewerber tun.	Führungskräfte erkennen das Potenzial von digital ermöglichtem Wachstum	Führungskräfte motivieren und unterstützen Mitarbeiter beim digitalen Wandel	Führungskräfte befähigen Mitarbeiter für digitale Initiativen	Digitale Initiativen haben eine hohe Priorität. Es gibt eine definierte Position/ Rolle, um digitale Initiativen zu starten, zu koordinieren und zu überwachen.
Digitaler Mindset (Einstellung & Verhalten)	Digitalisierung betrifft uns nicht	Wir haben einige "Digital Natives" in unserem Unternehmen und sie verhalten sich dementsprechend	Die Leute in unserem Unternehmen beginnen über Digitalisierung nachzudenken und entwickeln neue Verhaltensweisen	Es gibt eine allgemein positive Einstellung zur Digitalisierung und eine umfangreiche Entwicklung neuer Verhaltensweisen	Die meisten Leute in unserem Unternehmen sind motiviert digitale Chancen auszunutzen	Jeder im Unternehmen teilt das Verständnis unserer digitalen Vision und hat positive Einstellungen und Verhaltensweisen zur Digitalisierung
Digitale Initiativen der Mitarbeiter (digital empowerment)	Keine Übertragung von Verantwortung auf Mitarbeiter	Einige Mitarbeiter haben eigenständig digitale Initiativen gestartet	Wir sammeln Ideen der Mitarbeiter für digitale Innovationen	Mitarbeiter sind ermutigt mit digitalen Initiativen zu experimentieren	Von Mitarbeitern geführte digitale Initiativen wurden umgesetzt	Mitarbeiter sind vollkommen in der Lage mit digitalen Initiativen zu experimentieren und diese umzusetzen

III Digitale Wachstumspotentiale nutzen

Dimension	Stufe 0	Stufe 1	Stufe 2	Stufe 3	Stufe 4	Stufe 5
Digital unterstützte Geschäftsmodelle	Keine digital unterstützten Geschäftsmodelle	Wir haben einen reaktiven Ansatz. Zuerst schauen wir darauf, was Wettbewerber tun oder ändern.	Wir suchen nach neuen/ verbesserten/ innovativen Geschäfts-modellen	Wir haben damit begonnen einige Komponenten unseres Geschäftsmodelles zu ändern (z.B. Verkaufskanäle, Wertversprechen)	Unsere neuen Geschäftsmodelle tragen bereits zu höheren Einnahmen bei	Wir passen systematisch unsere Geschäftsmodelle an oder schaffen neue für digital ermöglichtes Wachstum, einschließlich Kundensegmente, Kanäle, Aktivitäten/ Ressourcen und dem Wertversprechen
Digitale Marktpräsenz	Keine digitale Marktpräsenz	Die Website wird nicht aktiv gemanaged; geringe Präsenz in sozialen Netzwerken (z.B. Facebook, Twitter, LinkedIn)	Kundenorientierte Website und Präsenz in mehreren sozialen Netzwerken	Aktiv gesteuerte digitale Marktpräsenz durch interne Ressourcen, Zusammenarbeit mit Partnern oder externen Dienstleistern.	Unsere Firma ist digital präsent und entwickelt kontinuierlich verschiedene Aktivitäten, um uns digital aktualisiert zu halten (z. B. Blogs, Videos, digitale Communities usw.).	Unsere Firma verfügt über eine breite und integrierte digitale Präsenz in verschiedenen Medien durch unterschiedliche digitale Aktivitäten. Wir messen regelmäßig die Auswirkungen unserer digitalen Marktpräsenz.
Digitale Kundenerfahrung	Keine digitale Kunden-erfahrung	Unser Unternehmen hat angefangen digital mit Kunden zu interagieren (z.B. per Email, Online-Feedback)	Wir haben mindestens einen gut etablierten Online-Kanal, über den wir Kundenservices anbieten und mit Kunden interagieren	Wir nutzen Kundendaten aktiv für datengetriebene Dienste. Wir interagieren digital mit einigen Kundensegmenten.	Wir interagieren hauptsächlich digital mit Kunden; Einnahmen (in % des Umsatzes) werden durch datengesteuerte Services generiert	Das Unternehmen interagiert erfolgreich mit (potenziellen) Kunden und bietet Kundenservice über mehrere digitale Kanäle. Ein wichtiger Teil des Umsatzes wird durch datengesteuerte (Online) Dienste generiert (in% des Umsatzes).
Agile Implementierung/ Bereitstellung von Digitalisierungs-initiativen	Keine Projekte, keine Methoden für die Digitali-sierung	Einige digitale Projekte wurden gestartet, jedoch ohne Verwendung einer bestimmten Methodik	Einige digitale Projekte wurden gestartet und folgen einer bestimmten Methodik.	Es wurden digitale Projekte gestartet, mit denen schnell auf die Bedürfnisse und Anforderungen der Kunden reagiert werden kann	Einige digitale Projekte basieren auf agilen Methoden	Die Organisation hat agile Methoden zur Entwicklung ihrer digitalen Initiativen eingeführt; dies wird basierend auf einer strukturierten Methode gemanaged

IV Ressourcen für die digitale Transformation managen

Dimension	Stufe 0	Stufe 1	Stufe 2	Stufe 3	Stufe 4	Stufe 5
Digitale Fähigkeiten und Lernen	Keine digitalen Fähigkeiten. Kein Training für das Entwickeln digitaler Fähigkeiten.	Geringes Niveau digitaler Fähigkeiten und / oder geringe Investitionen zur Entwicklung digitaler Fähigkeiten.	Weiterbildung zur Erlangung digitaler Fähigkeiten in wenigen relevanten Anwendungsfeldern oder Geschäftsbereichen.	Angemessenes Niveau digitaler Fähigkeiten in einigen relevanten Anwendungsfeldern oder Geschäftsbereichen.	Signifikantes Niveau digitaler Fähigkeiten in den meisten relevanten Anwendungsfeldern oder Geschäftsbereichen. Spezifisches Programm zur Entwicklung digitaler Fähigkeiten.	Mitarbeiter verfügen über alle erforderlichen digitalen Fähigkeiten, die regelmäßig durch ein formales Lern- und Entwicklungsprogramm aktualisiert werden
Digitale Prozesse	Keine Digitalisierung der Prozesse	Digitalisierung einiger Prozesse ist geplant	Ein Digitalisierungskonzept für Prozesse existiert.	Wenige interne Prozesse und Interaktionen mit externen Partnern sind bereits digitalisiert	Viele interne Prozesse und Interaktionen mit externen Partnern sind bereits digitalisiert	Die meisten Prozesse und Interaktionen mit externen Partnern sind digitalisiert und es gibt einen formellen Managementprozess, um sie zu überwachen
Digitale Technologie und Sicherheit	Nur minimale digitale Technologie vorhanden. Sehr eingeschränkte IT-Sicherheitsmaßnahmen	Erste Erfahrungen mit digitalen Technologien. Regelmäßige Datensicherung, Aktuelle Antivirensoftware, weitere Sicherheitslösungen geplant.	In wenigen Bereichen oder Prozessen bereits eingeführte digitale Technologien. Es sind nur wenige IT- und Cybersicherheitsmaßnahmen geplant	Digitale Technologien werden als Faktor für die Geschäftsstrategie angesehen. IT- und Cybersicherheitsmaßnahmen wurden umgesetzt	Modernste digitale Technologie unterstützt kritische Prozesse und die Geschäftsstrategie. Die IT-Sicherheit ist in den kritischsten Bereichen gewährleistet.	Effektive Technologieplanung und -nutzung zur Unterstützung des digitaler Geschäftsmodelle. Umfassende IT-Sicherheitslösungen wurden für alle relevanten Bereiche implementiert. Es gibt einen Cybersicherheitsplan.
Digitale Investitionen	Keine Investitionen im Zusammenhang mit Digitalisierung	Anfangsinvestitionen in einem Bereich oder Prozess.	Geringes Investitionsniveau in digitale Initiativen	Mittleres Investitionsniveau in digitale Initiativen	Signifikantes Investitionsniveau in digitale Initiativen und spezifische Geschäftsbereiche	Hohes Investitionsniveau in digitale Initiativen in allen Geschäftsbereichen auf der Grundlage einer integrierten Unternehmensstrategie und eines digitalen Plans.

Übersicht über alle Übungen im Buch

Kapitel 2
Übung 1: Wie stark bestimmen Computer heute unser Leben?
Übung 2: Interviewanalyse: Daniel Bell und die postindustrielle Gesellschaft (Begleitmaterial abrufbar unter: http://bit.ly/danielbell_interview)
Übung 3: Was würde Stanislaw Lem sagen? (Begleitmaterial abrufbar unter: http://bit.ly/stanislawlem)

Kapitel 3
Übung 4: Die Bedürfnisse meines digitalen Ichs.
Übung 5: Hacktivisten – Rebellen im Internet? (Begleitmaterial abrufbar unter: http://bit.ly/hacktivisten)
Übung 6: Vierte industrielle Revolution – Echte Revolution oder nur ein Buzzword? (Begleitmaterial abrufbar unter: http://bit.ly/schwab_revolutionsbegriff)

Kapitel 4
Übung 7: Fehleranalyse des digitalen Scheiterns
Übung 8: Wie digital bereit ist Ihre Organisation?
Übung 9: Digitale Praktiken im Unternehmen der Gasindustrie (Begleitmaterial abrufbar unter: http://bit.ly/digtialepraktiken)

Kapitel 5
Übung 10: Zukunftsbild der digitalen Organisation

Kapitel 6
Übung 11: Bestimmung der digitalen Reife einer Wunsch-Organisation
Übung 12: Finden Sie einen Game Changer

Kapitel 7
Übung 13: Entschlüsseln Sie die digitale Customer Experience

Kapitel 8
Übung 14: Digitalisierung über die Grenzen der Wartung hinaus

Kapitel 9
Übung 15: Ist digitaler Analphabetismus ein Fehler des Systems?
Übung 16: Auswege aus dem ganz normalen Führungsalltag
Übung 17: Toolbox für den digitalen Manager
Übung 18: Holokratische Spielregeln für die Digitale Führung (Begleitmaterial abrufbar unter: https://www.holacracy.org/constitution)
Übung 19: Stellenprofil für den zukünftigen CDO
Übung 20: Digital Capability Checkup – Analyse eines Praxisunternehmens

Kapitel 10
Übung 21: Haben Sie das Mindset von Star-Investor Peter Thiel? (Begleitmaterial abrufbar unter: http://bit.ly/peterthiel_innovation)

Kapitel 11
Übung 22: Maschinen, die denken: Sind sie gut oder böse? (Begleitmaterial abrufbar unter: http://bit.ly/jamescanton)

Glossar

7S-Strategieframework Strategische Methode zur Bewertung der Effektivität des Organisationsdesigns, bei dem sieben unterschiedliche interne Elemente einer Organisation bewertet werden: Strategie, Struktur, Systeme, gemeinsame Werte, Stil, Mitarbeiter und Fähigkeiten.

Accelerator vgl. Digital Lab.

Agile Organisation In einer zunehmend komplexer werdenden Welt planen viele Unternehmen mit einer Reihe neuer Methoden sich schneller an neue Umweltbedingungen anzupassen. Ebenfalls geht es oftmals um die Optimierung der tradierten Managementpraktiken und der gelebten Managementkultur. Im Idealfall verfügen agile Organisationen über weitaus weniger Managementstufen als traditionelle Unternehmen. Je nach Branche und Zielsetzung der sogenannten agilen Organisation kommen dann sehr unterschiedliche Methoden im agilen Management zum Einsatz. Zu den Methoden, die unter anderem dem agilen Management einer Organisation zugeschrieben werden, gehören unter anderem solch exotische Konzepte, wie Lean-Startup, Design Thinking, Scrum, Kanban, holokratische Organisationen oder Teal Organisationen.

Ambidextrie Bezieht sich auf eine organisationale Fähigkeit, das Geschäftsmodell effizient und zukunftsbezogen zugleich zu managen. Dies fordert in der Organisation gleichermaßen Fähigkeiten der Exploration im Sinne der Entdeckung von neuen Wegen und Innovationen als auch der Exploitation, im Sinne der Bewahrung des Status quo und des Kerngeschäfts.

Asynchrone Kundenkommunikation Zeitlich verzögerte Kommunikation zwischen Kundenbetreuer und Kunde, meist über Kanäle, die keine direkte Interaktion erlauben, wie beispielsweise E-Mail oder SMS.

BIP-B Alternativer Vorschlag zur Berechnung des Bruttoinlandsproduktes. Die klassische Metrik wird um solche Werte ergänzt, die durch digitale und nicht-geldlich gehandelte Leistungen entstehen. Es wurde entwickelt, um den Zahlenwert der Dinge zu erfassen, für die heute nicht bezahlt wird, die aber dennoch einen hohen Wert haben, wie z. B. Navigationskarten, Fotos die mit dem Smartphone, Wikipedia oder soziale Medien.

Bruttoinlandsprodukt Ist eine volkswirtschaftliche Kenngröße für den Gesamtwert aller Güter inklusive der Waren und Dienstleistungen, die innerhalb eines Jahres in einer Volkswirtschaft als Endprodukte hergestellt und nach Abzug aller Vorleistungen vom Staat, Unternehmen und Konsumenten bezogen werden.

Chief Digital Officer (CDO) Spezielle Führungsrolle, die exklusiv mit der Koordination und Ausgestaltung der digitalen Veränderungen in einer Organisation betraut ist.

Cloud Computing IT-technologischer Begriff, der ein IT-Servicemodell bezeichnet, bei dem bestimmte IT-Infrastrukturen und Software per Datenabruf aus dem Internet durch die Nutzer, unabhängig vom Gerät und vom Ort, über ein „Selbstbedienungs-Netzwerk" genutzt werden können.

Cloud Working Konsequente Fortsetzung der digitalen Logik, Ressourcen nicht mehr in einem Unternehmen aufzubauen, sondern diese flexibel aus der digitalen Cloud zu beziehen.

Co-Creation Beschreibt eine Methode, bei der Kunden, Handelspartner oder andere externe Beteiligte in die Gestaltung spezifischer Projekte oder Produkte einbezogen werden. Der Ansatz stammt aus dem Design Thinking und kann dazu eingesetzt werden, Strukturen aufzubrechen und die Organisation durchlässiger zu machen.

Computergestützte Organisation Die computerbasierte Organisation gründet sich auf dem Verständnis, dass die Handlungsfähigkeit eines Unternehmens in hohem Maße von den miteinander vernetzten Fähigkeiten innerhalb der Organisation abhängt, unabhängig davon, ob diese Fähigkeiten durch Menschen oder von Computertechnologien erzeugt werden. Damit kann diese Organisationsform zur Gruppe der programmatischen Ansätze gezählt werden.

Core-Extension Strategischer Begriffe für die Kompetenzerweiterung eines Unternehmens um digitale Kompetenzen. Dabei werden in der Belegschaft spezifische Fähigkeiten der Digitalisierung aufgebaut.

Corporate Venture Building (CVB) Unterform von regulären Venture Builder. Die Kernorganisation baut ein digitales Geschäftsmodell mit Hilfe von externen Dienstleistern gemeinsam von der Idee bis zur Marktreife auf.

Crowd-Funding Neuer Finanzierungsansatz, bei dem Social Media Technologien genutzt werden, um Unternehmensfinanzierungen für Start-ups ohne den Einbezug klassischer Banken zu ermöglichen.

Customer Intimacy Spezifische Form innovationsorientierter Wettbewerbsstrategien, bei der ein herausragender Kundennutzen durch Wissensaufbau über die Kunden erreicht wird. Wird auch als Kundennähe oder Kundenfokus bezeichnet.

Data Scientist Berufsbezeichnung für Berufe, in denen hauptsächlich Aktivitäten des Datenmanagements und der Digitalisierung umgesetzt werden, z. B. die Entwicklung von Verfahren zur Erfassung, Speicherung, Analyse, Ableitung, Kommunikation von

Daten innerhalb datenbasierter Geschäftsmodelle oder auch die Bewertung von Fragen des ethischen Umgangs mit Daten.

Datenschutz Unter Datenschutz wird der Schutz der digitalen Daten verstanden, unter anderem vor der gewaltsamen Zerstörung oder der ungewollten Übernahme durch andere Benutzer oder Cyberattacken.

Demographie Wissenschaftliche Disziplin, die sich mit der Analyse der verschiedenen Aspekte menschlicher Population beschäftigt, u. a. mit den quantitativen Aspekten der Zusammensetzung der Gesellschaft, Wohlfahrts-Verteilung, Wachstum, Migrationsbewegungen oder andere Strukturfragen; auch qualitative Aspekte der Bildungsqualität, Unterschiede zwischen sozialen Klassen, Forschungen zur gesellschaftlichen Fortentwicklung.

Demokratische Führung Führungsansatz, der auf Verantwortungsumkehr bzw. -eliminierung von Führung beruht.

Dezentrale Autonome Organisation (DAO) Die DAO ist im engeren Sinne kein wissenschaftlicher Organisationsansatz, sondern die erste vollständig digitale Organisation, die auf Grundlage der technologischen Innovation der ‚Blockchain' in den Computerwissenschaften entwickelt wurde. Der Ansatz der DAO ist es, prinzipiell wie ein normales Unternehmen zu funktionieren, mit dem Unterschied, dass es im Gegensatz zum klassisch aufgebauten Unternehmen kein Management in der Organisation gibt, die Entscheidungen treffen. Vielmehr entscheiden alle Beteiligten mittels smarter Verträge, was durch die Organisation umgesetzt wird.

Digital Customer Experience Management (DCXM) Bezeichnet die Gesamtheit aller Interaktionen zwischen einem Kunden und Unternehmen über alle analogen und digitalen Kontaktpunkte hinweg.

Digital Lab (auch: Accelerator, Inkubator) Strategische Wachstumsoption, bei der eine Organisation für Gründer oder Ideengebern bestimmte Strukturen und Ressourcen zur Verfügung stellt, um Ideen systematisch im eigenen Haus bis hin zur Marktreife zu führen.

Digital Leadership/Führung 4.0 Gestaltungs- und Steuerungsansatz, der auf dem Ergreifen von Maßnahmen zur Transformation digitaler Wertschöpfungsketten und Strukturen beruht. Eingesetzt werden spezielle Maßnahmen der netzwerkbasierten sowie orts- und zeitunabhängigen Mitarbeiterführung.

Digital Leadership Digital Leadership wird als ein neuer und erweiterter Führungsstil der transformativen Führung verstanden, bei dem sich eine Gruppe von Personen gemeinschaftlich laufend neue Fähigkeiten aneignet, den Kompetenzaufbau selbstorganisiert überprüft und aussteuert und ihre kollektiven Fähigkeiten in einem verteilten Führungssystem zur Bewältigung der digitalen Herausforderungen einsetzt.

Digital Workforce Steht für den Aufbau digitaler Kompetenzen auf allen Ebenen im Unternehmen, unabhängig von Hierarchie, Abteilung, Standort oder Verantwortungsspektrum.

Digitale Anwendung Bezeichnung für digitale Softwareprogramme, die beispielsweise von einem Computer, einer mobilen Vorrichtung, einem Tablet oder einem

Produktionssystem verwendet werden, um bestimmte nützliche Aufgaben auszuführen.

Digitale Binnenkomplexität Ausdruck aus der Systemtheorie, der stellvertretend für die Varietät und Vielfalt der Möglichkeiten eines Unternehmens steht, Austauschbeziehung mit anderen Marktakteure über digitale Wege oder mittels des Einsatzes digitaler Technologien herzustellen.

Digitale Disruption Beschreibt den Prozess der Zerstörung bestehender Wettbewerbs- und Marktstrukturen durch die Entstehung einer neuen digitalen Technologie, die zu neuen, meist günstigeren kreativen Marktinnovationen und in der Folge zu neuen Wettbewerbsstrukturen führt. Diese neuen Wettbewerbsstrukturen sind meist für angestammte Unternehmen existenzbedrohlich und bieten gleichzeitig kleinen digitalen Konkurrenten Chancen.

Digitale Führungskompetenzen Normatives Set an Fähigkeiten und Fertigkeiten, über die eine digital kompetente Führungskraft verfügen sollte.

Digitale Infrastruktur Bezeichnung für Informations- und Kommunikationstechnologien, die das Verbreiten und den Betrieb digitaler Anwendungen ermöglichen. Unterschieden werden die zwei Arten von digitaler Infrastruktur: hybride und dedizierte digitale Infrastruktur.

Digitale Organisation Organisationstyp, bei dem in allen Teilbereichen der Organisation eine hohe Reife in der inneren Digitalisierung vorliegt.

Digitale Organisationsentwicklung Bezeichnet wird damit eine moderne Managementwissenschaft, die über die einzelnen Disziplinen der Betriebswirtschaftslehre, Technologie- und Datenwissenschaften sowie Sozialwissenschaft hinausgeht. Es geht um die Verschmelzung traditioneller Ansichten zur Organisation und seiner Akteure mit neuen Ansätzen, Modellen und praktischen Erprobungen aus dem Kontext der Digitalisierung von Organisationen. Das Ziel ist es, die Strukturen und das Akteursverhalten in der Organisation an die Anforderungen der Digitalisierung anzupassen und die DNA der Organisation im Kern digitaler zu machen.

Digitale Transformation Bewusster und proaktiver Aufbau komplexer Strukturen innerhalb einer Organisation mit dem Ziel, plötzliche und unerwartete Veränderungen in der Umwelt durch eine hohe Binnenkomplexität antizipieren zu können und daraus resultierende Entscheidungen schnell in neue strategische Optionen umzusetzen. Bezieht sich auf den Einsatz digitaler Technologie zur radikalen Veränderung der Leistung der Organisation, mit dem Ziel, die digitalen Fortschritte zur Verbesserung der Beziehung zwischen Unternehmen und Kunde, zur Effizienzsteigerung der internen Prozesse oder auch der Produktivitätssteigerung der Mitarbeiter einzusetzen.

Digitale Transformationsstrategie Bündelung einer rein technologischen und digital ausgerichteten Strategie mit der eigentlichen Geschäftsstrategie. Unter einem Dach werden Projekte, Taktiken, Programme usw. zur Realisierung eines höheren digitalen Reifegrades einer Organisation zusammengefasst.

Digitaler Reifegrad Der digitale Reifegrad beschreibt anhand eines qualitativen oder quantitativen Kriteriensets die Fähigkeit einer Organisation, die Herausforderungen, die die Digitalisierung für das Unternehmen oder die Branche mit sich bringt, auf Grundlage der organisatorischen Ressourcenausstattung zu bewältigen.

Digitaler Systemzustand Übergang der Organisation von einem analogen und physischen Zustand in einen Zustand, bei dem die Organisation in der Lage ist, bewusst die Potenziale digitaler Technologien unter der Berücksichtigung von Skaleneffekte, neuen Wertschöpfungssystemen, und Kundenzufriedenheit auszuschöpfen.

Digitales Betriebsmodell Das digitale Betriebsmodell beschreibt die innere Geschäftslogik von der Organisation, die Digitalisierung umzusetzen. Es stellt einen Referenzrahmen zur Digitalisierung der Organisation dar. Als Referenzrahmen dient hier das Modell der digitalen DNA.

Digitales Geschäftsmodell Unternehmensstrategisches Konzept, das ergänzend zur langfristigen geschäftlichen Vision einer Organisation beschreibt, wie durch die Nutzung der Möglichkeiten der Digitalisierung ein neuer Wettbewerbsvorteil im digitalen Wettbewerb aufgebaut werden kann. Das digitale Geschäftsmodell beinhaltet die Elemente der digitalen IT-Architektur, der Beschreibung der Wirtschaftsakteure und ihrer Rollen, der Beschreibung der Vorteile für die Wirtschaftsakteure sowie die Beschreibung der Einnahmequellen.

Digitales Kompetenzmodell vgl. digitale Führungskompetenzen.

Digitales Ökosystem vgl. auch Plattform-Innovation.

Digitales Ökosystem Ziel ist es, vormals isolierte Wettbewerber zu einem ganzheitlichen und kollaborativen Gesamtsystem durch Vernetzung von Daten zusammenzuführen, dessen Fähigkeiten die des einzelnen Unternehmens übertreffen.

Digitales Sensing Strategie der Organisationsentwicklung, bei der es um den Aufbau spezifische Fähigkeiten zur Umsetzung digitaler Kundenkommunikation und der Analyse von Kundenverhalten in den unterschiedlichen Kommunikations- und Austauschkanälen zwischen Organisation und Umwelt geht.

Digital-first Denkweise, bei der es eine positive und proaktive Einstellung aller Mitarbeiter gegenüber den digitalen Möglichkeiten im Unternehmen gibt.

Digitalisierung Begriff für den mathematischen Prozess der Umwandlung von Informationen, die in Form physischer Repräsentationsforme von realen Objekten vorliegen, in ein digitales und computerlesbares Format umzuwandeln, wodurch digitale Informationsübertragung ermöglicht wird.

Discrete-Choice-Experimente, auch: Auswahlexperiment Bezeichnet eine entscheidungsbasierte wissenschaftliche Methode zur Analyse ökonomischer Präferenzen. Wird hauptsächlich in den Sozialwissenschaften zur Entwicklung diskreter Entscheidungsmodelle eingesetzt.

Disintermediation Darunter wird die Ausschaltung von Handelsstufen in einer Wertschöpfungskette verstanden, da Teile der Wertschöpfung direkt ins Internet verlagert werden. Dadurch kann z. B. auf Zwischenhändler verzichtet und Transaktionskostenvorteile gewonnen werden.

Dynamik Begriff, der eine von innen aus der Organisation heraus entwickelte, auf Veränderungen ausgerichtete zielstrebige Kraft beschreibt, der aus dem System der Organisation selbst entspringt.

Dynamische Fähigkeitsentwicklung Prozess der dynamischen und raschen Anpassung einer Organisation an neue Umweltbedingungen durch Rekombination vorhandener organisatorischer und strategischer Ressourcen.

Economies of Learning Wirtschaftlicher Effekt, der sich insbesondere in digitalen Geschäftsmodellen zeigt. Entsteht dadurch, dass im Zeitverlauf die Kosten für die Befähigung der Organisation sinken. Skaleneffekte entstehen u. a. durch Wissenszunahme bei Mitarbeitern und eine effizientere Arbeitsorganisation.

Economies of Scale Wirtschaftlicher Kosteneffekt, der durch das Erreichen bestimmter Größenvorteile in einem Geschäftsmodell verstanden wird. Beispielsweise sinken bei der Herstellung eines Produktes in großen Stückzahlen die Selbstkosten pro Stück.

Ecosystemizer Bezeichnet eine Innovationsmethode, bei der Strategie-Innovationssysteme nach deren Ökosystem-Positionierung und nach Live-Areas analysiert werden können.

Emotionale Loyalität Gründet sich auf den Gefühlen, die mit der Kaufentscheidung verbundenen sind. Während des Kauferlebnisses entwickelt der Kunde bei der Verarbeitung der Erfahrungen eine emotionale Bindung mit einem Objekt und stellt eine emotionale Bindung her.

Entropie Ausdruck aus der Systemtheorie, der das Maß gewollter Unordnung einer Organisation beschreibt.

Erfahrungs-Innovation Innovationsform, bei der durch Bereitstellung eines zusätzlichen Service im Verbund mit einem existierenden Produkt neue Nutzererfahrungen erzeugt werden.

Evolutionstheorie Wissenschaftliche Beschreibung der Entstehung und Veränderung der biologischen Arten und Organismen im Laufe der Erdgeschichte. Charles Darwin gilt als einer der zentralen vertreter dieser Wissenschaft.

Exploitation vgl. auch Ambidextrie. Es geht um Aktivitäten, bei denen bestehende Kompetenzen verfeinert und vertieft werden sowie vorhandenes Wissen materialisiert und monetarisiert wird.

Exploration vgl. auch Ambidextrie. Dies beschreibt den Aufbau und den Einsatz neuer Fähigkeiten, um neue Wege in der Organisation zu verfolgen, Althergebrachtes infrage zu stellen und Synergien zwischen bestehenden und neuen Routinen in der Organisation zu finden.

Fluide Organisation Beschreibt eine hohe innere Veränderungsbereitschaft durch emergente Vernetzungsfähigkeiten und fördert eine hohe Durchlässigkeit zwischen Unternehmensgrenzen und Organisationsakteuren.

Fraktale Organisation Diese Organisationsform ist eine auf bioökonomischen Prinzipien basierende Form einer selbstorganisierten und wachstumsstarken Organisation, die Umweltveränderungen schnell absorbieren kann. Der Ausdruck der fraktalen Organisation ist inspiriert von den mathematischen Forschungen zu Beginn des

20. Jahrhunderts rund um Benoit Mandelbrot, der als Gründer der fraktalen Geometrie gilt.

Führungskräfteentwicklung Die Führungskräfteentwicklung ist ein Teilbereich der Personalentwicklung und verfolgt das Ziel, den Bedarf an qualifizierten Führungskräften zu decken. Die auch als Führungsbildung benannte Disziplin umfasst alle Maßnahmen der individuellen, beruflichen Entwicklung von Führungskräften und Führungsnachwuchskräften, die von einer Person oder Organisation zielbezogen und systematisch durchgeführt und evaluiert werden.

Führungsstil Der Führungsstil beschreibt ein intendiertes Verhaltensmuster von Personen in Leitungsfunktionen, durch dass das Verhalten anderer Mitglieder in der Organisation beeinflusst wird, u. a. operationalisiert durch Anweisungen, Motivation oder Zielvorgaben.

Führungsverhalten Beschreibt eine Reihe bewusster oder unbewusster Maßnahmen, die von einer Person in einer Leitungsfunktion ergriffen werden, um das Engagement einzelner Mitglieder der Organisation zu erhöhen und der gemeinschaftlichen Arbeit in der Organisation einen Sinn zu geben.

Game Changer Ausdruck aus der Mikroökonomie, der Unternehmen beschreibt, die in der Lage sind, in Folge der digitalen Veränderungen ihres eigenen Geschäftsmodells, die normativen Wettbewerbsstrukturen in einem Markt oder einer ganzen Branche nachhaltig zu verändern. Beispiele dafür sind Flixbus, AirBnB oder Facebook. Wird auch in der Volkswirtschaftslehre verwendet.

Geschlossene Innovation Bezeichnet einen Innovationsansatz, die üblicherweise innerhalb der eigenen Organisationsgrenzen von den Akteuren der eigenen Organisation entwickelt werden.

Gigwork vgl. Cloud Working.

Greenfield-Ansatz Strategischer Ansatz bei dem neben dem eigentlichen Kerngeschäft der Organisation ein völlig neuer digitaler Kern entwickelt wird mit dem Ziel, das alte Kerngeschäft später in das neue Digitalgeschäft zu überführen.

Hackathon Coding Marathon, bei dem unterschiedliche Teams an Programmierideen arbeiten, beispielsweise Apps oder neue Software Tools, die über einen kurzen Zeitraum hinweg gemeinsam programmiert werden.

Hyperkomplexität Begriff aus der Systemtheorie, der Systeme beschreibt, die eine sehr starke Binnendifferenzierung aufweisen, z. B. durch eine hohe funktionale Differenzierung und Spezialisierung der einzelnen Funktionen innerhalb der Organisation. Diese sind besser vorbereitet, auf Störungen und Umwelteinflüsse zu reagieren, da ihre strukturelle Variationsbreite größer ist, was die Vielfalt an Reaktionsmöglichkeiten erhöht.

Hypertextorganisation Diese Organisation basiert auf systemischen Ansätzen der Akteursvernetzung. Die Vorteile liegen auf der Erschließung und Nutzung vorhandenen expliziten und vor allem auch impliziten Wissens durch eine kontextübergreifende Zusammenarbeit. Unterschieden werden die organisationalen Schichten der des Geschäftssystems-Schicht, der Projektteam-Schicht und der Wissensbasis-Schicht.

Informationelle Gesellschaft Ableitung vom Ausdruck der Informationsgesellschaft. Der Begriff ‚informationell' drückt eine spezifische soziale Organisationsform aus, in der Informationen generiert und informationelle Kraftquellen mithilfe neuer Technologien entwickelt, prozedualisiert, transmittiert und transformiert werden. Der Begriff wurde vom Soziologen Castell geprägt.

Informationsgesellschaft Bezeichnet alle Phänomene, die innerhalb einer Gesellschaft zu einer höheren Informationsverarbeitung in den gesellschaftlichen Bereichen führen und zu deren Bewältigung informationstechnische Arbeitsmittel eingesetzt werden.

Inkrementelle Innovation Kleinere Veränderungen zur Weiterentwicklung bestehender Produkte, Geschäftsmodelle oder Prozesse. Weist einen niedrigen Innovationsgrad auf.

Inkubator vgl. Digital Lab.

Innovationsdiffusion Wird als die Verbreitung und Ausbreitung von neuen Innovationen verstanden, wobei sich die Geschwindigkeit und die Kommunikationskanäle je nach Innovationstyp unterscheiden.

Innovationsmanagement Beschreibt alle Ansätze zur Steuerung und Kontrolle von Innovationen in unterschiedlichen Organisationsformen. Dabei reicht die Anwendung von der Entwicklung einer Idee, über die Förderung von Kreativität bis zu neuen Methoden zur Herbeiführung von Marktreife.

Integrationsinnovation Innovationsform, bei der ein neues integriertes Angebot durch Zusammenführung einzelner Produkt Elemente entsteht.

Internet-of-Things (IoT); auch: Internet der Dinge IT-technologischer Begriff, der ein Netzwerk von dedizierten (fest zugeordneten) physischen Objekten beschreibt, die eine eingebettete Technologie enthalten, um ihren internen Zustand oder die externe Umgebung zu erfassen und diese Daten weiterzugeben oder zu beeinflussen.

Interoperabilität Bezeichnet die Fähigkeit zur Zusammenarbeit von verschiedenen technologischen Systemen. Die Grundlage dafür ist die Einhaltung gemeinsamer technologischer Standards. Dies ist Voraussetzung für eine nahtlose Übertragung von Daten zwischen den Systemen und Endgeräten.

Kognitive Dissonanz Begriff aus den Organisationswissenschaften, der die Unvereinbarkeit zwischen den von Individuen wahrgenommenen Gedanken, Meinungen, Einstellungen, Wünschen oder Absichten und der von der Organisation verfolgten Ziele beschreibt.

Kognitive Loyalität Gründet sich auf den bewusst wahrgenommen Wert eines Produktes oder Angebots. Verbraucher werden besonders von Produktwerten, wie Kontrolle, Genuss und Komplexität, positiv beeinflusst.

Kompetenzgesellschaft vgl. den Begriff Netzwerkgesellschaft.

Komplexität Begriff der die Vernetzung und Vielfalt innerhalb der räumlichen Dimension einer Organisation ausdrückt. Komplexe Systeme sind durch hohe Dynamik gekennzeichnet.

Kontinuierliche partielle Aufmerksamkeit (Continuous Partial Attention, CPA) Phänomen der oft oberflächlichen Aufmerksamkeit, das bei der Bewältigung unterschiedlicher, meist digitaler Informationsquellen auftritt.

Kundeninteraktion Beschreibt den wechselseitigen Austausch von Informationen zwischen Kunden und Unternehmen. Die Qualität des Informationsaustauschs wirkt sich auf die Strategie des Unternehmens aus, neue Produkte und Innovationen gezielt auf sich verändernde Marktbedürfnisse hin zu entwickeln.

Kundenzentrizität/Customer Centricity Organisationsentwicklung-Ansatz der darauf fokussiert, durch die Gewinnung und Verarbeitung von Kundendaten ein positives und bedürfnisgerechtes Kundenerlebnis an allen Interaktionspunkten zwischen Organisation und Kunde zu schaffen, um dadurch die Bindung des Kunden zu erhöhen.

Linienerweiterungs-Innovation Innovationsform, bei der neue Produktkategorien für existierende Produktlinien eingeführt werden.

Marketing-Innovation Innovationsform, bei der durch Nutzung neuer Marketingmethoden neue Kundensegmente erreicht werden.

Mass Customization Konzept der kundenindividuellen Massenanpassung. Wird vor allem in der Produktion eingesetzt, bei der computergestützte Fertigungssysteme kundenspezifische Ergebnisse erzeugen können.

Mediengesellschaft vgl. den Begriff Netzwerkgesellschaft.

Millennials Bezeichnet eine Generation, die ungefähr zwischen 1979 und 1994 geboren wurde und deren gemeinsame Lebenserfahrung und Werteverständnis zu Präferenzbildungen führt, die vor allem auf die digitale Welt ausgerichtet sind. Das Präferenzmuster dieser Generation unterscheidet sich von anderen früheren Generationen, u. a. den Baby Boomern oder der Generation X.

Minimal Viable Product (MVP) Stellt die erste funktionsfähige Version eines neuen Produktes dar. Mit dem MVP kann bei minimalem Aufwand das maximale Kundenfeedback erreicht werden.

Minimum Billable Product (MBP) Stellt die erste Version eines Produktes dar, für das die Kunden bereit sind zu zahlen.

Modell der digitalen DNA Modellbeschreibung, die die Gestaltungsperspektiven der Digitalisierung von Organisationen in Form eines komplexen Bauplans beschreibt. Liefert die Grundlage, um ein Organisationssystem digital neu zu programmieren.

Narrativ Unter einem Narrativ wird in der Organisations- und Kommunikationsberatung eine Methode verstanden, bei der über die Form der Erzählung oder Geschichte (Storytelling) den Bezugsgruppen der Organisation ein bestimmter, intendierter Ursache-Wirkungs-Zusammenhang vermittelt werden kann.

Netzwerkgesellschaft Semantische Weiterentwicklung des Begriffs der Wissensgesellschaft. Nicht nur die Anwendung digitaler Werkzeuge ist entscheidend, sondern das Streben der Mitglieder einer Gesellschaft durch Vernetzung, Kooperation und Zusammenarbeit individuelle Fähigkeiten kontinuierlich zu optimieren, zu trainieren und zu verbessern.

Nudging Verhaltensbasierter Managementansatz, bei dem das ‚Anstupsen' von Menschen zu Veränderungen ihres Verhaltens führen soll. Unterschieden werden zwei kognitive Systeme: System 1 zum intuitiven und affektiven Denken, System 2 zum reflektierenden und logischen Denken.

Offene Innovation Bezeichnet einen Innovationsansatz, bei dem Fachexpertise, geistiges Eigentum oder externe Akteure mit in den internen Innovationsprozess einbezogen werden, unbewusst neues Wissen zu generieren.

Operational Excellence Spezifische Form innovationsorientierter Wettbewerbsstrategien, bei der ein Kundenmehrwert durch Effizienz und Kosteneinsparungen erhöht wird. Diese sind weniger riskant und von inkrementeller Natur.

Organisation Unter einer Organisation wird eine soziale Einheit von Menschen verstanden, die nach einem vorgegebenen Regelsystem strukturiert ist, um auf Basis des Regelsystems gemeinsame kollektive Ziele zu verfolgen. Organisationen verfügen zudem über Strukturen und Regeln, aufgrund derer die Aktivitäten zwischen ihren Mitgliedern geklärt werden, Rollen und Verantwortlichkeiten festgelegt werden und einzelnen Organisationsmitgliedern Aufgaben zur Koordination übertragen werden.

Organisationale Pfadabhängigkeit/organisationale Trägheit Beschreibt ein bestimmtes träges Verhaltensmuster von Unternehmen, trotz schneller Veränderungen in der unmittelbaren wirtschaftlichen Umwelt nicht ihre eigenen Routinen und Handlungsmuster schnell genug zu verändern, wodurch sie Wettbewerbsnachteile erleiden.

Organisationalen Identität Unter der organisationalen Identität werden diejenigen Merkmale einer Organisation zusammengefasst, die typisch und einzigartig für die Organisation sind. Das Konzept wurde in den frühen 1980er in der Organisationsforschung entwickelt.

Organisationsform Engl.: Business Organisation; beschreibt, wie Unternehmen strukturiert sind und wie sie mittels ihrer Struktur Ihre geschäftlichen Ziele optimal erreichen können.

Organisatorische Transformation Die organisatorische Transformation ist ein Prozess der Veränderung mikroökonomischer Organisationsstrukturen, bei dem die (disruptiven) Umweltbedingungen in (konstruktive) Chancen überführt und zugleich Risiken minimiert werden.

Organische Innovation Innovationsform, bei der Unternehmen mit ihren internen Ressourcen neue Innovationen hervorbringen und sich in einem neuen Wachstumsmarkt zu positionieren.

Organizational Readiness Organisationstheoretische Konzept, das die Bereitschaft einer Organisation sowie den Rahmen zur Veränderung beschreibt. Dies umfasst, dass eine Organisation bereit und in der Lage ist, Veränderungsmöglichkeiten zu identifizieren, Leistungsverbesserungen auf allen Ebenen anzustoßen, Prozessänderungen und Verhaltensänderungen durchzusetzen und diesen Wandlungsprozess zu monitoren.

Paradoxie Etymologisch ist das Wort parádoxos ein Begriff, der sich aus den Worten para (wider) und dóxa (Meinung oder Erwartung) zusammensetzt und bedeutet in etwa ‚wider Erwarten', ‚wider der gewöhnlichen Meinung oder Ansicht'; daher:

,unerwartet', ,unglaublich', ,sonderbar', ,wunderbar'. Ein Paradoxon ist als Befund über eine Situation zu verstehen, die der allgemeinen Meinung auf unerwartete Weise zuwiderläuft oder bei dem das Verständnis eines bestimmten Aspektes zu einem Widerspruch führt.

Perpetuelle Disruption Das Konzept der perpetuellen Disruption liefert eine alternative Erklärung für die Phasen-Theorie der Industrierevolutionen. Dabei wird davon ausgegangen, dass es eine Divergenz zwischen dem Zeitverlauf der Industriephasen und einer menschlichen Lebensphase kommt, was dazu führt, dass diese nicht beobachtbar sind.

Plattform-Innovation Innovationsform, bei der der Aufbau einer Plattform zum Austausch von Wissen und Informationen mit Drittparteien im Vordergrund steht. Vgl. auch digitales Ökosystem.

Polytheismus Der Polytheismus beschreibt eine aus der Theologie stammende kulturhistorische Weltanschauung, in der mehrere Götter nebeneinander friedlich koexistieren. Im Gegensatz zum mittelalterlich geprägten monotheistischen Weltbild, unterwirft sich der Mensch im Polytheismus nicht einem einzigen Gesetz, sondern gestaltet autonom seine Denkweise und Weltsicht.

Porter's Five-Forces Strategische Methode, das auch als Fünf-Kräfte-Modell bezeichnet wird. Mit diesem Analyseinstrument werden 5 externe Faktoren bewertet, die die Wettbewerbsintensität in einer bestimmten Branche beschreiben.

Postindustrielle Gesellschaft Der Begriff der postindustriellen Gesellschaft entstammt der soziologischen Forschung und beschreibt eine neu entstehende soziale Realität, in der der Wandel der Arbeits- und Arbeitsbeziehungen, die zunehmende Rolle von Wissenschaftlern und Technikern in der sozialen Ordnung und die vermeintlich zentrale Rolle von Wissen als Auslöser sozialen Wandels und neuer gesellschaftlicher Entscheidungen eine Rolle spielt. Der Begriff wurde vom Soziologen Daniel Bell geprägt.

Produktportfoliomanagement Produktportfoliomanagement ist die Planung, Realisation und Kontrolle eines Produktportfolios. Portfoliomanagement ist notwendig, um die Zusammensetzung eines in einer gewissen Zeitspanne zu erwartenden Ertrags zu prognostizieren. Ziel ist es ein möglichst ausgewogenes Portfolio an Produkten in unterschiedlichen Phasen ihre Lebenszyklus zu haben, um die zukünftigen Erträge möglichst stabil halten zu können.

Progressive Organisation Beschreibt eine Organisation, die außerordentlich progressiv mit Veränderung umgeht und ihre Erwartungen stärker auf die Bewältigung zukünftiger Herausforderungen und nur wenig auf die Probleme der Vergangenheit setzt.

Progressivismus Begriff für eine frühe intellektuelle Bewegung aus dem 18. Jahrhundert, bei der das Ziel verfolgt wird, die Bedingungen in einem Staat durch Erneuerung zum Wohl aller Menschen gerecht und sozial weiterzuentwickeln. Bildet die intellektuelle Grundlage für den Fortschritt Gedanken.

Prozessinnovation Innovationsform, bei der ein Produkt Erstellungsprozess effizienter oder schlanker gestaltet wird, um so unnötige Kosten zu eliminieren.

Radikale Innovation Grundsätzlich neue Entwicklung in einer Branche, Industrie oder in einem Anwendungsfeld. Der Innovationsgrad ist dabei sehr hoch.

Reaktive Organisation Beschreibt eine Organisation, die auf die Bewältigung von Krisen konditioniert ist und lediglich kompetent darin ist, situationsgetrieben zu agieren.

Reduktionismus Der Begriff des Reduktionismus ist aus der Psychologie und den Verhaltenswissenschaften entlehnt. Damit wird beschrieben, dass Individuen dazu neigen, komplexe Systeme oft fälschlicherweise nur durch reduzierte Betrachtung einzelner Teilelemente zu beschreiben und dabei die Verflechtungen im gesamten System außer Acht bleiben.

Revolution beschreibt eine, meist mit physischer Gewalt verbundene, Erneuerung bzw. die Transformation der Gesellschaft durch den Umbruch des vorherrschenden (Wirtschafts-)Systems durch eine kleine Gruppe von Menschen innerhalb eines Systems, die sich gegen die vorherrschende Klasse auflehnen.

Risikoakzeptanz Beim Umgang mit digitalen Risiken entwickelt das Führungsteam als auch die ganze Organisation bestimmte Fähigkeiten, Risiken zu erkennen, zu bewerten und deren Einfluss auf das Unternehmen zu minimieren.

Selektion (vgl. Evolutionstheorie) Begriff aus der Evolutionsbiologie. Beschreibt, dass äußere Einflüsse der Umwelt auf das Überleben von biologischen Populationen entscheidenden Einfluss haben. Daraus geht die Theorie des Überlebens der Stärkeren hervor.

Sensemaking Sensemaking kann als Prozess der gemeinsamen Sinnsuche verstanden werden, bei dem mit einzelnen Mitarbeitern daran gearbeitet wird, neue, unerwartete oder verwirrende Ereignisse in ihrer Umwelt zu verstehen und die Konsequenzen daraus in ihr Handeln zu überführen.

Smart Farming Beschreibt das datenbasierte Geschäftsmodell einer digitalen Landwirtschaft, bei dem durch datenbasierte Lösungen der Ernteertrag optimiert und die Ressourceneffizienz verbessert wird. Dazu gehört der Einsatz selbstfahrender Traktoren, Mähdrescher oder Drohnen ebenso wie die datenbasierte Auswertung der Effizienz von Dünger oder Pflanzenschutzmittel.

Sozialer Replikation Unter sozialer Replikation wird die Übertragung bestimmter Charakteristika in einem organisatorischen Sozialsystem verstanden. Zwischen dem Originalzustand und der Replikation muss der kausale Zusammenhang erhalten bleiben. Erst dann kann von sozialer Replikation der Organisation gesprochen werden. Operationalisiert werden kann dies durch das Prinzip der sozialen Marker.

Strukturationstheorie Bezeichnet eine Sozialtheorie, die sich mit der Schaffung und Reproduktion sozialer Systeme beschäftigt. Die Basis bildet die Analyse der Strukturen einer Organisation sowie des Verhaltens der Agenten einer Organisation, ohne jedoch einem von beiden Aspekten Vorrang einzuräumen.

SWOT-Analyse Strategische Methode, mit der die strategische Situation einer Organisation in den Bereichen Stärken, Schwächen, Potenzialen und Gefahren werden.

Synchrone Kundenkommunikation Form der direkten Kundenkommunikation zwischen Kundenbetreuer und Kunde, meist über Kanäle, die eine direkte Interaktion erlauben; im digitalen Umfeld sind dies Live-Chat Programme, Videochats, Einsatz von Algorithmen der künstlichen Intelligenz.

System Ein System meint ein Ganzes, das erst im Zusammenwirken seiner Teile existiert. Wenn zwischen den Elementen Beziehungen und Zusammenhänge bestehen, spricht man von einem System.

Systemische Organisation Beschreibungen der Anwendung ganz verschiedener adaptiver und systemischer Lernverfahren, mit denen die Organisation als Ganzes in der Lage ist, sich an die dynamische und komplexe Umweltentwicklung anzupassen. Damit können alle Derivate der systemischen Organisation in die Gruppe der programmatischen Transformationsansätze digitaler Organisationen eingeordnet werden.

Temporalität Bezieht sich auf die zeitliche Begrenzung bestimmter Aspekte, Vorstellungen, Annahmen oder Werte, in dem jeweiligen Organisationsmodell zugrunde liegen. Grundlage insbesondere der Ausgestaltung digitaler Führungsansätze.

Transformationale Führung Erweiterung des traditionellen Führungsverständnisses. Setzt auf die Führung durch Wissen und Informationen, indem Führungskräfte bewusst wechselseitig mit ihren Mitarbeitern kommunizieren und Informationen austauschen.

Transfunktionale Strategie Beschreibt den Querschnitt Charakter einer bestimmten Strategie. Dazu zählt unter anderem die digitale Strategie, die einzelne funktionsbezogene Strategien, Programme, Projekte.

Unique Selling Proposition Der USP, Unique Selling Proposition, wird im deutschen oft mit dem komparativen Produktvorteil gleichgesetzt. Der USP beschränkt sich dabei keineswegs auf das tatsächliche Produkt, sondern auf alle vom Kunden wahrgenommenen Eigenschaften. Wahrgenommen ist dabei das entscheidende Wort. Wenn ein Produkt aufgrund seiner Inhalte lediglich von durchschnittlicher Qualität ist, aber durch Werbung oder Verpackung als hochwertig wahrgenommen wird, ist die hochwertige Qualität Teil des USPs.

Value-Engineering-Innovation Innovationsform, bei der es zur Senkung der Produktionskosten oder der Erhöhung der Funktionalität zu einem geringeren Preis kommt.

Value-Migration-Innovation Innovationsform, bei der das Geschäftsmodell auf die vielversprechendsten Abschnitte der Wertschöpfungskette ausgerichtet wird.

Varietät Systemtheoretische Begriff, der die vielen Möglichkeiten beschreibt, die sich in der Beziehung zwischen der Organisation und ihrer Umwelt bieten.

Verbesserungsinnovation Innovationsform, bei der bestimmte Produktbestandteile modifiziert werden.

Verwertungspotenzial Verwertungspotenziale sind als wirtschaftliche Potenziale zu sehen, die sich aus der Vermarktung ergeben. Je höher das zu erwartende Verwertungspotenzial ist, desto schneller und beschleunigter verläuft der Prozess der Veränderung organisationaler Strukturen durch den Einsatz digitaler Technologien.

Vierte industrielle Revolution Beschreibt eine durch technologische Innovation herbeigeführte Veränderung der gesellschaftlichen und wirtschaftlichen Strukturen, speziell durch die Einflüsse digitaler Technologien, wie Internet der Dinge, mobile Computer und Cloud-Computing sowie Echtzeitsteuerung der Wertschöpfungsstufen. Der Begriff wird kritisch gesehen, da er wissenschaftlich nicht belegbar ist, sondern eher populärwissenschaftlich geprägt wurde.

Virtuelle Organisation Beschreibt einen Verbund unabhängiger Unternehmen und Institutionen, die sich durch Nutzung digitaler Kommunikationstechnologien zu einem Netzwerk zusammenzuschließen. Die Integration erfolgt vertikal, das heißt die einzelnen Unternehmen vernetzen miteinander ihre Kernkompetenzen und agieren am Markt in der Erscheinungsform einer einzelnen Organisation. Vernetzt werden vor allem Technologien, mit denen neue Geschäftsmodelle etabliert werden, wie bspw. E-Commerce-Plattformen.

VUCA-Welt Akronym aus dem Wortschatz des US-amerikanischen Militärs. Steht für die Charakteristika der neuen, vernetzten und durch digitale Technologien geprägten Umwelt: Volatilität, Unsicherheit, Komplexität und Mehrdeutigkeit.

Wahrnehmungsverzerrungen vgl. kognitive Dissonanz.

Weak signals Weak signals (zu Deutsch: schwache oder vage Signale), bezeichnet ein Konzept aus der strategischen Früherkennung bzw. der Trendforschung. Ziel ist es, die Wahrnehmungsfähigkeit einer Organisation für mögliche Veränderungen in der Zukunft zu verbessern, um so Entscheidungen zur Transformation der Organisation besser treffen zu können.

Wissensgesellschaft Beschreibt eine neue Gesellschaftsform der Organisation, Nutzung und Verarbeitung von Wissen. Diese ist durch den Paradigmenwechsel charakterisiert, da im Gegensatz zur Industriegesellschaft eine Aufwertung von menschlichen Fähigkeiten, deren Wissen und Kompetenz erfolgt.

Wohlstand Begriff aus der Wissenschaft der Wohlfahrtsökonomie. Beschreibt den messbaren Nutzen eines Individuums, der durch den Konsum von Gütern und Dienstleistungen gestiftet wird. Dabei ist der individuelle Nutzen nur relativ im Vergleich zum beobachtbaren Verhalten anderer Mitmenschen messbar.

Stichwortverzeichnis

A
Accelerator, 211
Adaptivität, 158
Adbusting, 62
Agilität, 120
Akquisitions-Innovation, 262
Algorithmizität, 48
Algorithmus, 48, 88
Allgegenwärtigkeit, 103
Always-on, 56
Ambidextrie, 93
Ambiguität, 235
Angebotsmanagement, 177
Antizipationsfähigkeit, 79
Anwendung, digitale, 18, 291
Anwendungs-Innovation, digitale, 269
Arbeitsform, 39
Arbeitswelt, digitale, 52
Arbeitszufriedenheit, 60
Attributionstechnologie, 182
Aufmerksamkeit, kontinuierliche partielle, 231
Augmented Reality (AR), 156, 178
Ausbildungsform, 51

B
BCG-Matrix, 280
Bedürfnis, 58, 174
Bedürfnismuster, 58
Bermuda-Dreieck, digitales, 48
Berufsbild, digitales, 51
Beschwerdemanagement, 177
Betriebsmodell, digitales, 130
Big Data, 14, 54, 76, 308
Bildung, 28, 39

Binnenkomplexität, digitale, 139
BIP-B, 288
Bitcoin, 304
Blockchain, 123, 303
Blue Oceans, 276
Bruttoinlandsprodukt (BIP), 287
Business
    Case, 280
    Model Canvas, 279
    Transformation, 40

C
Category Renewal-Strategie, 261
CDO, 89
Chance, technologische, 292
Change Agents, 259
Chatbot, 168
Chief Digital Officer (CDO), 20, 78, 239
Cloud Computing, 21, 166, 294
Cloud-Working, 51
Co-Creation, 188, 276
Co-Design, 188
Computational Organizational Theory (COT), 114
Computeranwendung, 83
Computerisierung, 47
Core-Extension, 208
Corporate
    Transformation, 40
    Venture Building (CVB), 209
Coworking, 211
CRM, 169
Crowd-Finanzierung, 286
Crowdsourcing, 188

Crypto-Kitties, 305
Customer
  Intimacy, 260
  Journey, 172
Customer Centricity
  aktivitätsorientierte (ACC), 177
Customer Intimacy-Strategie, 261
Cyber-Attacke, 49
Cybersicherheit, 220

D
Data Scientist, 88
Datenanalyse, 24, 88
  digitale, 54, 246
Datenkompetenz, 233
Datenqualität, 313
Datenschutz, 49
Datenwissenschaftler, 88
DDoS (Denial-of-Service-Attacke), 62
Deckungsbeitragsrechnung, 280
Deep Learning, 309
Dekonstruktion, 107
Demographie, 105
Design Thinking, 20, 276
Dezentralisierte Autonome Organisation (DAO), 123
Digital
  Capability Checkup, 244
  Customer Experience Management (DCXM), 180
  Labs, 211
  Leader, 224
  Natives, 59
  Workforce, 89
Digital-first, 80
Digitalgesellschaft, 30
Digitalisierung, 14, 18, 43
  Glaubensgrundsätze der D., 69
Digitalorganisation, 145
Disintermediation, 53
Disruption, 19, 92, 260, 269
  perpetuelle, 22
Disruptivität, 152
DNA
  der digitalen Organisation, 196
  digitale, 6, 139
Durchlässigkeit, 264
Dynamik, 157

E
E-Commerce, 166
Early Adopters, 259
Economies of
  Learning, 200
  Scale, 200
Ecosystemizer, 267
Effizienzgewinn, 45
Emergenzprozess, 27
Empowered customer, 174
Empowerment, 62, 176
Enabler, 268
Enterprise Resource Planning (ERP), 169
Entrepreneurial Operating System (EOS), 282
Entropie, 158
Entscheidungsfähigkeit, 252
Entscheidungsstruktur, demokratische, 250
Entwicklung, exponentielle, 22
Erfahrungsinnovation, 261
Erweiterungs-Innovation, digitale, 271
Evolutionstheorie, 194
Experiential-Innovation, digitale, 271
Exploitation, 93

F
FAANG, 3
Facebook, 48
Fähigkeit, dynamische, 176
Fähigkeitsentwicklung, 47, 155
Flexibilisierung, 55
Flexibilität, 52
Fortschritt, technologischer, 29
Freelancer, 52
Führung
  4.0, 224
  demokratische, 238
  digitale, 46, 54, 230
    Kompetenzfelder der d.F, 244
  Digital Leadership, 236
  transformationale, 236
Führungskräfteentwicklung, digitale, 242
Führungsstil, 223
Führungsverhalten, 222
Führungsverständnis, 229, 237

G
Game Changer, 154, 307
Gamification, 305

Ganzheitlichkeit, 151
Gefahr, technologische, 292
Gemeinschaftlichkeit, 48
Generation Y, 59
Geschäftsmodell, digitales, 18, 20, 46, 198
Geschwindigkeit, 16, 228
Gesellschaft
    digitale, 47, 55
    postindustrielle, 26
Gesellschaftsform, 30
Gigwork, 51
Green Computing, 297
Greenfield-Ansatz, 209
Grundeinkommen, 33

H
Hackathon, 208
Hacktivismus, 61
Homo Oeconomics, 3
Hype-Cycle-Modell, 293
Hyperkomplexität, 158
Hypothesentest, 278

I
Ideation, 273
Ideenfindung, 274
Ideengenerierung, 273
Identität, organisationale, 69
Incubator, 211
Industrie 4.0, 54, 156, 203
Industriegüter, 19
Informationelle Gesellschaft (nach Castell), 25
Informationsgesellschaft, 24
Informationstechnologie, 24
Informatisierung, 23
Infrastruktur
    digitale, 49, 290
    hybride, 290
Infrastruktur-as-a-Service (IaaS), 299
Inkubation, 274
Innovation, 262
    geschlossene, 265
    inkrementelle, 264
    offene, 265
    organische, 262
    radikale, 264

    zyklische, 258
Innovation-Pitching, 277
Innovationsbarriere, 201
Innovationsfähigkeit, 258
Innovationsgrad, digitaler, 264
Innovationsmanagement, 262
Innovationsstrategie, 260
Innovationssystem, digitales, 268
Innovationszyklus, 20
Integrationinnovation, 261
    digitale, 271
Interaktionsmodell, 181
Internet of Things (IoT), 50, 299
Interoperabilität, 302
Intrapreneurship, 208
Introspektion, 147
Investment-Board, 281
Irritation, soziale, 83
Isolation, 232
IT-Effizienz, 297

K
Kampagnenmanagement, 177
Kanban, 120
Karrierepfad, 243
Ken Lao Zu, 60
Kernkompetenz, 3
Kill the Company, 282
Kohorte, 60
Kommerzialisierungsmodell, 274
Kommunikation, digitale, 168
Kompetenz, 30
Kompetenzanforderung, 225
Kompetenzmodell, 247
    digitales, 248
        Digital Leadership Excellence, 250
        Digital Situational Leadership, 248
Komplexität, 19, 235
Kondratieff-Zyklus, 20
Konkurrenzanalyse, 279
Konstruktion, soziale, 102
Konvergenz, technologische, 27
Kryptowährung, 123, 305
Kundeninteraktion, 166
Kundennähe, 260
Künstliche Intelligenz (KI), 14, 76

L

Lead Management, 177
Lean-Economics-Ansatz, 277
Lean-Startup, 282
Lebenszufriedenheit, 60
Lebenszyklus, 281
Lernen
  digitales, 253
  kollaboratives, 86
Lernverfahren, 117
Line-Extension-Innovation, digitale, 270
Linien-Erweiterungs-Innovation, 261
Loyalität, 185

M

M&A (Mergers and Acquisitions), 213
Machtelite, 103
Machtverhältnis, 31
Machtverlust, 230
Marker, sozialer, 195
Marketing-Innovation, digitale, 271
Marktperspektive, 40
Mass Customization, 183
Mass-Production, 185
Massenproduktion, 183
McKinsey-Matrix, 280
Mediennutzung, 38
Megatrend, 42
Millennials, 6, 59
Minimum
  Billable Product (MBP), 274, 282
  Viable Product (MVP), 272
Monotheismus, 227
Motivtheorie nach Maslow, 57
Multi-Channel-Management, 170
Multitasking, 231
Mustererkennung, 41
Mythos, digitaler, 69

N

Nagara-zoku, 60
Narration, 76
Netokrat, 28
Netzpiraterie, 62
Netzwerkgesellschaft, 30
Netzwerkorganisation, 55
Neuland, 83
New Economy, 31

O

Ökosystem, digitales, 53, 245, 267
On-Demand-Service, 296
Online Marketing-Strategie, 203
Orchestrator, 268
Organic-Innovation, digitale, 272
Organisation
  agile, 117, 120
  digitale, 46, 131
  fluide, 117
  fraktale, 121
  holokratische, 117
  Instabilität der, 227
  kundenzentrierte, 176
  Modell der Hypertextorganisation, 117
  Modell der lebensfähigen, 117
  progressive, 150
  reaktive, 149
  systemische, 118
  Teal Organisation, 120
Organisationsentwicklung, digitale, 109
Organisationskultur, 221
Organisationsverständnis, 107
Organizational Readiness, 80

P

Paradoxie, 230
Persona, 277
Persönlichkeitsentwicklung, 252
Pfadabhängigkeit, organisationale, 149
Platform-as-a-Service (PaaS), 299
Plattform-Innovation, digitale, 270
Plattforminnovation, 260
Polytheismus, 227
Präferenzverschiebung, 170
Praktik, digitale, 85
Principal-Agent-Theorie, 103
Problemlösungsfähigkeit, 29
Product Leadership-Strategie, 260
Produkt-Innovation, digitale, 270
Produktführerschaft, 260
Produktivitätsvorteil, 131
Produktportfoliomanagement, 281
Profiling, 166
Progressivismus, 262
Projektarbeit, 228
Projektplanungstool, 278
Prospektion, 146
Prosument, 108

Prototyp, 278
Prozess-Innovation, digitale, 271
Prozessautomatisierung, 311
Prozessinnovation, 261
Purpose-driven organization, 73

R
Realizer, 268
Red-Queen-Effekt, 173
Referentialität, 48
Reflexionsprozess, 148
Reife, digitale, 134
Reifegradbetrachtung, technologische, 291
Rekonstruktion, 107
Replikation, soziale, 196
Repräsentationslernen, 309
Ressource, 197
    digitale, 14
Revolution, 61
    digitale, 61
    industrielle, 20
    vierte industrielle, 16
    wirtschaftliche, 20
Risiko, digitales, 246
Risikoakzeptanz, 221
Risikoaversion, 220
Robotic Process Automation (RPA), 310

S
Satisfaktion, digitale, 59
Scrum, 20, 120, 243
Selbstreflexion, 252
Sensemaking, 73
    Narratives Sensemaking, 76
Sensing, digitales, 167
Service
    digitaler, 14
    Management, 177
Sicherheitslücke, 298, 303
Signal, schwaches, 41
Skaleneffekt, 200
Skalierung, 32
Smart Farming, 50
Smartphone, 55
Social Media, 48
Software-as-a-Service (SaaS), 299
Software-Roboter, 310

Sozialverhalten, 38
Stakeholder-Map, 281
Storytelling, 76
Strategic Choice Model, 76
Strategie, transfunktionale, 199
Strukturationstheorie, 74
Strukturperspektive, 40
SWOT-Analyse, 277
Systemtheorie, 140, 237
    Systemdefinition, 44
    Wirkungsebenen eines Systems, 43
Systemwandel, 28

T
Targeting, 167
Technologie, digitale, 288
Teilhabe, 31, 33
Temporalität, 228
Touchpoint, 172, 182
Trägheit, organisatorische, 39
Transformation, digitale
    Fehler, 4
Transformation, organisatorische, 39
Transformationsebene, 45
Transformationsprozess, 30
Transformationsstrategie, 40
    digitale, 202

U
Überraschung, strategische, 292
Unique Selling Proposition (USP), 279
Unsicherheit, 234
Unternehmen, antifragiles, 236
Unternehmenstheorie, neoklassische, 2
Unternehmensuniversität, 122
Utopie, technologische, 27

V
Value-Engineering-Innovation, 261
Value-Engineering-Innovation, digitale, 271
Value-Migration, digitale, 271
Value-Migration-Innovation, 261
Value Proposition Canvas, 278
Vektor, digitaler, 32
Venture Capital, 213
Veränderungstreiber, 38

Verantwortlichkeit, 51
Verbesserungsinnovation, 261
Verbraucherzufriedenheit, 60
Verhaltensmuster, 227
Vertragsmanagement, 177
Verwertungspotenzial, technologisches, 290
Virtuelle Organisationstheorie (VO), 115
Volatilität, 234
VUCA, 234

W
Weak Signal, 40
Wertschöpfung, digitale, 24
Wertschöpfungsstufe, 21
Wertschöpfungsverschiebung, 53
Wettbewerbsumfeld, 68
Wirkungszone, digitale, 46
Wissenaustausch, 31
Wissensgesellschaft, 25, 29
Wissensintensivierung, 43, 53
Wissensmanagement, 156, 252
Wissensnetzwerk, 133
Wissensproduktion, 25
Wohlstand, 286
World Wide Web (WWW), 83

Z
Zukunftprognose, 84

Druck:
Customized Business Services GmbH
im Auftrag der
KNV Zeitfracht GmbH
Ein Unternehmen der Zeitfracht - Gruppe
Ferdinand-Jühlke-Str. 7
99095 Erfurt